Dr. Hans-Rüdiger Etzold
Diplom-Ingenieur für Fahrzeugtechnik

So wird's gemacht

pflegen – warten – reparieren

Band 56:

MERCEDES Typ W123

200	2,0 l/ 69 kW	(94 PS)	1/76 –	6/80
200	2,0 l/ 80 kW	(109 PS)	7/80 –	12/84
230	2,3 l/ 80 kW	(109 PS)	1/76 –	6/80
230E	2,3 l/100 kW	(136 PS)	7/80 –	12/84
250	2,5 l/ 95 kW	(129 PS)	1/76 –	8/79
250	2,5 l/103 kW	(140 PS)	9/79 –	12/84
280	2,8 l/115 kW	(156 PS)	1/76 –	7/81
280E	2,8 l/130 kW	(177 PS)	1/76 –	3/78
280E	2,8 l/136 kW	(185 PS)	4/78 –	12/84

Delius Klasing Verlag

Bibliografische Information der Deutschen Nationalbibliothek
Die Deutsche Nationalbibliothek verzeichnet diese Publikation
in der Deutschen Nationalbibliografie; detaillierte bibliografische
Daten sind im Internet über http://dnb.dnb.de abrufbar.

8. Auflage
ISBN 978-3-7688-0558-2

Alle Angaben ohne Gewähr
Druck: Books on Demand, Norderstedt

Delius Klasing Verlag, Siekerwall 21, D - 33602 Bielefeld
Tel.: 0521/559-0, Fax: 0521/559-115
E-Mail: info@delius-klasing.de
www.delius-klasing.de

Vorwort

Als ich Anfang der sechziger Jahre in einer kleinen Werkstatt meine Kfz-Lehre beendete, da hatten die Gesellen noch die wichtigsten Einstelldaten für die verschiedensten Fahrzeugmodelle im Kopf. Schriftliche Werksunterlagen für das betreffende Modell hatten wir nicht. Der Motor-Leerlauf wurde nach dem Gehör eingestellt. Für die Zündeinstellung stand nur eine simple Prüflampe zur Verfügung und der Drehmomentschlüssel trat nur dann in Aktion, wenn es galt, die Zylinderkopfschrauben anzuziehen.

Derartige Arbeitsmethoden sind heutzutage undenkbar. Auch der gut ausgebildete Fachmann kommt nicht mehr ohne moderne Prüf- und Einstellwerkzeuge aus. Zudem muß er sich anhand von Werksunterlagen ständig weiterbilden, soll die Arbeit richtig durchgeführt werden. Was für den Fachmann selbstverständlich ist, sollte für den Laien unerläßlich sein. Auch er kann nicht einfach drauflos reparieren. Mitunter genügen schon kleine Einstellfehler, um größere Schäden hervorzurufen. Deshalb empfiehlt sich vor jeder Reparatur am MERCEDES ein Blick in das vorliegende Buch. Das bietet sich auch deshalb an, um vor Arbeitsbeginn den Umfang der Reparatur und den Schwierigkeitsgrad zu ermitteln. Zudem wird deutlich, ob und welche Spezialwerkzeuge erforderlich sind.

Für die meisten Schraubverbindungen ist das Anzugsmoment angegeben. Bei Schraubverbindungen, die in jedem Fall mit einem Drehmomentschlüssel angezogen werden müssen (Zylinderkopf, Achsverbindungen usw.), ist der betreffende Wert **fett** abgedruckt. Die nicht fett abgedruckten Anzugsmomente geben zumindest einen Hinweis, falls nicht mit einem Drehmomentschlüssel gearbeitet wird, wie stark eine Schraube angezogen werden sollte.

Das vorliegende Buch bietet dem technisch versierten Heimwerker die notwendigen Grundlagen, Arbeiten an seinem MERCEDES selbst und richtig durchzuführen. Alle Arbeiten habe ich detailliert beschrieben, große Übersichts- und Detailfotos bieten einen schnellen Einblick über den Arbeitsablauf. Aus Platzgründen ist nur der Vierzylinder-Motor ausführlich behandelt worden. Allerdings wurden für die Sechszylinder-Motoren alle wichtigen Wartungs- und Einstelldaten, beispielsweise Motoröl-Wechselmenge, Zündkerzenwerte usw. berücksichtigt.

Um die Fahrzeugwartung richtig und schnell durchführen zu können, ist jedem Reparaturkapitel eine Wartungsübersicht zugeordnet. Darüber hinaus erlauben die zu jedem Kapitel gehörenden Störungstabellen ein schnelles Auffinden und Einkreisen einer möglichen Fehlerquelle.

Auch der fachkundige Laie sollte allerdings nicht vergessen, daß es zur Überwachung und Erhaltung der Betriebs- und Verkehrssicherheit seines Fahrzeugs sinnvoll ist, in regelmäßigen Abständen eine MERCEDES-BENZ-Werkstatt aufzusuchen.

Natürlich kann das vorliegende Buch nicht auf jede aktuelle technische Frage eingehen. Dennoch hoffe ich, daß die getroffene Auswahl an Reparatur-, Wartungs- und Pflegehinweisen in den meisten Fällen die eventuell auftretenden Probleme zufriedenstellend löst.

Hans-Rüdiger Etzold

Inhaltsverzeichnis

Der Motor

Der MERCEDES-Pkw, Typ W 123, wird von einem flüssigkeitsgekühlten Reihenmotor angetrieben, der je nach Hubraum 4 oder 6 Zylinder aufweist.

Die Motornummer –Pfeil– ist bei den MERCEDES-Motoren vorne links am Zylinderkurbelgehäuse unterhalb des Saugrohres eingeschlagen. Sie besteht aus einer 6-stelligen Kenn-Nummer und einer 10-stelligen Seriennummer. Innerhalb der Kenn-Nummer weisen die ersten 3 Ziffern auf die Grundkonstruktion des Motors hin. Das heißt, die Anordnung von beispielsweise Nockenwelle und Ventilen sowie der Aufbau des Motorblocks sind bei allen Motoren gleich, bei denen die ersten 3 Ziffern übereinstimmen. Allgemein wird diese Nummer zur Kennzeichnung des Motors verwendet. In der Abbildung ist beispielsweise der Motor 102 dargestellt, außerdem sind im MERCEDES Typ W 123 noch die 4-Zylinder-Motoren 115 und die 6-Zylinder-Motoren 110 sowie 123 eingebaut.

Die zweite 3-stellige Zahl, hier 980, deutet darauf hin, daß der Motor, insbesondere der Zylinderkopf auf eine Arbeitsweise als Einspritzmotor abgestimmt ist.

Bei Hinweisen auf die Motornummer wird oft nur die Motor-Endnummer angegeben, gemeint sind damit die letzten 6 Stellen der Seriennummer.

Die einzelnen Motoren werden nachfolgend in einzelnen, getrennten Abschnitten dargestellt. Kapitel die für alle Motoren gelten, sind nur im Abschnitt „Motor 102" aufgeführt.

Motor 102

Die Kenn-Nummer 102 weist auf einen Reihenmotor mit 4 Zylindern hin, der je nach Ausführung mit einem Vergaser oder einer Einspritzanlage ausgestattet ist. Mit diesem Motor sind die Typen 200 und 230 E seit Juli 1980 ausgerüstet.

Das Triebwerk ist im Motorraum längs zur Fahrtrichtung eingebaut und kann nur mit einem geeigneten Kran nach oben herausgehoben werden.

In den aus Grauguß bestehenden Motorblock sind die Zylinderbohrungen eingelassen. Bei hohem Verschleiß oder Riefen an den Zylinderwänden können die Zylinder von einer Fachwerkstatt gehont, also ausgeschliffen werden. Anschließend müssen dann allerdings Kolben mit Übermaß eingebaut werden. Im unteren Teil des Motorblocks befindet sich die Kurbelwelle, die von 5 Kurbelwellenlagern abgestützt wird. Über Gleitlager sind die Pleuel, die die Verbindung zu den Kolben herstellen, mit der Kurbelwelle verbunden. Den unteren Abschluß des Motors bildet die Ölwanne, in der sich das für die Schmierung und Kühlung erforderliche Motoröl sammelt. Oben auf den Motorblock ist der Leichtmetall-Zylinderkopf aufgeschraubt. Er besteht aus Aluminium, weil dieses Metall eine bessere Wärmeleitfähigkeit und ein geringeres spezifisches Gewicht gegenüber Grauguß aufweist.

Der Zylinderkopf ist nach dem sogenannten Querstromprinzip aufgebaut. Das bedeutet, daß das frische Kraftstoff-Luftgemisch auf der einen Seite des Zylinderkopfes einströmt, während die verbrannten Gase auf der gegenüberliegenden Seite ausgestoßen werden. Durch die Querstrom-Anordnung ist ein schneller Gaswechsel sichergestellt. Oben im Zylinderkopf befindet sich die Nockenwelle. Sie wird über eine Steuerkette von der Kurbelwelle angetrieben. Ein hydraulischer Kettenspanner sorgt dafür, daß die Kette immer richtig gespannt ist. Die Nockenwelle treibt über Kipphebel die V-förmig angeordneten Ein- und Auslaßventile an.

Für die Motorschmierung sorgt eine Ölpumpe, die vorn am Zylinderkurbelgehäuse befestigt ist. Die Ölpumpe wird über eine zusätzliche Rollenkette von der Kurbelwelle angetrieben. Das im Ölsumpf angesaugte Öl gelangt über Bohrungen und Leitungen zu den Lagern der Kurbel- und Nockenwelle sowie in die Zylinderlaufbahnen.

Die Kühlmittelpumpe ist seitlich vorn am Motorblock angeflanscht. Der Antrieb der Pumpe erfolgt über einen Keilriemen, der unter anderem auch den Generator antreibt. Ein zusätzlicher Keilriemen sorgt für den Antrieb der Lenkhilfpumpe. Zu beachten ist, daß der Kühlmittelkreislauf ganzjährig mit einer Mischung aus Kühlerfrost- und Korrosionsschutzmittel sowie kalkarmem Wasser befüllt sein muß.

Für die Aufbereitung eines zündfähigen Kraftstoff-Luftgemisches steht ein Stromberg Flachstrom-Vergaser beziehungsweise eine mechanische Kraftstoffeinspritzung zur Verfügung, die praktisch wartungsfrei arbeitet.

Der Zündfunke wird durch eine Transistorzündanlage erzeugt, die den Zündzeitpunkt praktisch konstant hält. Der Zündverteiler ist an der linken Seite des Steuergehäuses angeflanscht und wird über eine Verzahnung durch die Nebenwelle angetrieben. Die Nebenwelle ihrerseits wird über die Steuerkette von der Kurbelwelle angetrieben und betätigt über einen Nocken am hinteren Ende die mechanische Kraftstoffpumpe beim Vergasermotor.

Motor 102

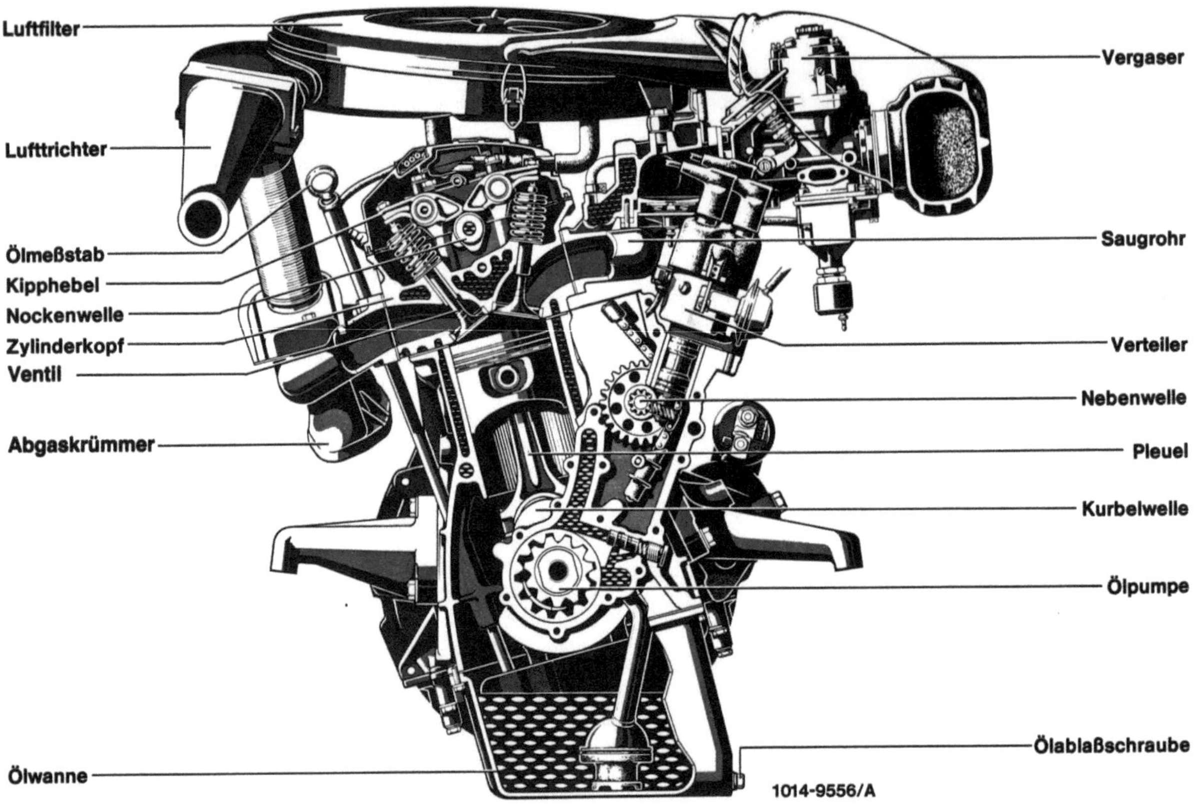

Technische Daten

Modell	200	200	230	230 E	250	250	280	280 E	280 E
Herstellungszeitraum	1.76– 6.80	7.80– 12.84	1.76– 6.80	7.80– 12.84	1.76– 8.79	9.79– 12.84	1.76– 7.81	1.76– 3.78	4.78– 12.84
Typ	123.020	123.220	123.023	123.223	123.026	123.026	123.030	123.033	123.033
Motor	115.938	102.920	115.954	102.980	123.920	123.921	110.923	110.984	123.984
Hubraum cm^3	1988	1997	2307	2299	2525	2525	2746	2746	2746
Leistung kW bei 1/min PS bei 1/min	69/4800 94/4800	80/5200 109/5200	80/4800 109/4800	100/5100 136/5100	95/5500 129/5500	103/5500 140/5500	115/5500 156/5500	130/6000 177/6000	136/5800 185/5800
Drehmoment Nm bei 1/min	158/3000	170/3000	186/3000	205/3500	196/3500	200/3500	223/4000	234/4500	240/4500
Bohrung ∅ mm	87,00	89,00	93,75	95,50	86,00	86,00	86,00	86,00	86,00
Hub mm	83,60	80,25	83,60	80,25	72,45	72,45	78,80	78,80	78,80
Verdichtungsverhältnis	9,0 : 1	9,0 : 1	9,0 : 1	9,0 : 1	8,7 : 1	9,0 : 1	8,7 : 1	8,7 : 1	9,0 : 1
Steuerzeiten* Einlaß öffnet nach OT Einlaß schließt nach UT Auslaß öffnet vor UT Auslaß schließt vor OT	 14° 20° 22° 12°	 12° 22° 30° 12°	 14° 27° 36,5° 18,5°	 12° 22° 30° 12°	 15° 21° 21° 11°	 15° 24° 23° 12°	 7° 21° 30° 12°	 7° 21° 30° 12°	 7° 21° 30° 12°
Vergaser/Einspritzung	175-CDTU	175-CDT	175-CDTU	K-Jetronic	4A1	4A1	4A1	K-Jetronic	K-Jetronic
Zündfolge	1-3-4-2				1-5-3-6-2-4				
Zylinderzahl	4	4	4	4	6	6	6	6	6

*) Bei neuer Steuerkette mit 2 mm Ventilhub

Motor aus- und einbauen

Der Motor wird komplett mit dem Getriebe nach oben ausgebaut. Es empfiehlt sich deshalb auch, das Kapitel „Getriebeausbau" zu lesen. Zum Ausbau des Motors wird ein Kran benötigt. In **keinem Fall** darf der Motor mit einem Rangierheber nach unten abgesenkt werden, da der Heber am Motor schwere Schäden verursachen würde.

Da auch auf der Wagenunterseite einige Verbindungen gelöst werden müssen, werden vier Unterstellböcke sowie zum Aufbocken des Wagens ein Rangierheber benötigt. Vor der Montage im Motorraum sollten die Kotflügel mit Decken geschützt werden. Die vordere Haube muß beim Motorausbau nicht abgenommen werden.

Der Motor kann auch ohne Getriebe ausgebaut werden. Das Getriebe muß dann mit einem Werkstattwagenheber und einer Holzzwischenlage abgestützt werden; Verbindungsschrauben Motor/Getriebe lösen und Motor mit Montierhebel vom Getriebe abdrücken.

Achtung: Bei Fahrzeugen mit Klimaanlage muß der Kältemittelkreislauf geöffnet und die Anlage entleert werden (Werkstattarbeit). Es wird nur der Ausbau des 4-Zylinder-Motors beschrieben.

Ausbau

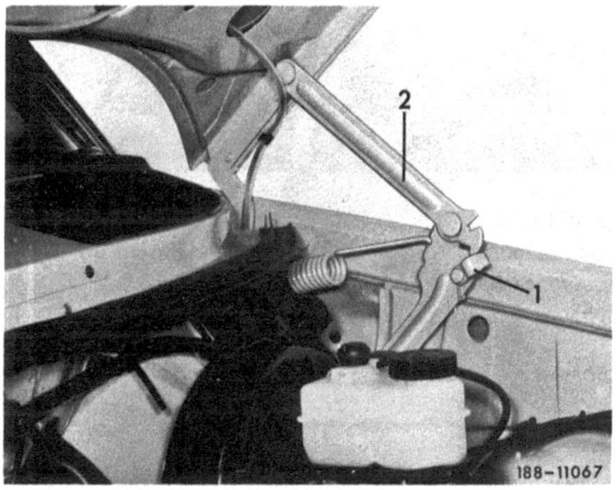

- Motorhaube in senkrechte Stellung hochdrücken. Dazu Motorhaube öffnen. Sperrhebel –1– an der linken Motorhaubenstütze –2– aus der Raste ziehen, dazu Haube etwas absenken, damit der Sperrhebel gelöst werden kann. Sperrhebel an der rechten Stütze aus der Raste ziehen und Motorhaube senkrecht stellen. **Achtung:** Der linke Sperrhebel muß in die obere Sicherung der Haubenstütze einrasten.
- Massekabel von der Batterie abklemmen.

- Pluskabel, Klemme 30 am Leitungsverbinder –Pfeile– und Klemme 50 an der Stirnwand –a– abklemmen. Kabelbinder an der Stirnwand öffnen und Pluskabel über den Motor legen.
- Kühlmittel ablassen, siehe Seite 79.
- Kühler ausbauen, siehe Seite 74.
- Luftfilter ausbauen, siehe Seite 98.

- Bei Fahrzeugen mit Niveauregulierung: Innensechskantschrauben –Pfeile– herausdrehen und Druckölpumpe mit angeschlossenen Leitungen zur Seite legen. Mitnehmerscheibe abnehmen.

Achtung: Nicht die beiden Innensechskantschrauben zur Befestigung des Deckels lösen. Diese Schrauben haben ein durchgehendes Gewinde, sichtbar zwischen Deckel und Gehäuse.

- Hydrauliköl aus dem Vorratsbehälter der Lenkhilfe mit geeigneter Spritze absaugen. Schläuche abschrauben und verschließen.

- Längsregulierwelle ausbauen. Dazu Regulierstangen aushängen, Sicherungsklammer –Pfeil– herausziehen, Längsregulierwelle nach hinten drücken und herausnehmen.
- Kühlmittelschläuche am vorderen Kühlmittelflansch, am Meßfühlerkasten und unten an der Startautomatik abziehen. Vorher Schlauchschellen lösen und ganz zurückschieben.
- Entlüftungsschlauch am Deckel des Kühlmittelreglers abziehen und am Zylinderkopfdeckel aushängen.
- Heizungsschlauch hinten am Zylinderkopf abziehen.
- Kraftstoffzulauf- und -rücklaufleitungen mit Tesaband kennzeichnen und abschrauben.
- Graue Unterdruckleitung am Saugrohr abziehen.
- Unterdruckleitung für Bremskraftverstärker am Saugrohr abschrauben und zur Seite legen. Dabei Unterlegscheibe nicht verlieren.
- Folgende elektrische Leitungen abklemmen, Kabelbinder lösen und Leitungen aus Haltern aushängen: Mittleres Kabel aus Verteilerkappe, grüne Steuerleitung am Verteiler, Massekabel am Meßfühlerkasten, sämtliche Stecker am Meßfühlerkasten und am Vergaser, Stecker am Geber für Luftmengenmesser, blauen Stecker am Kaltstartventil, schwarzen Stecker am Zusatzluftschieber, Steckverbindungen an der seitlichen Luftfilterbefestigung und vorn am Sammelsaugrohr trennen, dazu geriffelte Flächen zusammendrücken.
- Halter für Kabelbinder vorn am Sammelsaugrohr abschrauben.
- Stecker am Drehstromgenerator abziehen, dazu Federklammer mit kleinem Schraubendreher aus Stecker abheben und zur Seite klappen. Stecker herausziehen und Kabel aus Halterungen herausziehen.
- Elektrische Leitungen am Anlasser abschrauben, beziehungsweise abziehen. Falls der Motor ohne Getriebe ausgebaut wird, Anlasser ausbauen (außer Motor 115 und Einspritzmotor 102), siehe Seite 227.

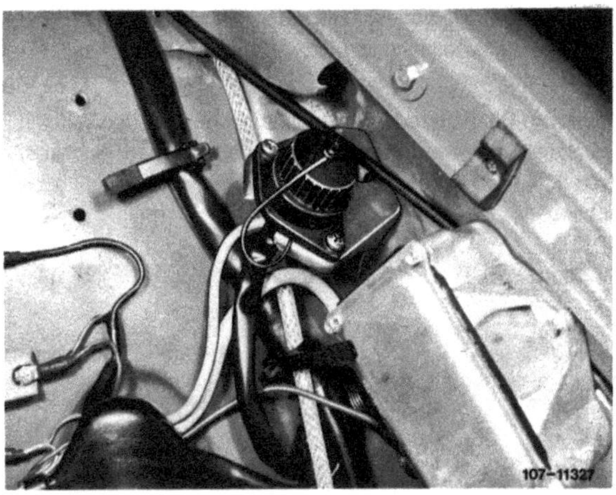

- Kabel für OT-Geber an der Prüfsteckdose abziehen. Dazu Steckdose mit 2 Schrauben vom Halter abschrauben und graue Leitung mit Stecker nach unten herausziehen.
- Fahrzeug aufbocken, siehe Seite 244.

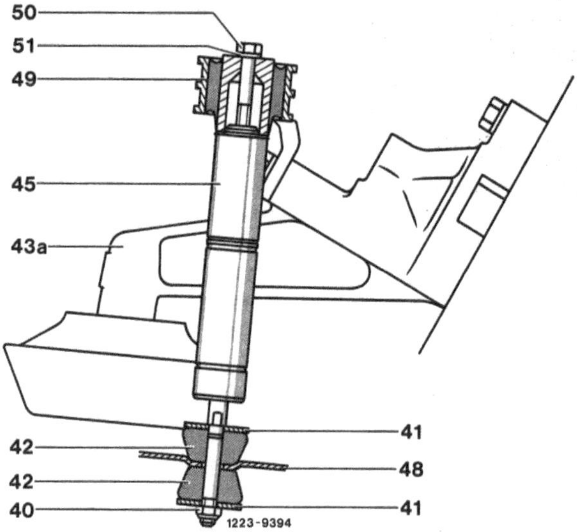

- Bei Fahrzeugen mit Motorstoßdämpfer –45–: Dämpfer am Rahmenquerträger –48– abschrauben, dazu Mutter –40– herausdrehen. Weitere abgebildete Teile: 41 – Scheibe mit 30 mm ∅, 42 – Gummipuffer, 43a – Motorträger, 49 – Stoßdämpferlager, 50 – Schraube M6x45 mm, 51 – Federscheibe.

- Lenkungsdämpfer ausbauen.
- Vorderen Motoranschlag ausbauen, siehe Seite 17.
- Abgasanlage am Flansch des Abgaskrümmers abschrauben.
- Untere Befestigungsschraube für den Anlasser herausdrehen und den Halter für die Tachowelle abnehmen.
- Massekabel am Wagenboden abschrauben.

Achtung: Wird der Motor zusammen mit dem Getriebe ausgebaut, sind zusätzlich folgende Arbeiten durchzuführen.

- Seitenabstützung für Abgasanlage am Getriebe abschrauben, Klemmschrauben am U-Bügel lösen und Abstützung abnehmen, siehe Seite 119.
- Gelenkwelle am Getriebe abschrauben, siehe Seite 127.
- Schaltstangen aushängen, siehe Seite 132.
- Kupplungsnehmerzylinder mit 2 Schrauben am Getriebe abschrauben und mit angeschlossener Leitung zur Seite legen, siehe Seite 129.

Achtung: Wenn die Hydraulikleitung geöffnet wird, muß das System nach dem Einbau entlüftet werden, siehe Seite 124.

- Antriebswelle für Geschwindigkeitsmesser am hinteren Getriebedeckel abschrauben und herausziehen.
- *Werden Motor und Getriebe getrennt, Verbindungsschrauben Motor/Getriebe unten herausschrauben.*
- Fahrzeug abbocken.
- Werkstattwagenheber mit Holzzwischenlage unter das Getriebe fahren. Getriebe leicht vorspannen.

- Motor anseilen. Dazu geeignetes Seil oder eine Kette an den Aufhängeösen –Pfeile– des Motors einhängen. Motor mit Werkstattkran leicht vorspannen.

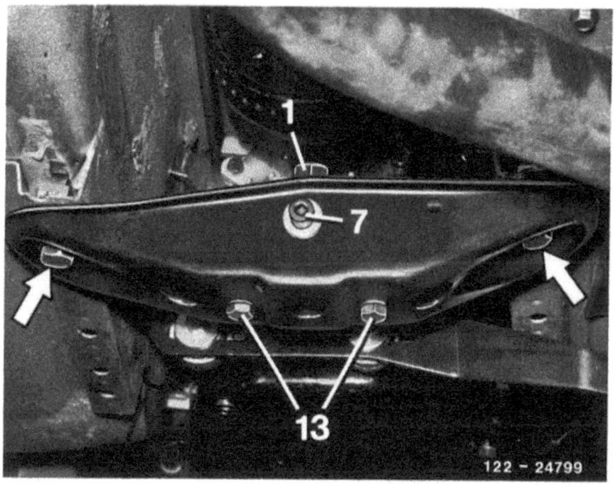

- Hinteren Motorträger mit Motorlager ausbauen. Dazu Befestigungsmutter –1– abschrauben und Befestigungsschrauben –Pfeile– herausdrehen.

- Befestigungsschrauben für Motorträger an den beiden vorderen Motorlagern von unten herausdrehen –Pfeil–.
- *Verbindungsschrauben Motor/Getriebe oben herausschrauben.*
- *Motor mit Montiereisen vom Getriebe abdrücken und vorsichtig herausheben.*

- Wird der Motor zusammen mit dem Getriebe ausgebaut, Aggregat in eine Schräglage von ca. 45° drehen und herausheben.

Achtung: Der Motor muß beim Herausheben sorgfältig geführt werden, um Beschädigungen am Aufbau zu vermeiden.

Einbau

- Motorlager, Kühlmittel-, Öl- und Kraftstoffschläuche auf Porosität oder Risse prüfen, falls erforderlich erneuern.
- Motorstoßdämpfer prüfen. Dazu Stoßdämpfer in Einbaulage halten und auseinanderziehen und zusammendrükken. Der Dämpfer muß sich dabei über den gesamten Hub gleichmäßig schwer und ruckfrei bewegen lassen. Bei starkem Ölverlust Stoßdämpfer austauschen.
- Rillenkugellager in der Kurbelwelle und Kupplungsausrücklager auf leichten Lauf und Ausrückhebel auf Leichtgängigkeit prüfen.
- Kupplungs-Mitnehmerscheibe auf ausreichende Belagdicke sowie Belagzustand prüfen.
- Falls ausgebaut, Getriebe an Motor anflanschen und komplett in den Motorraum einfahren.
- *Falls nur der Motor ausgebaut war, Motor vorsichtig in den Motorraum einführen. Beim Absenken darauf achten, daß der Motor sorgfältig geführt wird, um Beschädigungen an Antriebswelle, Kupplung und Aufbau zu vermeiden.*
- *Verbindungsschrauben Motor/Getriebe festschrauben.*
- Fahrzeug aufbocken.
- Befestigungsschrauben für die vorderen Motorlager einsetzen und handfest anschrauben.

Achtung: Einbaulage des Abschirmbleches –Pfeil– am rechten vorderen Motorlager prüfen.

- Hinteren Motorträger mit **70 Nm** für die Befestigungsschrauben und mit **20 Nm** für die Befestigungsmutter anschrauben.
- Schrauben für vordere Motorlager mit **40 Nm** festziehen.
- Falls ausgebaut, Tachowelle anschrauben, Schaltstangen einhängen und mit Klammern sichern, Kupplungsnehmerzylinder einsetzen und festschrauben. Gelenkwelle sowie Seitenabstützung für Abgasanlage am Getriebe anschrauben.
- Vorderes Abgasrohr an Abgaskrümmer anschrauben, siehe Seite 119.
- *Falls ausgebaut, Anlasser einbauen, siehe Seite 227.*
- Motoranschlag einsetzen, anschrauben und einstellen, siehe Seite 17.
- Falls vorhanden: Motorstoßdämpfer mit 10 Nm am Rahmenquerträger anschrauben.
- Kühler einbauen, siehe Seite 74.
- Kabel für OT-Geber mit Dreifachstecker in die Prüfsteckdose einführen und Steckdose am Halter anschrauben.
- Elektrische Leitungen am Anlasser anklemmen. Kabelstrang am Halter neben dem Ölfilter anschrauben.
- Elektrische Leitung für Generator vorn am Motorblock entlang verlegen und einhängen. Stecker am Generator aufschieben und mit Drahtklammer sichern.
- Stecker am Meßfühlerkasten aufschieben.
- **Vergasermotor:** Stecker für Startautomatik, Pulldown-Einrichtung und Leerlaufabschaltventil am Vergaser aufschieben.
- **Einspritzmotor:** Blauen Stecker am Kaltstartventil und schwarzen Stecker am Zusatzluftschieber aufstecken.
- Massekabel am Meßfühlerkasten anschrauben.
- Grüne Steuerleitung am Verteiler aufschieben, Sicherungslasche anschrauben.
- Mittlere Leitung am Zündverteiler aufschieben.
- Dicke Unterdruckleitung für Bremskraftverstärker mit Hohlschraube und Unterlegscheibe am Saugrohr anschrauben. Dünne, graue Unterdruckleitung am Saugrohr aufstecken.

- Kraftstoffzulaufleitung und Kraftstoffrücklaufleitung entsprechend der angebrachten Markierungen am Vergaser und an der Kraftstoffpumpe, beziehungsweise am Mengenteiler und am Druckregler anschrauben.
- Heizungsschlauch hinten am Zylinderkopf aufschieben und mit Schelle sichern.
- Kühlmittelschläuche unten an der Startautomatik, am vorderen Kühlmittelflansch, am Meßfühlerkasten und am Deckel des Kühlmittelreglers aufschieben und mit Schellen sichern.
- Längsregulierwelle einsetzen und mit Klammer sichern. Regulierstangen auf die Kugelköpfe aufdrücken.
- Ölleitungen anschrauben.
- Hydrauliköl für Lenkhilfe auffüllen, Lenkhilfe entlüften, siehe Seite 154.
- Ölstand im Motor und Getriebe prüfen, gegebenenfalls auffüllen.
- Kühlmittel auf Gefrierschutz prüfen und auffüllen, siehe Seite 78.
- Falls ausgebaut, Druckölpumpe mit 13 Nm anschrauben. Vorher Mitnehmer einsetzen.
- Luftfiltereinsatz reinigen, gegebenenfalls Einsatz erneuern, siehe Seite 105.
- Luftfilter einbauen, siehe Seite 98.
- Batterie-Pluskabel an der Stirnwand und am Leitungsverbinder anklemmen.
- Batterie-Massekabel anklemmen.
- Zündzeitpunkt prüfen, falls erforderlich einstellen, siehe Seite 58.
- Leerlauf einstellen.
- Motor auf Betriebstemperatur bringen, Kühlmittelstand überprüfen und sämtliche Schlauchanschlüsse auf Dichtheit prüfen.
- Ventilspiel prüfen, siehe Seite 47.
- Motorhaube schließen, dazu Sperrhebel an der linken Haubenstütze ausrasten. Beim Absenken der Haube darauf achten, daß beide Zugfedern in ihren Führungen eingerastet sind.

Vorderen Motoranschlag aus- und einbauen / einstellen

Der vordere Motoranschlag ist unter dem Motor zwischen Ölwanne und Querträger eingebaut. Er muß erneuert werden, wenn die Befestigungsarme porös oder eingerissen sind beziehungsweise, wenn die einvulkanisierten Kunststoffplättchen verschlissen sind.

Ausbau

- Lenkung bis zum Anschlag nach rechts oder links einschlagen.

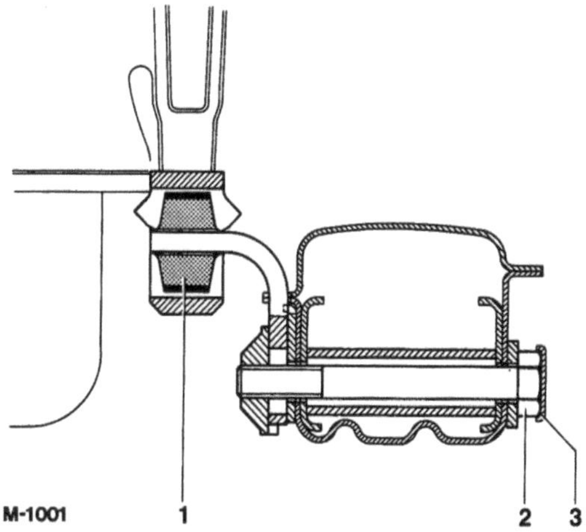

- Sicherung –3– mit Schraubendreher anheben und seitlich wegdrücken. Einstellschraube –2– herausdrehen.

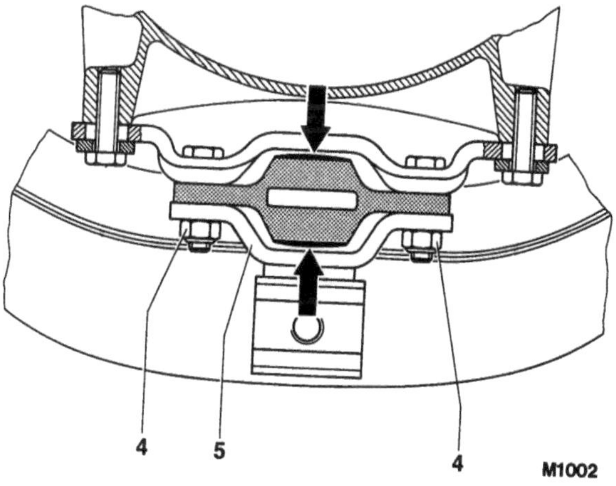

- Muttern –4– abschrauben und Motoranschlag –1– mit Bügel –5– herausnehmen.

Einbau

- Motoranschlag ansetzen und die 2 Muttern mit 30 Nm anschrauben.

Einstellen

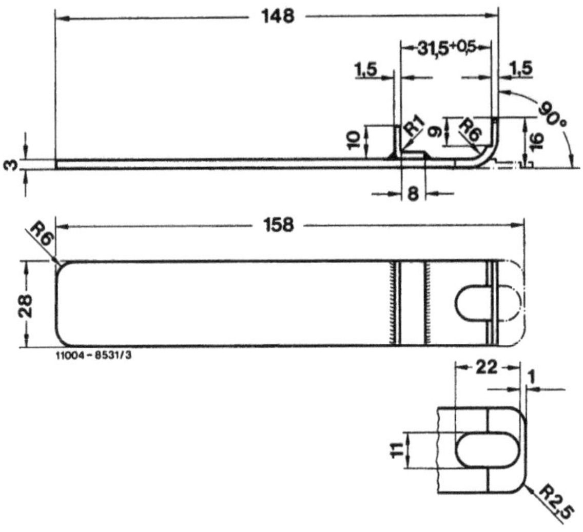

Achtung: Zum Einstellen wird ein Spezialwerkzeug benötigt, das nach den in mm angegebenen Maßen selbst angefertigt werden kann.

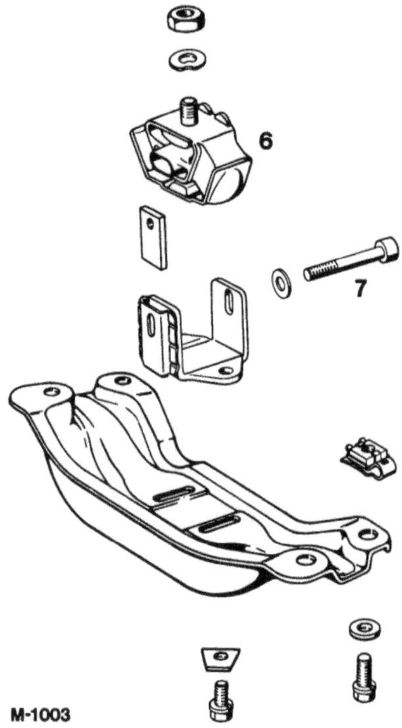

- Einstellschraube –7– am hinteren Motorlager –6– ganz lösen.

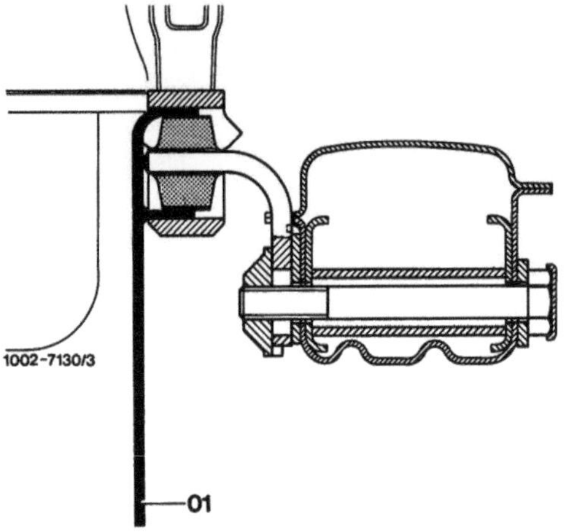

- Einstellwerkzeug –01– wie in der Abbildung gezeigt am vorderen Motoranschlag einsetzen.
- Motor durch Schüttelbewegungen in Querrichtung spannungsfrei einrichten.
- Einstellschraube –7– am hinteren Motorlager mit **30 Nm** festziehen.
- Einstellschraube –2– am vorderen Motoranschlag mit **130 Nm** festziehen und durch Sicherung –3– sichern.
- Einstellehre herausnehmen.

Die Motordurchlüftung

Die Motordurchlüftung ist erforderlich, damit im Kurbelgehäuse kein schädlicher Überdruck entstehen kann.

Da die Kolbenringe nicht vollständig abdichten können, gelangen Verbrennungsgase in das Kurbelgehäuse. Vermischt mit heißen Öl- und Kraftstoffdämpfen kann sich dadurch ein für den Kurbeltrieb schädlicher Überdruck aufbauen. Um dies zu vermeiden, werden die Gase über einen Verbindungsschlauch vom Motor abgesaugt und verbrannt.

Die geschlossene Motordurchlüftung ist wartungsfrei.

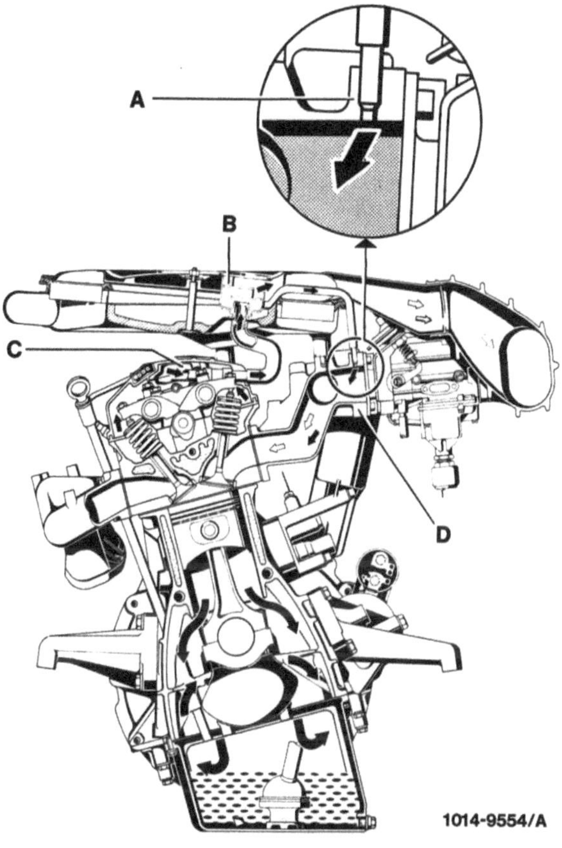

Die heißen Gase strömen durch dẽn Ölabscheider –C– in der Zylinderkopfhaube über eine Rohrleitung zum Wasserabscheider –B– im Luftfilter.

Im Ölabscheider –C– wird das Öl herausgefiltert und läuft über eine 3-mm-Bohrung zurück zum Zylinderkopf.

Vom Wasserabscheider –B– werden die Gase durch eine Bypass-Bohrung –A– im Saugrohr –D– abgesaugt und gelangen mit der Ansaugluft in die Brennräume.

Die Abbildung zeigt die Vergaserversion des Motors 102.

Kernlochdeckel aus- und einbauen

Die Kernlöcher sind mit den Kühlmittelkanälen verbunden und durch Blechdeckel verschlossen. Sollte bei tiefen Außentemperaturen das Kühlmittel einmal gefrieren, werden die Blechdeckel herausgedrückt. Dadurch wird eine Beschädigung des Motorblockes verhindert.

Undichte Kernlochdeckel müssen erneuert werden.

Die Kernlöcher befinden sich seitlich am Motorblock, und zwar auf der rechten Seite 4 Stück in Höhe der einzelnen Zylinder sowie eines etwas unterhalb zwischen dem 3. und 4. Zylinder. Auf der linken Seite befindet sich 1 Kernloch neben der Innensechskantverschlußschraube.

- Jeweiliges Aggregateteil ausbauen, welches den Zugang zum betreffenden Kernlochdeckel behindert.

- Schraubendreher oder schmalen Meißel an eine Kante des Deckels ansetzen.

- Verschlußdeckel vorsichtig auf einer Seite so weit hineinschlagen, bis er sich um ca. 90° gedreht hat.

- Herausstehenden Deckel mit Rohrzange herausziehen.

- Kernloch von Rückständen gründlich reinigen. Die Dichtfläche –Pfeil– muß fettfrei sein.
- Dichtfläche mit Dichtungsmittel (z. B. Loctite Nr. 241 oder Curil) bestreichen.

- Neuen Verschlußdeckel mit geeignetem Dorn hineinschlagen. Dichtungsmittel entsprechend Herstelleranweisung aushärten lassen.
- Ausgebaute Aggregate-Teile einbauen.
- Kühlmittel auffüllen, siehe Seite 79.
- Motor warmfahren, Kühlmittelstand sowie Dichtheit des Kernlochdeckels prüfen.

Kettenspanner aus- und einbauen/prüfen

Bei Kettengeräuschen, die auf einen nicht exakt arbeitenden Kettenspanner schließen lassen, ist der Kettenspanner auszubauen und zu prüfen.

Der Kettenspanner ist auf der rechten Seite in das Kurbelgehäuse eingeschraubt. Er spannt die Steuerkette durch die Federkraft der Druckfeder sowie durch den Öldruck im Kettenspanner, der vom Motoröldruck abhängig ist.

Ausbau

- Keilriemen für Generator ausbauen, siehe Seite 222.

- Generator vom Motor wegschwenken. Dazu Spannschraube –4– herausdrehen und Halter –5– nach oben drücken, eventuell Befestigungsschraube –3– lösen.

- Hutmutter –175– abschrauben. **Achtung:** Mutter steht durch Druckfeder –177– unter Druck.
- Druckfeder herausnehmen, Dichtring –176– abziehen.
- Kettenspannergehäuse mit Innensechskant-Steckschlüsseleinsatz (SW 17) herausdrehen.

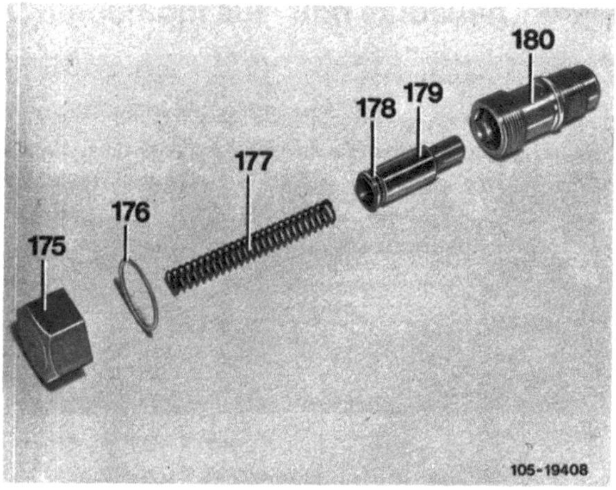

- Druckkolben –179– aus dem Gehäuse –180– herausziehen.

Prüfen

- Einzelteile sorgfältig mit Kraftstoff reinigen und auf Wiederverwendbarkeit (Anlaufspuren, Riefen) prüfen. Gängigkeit des Druckkolbens im Gehäuse prüfen. Beschädigte Teile austauschen, gegebenenfalls Kettenspanner komplett erneuern.

Einbau

- Kettenspannergehäuse in Zylinderkurbelgehäuse hineindrehen und mit 10 Nm festziehen.

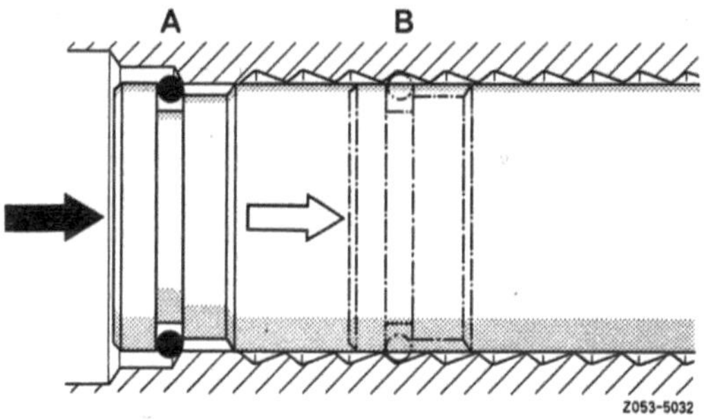

- Druckbolzen mit Rastenfeder –178– bis zur Montageraste –A– einschieben.
- Neuen Dichtring auflegen, Druckfeder einsetzen und Hutmutter mit 70 Nm festziehen.
- Generator mit Spannschraube am Halter anschrauben. Halter am Zylinderkopf mit 45 Nm festschrauben.
- Keilriemen für Generator auflegen und spannen, siehe Seite 222.

Steuerkette aus- und einbauen

Ausbau

- Massekabel von der Batterie abklemmen.
- Grüne Steuerleitung am TSZ-Schaltgerät abziehen.
- Luftfilter ausbauen, siehe Seite 98.
- Zylinderkopfdeckel ausbauen.
- Zündkerzen herausdrehen.
- Kettenspanner ausbauen, siehe Seite 20.
- An einem Glied der Steuerkette beide Kettenbolzen aufschleifen. **Achtung:** Vorher Lappen über Kettenkasten legen, damit keine Teile hineinfallen können.

Einbau

- Neue Steuerkette mit Steckglied an die alte Kette anhängen, dabei geöffnetes Glied herausdrücken.
- Kurbelwelle langsam in Motordrehrichtung weiterdrehen. Dazu Getriebe in Leerlaufstellung bringen, Handbremse anziehen und Steckschlüsseleinsatz (SW 27) mit Umschaltknarre an der Zentralschraube der Kurbelwellen-Riemenscheibe ansetzen.

Achtung: Die neue Steuerkette muß dabei auch das Nokkenwellenrad mitdrehen, da sich sonst die Steuerzeiten verändern. Es darf **nicht** an der Befestigungsschraube des Nockenwellenrades gedreht werden.

- Alte Steuerkette abhängen.

- Neue Steuerkette mit Steckglied –Pfeil– verbinden. Dabei Enden der neuen Kette mit Draht am Nockenwellenrad sichern. Steckglied von hinten einsetzen und vorne mit 2 Sicherungsscheiben sichern. Draht entfernen.
- Motor auf Zünd-OT des 1. Zylinders stellen und Markierung an der Nockenwelle prüfen, siehe Seite 24.
- Kettenspanner einbauen, siehe Seite 20.
- Zündkerzen hineindrehen.
- Zylinderkopfdeckel einbauen.
- Luftfilter einbauen, siehe Seite 98.
- Grüne Steuerleitung am TSZ-Schaltgerät aufschieben.
- Batterie-Masseband anklemmen.

Zylinderkopfdeckel aus- und einbauen

Der Zylinderkopfdeckel besteht aus einer Magnesiumlegierung und ist an der Außenseite mit schwarzem Kunststoff beschichtet. **Achtung:** Beim Einspritzmotor ist im Gegensatz zum Vergasermotor der Luftfilter nur mit einem Gummipuffer am Zylinderkopfdeckel befestigt. Wird ein neuer Deckel eingebaut, muß deshalb die zweite, freie Gewindebohrung zum Schutz gegen Korrosion mit einem Plastikstopfen verschlossen werden. Seit 10/80 kommt ein geänderter Zylinderkopfdeckel mit neuer Dichtung zum Einsatz. Als Ersatzteil kann die neue Dichtung mit dem bisherigen Deckel kombiniert werden, **nicht** jedoch die bisherige Dichtung mit dem neuen Deckel. Die Umrüstung erfolgte beim Vergasermotor ab Motor-End-Nr.: 007028 (Schaltgetriebe) und 001641 (Automatikgetriebe); beim Einspritzmotor ab 013236/008644.

Ausbau

Achtung: Zylinderkopfdeckel nur komplett mit Zündkabeln und Verteilerkappe ausbauen.

- Luftfilter ausbauen, siehe Seite 98.
- Blauen Stecker am Kaltstartventil abziehen und elektrische Leitungen am Rand des Deckels etwas zur Seite drücken.
- Alle Zündkerzenstecker abziehen, Verteilerkappe abnehmen, siehe Seite 60.

- 5 Hutmuttern SW 13 abschrauben und mit Unterlegscheiben abnehmen. Zylinderkopfdeckel komplett mit Zündkabeln abnehmen.

Achtung: Bei festsitzendem Zylinderkopfdeckel (festgesaugt) nicht mit Hammer auf Zylinderkopfhaube schlagen. Zylinderkopfdeckel durch seitliches Drücken von Hand zu lösen versuchen; notfalls mit einem Kunststoffhammer vorsichtig gegen die Ecken schlagen.

Einbau

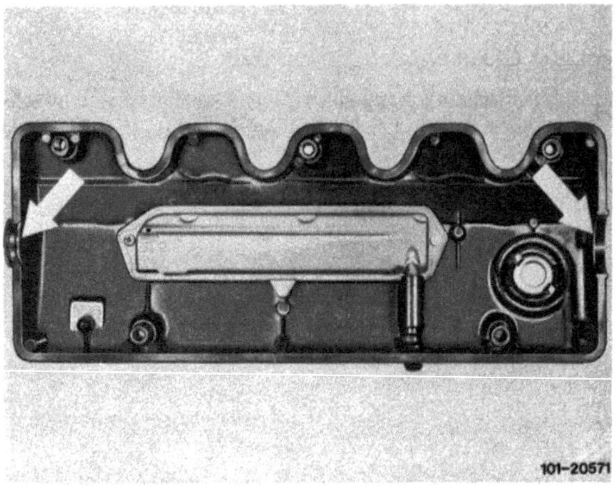

- Dichtung für Zylinderkopfdeckel auf Beschädigungen prüfen, gegebenenfalls ersetzen. Dabei Dichtung zuerst vorn und hinten –Pfeile– einsetzen.
- Zylinderkopfdeckel auf Zylinderkopf setzen.

- Hutmuttern in der angegebenen Reihenfolge von 1 bis 5 stufenweise anziehen. Zuerst alle Muttern mit 3 Nm, dann alle Muttern mit 6 Nm, dann mit 9 Nm, 12 Nm und schließlich alle Muttern in der Reihenfolge von 1 bis 5 mit 15 Nm festziehen.
- Zündkerzenstecker aufschieben, Verteilerkappe einbauen, siehe Seite 60.
- Stecker am Kaltstartventil aufschieben.
- Luftfilter einbauen, siehe Seite 98.
- Motor warmfahren und Zylinderkopfdeckel auf Dichtheit prüfen.

Zylinderkopf aus- und einbauen

Zylinderkopf nur bei abgekühltem Motor ausbauen. Abgas- und Ansaugkrümmer bleiben angeschlossen.

Eine defekte Zylinderkopfdichtung ist an folgenden Merkmalen erkennbar:

- Leistungsverlust.
- Kühlflüssigkeitsverlust. Weiße Abgaswolken bei warmem Motor.
- Ölverlust.
- Kühlflüssigkeit im Motoröl, Ölstand nimmt nicht ab, sondern zu. Graue Farbe des Motoröls, Schaumbläschen am Peilstab, Öl dünnflüssig.
- Motoröl in der Kühlflüssigkeit.
- Kühlflüssigkeit sprudelt stark.
- Keine Kompression auf 2 benachbarten Zylindern.

Ausbau

- Motorhaube senkrecht stellen, siehe Seite 13.
- Grüne Steuerleitung am TSZ-Schaltgerät abziehen.
- Kühlmittel ablassen, siehe Seite 79.
- Luftfilter ausbauen, siehe Seite 98.
- Batterie-Massekabel abklemmen.
- Bei Fahrzeugen mit Niveauregulierung: Druckölpumpe abschrauben und zur Seite legen, siehe Seite 13.

- Befestigungsschraube –Pfeil– für den Halter der Rücklaufleitung von der Saugrohrbeheizung herausdrehen.
- Heizungsschlauch hinten am Zylinderkopf abziehen, vorher Schelle öffnen und zurückschieben.
- Sämtliche Kraftstoff- und Unterdruckschläuche zum Zylinderkopf mit Tesaband kennzeichnen und abziehen.
- Elektrische Leitungen zum Zylinderkopf mit Tesaband kennzeichnen und abziehen.
- Rückzugfeder am Drosselklappen-Betätigungshebel aushängen.
- Längsregulierwelle ausbauen, siehe Seite 14.

- **Vergasermotor:** Befestigungsmutter –Pfeil– für Saugrohrstütze abschrauben. **Achtung:** Bis 6/81 ist die Stütze direkt am Saugrohr befestigt.

- **Einspritzmotor:** Befestigungsschraube für Saugrohrstütze herausdrehen.

- Führungsrohr für Ölmeßstab am Abgaskrümmer lösen –Pfeil–. Rohrschelle aushängen, Ölmeßstab herausziehen und Führungsrohr mit Stopfen verschließen.

- Bei Fahrzeugen mit Klimaanlage: Befestigungsschrauben für Halter der Rohrgruppe herausdrehen –Pfeile–.

- Bei Fahrzeugen mit automatischem Getriebe: Befestigungsschraube –Pfeil– für Ölmeßstab-Führungsrohr abschrauben.
- Falls vorhanden, Steuerdruckstange aushängen und die Befestigungsschraube für den Halter der Unterdruckleitung herausdrehen.
- Vorderes Abgasrohr vom Abgaskrümmer abschrauben.

- Obere Schlauchschelle der Kurzschlußleitung –Pfeil rechts– öffnen und zurückschieben.
- Entlüftungsleitung –Pfeil links– zwischen dem Kühlmittelpumpengehäuse und dem Thermostatgehäuse abschrauben und herausnehmen.
- Keilriemen ausbauen und Generator vom Motor wegschwenken, siehe Seite 222.
- Zylinderkopfdeckel ausbauen, siehe Seite 22.
- Motor auf Zünd-OT des 1. Zylinders stellen. Dazu Getriebe in Leerlaufstellung bringen, Handbremse anziehen. Kurbelwelle mit Umschaltknarre und Steckschlüsseleinsatz SW 27 an der Zentralschraube der Kurbelwellen-Riemenscheibe in Motordrehrichtung, also im Uhrzeigersinn, durchdrehen bis die folgenden Markierungen übereinstimmen.

Achtung: Nicht an der Befestigungsschraube des Nockenwellenrades drehen. Kurbelwelle nicht rückwärts drehen, weil sonst der Druckbolzen des Rasten-Kettenspanners nach vorne springen kann.

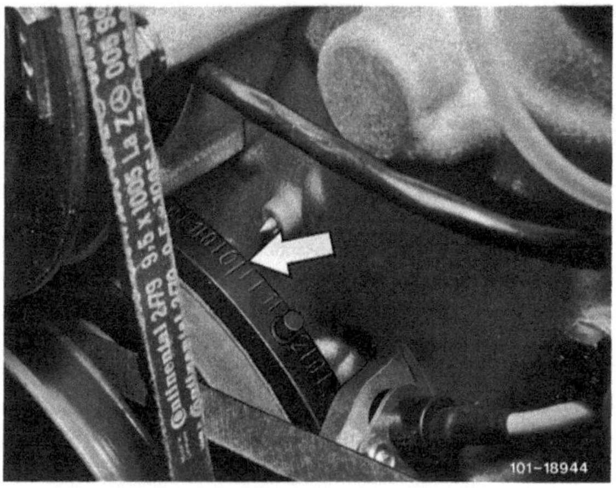

- Die OT-Markierung auf der Kurbelwellen-Riemenscheibe muß sich unterhalb des Zeigers –Pfeil– befinden.

- Gleichzeitig muß die Kerbe im Bund der Nockenwelle mit der Kante am Zylinderkopf fluchten.

Achtung: Wenn die Kerbe am Nockenwellenbund nicht zu sehen ist, während die Riemenscheibe auf OT steht, dann Kurbelwelle um eine volle Umdrehung weiterdrehen. Lassen sich die Markierungen an Nockenwelle und Riemenscheibe nicht gleichzeitig in Übereinstimmung bringen, Motor so verdrehen, daß die Markierung am Nockenwellenbund mit dem Zylinderkopf fluchtet und dann die Stellung der Riemenscheibe zum Zeiger prüfen. Steht die Riemenscheibe 6° oder mehr versetzt zum Bezugszeiger, müssen die Steuerzeiten neu eingestellt werden (Werkstattarbeit). Bei weniger als 6° Kurbelwinkel Motor in dieser Stellung belassen.

- Kettenspanner ausbauen, siehe Seite 20.

Achtung: Die Verschlußmutter steht unter Druck. Darauf achten, daß die Druckfeder nicht herausspringt.

- Stellung von Nockenwellenrad und Steuerkette zueinander kennzeichnen. Mit Reißnadel Strich über Kette und Rad ziehen oder Farbklecks anbringen, damit beim Zusammenbau die Kette an gleicher Stelle auf dem Zahnrad montiert werden kann.
- Befestigungsschraube –Pfeil– herausdrehen. Dabei Nokkenwelle hinten am Zweikant mit Gabelschlüssel (SW 24 mm) gegenhalten.

Achtung: Bei Fahrzeugen mit Niveauregulierung Mitnehmerhülse und Nockenwellenrad mit Innensechskantschlüssel lösen. Mitnehmerscheibe herausnehmen.

- Nockenwellenrad abnehmen. Darauf achten, daß die Scheibenfeder nicht in das Steuergehäuse fällt.

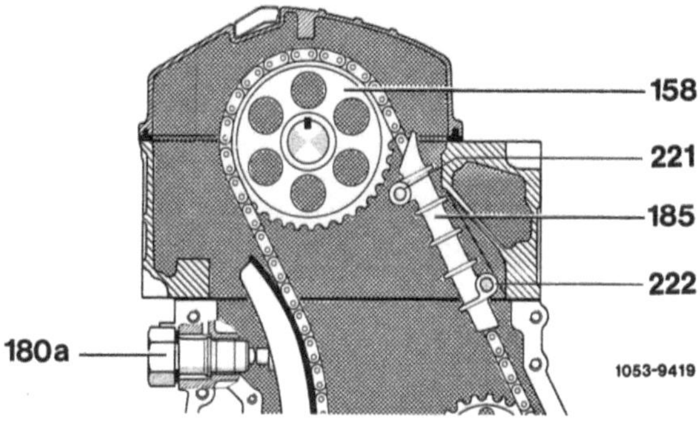

- Zwei Bolzen –221– und –222– mit Schlagauszieher und M6-Gewindebolzen herausschlagen.
- Steht das Ausziehwerkzeug nicht zur Verfügung, kann der Bolzen auch mit Hilfe einer 10er-Nuß (Länge des Vierkants = ½ Zoll) und einer M6-Schraube (ca. 3fache Nußlänge) mit Kontermutter herausgezogen werden. Dazu Kontermutter auf die M6-Schraube aufschrauben und eine Unterlegscheibe über die Schraube schieben. 10er-Nuß über dem Bolzen ansetzen, M6-Schraube in das Gewinde des Bolzens einschrauben und Kontermutter an der Nuß zur Anlage bringen. Die Unterlegscheibe dient zur Verbesserung der Anlagefläche. Schraubenkopf mit einem Ringschlüssel festhalten, gleichzeitig Kontermutter mit einem Maulschlüssel gegen die Nuß drehen und dadurch den Bolzen herausziehen.

Achtung: Der Bolzen sitzt unter Umständen sehr fest. Deshalb nur einwandfreies Werkzeug verwenden. Schraube ganz in das Gewinde des Bolzens reindrehen, gegebenenfalls Gewinde vorher reinigen.

- Gleitschiene –185– für Steuerkette herausnehmen. Weitere abgebildete Teile: 158 – Nockenwellen-Zahnrad, 180a – Kettenspanner.

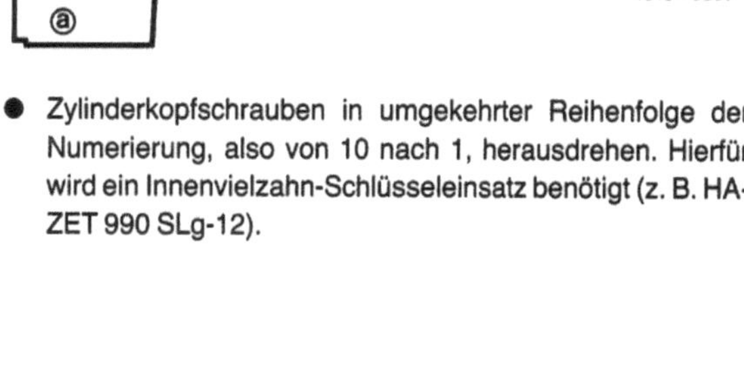

- Zylinderkopfschrauben in umgekehrter Reihenfolge der Numerierung, also von 10 nach 1, herausdrehen. Hierfür wird ein Innenvielzahn-Schlüsseleinsatz benötigt (z. B. HAZET 990 SLg-12).

- 4 Innensechskantschrauben –Pfeile– herausdrehen (z. B. mit HAZET-Innensechskant-Steckschlüsseleinsatz 986 SLg-6).
- Zylinderkopf abheben. Der Zylinderkopf kann auch mit einem Werkstattkran abgehoben werden, dazu entsprechendes Seil oder eine Kette in die Aufhängeösen einhängen.
- Druckbolzen des Kettenspanners nach vorn (zum Kettenkasten) aus dem Kettenspannergehäuse herausziehen.

Einbau

Vor dem Einbau Zylinderkopf und Zylinderblock mit geeignetem Schaber von Dichtungsresten freimachen. Darauf achten, daß keine Dichtungsreste in die Bohrungen fallen. Bohrungen mit Lappen verschließen.

- Zylinderkopf und Motorblock mit Stahllineal in Längs- und Querrichtung auf Planheit prüfen, gegebenenfalls nacharbeiten (Werkstattarbeit).
- Zylinderkopf auf Risse, Zylinderlauffläche auf Riefen überprüfen.
- Bohrungen der Zylinderkopfschrauben sorgfältig von Öl und anderen Rückständen reinigen.
- Zylinderkopfdichtung grundsätzlich ersetzen.
- Neue Dichtung ohne Dichtmittel so auflegen, daß keine Bohrungen verdeckt werden.
- Vor Aufsetzen des Zylinderkopfes prüfen, ob sich die Nockenwelle in OT-Stellung befindet, siehe unter Ausbau.
- Zylinderkopf aufsetzen. **Achtung:** Der Zylinderkopf wird durch Paßstifte im Zylinderblock zentriert. Außerdem den Stutzen des Thermostatgehäuses bereits beim Aufsetzen in den Kühlmittel-Kurzschlußschlauch einführen.
- Länge der Zylinderkopfschrauben ab Unterkante Schraubenkopf messen. **Die Länge im Neuzustand beträgt 119 mm.** Bei einer Länge von **122 mm** sind die Kopfschrauben auf jeden Fall zu **ersetzen.**
- Zylinderkopfschrauben am Gewinde und an der Kopfauflagefläche einölen, einsetzen und handfest anziehen.

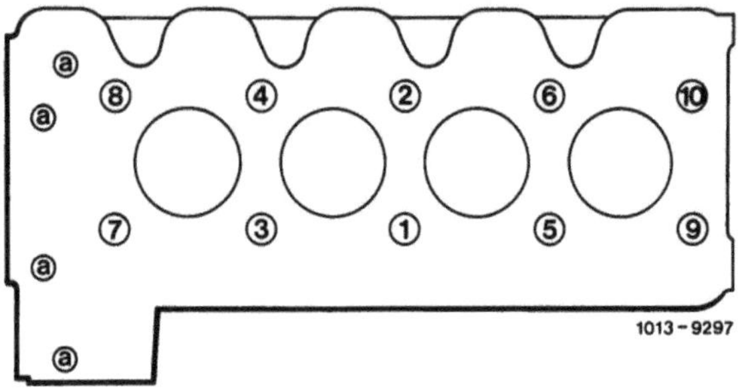

- Zylinderkopfschrauben gemäß der Reihenfolge von 1 bis 10 in **drei Stufen** anziehen.

Achtung: Das Anziehen der Zylinderkopfschrauben ist mit größter Sorgfalt durchzuführen. Vor dem Anziehen der Schrauben sollte der Drehmomentschlüssel auf seine Genauigkeit überprüft werden.

- Beim Anziehen zuerst Zylinderkopfschrauben der Reihe nach – von 1 bis 10 – mit Drehmomentschlüssel und **70 Nm** festziehen. In der **2. Stufe** alle Schrauben von 1 bis 10 mit einem **starren Schlüssel um 90°** weiterdrehen. In der **3. Stufe** Zylinderkopfschrauben von 1 bis 10 mit **starrem Schlüssel um 90°** weiterdrehen.

Achtung: Beim Anziehen der Zylinderkopfschrauben Drehwinkel abschätzen. Schlüsselgriff längs zum Motor ansetzen und in einem Zug drehen, bis der Griff quer zum Motor steht.

- Gleitschiene in Zylinderkopf einsetzen und Haltebolzen einschlagen.
- Prüfen ob die Steuerkette einwandfrei in die Zähne von Kurbelwellen- und Zwischenwellenrad eingreift.
- Nockenwellenrad in die Steuerkette so einsetzen, daß die angebrachten Markierungen übereinstimmen.
- Falls herausgenommen, Scheibenfeder in den Nockenwellenflansch einsetzen.
- Nockenwellenrad auf Nockenwelle schieben, der breite Bund des Rades zeigt dabei zur Nockenwelle.

- Befestigungsschraube für Nockenwellenrad mit **80 Nm** festziehen, dabei am Zweikant der Nockenwelle mit Gabelschlüssel gegenhalten.

- Bei Fahrzeugen mit Niveau-Regulierung vorher Mitnehmerhülse einsetzen und mit Innensechskantschraube befestigen.
- Kettenspanner einbauen, siehe Seite 20.
- Zünd-OT-Stellung von Kurbelwelle und Nockenwelle überprüfen, siehe unter Ausbau.

Achtung: Die Markierungen müssen zumindest soweit übereinstimmen wie vor dem Ausbau, sonst können beim Durchdrehen des Motors Kolben und/oder Ventile beschädigt werden.

- Zylinderkopfdeckel einbauen, siehe Seite 22.
- Keilriemen einbauen und spannen, siehe Seite 222.
- Oberen Kühlmittelschlauch aufschieben und ebenso wie Kurzschlußleitung mit Schlauchschelle sichern. Entlüftungsleitung am Kühlmittelreglergehäuse und am Kühlmittelpumpengehäuse anschrauben.
- Steuerdruckstange einhängen und Halter für Unterdruckleitung anschrauben.
- Bei Fahrzeugen mit Klimaanlage: Halter für Rohrgruppe anschrauben.
- Führungsrohr für Ölmeßstab anschrauben, Meßstab einsetzen.
- Befestigungsschraube für Saugrohrstütze anschrauben.
- Längsregulierwelle einsetzen und mit Klammer sichern. Regulierstangen aufdrücken.
- Rückzugfeder für Betätigungshebel einhängen.
- Sämtliche Kühlmittel-, Kraftstoff- und Unterdruckschläuche aufschieben und mit Schellen sichern.
- Elektrische Leitungen entsprechend der angebrachten Markierungen aufschieben.
- Vorderes Abgasrohr an Abgaskrümmer anschrauben.
- Bei Fahrzeugen mit Niveau-Regulierung: Druckölpumpe mit 13 Nm anschrauben.
- Batterie-Massekabel anklemmen.
- Luftfilter einbauen, siehe Seite 98.
- Kühlmittel auffüllen, siehe Seite 79.
- Ölstand im Motor prüfen, gegebenenfalls Öl nachfüllen. Wurde der Zylinderkopf abgebaut aufgrund einer defekten Zylinderkopfdichtung, empfiehlt sich ein vorgezogener Ölwechsel einschließlich eines Ölfilterwechsels, da sich im Motoröl Kühlflüssigkeit befinden kann.
- Grüne Steuerleitung am TSZ-Schaltgerät aufschieben.
- Motor auf Betriebstemperatur bringen und sämtliche Anschlüsse auf Dichtheit überprüfen.

Achtung: Ein Nachziehen der Zylinderkopfschrauben und Einstellen des Ventilspiels bei betriebswarmem Motor ist nicht erforderlich.

Nockenwelle aus- und einbauen

Achtung: Werden Teile der Ventilsteuerung wieder verwendet, müssen diese an gleicher Stelle wieder eingebaut werden. Damit keine Verwechselungen vorkommen, empfiehlt es sich, ein entsprechendes Ablagebrett anzufertigen.

Die Nockenwelle wird bei eingebautem Zylinderkopf nach oben ausgebaut. Falls die Nockenwelle erneuert wird, müssen grundsätzlich auch die Kipphebel und Kipphebelachsen erneuert werden.

Ausbau

- Batterie- Masseband abklemmen.
- Luftfilter ausbauen, siehe Seite 98.
- Zylinderkopfdeckel ausbauen, siehe Seite 22.
- Grüne Steuerleitung am TSZ-Schaltgerät abziehen.
- Motor auf Zünd-OT des 1. Zylinders stellen, siehe Seite 60.
- Kettenspanner ausbauen, siehe Seite 20.
- Nockenwellenrad ausbauen, siehe Seite 25.
- Kipphebellagerböcke ausbauen, siehe Seite 28.
- Nockenwelle nach oben herausnehmen.

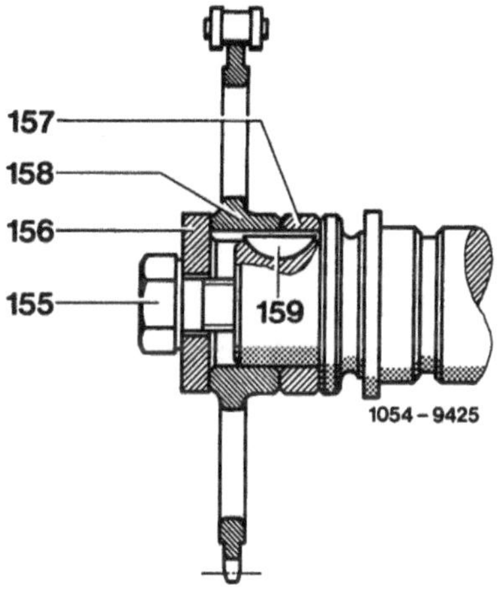

- Scheibenfeder –159– und Abstandsring –157– von der Nockenwelle abnehmen. Weitere abgebildete Teile: 155 – Befestigungsschraube, 156 – Scheibe, 158 – Nockenwellen-Zahnrad.

Einbau

Achtung: Bei starker Riefenbildung können die Nockenwellenlager im Zylinderkopf und in den Kipphebellagerböcken um 0,5 mm aufgebohrt werden (Werkstattarbeit). Danach muß eine Nockenwelle mit Übermaß-Lagerzapfen eingebaut werden.

- Sämtliche Einbauteile sorgfältig mit Waschbenzin reinigen, Dichtflächen säubern.

- Nockenwelle mit Motoröl einölen und so einsetzen, daß die Markierung am Fixierbund mit der Kante am Zylinderkopf übereinstimmt –Pfeil–.

Achtung: Falls die Nockenwelle erneuert wird, müssen grundsätzlich auch die Kipphebel und Kipphebelachsen erneuert werden. Bei Lagerfressern oder starker Riefenbildung müssen die Nockenwelle und der Zylinderkopf mit Lagerböcken erneuert werden. In diesem Fall wichtig: Motoröl und Ölfilter wechseln.

- Kipphebellagerböcke einbauen, siehe Seite 28.
- Scheibenfeder in Nockenwelle einsetzen und Abstandsring aufschieben.
- Nockenwellenrad einbauen, siehe Seite 26.
- Druckfeder mit Dichtring einsetzen und Kettenspanner-Verschlußmutter mit 70 Nm anschrauben.
- Zünd-OT-Stellung des Motors prüfen, siehe Seite 60.
- Ventilspiel einstellen, siehe Seite 47.
- Zylinderkopfhaube einbauen, siehe Seite 34.
- Luftfilter einbauen, siehe Seite 98.
- Stecker am Schaltgerät aufschieben.
- Batterie-Masseband anklemmen.

Kipphebellagerböcke/Kipphebel aus- und einbauen

Achtung: Die Kipphebellagerböcke dürfen untereinander nicht vertauscht werden.

Ausbau

- Luftfilter ausbauen, siehe Seite 98.
- Zylinderkopfdeckel ausbauen, siehe Seite 22.
- Grüne Steuerleitung am TSZ-Schaltgerät abziehen.
- Motor auf Zünd-OT stellen. Die Markierung am Fixierbund der Nockenwelle muß gleichzeitig mit der Kante am Zylinderkopf übereinstimmen, siehe Seite 24.
- Kettenspanner-Verschlußmutter abschrauben. **Achtung:** Mutter steht unter Druck. Druckfeder nicht verlieren. Druckfeder und Dichtring abnehmen, siehe Seite 20.

Achtung: Sofern mindestens ein Kipphebellagerbock eingebaut bleibt, braucht das Nockenwellenrad nicht ausgebaut zu werden.

- Nockenwellenrad ausbauen, siehe Seite 25.
- Kontermuttern der Ventilspiel-Einstellschrauben lösen und Einstellschrauben so weit wie möglich nach oben herausdrehen.

- Ölrohr abschrauben –Pfeile–.

- Befestigungsschrauben –81– herausdrehen und Kipphebellagerböcke –1, 2, 3, 4, 5 und 6– abnehmen. Festsitzende Lagerböcke durch leichte Schläge mit Kunststoffhammer lösen.
- Lagerböcke zusammen mit Kipphebelachse und Kipphebeln herausnehmen.

- Zum Ausbau der Kipphebel muß die Kipphebelachse herausgezogen werden. Dazu Schraube M8 in die Stirnseite der Kipphebelachse einschrauben und Achse herausziehen.

Einbau

Falls die Kipphebel erneuert werden, sind grundsätzlich auch die Kipphebelachsen und die Nockenwelle zu ersetzen.

Ist ein Lagerbock defekt, kann dieser durch einen Ersatzteil-Lagerbock ersetzt werden. Der Ersatzteil-Lagerbock besitzt eine um 0,05 mm größere Nockenwellenlager-Halbbohrung, damit ein Klemmen der Nockenwelle vermieden wird. **Achtung:** Falls 2 oder mehr Lagerböcke erneuert werden müssen, Lagerböcke nacheinander anschrauben. Dabei jeweils Nokkenwelle drehen und dadurch auf Freigang prüfen.

Achtung: Die Kipphebellagerböcke dürfen untereinander nicht vertauscht werden. Sie sind deshalb an der rechten Seite von vorne nach hinten mit den Zahlen 1, 2, 3 und 4 gekennzeichnet. Die Kennzeichnung des Lagerbockes muß mit der Zahl übereinstimmen, die am Zylinderkopf angegossen ist –Pfeile–. Werden die Lagerböcke ersetzt, müssen die entsprechenden Kennzahlen nach dem Einbau eingeschlagen werden.

Unterschiede der Kipphebellagerböcke:
Vorderer Lagerbock: Kennzahl 1, besitzt 2 Lagerstellen.
Mittlere Lagerböcke: Kennzahl 2 und 3, je eine Lagerstelle.
Hinterer Lagerbock: Kennzahl 4, besitzt Anschlußbohrung für Ölrohr.

- Nockenwellen-Lagerzapfen mit Motoröl einölen.
- Kipphebel-Lagerböcke so einsetzen, daß die Auflageflächen für das Ölrohr nach hinten zeigen –Pfeile oben–. Die Kennzahlen der Lagerböcke müssen auf der rechten Seite (in Fahrtrichtung gesehen) stehen und die Zahlen mit denen am Zylinderkopf übereinstimmen. Die Lagerböcke werden durch je 2 Paßhülsen fixiert.
- Kipphebel und Kipphebelachsen einölen und in Lagerböcke einsetzen.
- Ölrohr ansetzen, Befestigungsschrauben –81 und 81a wie in Abbildung 105-19279/2 gezeigt– hineindrehen.

Achtung: Vor Einsetzen der Befestigungsschrauben für die Kipphebellagerböcke Kipphebelachse so drehen, daß die Halbbohrungen –siehe Pfeil in Abbildung 105-19273– mit den Bohrungen in den Kipphebeln übereinstimmen. Die Halbbohrungen dienen zur Fixierung der Kipphebelachse durch die Schäfte der Befestigungsschrauben.

- Nockenwellenrad einbauen, siehe Seite 25.
- Befestigungsschrauben über Kreuz mit **21 Nm** festziehen.

Achtung: Die Befestigungsschrauben dürfen nur bei entlasteten Kipphebeln festgezogen werden. Entlastete Kipphebel lassen sich auf und ab bewegen, gegebenenfalls Kurbelwelle weiterdrehen. Beim Festziehen der Schrauben Nockenwelle drehen, um ein Klemmen zu verhindern.

- Druckfeder mit Dichtring einsetzen und Kettenspanner-Verschlußmutter mit 70 Nm anschrauben.
- Motor auf Zünd-OT stellen und Stellung der Nockenwelle überprüfen, siehe Seite 60/25.
- Ventilspiel einstellen, siehe Seite 47.

- Zylinderkopfdeckel einbauen, siehe Seite 22.
- Luftfilter einbauen, siehe Seite 98.
- Stecker am Schaltgerät aufschieben.

Ventilschaftabdichtungen ersetzen

Hoher Ölverbrauch kann auf verschlissene Ventilschaftabdichtungen zurückzuführen sein. Die Ventilschaftabdichtungen können auch bei eingebautem Zylinderkopf ausgebaut werden. Allerdings wird dann Preßluft benötigt.

Ausbau

Achtung: Werden Teile der Ventilsteuerung wieder verwendet, müssen diese an gleicher Stelle wieder eingebaut werden. Damit keine Verwechselungen vorkommen, empfiehlt es sich, ein entsprechendes Ablagebrett anzufertigen.

- Luftfilter ausbauen, siehe Seite 98.
- Zylinderkopfhaube ausbauen, siehe Seite 22.
- Zündkerzen herausdrehen.
- Kolben des jeweiligen Zylinders in den Oberen Totpunkt (OT) bringen, siehe Seite 48.

Achtung: Wenn die OT-Markierung auf der Kurbelwellen-Riemenscheibe mit der Bezugsmarke übereinstimmt, stehen die Kolben in Zylinder 1 und 4 im OT. Steht die 180°-Marke der Riemenscheibe der Bezugsmarke gegenüber, dann befinden sich die Kolben für Zylinder 2 und 3 im OT.

- Kontermutter der Ventilspiel-Einstellschrauben lösen und Einstellschrauben so weit wie möglich herausdrehen.
- Kipphebel und Kipphebellagerböcke ausbauen, siehe Seite 28.

- Abstützbock für Hebeldrücker anschrauben und Hebeldrücker einhängen.

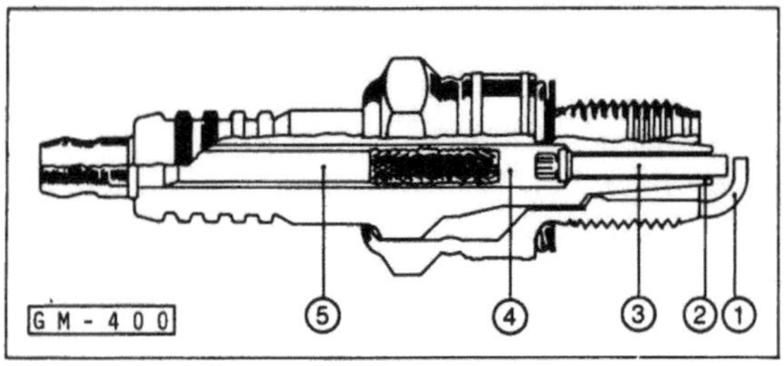

- An einer alten Zündkerze Masseelektrode –1– abkneifen. Keramik-Isolator –2– mit Schraubendreher abbrechen und Mittelelektrode –3– durch Hin- und Herbiegen abbrechen und herausnehmen. Rest der Mittelelektrode zusammen mit Glasschmelze –4– und Anschlußbolzen –5– mit geeignetem Durchschlag (ca. 3 mm) heraustreiben. Dabei Zündkerze in Schraubstock einspannen oder in entsprechenden Schraubendrehereinsatz (Stecknuß) einsetzen. **Achtung:** Das Gewinde der Zündkerze darf nicht beschädigt werden, um Folgeschäden an der Gewindebohrung im Zylinderkopf zu vermeiden.
- Zündkerze in den betreffenden Zylinder einschrauben und mit Druckluftschlauch verbinden.
- Über den Druckluftschlauch ständig mindestens 6 bar Überdruck in den Zylinder blasen.
- Hebeldrücker am Ventilfederteller ansetzen und Ventilfeder zusammendrücken.
- Ventilkegelstücke mit Magnetheber vom Ventilschaft abnehmen.

Achtung: Ventilfeder **nicht** ohne Druckluft ausbauen, sonst können Beschädigungen an Ventilen und Kolben entstehen.

- Ventilfederteller und Ventilfeder herausnehmen.
- Ventilschaft-Abdichtungen mit einem Schraubendreher abdrücken oder mit einer Zange abziehen. **Achtung:** Dabei Ventilschaft und Ventilführung nicht beschädigen.

- Ventilschaft an der Nut –Pfeil– mit feinem Schmirgelleinen entgraten.
- Ventilführungen im Anlagebereich der Ventilschaft-Abdichtungen auf Verschleiß prüfen. Falls kein fester Sitz der Ventilschaft-Abdichtungen mehr gewährleistet ist, Ventilführungen erneuern (Werkstattarbeit).

Einbau

- Eingeschlagene Ventilkegelstücke, Federteller und Druckringe erneuern.
- Ventilführungen, die an der Haltenut für die Ventilschaft-Abdichtung ausgeschlagen sind, müssen erneuert werden (Werkstattarbeit).

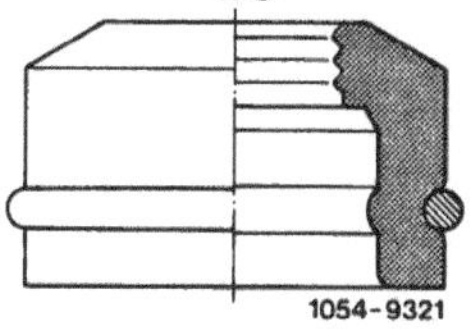

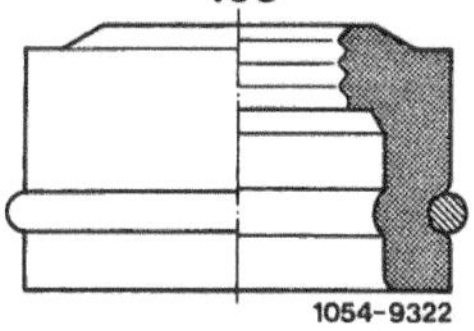

Achtung: Auslaß-Ventilschaft-Abdichtungen –170– und Einlaß-Ventilschaft-Abdichtungen –169– nicht verwechseln.

- Ventilschaft-Abdichtung einölen und von Hand aufdrücken.

Achtung: Bei der Montage der Einlaß-Ventilschaft-Abdichtung vorher Montagehülse auf den Ventilschaft setzen. Die Montagehülse liegt dem Reparatursatz bei. Beim Aufschieben ohne Montagehülse wird die Dichtlippe der Ventilschaft-Abdichtung beschädigt.

- Ventilfedern und Ventilfederteller einsetzen und spannen.
- Ventilkegelstücke einsetzen, Ventilfedern entspannen.
- Kipphebel und Kipphebellagerböcke einbauen, siehe Seite 28.
- Ventilspiel einstellen, siehe Seite 47.
- Zylinderkopfdeckel einbauen, siehe Seite 34.
- Zündkerzen einschrauben, Zündleitungen anschließen, siehe Seite 60.
- Luftfilter einbauen, siehe Seite 98.

Ventil aus- und einbauen

Ausbau

Achtung: Werden Teile der Ventilsteuerung wieder verwendet, müssen diese an gleicher Stelle wieder eingebaut werden. Damit keine Verwechselungen vorkommen, empfiehlt es sich, ein entsprechendes Ablagebrett anzufertigen.

- Zylinderkopf ausbauen und auf 2 Holzleisten legen, siehe Seite 23.
- Ventilschaftabdichtungen ausbauen, siehe Seite 30.

Achtung: Zum Spannen der Ventilfedern kann auch ein handelsüblicher Ventilspanner eingesetzt werden. Je nach verwendetem Werkzeug müssen dann aber Kipphebel, Ansaug- bzw. Abgaskrümmer abgeschraubt werden.

- Ventile zur Brennraumseite aus Zylinderkopf herausziehen.

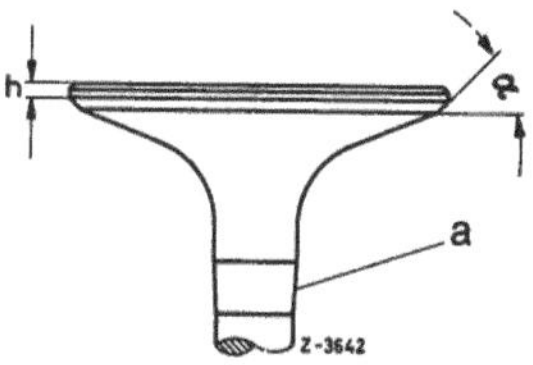

- Ventile reinigen. Ventile mit verbranntem Ventilteller, mit zu geringer Höhe –h– des Ventiltellers und mit abgenütztem oder riefigem Ventilschaft –a– sind zu erneuern.

Höhe –h– des Ventiltellers:

	Neu	Verschleißgrenze
Einlaßventil	1,6 mm	1,0 mm
Auslaßventil	2,7 mm	2,0 mm

- Die Werkstatt kann den Ventilschaft auf Schlag prüfen. Der zulässige Schlag darf nicht mehr als 0,03 mm betragen.

Achtung: Auslaßventile sind natriumgefüllt. Sie dürfen nicht eingeschmolzen oder als Werkzeug (z. B. Durchschlag) verwendet werden. Explosionsgefahr!

Einbau

Vor Einbau der Ventile Ventilführungen prüfen, eventuell Ventilsitze nacharbeiten, siehe Seite 32.

Achtung: Wird ein neues Ventil eingebaut, auf jeden Fall vorher Ventilsitz nacharbeiten.

- Ventilschaft an der Anlagefläche der Ventilkegelstücke entgraten.
- Ventilschaft und Ventilführung mit Motoröl leicht einölen und Ventil einsetzen.
- Ventilschaft-Abdichtung einbauen, siehe Seite 30.
- Ventilfeder einbauen, siehe Seite 31.
- Anschließend nächstes Ventil einbauen. Dabei Ein- und Auslaßventil nicht verwechseln.
- Zylinderkopf einbauen, siehe Seite 22.

Ventilführungen prüfen

Bei Instandsetzungsarbeiten von Zylinderköpfen mit undichten Ventilen genügt es nicht, die Ventile und Ventilsitze zu bearbeiten beziehungsweise zu erneuern. Es ist außerdem dringend erforderlich, die Ventilführungen auf Verschleiß zu prüfen. Besonders wichtig ist die Prüfung an Motoren mit längerer Laufzeit. Verschlissene Ventilführungen gewährleisten keinen zentrischen Ventilsitz und führen zu hohem Ölverbrauch. Ist der Verschleiß zu groß, sind die Ventilführungen zu erneuern (Werkstattarbeit).

- Ventil ausbauen.

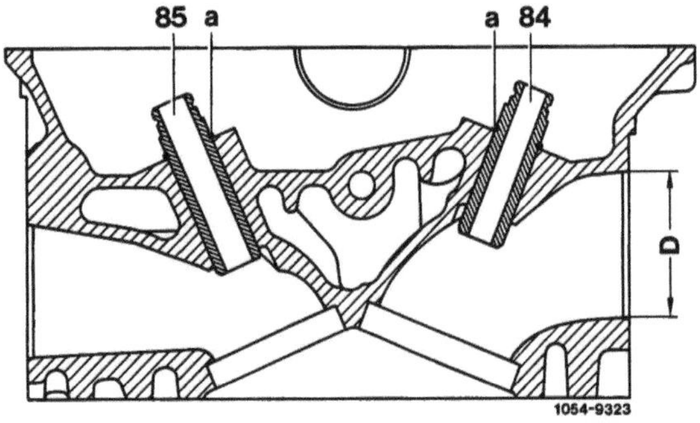

- Ventilführung –84, 85– mit einer Zylinderbürste (Ø ca. 20 mm) reinigen.
- Ventil von der Brennraumseite her in die Ventilführung einführen und Spiel durch seitliches Hin- und Herbewegen des Ventils prüfen. Die Ventilführung darf dabei kein spürbares Spiel aufweisen. –84– Ventilführung für Einlaßventil, –85– Ventilführung für Auslaßventil, –a– Sprengring.
- Gegebenenfalls Ventilführungen erneuern lassen (Werkstattarbeit).

Ventilsitz im Zylinderkopf nacharbeiten

Ventilsitze mit Verschleiß- oder Verbrennungsspuren können nachgearbeitet werden, solange die Korrekturwinkel und Sitzbreiten eingehalten werden. Andernfalls muß der Zylinderkopf ersetzt werden. Ventilsitzringe können mit den üblichen Werkstattmitteln erneuert werden. Für das Nacharbeiten wird ein Ventilsitz-Drehgerät benötigt. Diese Arbeiten sollte man von einer Werkstatt durchführen lassen.

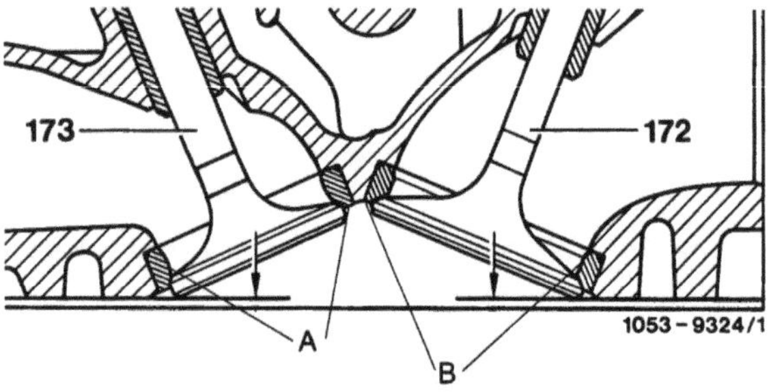

Ventilsitzring –A– für Auslaßventil –173–.
Ventilsitzring –B– für Einlaßventil –172–.

Keilriemenbelegung

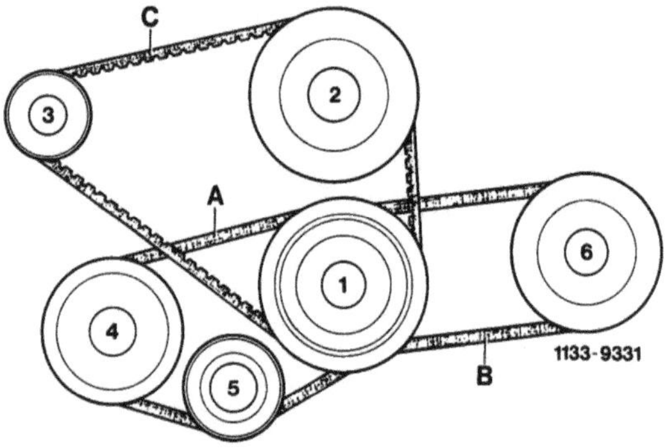

1 – Kurbelwelle	4 – Kältekompressor
2 – Kühlmittelpumpe	5 – Spannrolle
3 – Drehstromgenerator	6 – Lenkhilfpumpe.

- Keilriemen –A–, 12,5x875 mm, für Kältekompressor spannen, siehe Seite 210.
- Keilriemen –B–, 12,5x750 mm, für Lenkhilfpumpe spannen, siehe Seite 155.
- Keilriemen –C–, 9,5x1005 mm, für Generator spannen, siehe Seite 222.

Motor 115/123

Die Kenn-Nummer 115 weist auf einen Reihenmotor mit 4 Zylindern hin, der in die Typen 200 und 230 von Januar 1976 bis Juni 1980 eingebaut ist. Mit dem Motor 123, der 6 in Reihe angeordnete Zylinder besitzt, ist der Typ 250 von Januar 1976 bis Dezember 1984 ausgerüstet.

Das Triebwerk ist im Motorraum längs zur Fahrtrichtung eingebaut und kann nur mit einem geeigneten Kran nach oben herausgehoben werden.

In den aus Grauguß bestehenden Motorblock sind die Zylinderbohrungen eingelassen. Bei hohem Verschleiß oder Riefen an den Zylinderwänden können die Zylinder von einer Fachwerkstatt gehont, also ausgeschliffen werden. Anschließend müssen dann allerdings Kolben mit Übermaß eingebaut werden. Unten im Zylinderkurbelgehäuse befindet sich die Kurbelwelle, die im Motor 115 von 5 und im Motor 123 von 4 Kurbelwellenlagern abgestützt wird. Über Gleitlager sind die Pleuel, die die Verbindung zu den Kolben herstellen, mit der Kurbelwelle verbunden. Den unteren Abschluß des Motors bildet die Ölwanne, in der sich das für die Schmierung und Kühlung erforderliche Motoröl sammelt. Oben auf den Motorblock ist der Leichtmetall-Zylinderkopf aufgeschraubt. Er besteht aus Aluminium, weil dieses Metall eine bessere Wärmeleitfähigkeit und ein geringeres spezifisches Gewicht gegenüber Grauguß aufweist.

Abgas- und Ansaugkrümmer sind raumsparend auf der rechten Seite des Zylinderkopfes angeordnet. Die Nockenwelle sitzt zentral oben im Zylinderkopf und wird durch eine Steuerkette von der Kurbelwelle angetrieben. Ein hydraulischer Kettenspanner sorgt dafür, daß die Kette immer richtig gespannt ist. Die Nockenwelle betätigt über Schwinghebel die senkrecht hängenden Ventile. Die Schwinghebel sind auf Einstellschrauben gelagert, mit denen im Rahmen der Wartung das Ventilspiel eingestellt wird.

Für die Motorschmierung sorgt eine Ölpumpe, die vorn in die Ölwanne hineinragt und von der Nebenwelle angetrieben wird. Die Nebenwelle befindet sich auf der linken Seite im Motorblock und wird über die Steuerkette von der Kurbelwelle angetrieben. Das im Ölsumpf angesaugte Öl gelangt über Bohrungen und Leitungen zu den Lagern der Kurbel- und Nockenwelle sowie in die Zylinderlaufbahnen.

Die Kühlmittelpumpe ist seitlich vorn am Motorblock angeflanscht. Der Antrieb der Pumpe erfolgt über einen Keilriemen, der unter anderem auch den Generator antreibt. Ein zusätzlicher Keilriemen sorgt für den Antrieb der Lenkhilfpumpe. Zu beachten ist, daß der Kühlmittelkreislauf ganzjährig mit einer Mischung aus Kühlerfrost- und Korrosionsschutzmittel sowie kalkarmem Wasser befüllt sein muß.

Für die Aufbereitung eines zündfähigen Kraftstoff-Luftgemisches steht ein Stromberg Flachstrom-Vergaser beziehungsweise ein Solex Fallstrom-Doppelregistervergaser beim 6-Zylinder-Motor zur Verfügung.

Der Zündfunke wird je nach Modell durch eine unterbrechergesteuerte oder eine elektronische Zündanlage erzeugt. Während die die elektronische Zündanlage den Zündzeitpunkt über einen längeren Zeitraum konstant hält, müssen bei der kontaktgesteuerten Anlage entsprechend den Wartungsintervallen der Unterbrecherkontakt erneuert und der Zündzeitpunkt eingestellt werden. Der Zündverteiler ist an der linken Seite des Motorblocks angeflanscht und wird über eine Verzahnung durch die Nebenwelle angetrieben. Auf die gleiche Weise wird über einen Nocken auf der Ölpumpenwelle die mechanische Kraftstoffpumpe unterhalb des Verteilers betätigt.

Motor 115

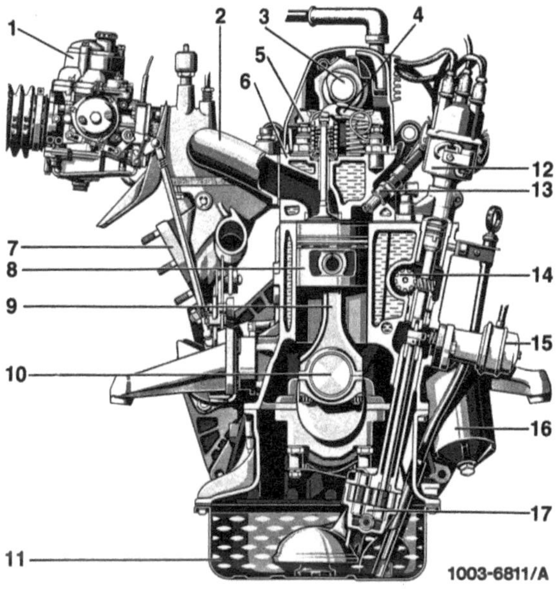

1 – Vergaser
2 – Saugrohr
3 – Nockenwelle
4 – Schwinghebel
5 – Einstellschraube
6 – Zylinderkopf
7 – Abgaskrümmer
8 – Kolben
9 – Pleuel
10 – Kurbelwelle
11 – Ölwanne
12 – Verteiler
13 – Zündkerze
14 – Nebenwelle
15 – Kraftstoffpumpe
16 – Ölfilter
17 – Ölpumpe

Der Zylinderkopf

Die Abbildung zeigt den Motor 115.

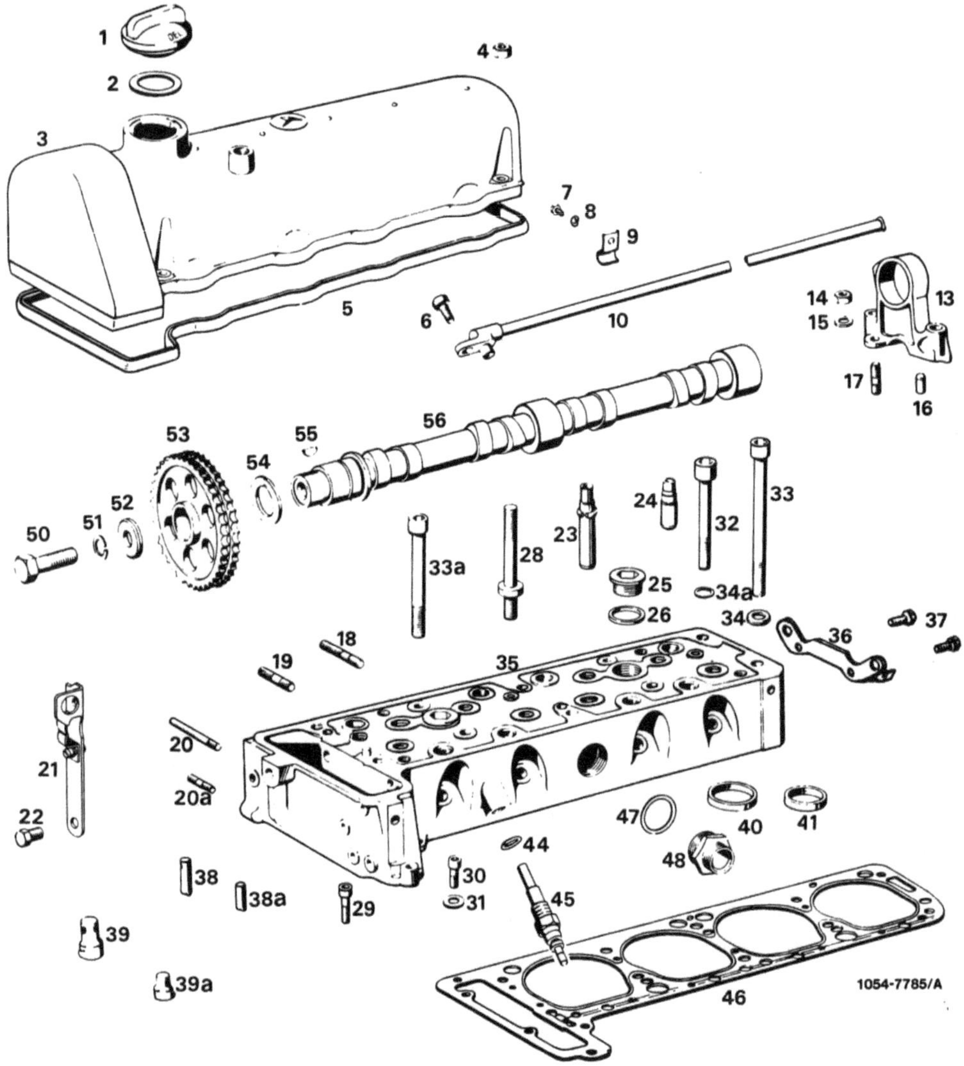

1 – Verschlußdeckel
2 – Dichtring
3 – Zylinderkopfdeckel
4 – 4 Muttern M8
5 – Dichtung für Deckel
6 – Schraube M6x15
7 – 2 Schrauben M4x10
8 – 2 Federscheiben
9 – 2 Rohrschellen
10 – Ölrohr
13 – Nockenwellenlager
14 – 3 Muttern M8
15 – 3 Scheiben 8,4 mm ∅
16 – 6 Zylinderstifte 8x8
17 – 3 Stiftschrauben M8x18
18 – 5 Stiftschrauben M10x52
19 – Stiftschraube M10x30
20 – 2 Stiftschrauben M8x75
20a – 2 Stiftschrauben M8x20
21 – Aufhängeöse
22 – Schraube
23 – 4 Ventilführungen Einlaß
24 – 4 Ventilführungen Auslaß
25 – 2 Verschlußschrauben M22x1,5
26 – 2 Dichtringe A22x27
28 – 4 Stiftschrauben
29 – Schraube M8x40
30 – 2 Schrauben M8x20
31 – Scheibe 8,4 mm ∅
32 – 4 Kopfschrauben M10x90
33 – 6 Kopfschrauben M12x145
33a – 4 Kopfschrauben M12x105
34 – 10 Scheiben
34a – 4 Scheiben
35 – Zylinderkopf
36 – Aufhängeöse
37 – Schraube M8x16
38 – 39a Kühlmittelverteiler
40 – Einlaß-Ventilsitzring
41 – Auslaß-Ventilsitzring
44 – Dichtring A14x18
45 – Temperaturgeber
46 – Zylinderkopfdichtung
47 – Dichtring A32x38
48 – Heizungsstutzen
50 – Dehnschraube M14x1,5x40
51 – Federring B14
52 – Scheibe
53 – Nockenwellenrad
54 – Ausgleichscheibe
55 – Scheibenfeder 4x6,5
56 – Nockenwelle

Zylinderkopf aus- und einbauen

Ausbau

- Motorhaube senkrecht stellen, siehe Seite 13.
- Batterie-Massekabel abklemmen.
- Luftfilter ausbauen, siehe Seite 98.
- Kühlmittel ablassen, siehe Seite 79.
- Bei Klimaanlage: Kältekompressor mit Halter und angeschlossenen Leitungen abschrauben und zur Seite legen.
- Sämtliche Kühlmittelschläuche, die zum Zylinderkopf führen, abziehen. Vorher Schellen ganz öffnen und zurückschieben.
- Alle elektrischen Leitungen, Unterdruckleitungen und Kraftstoffschläuche an Zylinderkopf, Saugrohr und Vergaser mit Tesaband markieren und abziehen.
- Alle Zündkerzenstecker abziehen.
- **140-PS-Motor:** Lagerbock für Längsregulierwelle abschrauben und mit Welle sowie Zündleitungen zur Seite legen.
- Reguliergestänge aushängen.
- Automatisches Getriebe: Führungsrohr für Ölmeßstab am Saugrohr abschrauben.
- Zylinderkopfdeckel abschrauben.
- Vorderes Abgasrohr am Abgaskrümmer sowie am Getriebehalter abschrauben. Abgasanlage vorn etwas absenken und mit Draht aufhängen.
- Stütze am Abgaskrümmer abschrauben.
- Obere Schelle für Kurzschlußschlauch zwischen Thermostatgehäuse und Kühlmittelpumpe lösen und zurückschieben.
- Entlüftungsleitung zwischen Zylinderkopf und Kühlmittelpumpe **beim 4-Zylinder-Motor** am Zylinderkopf und **beim 6-Zylinder-Motor** an der Kühlmittelpumpe abschrauben.
- **6-Zylinder-Motor mit automatischem Getriebe:** Haltestrebe am Motorträger abschrauben.
- **140-PS-Motor:** Zugstange für unterdruckgesteuerte Heizklappenbetätigung an der Lagerwelle aushängen.
- Motor auf Zünd-OT des 1. Zylinders stellen. Dazu Getriebe in Leerlaufstellung bringen, Handbremse anziehen. Kurbelwelle mit Umschaltknarre und Steckschlüsseleinsatz SW 27 an der Zentralschraube der Kurbelwellen-Riemenscheibe in Motordrehrichtung, also im Uhrzeigersinn, durchdrehen bis die folgenden Markierungen übereinstimmen. **Achtung: Nicht** an der Befestigungsschraube des Nockenwellenrades drehen. Kurbelwelle nicht rückwärts drehen, weil sonst der Druckbolzen des Rasten-Kettenspanners nach vorne springen kann.
- Die OT-Markierung auf der Kurbelwellen-Riemenscheibe muß sich unterhalb des Zeigers am Kurbelgehäuse befinden.
- Gleichzeitig muß die Kerbe am Verteilerläufer mit der Kerbe am Rand des Verteilergehäuses übereinstimmen. Dazu Verteilerkappe und gegebenenfalls Staubschutzkappe abnehmen. Stimmen die Markierungen nicht überein, Kurbelwelle um eine volle Umdrehung weiterdrehen.
- Stellung von Nockenwellenrad und Steuerkette zueinander kennzeichnen. Mit Reißnadel Strich über Kette und Rad ziehen oder Farbtupfer anbringen, damit beim Zusammenbau die Kette an gleicher Stelle auf dem Zahnrad montiert werden kann.
- **4-Zylinder-Motor:** Innere Gleitschiene ausbauen, siehe Seite 25.
- **4-Zylinder-Motor:** Druckbolzen des Kettenspanners zurückdrücken.
- **6-Zylinder-Motor:** Druckfeder aus Kettenspanner herausnehmen, siehe Seite 44.
- Halter für Kraftstoffleitungen lösen und zur Seite schwenken.
- Befestigungsschraube für Nockenwelle herausdrehen. Dabei Nockenwellenrad mit einem großen Schraubendreher oder Stahlbolzen durch die Bohrungen im Rad gegenhalten. Die Schraube kann auch folgendermaßen gelöst werden: Schlüssel ansetzen und mit dem Handballen kurz und kräftig gegen den Schlüsselarm schlagen.
- Nockenwellenrad abnehmen. Darauf achten, daß die Scheibenfeder nicht in das Steuergehäuse fällt.

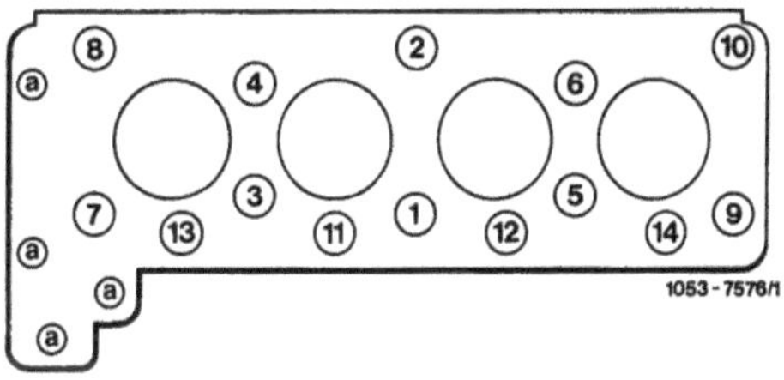

- Zylinderkopfschrauben M12 in umgekehrter Reihenfolge der Numerierung, also von 10 nach 1 *beziehungsweise 14 nach 1 (6-Zylinder-Motor, Abbildung 1054–6777)*, herausdrehen. Hierfür wird ein Innensechskant-Schlüsseleinsatz benötigt (z. B. HAZET 986 Lg-10).
- Zylinderkopfschrauben M10 in umgekehrter Reihenfolge der Numerierung, also von 14 nach 11, herausdrehen. Hierfür wird ein Innensechskant-Schlüsseleinsatz benötigt (z. B. HAZET 986 Lg-8).
- 4 Innensechskantschrauben –a– herausdrehen (z. B. mit HAZET-Innensechskant-Steckschlüsseleinsatz 986 SLg-6).
- Zylinderkopf abheben. Der Zylinderkopf kann auch mit einem Werkstattkran abgehoben werden, dazu entsprechendes Seil oder eine Kette in die Aufhängeösen einhängen.

Achtung: Beim Abheben des Zylinderkopfes Spannschiene zur Motormitte drücken. Beim Absetzen des Zylinderkopfes für den 6-Zylinder-Motor auf die Werkbank darauf achten, daß die Gleitschiene nicht beschädigt wird.

- **6-Zylinder-Motor:** Druckbolzen des Kettenspanners nach innen herausziehen.

Einbau

Vor dem Einbau Zylinderkopf und Zylinderblock mit geeignetem Schaber von Dichtungsresten freimachen. **Daraufachten, daß keine Dichtungsreste in die Bohrungen fallen.** Bohrungen mit Lappen verschließen.

- Zylinderkopf und Motorblock mit Stahllineal in Längs- und Querrichtung auf Planheit prüfen, gegebenenfalls nacharbeiten (Werkstattarbeit).
- Zylinderkopf auf Risse, Zylinderlauffläche auf Riefen überprüfen.
- Bohrungen der Zylinderkopfschrauben sorgfältig von Öl und anderen Rückständen reinigen.
- Zylinderkopfdichtung grundsätzlich ersetzen.
- Neue Dichtung ohne Dichtmittel so auflegen, daß keine Bohrungen verdeckt werden.
- Prüfen ob sich die Nockenwelle in OT-Stellung für Zylinder 1 befindet. Dazu muß die Kerbe an der Abstandsscheibe der Nockenwelle mit der Kerbe oben auf dem 1. Nockenwellenlager übereinstimmen. Das ist in der Regel der Fall, wenn die Nockenwelle nicht ausgebaut oder verdreht wurde.
- Zylinderkopf aufsetzen. **Achtung:** Der Zylinderkopf wird durch Paßstifte im Zylinderblock zentriert. Beim Aufsetzen darauf achten, daß der Stutzen des Kühlmittelreglergehäuses in den Kühlmittel-Kurzschlußschlauch eingeführt wird.
- Zylinderkopfschrauben am Gewinde und an der Kopfauflagefläche einölen, einsetzen und handfest anziehen.

4-Zylinder-Motor

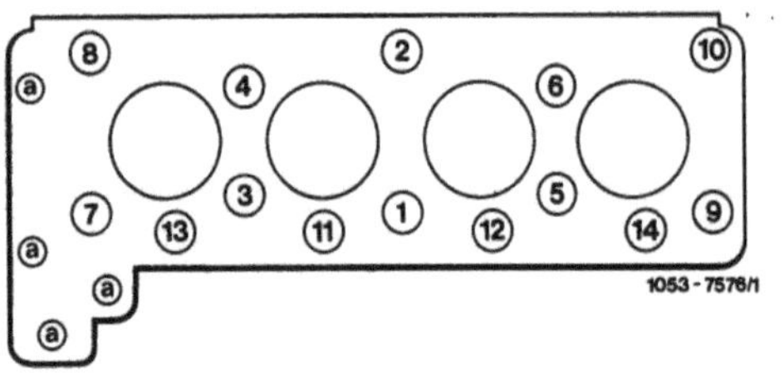

- Zylinderkopfschrauben gemäß der Reihenfolge von 1 bis 14 in **drei Stufen** anziehen.

Achtung: Das Anziehen der Zylinderkopfschrauben ist mit größter Sorgfalt durchzuführen. Vor dem Anziehen der Schrauben sollte der Drehmomentschlüssel auf seine Genauigkeit überprüft werden.

1. Stufe: M12-Schrauben: 40 Nm
M10-Schrauben: 30 Nm

2. Stufe: M12-Schrauben: 70 Nm
M10-Schrauben: 55 Nm

Achtung: An dieser Stelle zum Setzen der Schrauben eine Pause von ca. 10 Minuten einlegen. Anschließend Schrauben direkt weiter anziehen, nicht lösen.

3. Stufe: M12-Schrauben: 110 Nm
M10-Schrauben: 55 Nm

- M8-Schrauben –a– mit Innensechskantschlüssel festziehen.
- Gleitschiene in Zylinderkopf einsetzen und Haltebolzen einschlagen.

6-Zylinder-Motor

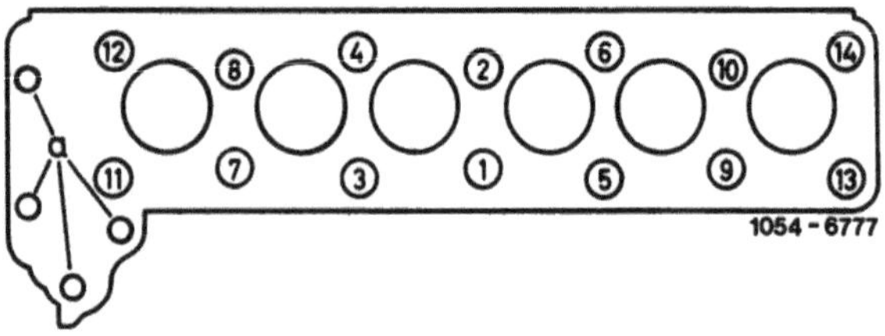

- Zylinderkopfschrauben gemäß der Reihenfolge von 1 bis 14 in **drei Stufen** anziehen.

Achtung: Das Anziehen der Zylinderkopfschrauben ist mit größter Sorgfalt durchzuführen. Vor dem Anziehen der Schrauben sollte der Drehmomentschlüssel auf seine Genauigkeit überprüft werden.

1. Stufe: 40 Nm
2. Stufe: 70 Nm

Achtung: An dieser Stelle zum Setzen der Schrauben eine Pause von ca. 10 Minuten einlegen. Anschließend sämtliche Zylinderkopfschrauben ca. ¼ Umdrehung (90°) lösen und dann mit dem Drehmoment für die 3. Stufe anziehen. Um den Drehwinkel einzuhalten, Schlüsselgriff quer zum Motor ansetzen und in einem Zug drehen, bis der Griff längs zum Motor steht.

3. Stufe: 110 Nm

- M8-Schrauben –a– mit Innensechskantschlüssel festziehen.

- Prüfen ob die Steuerkette einwandfrei in die Zähne von Kurbelwellen- und Zwischenwellenrad eingreift.
- Nockenwellenrad in die Steuerkette so einsetzen, daß die angebrachten Markierungen übereinstimmen.
- Befestigungsschraube für Nockenwellenrad einsetzen und mit **80 Nm** festziehen. Dabei Nockenwellenrad mit großem Schraubendreher gegenhalten.

Achtung: Falls der Zylinderkopf planbearbeitet wurde, müssen die Steuerzeiten geprüft werden.

- **6-Zylinder-Motor:** Druckbolzen und Druckfeder des Kettenspanners von außen einsetzen. Verschlußschraube ansetzen und mit **90 Nm** festziehen.
- Ventilspiel einstellen, siehe Seite 47.
- Zündverteiler einbauen, siehe Seite 60.
- Kühlmittel-Entlüftungsleitung an Zylinderkopf beziehungsweise Kühlmittelpumpe anschrauben.

- Kühlmittel-Kurzschlußleitung am Thermostatgehäuse mit Schelle sichern. Sämtlich Kühlmittel- und Heizungsschläuche am Zylinderkopf aufschieben und mit Schelle sichern.
- Stütze für Abgaskrümmer anschrauben. Vorderes Abgasrohr an Krümmer anschrauben, dabei Schrauben gleichmäßig über Kreuz festziehen. Getriebehalter einsetzen und festschrauben.
- Zylinderkopfhaube einbauen, Muttern mit **15 Nm** festziehen.
- Falls ausgebaut, Führungsrohr für Ölmeßstab und Kältekompressor anschrauben. Keilriemen für Klimaanlage spannen, siehe Seite 210.
- Reguliergestänge einhängen.
- Falls ausgebaut, Lagerbock für Längsregulierwelle anschrauben. Strebe am Motorträger anschrauben und Zugstange für Heizklappenbetätigung einhängen.
- Zündkerzenstecker entsprechend der Zündfolge 1-3-4-2 beim 4-Zylinder-Motor und 1-5-3-6-2-4 beim 6-Zylinder-Motor aufstecken. Die Zylinder werden der Reihe nach von vorn nach hinten gezählt, wobei Zylinder 1 immer beim Kühler-Lüfter sitzt. Am Zündverteiler befindet sich das Zündkabel für Zylinder 1 über der Kerbe am Rand des Verteilergehäuses. Damit die Kerbe sichtbar wird, muß die Verteilerkappe abgenommen und, falls vorhanden, die Staubschutzkappe angehoben werden. Die Anschlüsse für die weiteren Zündkabel werden in Drehrichtung des Verteilerfingers entsprechend der Zündreihenfolge gezählt.
- Sämtliche elektrischen Leitungen und Unterdruckschläuche entsprechend den angebrachten Markierungen aufstecken.
- Kühlmittel auffüllen, siehe Seite 79.
- Ölstand im Motor prüfen, gegebenenfalls Öl nachfüllen. Wurde der Zylinderkopf abgebaut aufgrund einer defekten Zylinderkopfdichtung, empfiehlt sich ein vorgezogener Ölwechsel einschließlich eines Ölfilterwechsels, da sich im Motoröl Kühlflüssigkeit befinden kann.
- Batterie-Massekabel anklemmen.
- Luftfilter einbauen, siehe Seite 98.
- Motor auf Betriebstemperatur bringen und sämtliche Anschlüsse auf Dichtheit prüfen.
- Schließwinkel und Zündzeitpunkt prüfen, gegebenenfalls einstellen, siehe Seite 58.
- Motorhaube schließen, siehe Seite 13.

Motor 110

Die Kenn-Nummer 110 weist auf einen Reihenmotor mit 6 Zylindern hin, der je nach Ausführung mit einem Vergaser oder einer Einspritzanlage ausgestattet ist. Mit diesem Motor sind die Typen 280 und 280 E ausgerüstet.

Das Triebwerk ist im Motorraum längs zur Fahrtrichtung eingebaut und kann nur mit einem geeigneten Kran nach oben herausgehoben werden.

In den aus Grauguß bestehenden Motorblock sind die Zylinderbohrungen eingelassen. Bei hohem Verschleiß oder Riefen an den Zylinderwänden können die Zylinder von einer Fachwerkstatt gehont, also ausgeschliffen werden. Anschließend müssen dann allerdings Kolben mit Übermaß eingebaut werden. Unten im Zylinderkurbelgehäuse befindet sich die Kurbelwelle, die von 7 Kurbelwellenlagern abgestützt wird. Über Gleitlager sind die Pleuel, die die Verbindung zu den Kolben herstellen, mit der Kurbelwelle verbunden. Den unteren Abschluß des Motors bildet die Ölwanne, in der sich das für die Schmierung und Kühlung erforderliche Motoröl sammelt. Oben auf den Motorblock ist der Leichtmetall-Zylinderkopf aufgeschraubt. Er besteht aus Aluminium, weil dieses Metall eine bessere Wärmeleitfähigkeit und ein geringeres spezifisches Gewicht gegenüber Grauguß aufweist.

Der Zylinderkopf ist nach dem sogenannten Querstromprinzip aufgebaut. Das bedeutet, daß das frische Kraftstoff-Luftgemisch auf der einen Seite des Zylinderkopfes einströmt, während die verbrannten Gase auf der gegenüberliegenden Seite ausgestoßen werden. Durch die Querstrom-Anordnung ist ein schneller Gaswechsel sichergestellt. Oben auf den Zylinderkopf ist das Nockenwellengehäuse aufgeschraubt, worin sich die beiden Nockenwellen befinden. Sie werden über eine Steuerkette von der Kurbelwelle angetrieben. Ein hydraulischer Kettenspanner sorgt dafür, daß die Kette immer richtig gespannt ist. Die Nockenwellen treiben über Schwinghebel die V-förmig angeordneten Ein- und Auslaßventile an. Dabei steuert die, in Fahrtrichtung gesehen, linke Nockenwelle die Einlaßventile, während die rechte Nockenwelle für die Auslaßventile zuständig ist.

Für die Motorschmierung sorgt eine Ölpumpe, die vorn in die Ölwanne hineinragt und von der Nebenwelle angetrieben wird. Die Nebenwelle befindet sich auf der linken Seite im Motorblock und wird über die Steuerkette von der Kurbelwelle angetrieben. Das im Ölsumpf angesaugte Öl gelangt über Bohrungen und Leitungen zu den Lagern der Kurbel- und Nockenwelle sowie in die Zylinderlaufbahnen.

Die Kühlmittelpumpe ist seitlich vorn am Motorblock angeflanscht. Der Antrieb der Pumpe erfolgt über einen Keilriemen, der unter anderem auch den Generator antreibt. Ein zusätzlicher Keilriemen sorgt für den Antrieb der Lenkhilfpumpe. Zu beachten ist, daß der Kühlmittelkreislauf ganzjährig mit einer Mischung aus Kühlerfrost- und Korrosionsschutzmittel sowie kalkarmem Wasser befüllt sein muß.

Für die Aufbereitung eines zündfähigen Kraftstoff-Luftgemisches steht ein Solex Doppelregister-Fallstrom-Vergaser beziehungsweise eine mechanische Kraftstoffeinspritzung zur Verfügung, die praktisch wartungsfrei arbeitet.

Der Zündfunke wird je nach Modell durch eine unterbrechergesteuerte oder eine elektronische Zündanlage erzeugt. Während die elektronische Zündanlage den Zündzeitpunkt über einen längeren Zeitraum konstant hält, müssen bei der kontaktgesteuerten Anlage entsprechend den Wartungsintervallen der Unterbrecherkontakt erneuert und der Zündzeitpunkt eingestellt werden. Der Zündverteiler ist an der linken Seite des Motorblocks angeflanscht und wird über eine Verzahnung durch die Nebenwelle angetrieben. Auf die gleiche Weise wird über einen Nocken auf der Ölpumpenwelle die mechanische Kraftstoffpumpe unterhalb des Verteilers betätigt.

Motor 110

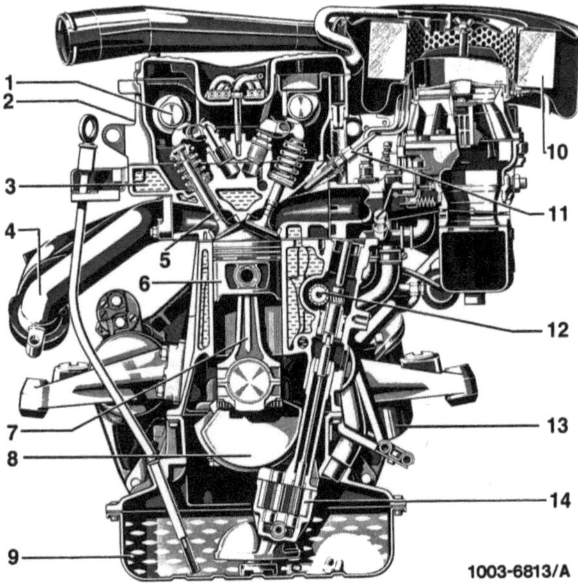

1 – Nockenwelle	8 – Kurbelwelle
2 – Nockenwellengehäuse	9 – Ölwanne
3 – Zylinderkopf	10 – Luftfilter
4 – Abgaskrümmer	11 – Einspritzventil
5 – Auslaßventil	12 – Nebenwelle
6 – Kolben	13 – Ölfilter
7 – Pleuel	14 – Ölpumpe

Der Zylinderkopf

Motor 110

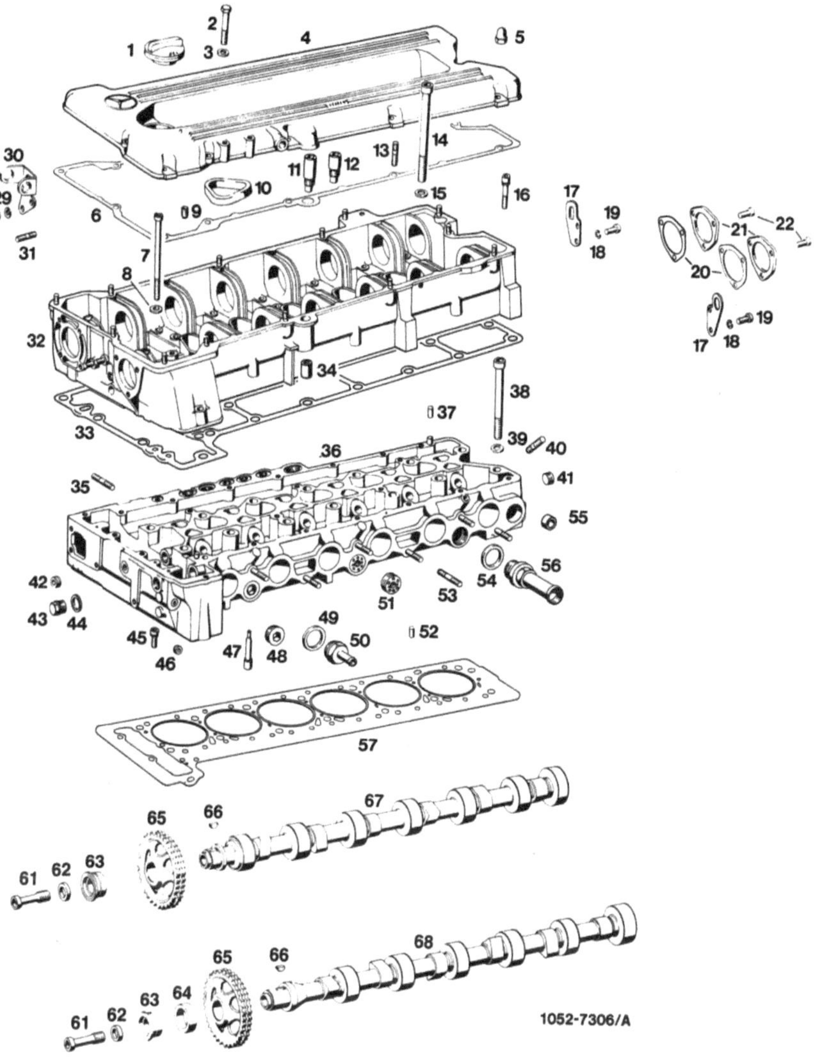

1 – Verschlußdeckel
2 – 3 Schrauben
3 – 3 Dichtringe C8x13
4 – Zylinderkopfdeckel
5 – Hutmuttern
6 – Dichtung für Deckel
7 – 2 Schrauben M8x135
8 – Scheiben 38x15
9 – 3 Gewindeeinsätze M8x16
10 – 5 Dichtungen für Deckel
11 – Entlüftungsventil
12 – Entlüftungsdüse
13 – 12 Stiftschrauben M8x18
14 – 9 Zylinderkopfschrauben
15 – 9 Scheiben
16 – 21 Kombischrauben M8x40
17 – 2 Aufhängeösen hinten
18 – Sicherungsring
19 – 4 Schrauben M8x15
20 – 2 Dichtbeilagen
21 – 2 Verschlußdeckel
22 – 6 Kombischrauben
23 – Verschlußdeckel
24 – 7 Kombischrauben M6x15
25 – Dichtbeilage
26 – Verschlußdeckel mit Halter
27 – Dichtbeilage
28 – 2 Muttern M8
29 – 2 Sprengringe
30 – Aufhängeösen vorn
31 – 2 Stiftschrauben M8x18
32 – Nockenwellengehäuse
33 – Stahlblechfolie für Reparatur
34 – Verbindungsschlauch
35 – Stiftschraube M8x30
36 – Zylinderkopf
37 – 2 Paßstifte 8x16
38 – 5 Zylinderkopfschrauben
39 – 5 Scheiben
40 – Stiftschrauben M8x20
41 – 2 Verschlußschrauben/Ölkanal
42 – Verschlußschraube AM22x1,5
43 – Verschlußschraube M18x1,5
44 – Dichtring A22x27
45 – 2 Kombischrauben M8x20
46 – Verschlußschraube M10x1
47 – Öldüse für Rücklaufsperre
48 – Verschlußschraube OM30x1,5
49 – Dichtring A30x36
50 – Anschlußstutzen Vorwärmung
51 – Anschluß Vergaserbeheizung
52 – 2 Paßstifte 8x16
53 – Stiftschraube M8x35
54 – Dichtring A30x36
55 – Deckel für Einspritzkanal
56 – Heizungsanschluß
57 – Zylinderkopfdichtung
61 – 2 Dehnschrauben M14x1,5x40
62 – 2 Scheiben
63 – 2 Abstandhülsen
64 – Abstandring
65 – 2 Nockenwellenräder
66 – 2 Scheibenfedern 4x6,5
67 – Nockenwelle Auslaß
68 – Nockenwelle Einlaß

Zylinderkopf aus- und einbauen

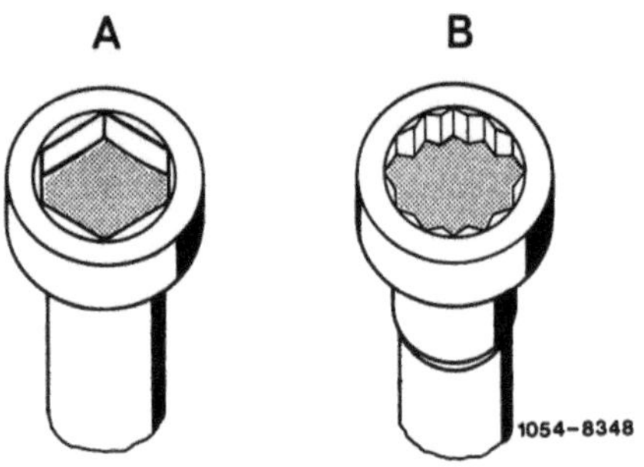

Der Zylinderkopf ist normalerweise mit Innensechskantschrauben –A– am Motorblock befestigt. Bei Motoren von 2/81 bis 9/81 wird der Zylinderkopf mit Innenvielzahnschrauben –B– angeschraubt. Innenvielzahnschrauben müssen auf andere Art und Weise angezogen werden als Innensechskantschrauben. Außerdem unterliegen Innenvielzahnschrauben nach dem Anziehen einer bleibenden Längung. Vor der Wiederverwendung muß daher ihre Länge gemessen werden und falls die Maximallänge überschritten ist, müssen diese Schrauben erneuert werden.

Damit die Innenvielzahnschrauben auch nach mehrmaligem Anzug nicht am Gewindeende aufsitzen können, sind die entsprechenden Gewindebohrungen um ca. 5 mm länger als bei bisherigen Zylinderköpfen. Innenvielzahnschrauben dürfen bei älteren Zylinderköpfen **nicht** verwendet werden, da das Aufsitzen der Schrauben beim Anziehen nicht bemerkt wird und damit die richtige Vorspannung nicht erreicht wird.

Mit Innensechskantschrauben können sämtliche Zylinderköpfe (neue und bisherige) angeschraubt werden. Sie müssen aber in jedem Fall nach dem Anzugsschema für Innensechskantschrauben angezogen werden. An einem Motor darf aber nur eine Schraubenart verwendet werden. Keinesfalls also Innenvielzahn- und Innensechskantschrauben gemischt verbauen.

Einsatz des geänderten Zylinderkopfes mit den längeren Gewindebohrungen:

Typ	Motor	ab Motor-End-Nr. Schaltgetr.	Autom. Getr.
280 280E	110.923 110.984	013591 017885	016780 061156

Einsatz der Innenvielzahnschrauben:

Typ	Motor	von...bis Motor-End-Nr. Schaltgetr.	Autom. Getr.
280 280E	110.923 110.984	016364–016895 028409–031099	019843–020142 092526–099985

Achtung: Bei Nockenwellenschäden infolge Ölmangels muß die Öldüse –Pfeil– im Zylinderkopf gereinigt beziehungsweise erneuert werden.

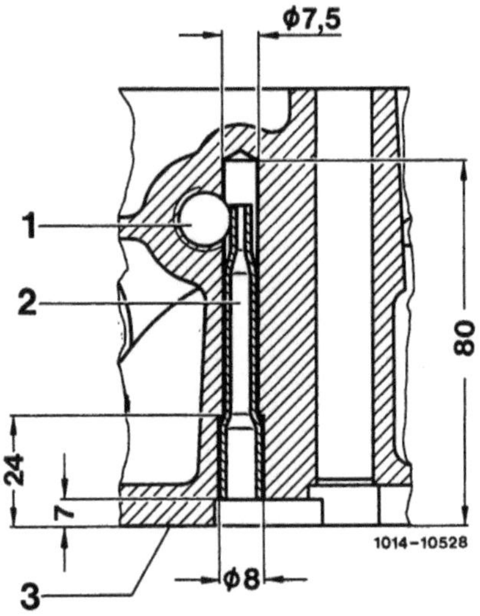

- Dazu Öldüse –2– mit Linksgewindedreher Ø 6 mm herausziehen. Beim Einbau unbedingt Einschlagtiefe von 7 mm einhalten; 2 – Öl-Längskanal, 3 – Zylinderkopf.

Ausbau

Achtung: Werden Teile der Ventilsteuerung wieder verwendet, müssen diese an gleicher Stelle wieder eingebaut werden. Damit keine Verwechselungen vorkommen, empfiehlt es sich, ein entsprechendes Ablagebrett anzufertigen.

- Motorhaube senkrecht stellen, siehe Seite 13.
- Batterie-Massekabel abklemmen.
- Luftfilter ausbauen, siehe Seite 98.
- Kühlmittel ablassen, siehe Seite 79.
- Falls vorhanden, Kältekompressor abschrauben und mit angeschlossenen Leitungen zu Seite legen.
- Falls vorhanden, Druckölpumpe für Niveauregulierung abschrauben und mit angeschlossenen Leitungen zur Seite legen, siehe Seite 13.
- Zündkerzenstecker mit Tesaband markieren und abziehen.
- Zylinderkopfdeckel abschrauben und abnehmen.

- 2 Deckel vorn am Nockenwellengehäuse abschrauben.
- Alle Kühlmittelschläuche vom Zylinderkopf, Saugrohr beziehungsweise Vergaser abziehen. Dazu vorher Schellen ganz öffnen und zurückschieben.
- Sämtliche Kraftstoff- und Unterdruckschläuche zum Zylinderkopf mit Tesaband kennzeichnen und abziehen.
- Elektrische Leitungen zum Zylinderkopf mit Tesaband kennzeichnen und abziehen.
- Längsregulierwelle ausbauen, dazu Sicherungssplint herausziehen und Spannfeder abnehmen. Welle nach hinten schieben und herausnehmen.
- Ölrücklaufrohr am Zylinderkopf abschrauben.
- Kühlmittelschlauch zwischen Thermostatgehäuse und Kühlmittelpumpe abziehen, vorher Schellen ganz öffnen und zurückschieben. Schelle für Kurzschlußleitung an der Kühlmittelpumpe lösen.
- Führungsrohr für Ölmeßstab am Zylinderkopf abschrauben und etwas zur Seite biegen.
- Vorderes Abgasrohr am Krümmer abschrauben. Getriebehalter abschrauben, vordere Abgasanlage etwas absenken und mit Draht aufhängen. **Vergasermotor:** Vorwärmhutze abschrauben.

105-8488

- Sämtliche Spannfedern für die Schwinghebel vorsichtig mit einem Schraubendreher herausdrücken.
- Schwinghebel ausbauen. Dazu Motor von Hand durchdrehen, bis die Nockenspitze für den auszubauenden Schwinghebel nach oben zeigt. **Achtung:** Motor **nicht** an den Nockenwellen drehen, sondern Getriebe in Leerlaufstellung bringen, Handbremse anziehen. Kurbelwelle mit Umschaltknarre und Steckschlüsseleinsatz SW 27 an der Zentralschraube der Kurbelwellen-Riemenscheibe in Motordrehrichtung, also im Uhrzeigersinn, durchdrehen.

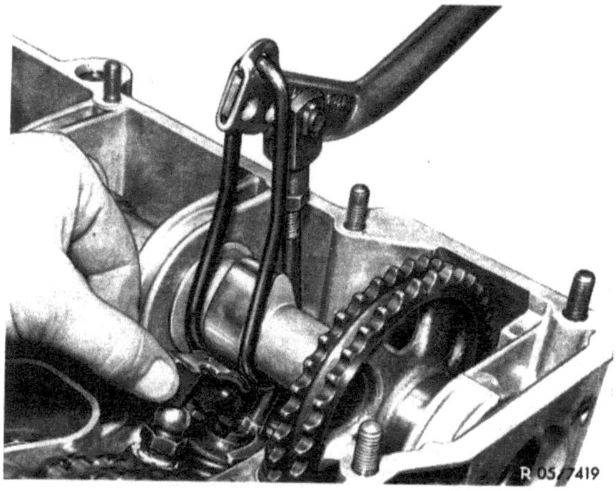

R 05/7419

- Ventil entgegen der Kraft der Ventilfeder etwas nach unten drücken, Schwinghebel von der Ventilspiel-Einstellschraube abheben und herausziehen. Die Werkstatt verwendet hierzu einen speziellen Hebeldrücker. Mit etwas Geschick kann das Werkzeug auch selbst angefertigt werden. Dazu an den Hebelarm vorn 2 drehbar gelagerte Drahthaken (Draht-Ø ca. 3 mm) zum Einhängen in die Nockenwelle anbringen. Das Druckstück muß am Hebel ebenfalls drehbar gelagert sein und unten eine U-förmige Auflage besitzen, damit unter Aussparung des Schwinghebels der Ventilteller nach unten gedrückt werden kann.
- Motor auf Zünd-OT des 1. Zylinders stellen. Dazu Kurbelwelle mit Stecknuß durchdrehen bis die folgenden Markierungen übereinstimmen. **Achtung: Nicht** an der Befestigungsschraube der Nockenwellenräder drehen. Kurbelwelle nicht rückwärts drehen, weil sonst der Druckbolzen des Rasten-Kettenspanners nach vorne springen kann.
- Die OT-Markierung auf der Kurbelwellen-Riemenscheibe muß sich unterhalb des Zeigers am Kurbelgehäuse befinden. **Achtung:** Bei einigen Motoren ist der UT (Untere Totpunkt) auf der Kurbelwellen-Riemenscheibe ebenfalls mit einer „00"-Markierung versehen. Deshalb darauf achten, daß neben der „00"-Markierung des OT ein kleiner Stift auf der Riemenscheibe angebracht ist. Der Stift befindet sich etwa im Bereich der 15°-Markierung.
- Gleichzeitig müssen die Markierungen an den Nockenwellenrädern mit den Markierungen vorn oben am Nockenwellengehäuse übereinstimmen.
- Beide Nockenwellenräder abschrauben, dazu jeweilige Nockenwelle mit einem Halteschlüssel an einem der nach oben stehenden Nocken gegenhalten.
- Obere Gleitschiene im Nockenwellengehäuse ausbauen, siehe Seite 25.
- Kettenspanner ausbauen, siehe Seite 44.
- Beide Nockenwellen nach hinten drücken und Nockenwellenräder abnehmen.
- Umlenkrad ausbauen, dazu Lagerbolzen mit einer Schraube M10 auf dieselbe Art wie beim Gleitschienenausbau herausziehen.
- Gleitschiene im Zylinderkopf ausbauen.

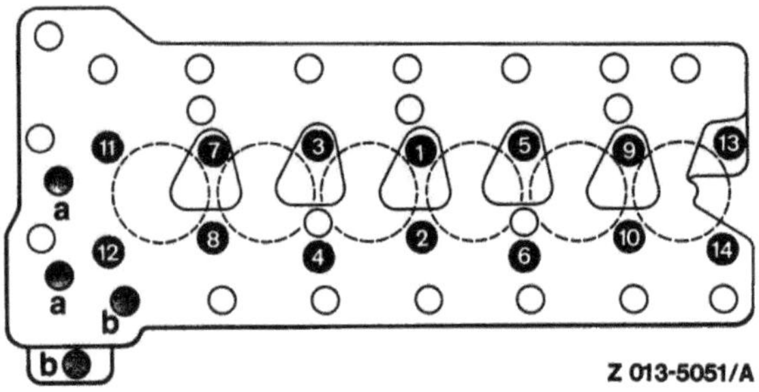

Z 013-5051/A

- Zylinderkopfschrauben in umgekehrter Reihenfolge der Numerierung, also von 14 nach 1 herausdrehen. Hierfür wird je nach Ausführung der Schrauben ein Innensechskant-Schlüsseleinsatz (z. B. HAZET 986 Lg-10) oder ein Innenvielzahn-Schlüsseleinsatz (z. B. HAZET 990 SLg 12) benötigt.

Achtung: Die Zylinderkopfschrauben können mit unterschiedlich dicken Unterlegscheiben kombiniert sein. Deshalb Schrauben und Scheiben so ablegen, daß sie beim Einbau an derselben Stelle wieder eingesetzt werden können. Insbesondere die Unterlegscheiben nur durch solche mit gleicher Dicke und gleichem Durchmesser ersetzen.

- 4 Innensechskantschrauben M8 –a/b– herausdrehen (z. B. mit HAZET-Innensechskant-Steckschlüsseleinsatz 986 SLg-6). Dabei die 2 Schrauben im Kettenkasten –a– mit einem Magnet herausziehen.
- Steuerkette hochziehen und Spannschiene zur Motormitte drücken. Zylinderkopf an den Aufhängeösen anseilen und mit einem Werkstattkran senkrecht nach oben abheben.
- Zylinderkopf auf 2 Holzleisten ablegen, damit eventuell vorstehende Ventile nicht beschädigt werden.

Einbau

Vor dem Einbau Zylinderkopf und Zylinderblock mit geeignetem Schaber von Dichtungsresten freimachen. **Darauf achten, daß keine Dichtungsreste in die Bohrungen fallen.** Bohrungen mit Lappen verschließen.

Achtung: Da als Ersatzteil für Vergaser- und Einspritzmotoren derselbe Zylinderkopf geliefert wird, müssen bei Verwendung am Vergasermotor die 6 Bohrungen für die Einspritzventile vor dem Einbau mit Blechdeckeln verschlossen werden, siehe auch Seite 19.

- Zylinderkopf und Motorblock mit Stahllineal in Längs- und Querrichtung auf Planheit prüfen. Der Zylinderkopf darf keinen Verzug aufweisen, gegebenenfalls Zylinderkopf planen (Werkstattarbeit).
- Zylinderkopf auf Risse, Zylinderlauffläche auf Riefen überprüfen.
- Bohrungen der Zylinderkopfschrauben sorgfältig von Öl und anderen Rückständen reinigen.
- Zylinderkopfdichtung grundsätzlich ersetzen.
- Neue Dichtung ohne Dichtungsmittel so auflegen, daß keine Bohrungen verdeckt werden.
- 2 Holzleisten mit den Maßen 15x35x240 mm anfertigen. Anschließend eine Leiste vorn zwischen Zylinder 1 und 2 hochkant auf die Zylinderkopfdichtung legen. Die andere Leiste flach zwischen Zylinder 5 und 6 auflegen.
- Zylinderkopf auf die Leisten absenken und Steuerkette sowie Spannschiene einführen.
- Zylinderkopf vorn anheben und vordere Holzleiste zur Seite des Abgaskrümmers hin herausziehen. Kopf langsam ablassen, bis er in der Paßhülse sitzt.
- Zylinderkopf hinten leicht anheben, hintere Leiste zur Abgasseite herausziehen und Kopf langsam ablassen, bis er in der hinteren Paßhülse sitzt.

Achtung: Beim Aufsetzen bereits darauf achten, daß der Kühlmittel-Kurzschlußschlauch in den Stutzen der Kühlmittelpumpe eingeführt wird.

- Zylinderkopfschrauben am Gewinde und an der Kopfauflagefläche einölen, mit Unterlegscheiben einsetzen und handfest anziehen.

Achtung: Seit 7/74 wird für die Zylinderkopfschraube Nr. 14 eine Unterlegscheibe mit 22 mm ∅ verwendet. Bei bisherigen Nockenwellengehäusen besteht nur Freigang für eine Unterlegscheibe mit 20 mm ∅.

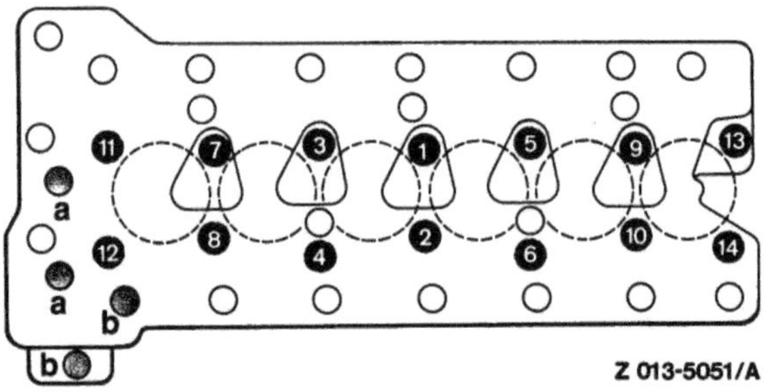

Z 013-5051/A

- Zylinderkopfschrauben gemäß der Reihenfolge von 1 bis 14 in **drei** beziehungsweise **vier Stufen** anziehen.

Achtung: Das Anziehen der Zylinderkopfschrauben ist mit größter Sorgfalt durchzuführen. Vor dem Anziehen der Schrauben sollte der Drehmomentschlüssel auf seine Genauigkeit überprüft werden.

Innensechskant-Zylinderkopfschrauben M12x1,5:

1. Stufe: 40 Nm
2. Stufe: 70 Nm

Achtung: An dieser Stelle zum Setzen der Schrauben eine Pause von ca. 10 Minuten einlegen. Anschließend Schrauben direkt weiter anziehen, nicht lösen.

3. Stufe: 110 Nm

Innenvielzahn-Zylinderkopfschrauben M12x1,5:

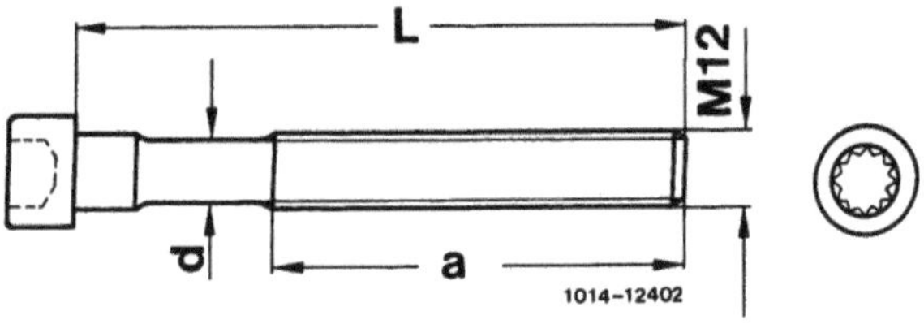

1014-12402

- Länge –L– der Zylinderkopfschrauben messen. Falls die maximale Länge überschritten ist, sind die Kopfschrauben auf jeden Fall zu ersetzen. Zusätzlich abgebildete Teile: d=Rollschaft, a=Länge des Gewindes, M12=Gewindedurchmesser 12 mm.

Länge im Neuzustand	Maximale Länge
110 mm	113 mm
119 mm	122 mm
144 mm	147 mm

Anzugsschema:
1. Stufe: 40 Nm
2. Stufe: 70 Nm

Achtung: An dieser Stelle zum Setzen der Schrauben eine Pause von ca. 10 Minuten einlegen. Anschließend Schrauben direkt weiter anziehen, nicht lösen.

3. Stufe: Alle Schrauben mit einem **starren** Schlüssel um **90°** (1/4 Umdrehung) in einem Zug weiterdrehen.

4. Stufe: Alle Schrauben mit einem **starren** Schlüssel um **90°** (1/4 Umdrehung) in einem Zug weiterdrehen.

Achtung: Um den Drehwinkel einzuhalten, Schlüsselgriff quer zum Motor ansetzen und in einem Zug drehen, bis der Griff längs zum Motor steht.

- M8-Schrauben –a/b– mit Innensechskantschlüssel und 25 Nm festziehen.

Achtung: Nachdem alle Schrauben fest angezogen sind, müssen sich beide Nockenwellen von Hand drehen lassen.

- Linke Gleitschiene in den Zylinderkopf einsetzen. Dazu Steuerkette hochziehen, Gleitschiene mit einer Zange einführen und die 2 Lagerbolzen in den Zylinderkopf einschlagen. Dabei Gleitschiene seitlich ausrichten (ausmitteln).
- Steuerkette hochziehen. Umlenkrad mit einer Hand einsetzen und festhalten. Geölten Lagerbolzen mit der anderen Hand in den Zylinderkopf einsetzen und einschlagen.
- Verschlußschraube mit Dichtring einschrauben.

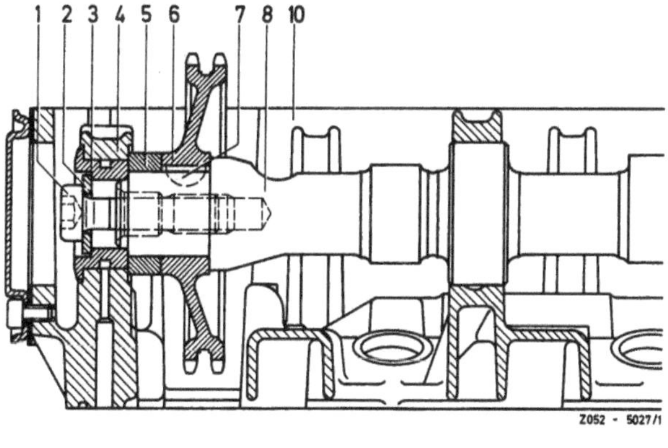

- Falls ausgebaut, Scheibenfeder –7– in die Nockenwellen einsetzen.
- Nockenwellenrad –6– der Einlaß-Nockenwelle –8– mit Abstandring –5– auf die Nockenwelle schieben; 10– Nokkenwellengehäuse.
- Abstandhülse –3– mit Motoröl schmieren und in die Lagerstelle –4– einführen.
- Dehnschraube –1– mit Scheibe –2– einsetzen und handfest beiziehen, nicht festziehen.
- Prüfen ob die Steuerkette einwandfrei in die Zähne von Kurbelwellen-, Zwischenwellen- und Umlenkrad eingreift.
- Nockenwellenrad der Auslaß-Nockenwelle in die Steuerkette einsetzen und auf die Nockenwelle aufschieben.
- Abstandhülse mit Motoröl schmieren und in das Lager einführen. Dehnschraube mit Scheibe einsetzen und handfest beiziehen, nicht festziehen.

Achtung: Bei Zünd-OT-Stellung des 1. Zylinders müssen die Einstellmarkierungen an beiden Nockenwellenrädern mit den Angüssen am Nockenwellengehäuse übereinstimmen.

- Gleitschiene ins Nockenwellengehäuse einsetzen und die 2 Lagerbolzen einschlagen.
- Starren Kettenspanner (Spezialwerkzeug) einschrauben und Steuerkette von Hand spannen.
- Kurbelwelle um 2 Umdrehungen weiterdrehen und auf Zünd-OT stellen.
- Einstellmarkierungen auf den Nockenwellenrädern und dem Nockenwellengehäuse prüfen. Falls die Markierungen nicht übereinstimmen, Steuerkette entspannen und auf den Nockenwellenrädern entsprechend versetzen. Anschließend Prüfvorgang wiederholen.

Achtung: Falls der Zylinderkopf planbearbeitet wurde, müssen die Steuerzeiten geprüft werden (Werkstattarbeit).

- Dehnschrauben der Nockenwellenräder mit **80 Nm** festziehen, dabei jeweilige Nockenwelle an einem Nocken mit geeignetem Halteschlüssel festhalten. **Achtung:** Dabei Nokkenlaufbahn nicht beschädigen.
- Bei sämtlichen Schwinghebeln vor dem Einbau das Ölspritzloch auf Durchgang prüfen, gegebenenfalls reinigen.
- Schwinghebel an den Auflageflächen mit Motoröl schmieren und einsetzen. Dazu Kurbelwelle so drehen, daß der betreffende Nocken schräg nach oben zeigt. Ventilfeder mit Hebeldrücker etwas nach unten drücken und Schwinghebel einführen.
- Spannfeder in die Ringnuten der Ventilspiel-Einstellschraube drücken und damit Schwinghebel sichern.

Achtung: Zweckmäßigerweise beginnt man mit dem Einsetzen der Schwinghebel dort, wo der Nocken bereits nach oben zeigt, beziehungsweise die Nockenwellen um den geringstmöglichen Betrag gedreht werden müssen.

- Mechanischen Kettenspanner herausdrehen und hydraulischen Kettenspanner einbauen, siehe Seite 44.
- Ventilspiel einstellen, siehe Seite 47.
- Vorderes Abgasrohr am Krümmer anschrauben, dabei Schrauben gleichmäßig über Kreuz festziehen. Getriebehalter einsetzen und festschrauben. Beim Vergasermotor Vorwärmhutze anschrauben.
- Führungsrohr für Ölmeßstab mit Halteschelle am Zylinderkopf anschrauben. Meßstab einschieben.
- Kühlmittelschlauch zwischen Thermostatgehäuse und Kühlmittelpumpe aufschieben und mit Schellen sichern. Schelle für Kurzschlußschlauch festziehen.
- Alle abgezogenen Kühlmittelschläuche an Zylinderkopf, Saugrohr und Vergaser aufschieben sowie mit Schellen sichern.
- Ölrücklaufrohr am Zylinderkopf anschrauben.
- Längsregulierwelle einsetzen und mit Klammer und Splint sichern.
- 2 Deckel vorn am Nockenwellengehäuse anschrauben.
- Falls ausgebaut, Druckölpumpe für Niveauregulierung einbauen. Schrauben mit 9 Nm festziehen, siehe auch Seite 13.
- Zylinderkopfhaube einbauen, Muttern und Schrauben ganz leicht mit **5 Nm** festziehen.
- Zündkerzenstecker entsprechend der Zündfolge 1–5–3–6–2–4 aufstecken. Die Zylinder werden der Reihe nach von vorn nach hinten gezählt, wobei Zylinder 1 immer beim Kühler-Lüfter sitzt. Am Zündverteiler befindet sich das Zündkabel für Zylinder 1 über der Kerbe am Rand des Verteilergehäuses. Damit die Kerbe sichtbar wird, muß die Verteilerkappe abgenommen und, falls vorhanden die Staubschutzkappe angehoben werden. Die Anschlüsse für die weiteren Zündkabel werden in Drehrichtung des Verteilerfingers entsprechend der Zündreihenfolge gezählt.
- Sämtliche elektrischen Leitungen und Unterdruckschläuche entsprechend den angebrachten Markierungen aufstecken.
- Kühlmittel auffüllen, siehe Seite 79.
- Ölstand im Motor prüfen, gegebenenfalls Öl nachfüllen. Wurde der Zylinderkopf abgebaut aufgrund einer defekten Zylinderkopfdichtung, empfiehlt sich ein vorgezogener Ölwechsel einschließlich eines Ölfilterwechsels, da sich im Motoröl Kühlflüssigkeit befinden kann.
- Falls ausgebaut, Kältekompressor einbauen und Keilriemen spannen, siehe Seite 210.
- Batterie-Massekabel anklemmen.
- Luftfilter einbauen, siehe Seite 98.
- Motor auf Betriebstemperatur bringen und sämtliche Anschlüsse auf Dichtheit prüfen.
- Schließwinkel und Zündzeitpunkt prüfen, gegebenenfalls einstellen, siehe Seite 58.
- Motorhaube schließen, siehe Seite 13.

Kettenspanner aus- und einbauen

Der Kettenspanner ist auf der rechten Seite vorn in den Zylinderkopf eingeschraubt. Er spannt die Steuerkette durch die Federkraft der Druckfeder sowie durch den Öldruck im Kettenspanner, der vom Motoröldruck abhängig ist. **Achtung:** Es können Kettenspanner in unterschiedlicher Ausführung, A oder B, eingebaut sein. Bei Montagearbeiten am Kettentrieb, wie zum Beispiel „Nockenwellenrad oder Spannschiene ausbauen", muß der Kettenspanner A komplett ausgebaut werden, während beim Kettenspanner B nur die Druckfeder ausgebaut werden muß. Welcher Kettenspanner eingebaut ist, wird nach Abschrauben der Verschlußschraube erkennbar. Am Kettenspanner A besitzt der Kugelverschlußring eine Bohrung mit 3 mm ∅, die durch eine Kugel verschlossen ist. Der Kettenspanner B besitzt anstelle des Kugelverschlußringes eine Öldüse mit einer Bohrung von 1,1 mm ∅. Diese Bohrung kann mit einem 1 mm starken Draht auf Durchgang geprüft werden.

Kettenspanner A

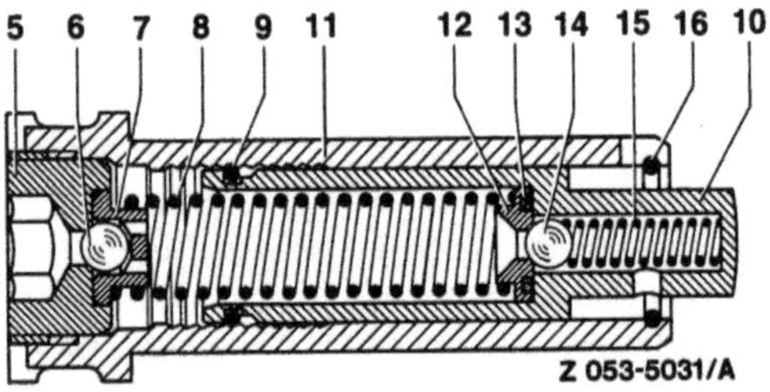

Kettenspanner B

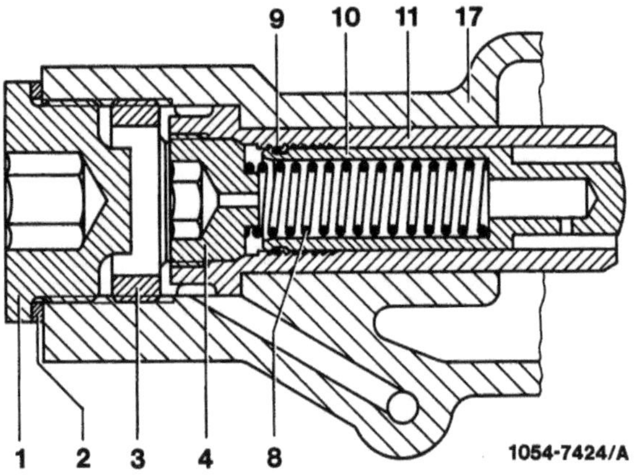

1 – Verschlußschraube
2 – Dichtring
3 – Gewindering
4 – Öldüse
5 – Kugelsitzring
6 – Kugel
7 – Kugelkäfig
8 – Druckfeder
9 – Rastenfeder
10 – Druckkolben
11 – Gehäuse
12 – Ventilscheibe
13 – O-Ring
14 – Kugel
15 – Druckfeder
16 – Sprengring
17 – Zylinderkopf

Ausbau

- Verschlußschraube –1– mit Innensechskant-Schlüsseleinsatz SW 17 (z. B. HAZET 985-17) herausdrehen.
- Kugelsitzring –5– mit Innensechskant-Schlüsseleinsatz SW 10 (z. B. HAZET 986 Lg-10) ca. 2 Umdrehungen lösen. **Achtung:** Dazu muß der Gewindering –3– noch festgezogen sein. Wird beim Kettenspanner B nur die Druckfeder –8– ausgebaut, Öldüse –4– herausschrauben und Druckfeder abnehmen.
- Gewindering –3– mit Innensechskant-Schlüsseleinsatz SW 19 (z. B. HAZET 985-19) herausschrauben.
- Kugelsitzring –5– herausschrauben. **Achtung:** Der Kugelsitzring steht durch die Druckfeder –8– unter Druck, deshalb beim Herausschrauben mit dem Schlüssel dagegendrücken.
- Kugel –6– mit Käfig –7– und Druckfeder –8– herausnehmen.
- Anstelle des Kugelsitzringes eine Schraube M20x1,5 reindrehen. Anschließend Schraube und damit auch den Kettenspanner mit einer Zange herausziehen.

Zerlegen und prüfen

Achtung: Der Druckkolben kann bei zusammengebautem Kettenspanner nicht in die Montagestellung zurückgedrückt werden. Deshalb muß der Kettenspanner vor jedem Einbau zerlegt werden. Ansonsten wird die Steuerkette zu stark gespannt.

- Ventilscheibe –12–, O-Ring –13–, Kugel –14– und Druckfeder –15– herausnehmen.
- Sprengring –16– mit schmalem Schraubendreher herausdrücken.
- Druckkolben –10– nach vorn (in Druckrichtung) herausziehen.
- Sämtliche Teile sorgfältig mit Kraftstoff reinigen und auf Wiederverwendbarkeit (Anlaufspuren, Riefen) prüfen. Gängigkeit des Druckkolbens im Gehäuse prüfen. Beschädigte Teile austauschen, gegebenenfalls Kettenspanner komplett ersetzen. In diesem Fall kann auch ein Kettenspanner der Bauart B eingebaut werden.

Einbau

- Sprengring –16– in das Gehäuse –11– einsetzen. Gehäuse vorsichtig in einen Schraubstock spannen. Darauf achten, daß es nicht beschädigt wird. Die Werkstatt verwendet hierfür 2 Haltebacken mit halbkreisförmigen Aussparungen.
- Druckkolben –10– mit Rastenfeder –9– von oben in das Gehäuse einführen. Dabei kommt die Rastenfeder an der Montagefase zur Anlage. Montagefase „A“, siehe auch Seite 21.
- Kettenspanner entsprechend der Abbildung komplettieren.
- Kugelsitzring auf den Kugelkäfig aufsetzen, Druckfeder zusammendrücken und Kugelsitzring mit ca. 2 Umdrehungen anschrauben. **Achtung:** Kugelsitzring nicht zu fest anziehen, da sonst der Druckkolben nach vorn springt und der Kettenspanner wieder zerlegt werden muß.
- Kettenspanner mit dem Kugelsitzring auf den Innensechskantschlüssel stecken und in den Zylinderkopf einführen. **Achtung:** Dabei nicht auf den Stiftschlüssel schlagen, da sonst der Druckkolben nach vorne springen kann.
- Gewindering einschrauben und mit 50 Nm festziehen.
- Kugelsitzring mit **25 Nm** anziehen, dabei muß der Druckkolben mit **hörbar klickendem Geräusch** nach vorn springen.
- Verschlußschraube mit neuem Dichtring einschrauben und mit 50 Nm festziehen.

1 Wartungsarbeiten am Motor

Sichtprüfung auf Ölverlust

Bei ölverschmiertem Motor und hohem Ölverbrauch überprüfen, wo das Öl austritt. Dazu folgende Stellen überprüfen:

- Öleinfülldeckel öffnen und Dichtung auf Porosität oder Beschädigung prüfen.
- Belüftungsschläuche vom Zylinderkopfdeckel zum Luftfilter auf festen Sitz prüfen.
- Zylinderkopfdeckel-Dichtung
- Zylinderkopf-Dichtung
- Trennstelle Zündverteilerflansch
- Ölfilterdichtung: Ölfilterflansch am Motorblock sowie Ölfilterdeckel am Ölfiltergehäuse
- Anschluß am Ölfilterflansch für Öldruckanzeige
- Ölablaßschraube (Dichtring)
- Ölwannendichtung
- Trennstelle zwischen Motor und Getriebe bzw. Kupplungsabdeckblech (Dichtung an Schwungrad oder Getriebewelle).

Da sich bei Undichtigkeiten das Öl meistens über eine größere Motorfläche verteilt, ist der Austritt des Öls nicht auf den ersten Blick zu erkennen. Bei der Suche geht man zweckmäßiger weise wie folgt vor:

- Motorwäsche durchführen. Motor mit handelsüblichem Kaltreiniger einsprühen und nach einer kurzen Einwirkungszeit mit Wasser abspritzen. Vorher Zündverteiler und Generator mit Plastiktüte abdecken.
- Trennstellen und Dichtungen am Motor von außen mit Kalk oder Talkumpuder bestäuben.
- Ölstand kontrollieren, gegebenenfalls auffüllen.
- Probefahrt durchführen. Da das Öl bei heißem Motor dünnflüssig wird und dadurch schneller an den Leckstellen austreten kann, sollte die Probefahrt über eine Strecke von ca. 30 km auf einer Schnellstraße durchgeführt werden.
- Anschließend Motor mit Lampe absuchen, undichte Stelle lokalisieren und Fehler beheben.

Keilriemen prüfen

Alle 20 000 km sind die Keilriemen auf Beschädigungen zu prüfen.

- Riemen an gut sichtbarer Stelle mit einem Kreidestrich markieren.
- Falls vorhanden, grüne Steuerleitung am TSZ-Schaltgerät abziehen.
- Keilriemen auf Risse oder verbrannte beziehungsweise ausgefranste Stellen kontrollieren, gegebenenfalls ersetzen.
- Motor mit Stecknuß SW 27 an der Kurbelwellen-Riemenscheibe in Motordrehrichtung jeweils ein Stück weiterdrehen, bis die Kreidemarkierung wieder sichtbar wird. Dabei Getriebe in Leerlaufstellung bringen, Handbremse anziehen.

Achtung: Motor nicht rückwärts drehen.

- Keilriemenspannung prüfen, gegebenenfalls nachspannen, siehe Seite 222.
- Falls abgezogen, grüne Steuerleitung aufschieben.

Kompression prüfen

Der Kompressionsdruck soll alle 60 000 km geprüft werden.

Die Kompressionsprüfung erlaubt Rückschlüsse über den Zustand des Motors. Und zwar läßt sich bei der Prüfung feststellen, ob die Ventile oder die Kolben (Kolbenringe) in Ordnung beziehungsweise verschlissen sind. Außerdem zeigen die Prüfwerte an, ob der Motor austauschreif ist beziehungsweise komplett überholt werden muß. Für die Prüfung wird ein Kompressionsdruckprüfer benötigt, der recht preiswert in Fachgeschäften angeboten wird.

Der Druckunterschied zwischen den einzelnen Zylindern darf maximal 1,5 bar (atü) betragen. Falls ein oder mehrere Zylinder gegenüber den anderen einen Druckunterschied von mehr als 1,5 bar (atü) haben, ist dies ein Hinweis auf defekte Ventile, verschlissene Kolbenringe beziehungsweise Zylinderlaufbahnen. Ist die Verschleißgrenze erreicht, muß der Motor überholt beziehungsweise ausgetauscht werden.

Der Kompressionsdruck soll zwischen 10–12 bar (atü) liegen. Die Verschleißgrenze ist bei 8,5 bar (atü) erreicht.

- Zur Prüfung der Kompression soll der Motor betriebswarm sein.
- Zündung ausschalten.
- Bei Fahrzeugen mit unterbrechergesteuerter Zündanlage an der Zündspule das Kabel von der Klemme 1 abklemmen und isoliert ablegen.
- Beim **280 E** Kraftstoffpumpenrelais abziehen. Das Relais befindet sich hinten am linken Federbeindom.

- Bei Fahrzeugen mit Transistorzündung Stecker mit grünem Kabel –Pfeil– am Schaltgerät der Zündanlage abziehen. Das Schaltgerät befindet sich auf der linken Seite am Radlauf.
- Sämtliche Zündkerzenstecker abziehen. Hierzu gibt es eine spezielle Zange, zum Beispiel HAZET 1849. Damit dürfen die Stecker jedoch nur an den Blechhülsen gefaßt werden.
- Anschließend Zündkerzen-Nischen im Zylinderkopf mit Preßluft ausblasen, und die Zündkerzen mit geeignetem Kerzenschlüssel herausschrauben.
- Motor mit Anlasser ein paarmal durchdrehen, damit Rückstände und Ruß herausgeschleudert werden. **Achtung:** Getriebe in Leerlaufstellung und Handbremse angezogen.

- Kompressionsdruckprüfer entsprechend der Bedienungsanleitung in die Zündkerzenöffnung drücken oder einschrauben.
- Von Helfer Gaspedal ganz durchtreten lassen und während der ganzen Prüfung mit dem Fuß festhalten.
- Motor ca. 8 Umdrehungen drehen lassen, bis kein Druckanstieg mehr auf dem Meßgerät erfolgt.
- Nacheinander sämtliche Zylinder prüfen und mit Sollwert vergleichen.
- Anschließend Zündkerzen mit 20 Nm einschrauben und Zündkabel aufstecken.
- Grüne Steuerleitung am TSZ-Schaltgerät aufschieben beziehungsweise Kraftstoffpumpenrelais aufstecken oder Kabel für Klemme 1 an der Zündspule anklemmen.

Ventilspiel prüfen/einstellen

Um unterschiedliche Wärmeausdehnungen im Ventiltrieb zu kompensieren, muß ein gewisses Ventilspiel vorhanden sein.

Bei zu geringem Spiel verändern sich die Steuerzeiten, die Verdichtung ist schlecht, die Motorleistung nimmt ab, der Motorlauf ist unregelmäßig. In extremen Fällen können sich die Ventile verziehen oder die Ventile bzw. Ventilsitze verbrennen.

Bei zu großem Spiel stellen sich starke mechanische Geräusche ein, die Steuerzeiten verändern sich, der Motor gibt wegen mangelhafter Zylinderfüllung weniger Leistung ab, der Motorlauf ist unregelmäßig.

Das Einstellen der Ventile hat nur dann den gewünschten Erfolg, wenn die Ventile einwandfrei abdichten, diese kein unzulässiges Spiel in den Ventilführungen haben und am Schaftende nicht eingeschlagen sind.

Das Ventilspiel ist im Rahmen der Wartung alle 20 000 km zu überprüfen, gegebenenfalls zu berichtigen.

Das Ventilspiel kann bei kaltem oder warmem Motor geprüft beziehungsweise eingestellt werden.

Prüfen

- Bei Fahrzeugen mit unterbrechergesteuerter Zündanlage an der Zündspule das Kabel von der Klemme 1 abklemmen und isoliert ablegen.
- Bei Fahrzeugen mit Transistorzündung grünes Kabel am Schaltgerät der Zündanlage abziehen, siehe Seite 47.
- Luftfilter ausbauen, siehe Seite 98.
- Zylinderkopfdeckel ausbauen, siehe Seite 22.
- Getriebe in Leerlaufstellung bringen, Handbremse anziehen.
- Motor mit Steckschlüsseleinsatz (27 mm) an der Zentralschraube der Kurbelwellenriemenscheibe in Motordrehrichtung drehen. Dadurch dreht sich ebenfalls die Nockenwelle.

Achtung: Nicht an der Befestigungsschraube der Nockenwelle drehen. Kurbelwelle **nicht** rückwärts drehen.

Motor 102

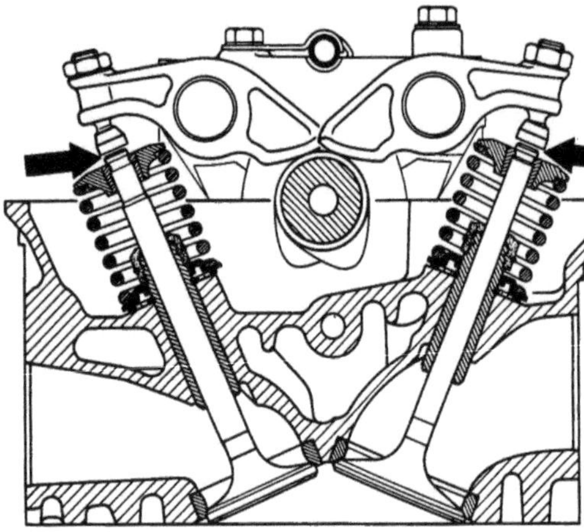

1053-9325

- Nockenwelle so stellen, daß die Nockenspitze vom Kipphebel des zu prüfenden Ventils wegzeigt (der Grundkreis liegt dann am Kipphebel an).
- Ventilspiel mit Fühlerblattlehre zwischen Kugelpfanne der Einstellschraube und Ventilschaftende messen –Pfeile–.

Ventilspiel bei	kaltem Motor	warmem Motor
Einlaßventile	0,15 mm	0,20 mm
Auslaßventile	0,30 mm	0,35 mm

Man bezeichnet den Motor als „kalt" bei einer Kühlmitteltemperatur unter ca. +50° C. Zum Einstellen des Ventilspiels bei „warmem Motor" soll die Kühlmitteltemperatur etwa zwischen +60° C und +80° C liegen.

- Das Ventilspiel ist richtig eingestellt, wenn sich die Fühlerblattlehre stramm durchziehen läßt.

Achtung: Beim Durchziehen der Lehre darauf achten, daß sie nicht durch die schwenkbare Kugelpfanne der Einstellschraube festklemmt.

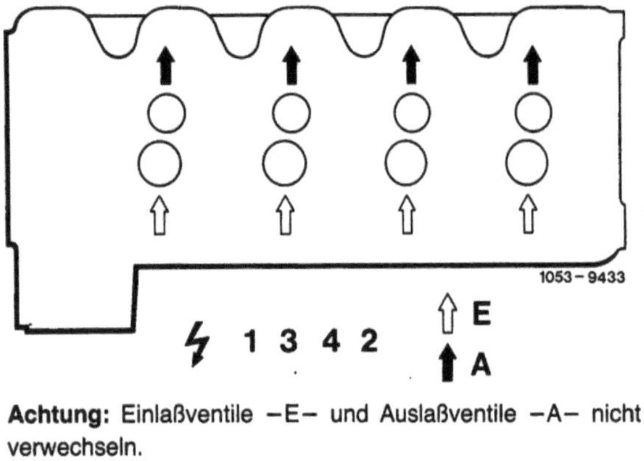

1053–9433

Achtung: Einlaßventile –E– und Auslaßventile –A– nicht verwechseln.

Einstellen

- Falls der Sollwert nicht erreicht wird, Ventilspiel an der Einstellschraube einstellen. Hierfür einen Spezialschlüssel, z. B. HAZET 2767 oder tiefgekröpften Ringschlüssel in Verbindung mit einem Kreuzschlitzschraubendreher verwenden.
- Zunächst prüfen, ob die Kontermutter der Ventilspiel-Einstellschrauben gerissen oder verformt ist. Beschädigte Kontermutter ersetzen.
- Mit dem Ventileinstellschlüssel Kontermutter der Einstellschraube lösen, dabei an der Einstellschraube gegenhalten.
- Ventilspiel mit der Einstellschraube auf den Sollwert einstellen.

Achtung: Falls die Einstellschraube klemmt, Kipphebel erneuern.

- Kontermutter mit ca. 20 Nm (Wert schätzen) festziehen, dabei an der Einstellschraube gegenhalten.

Motor 110/115/123

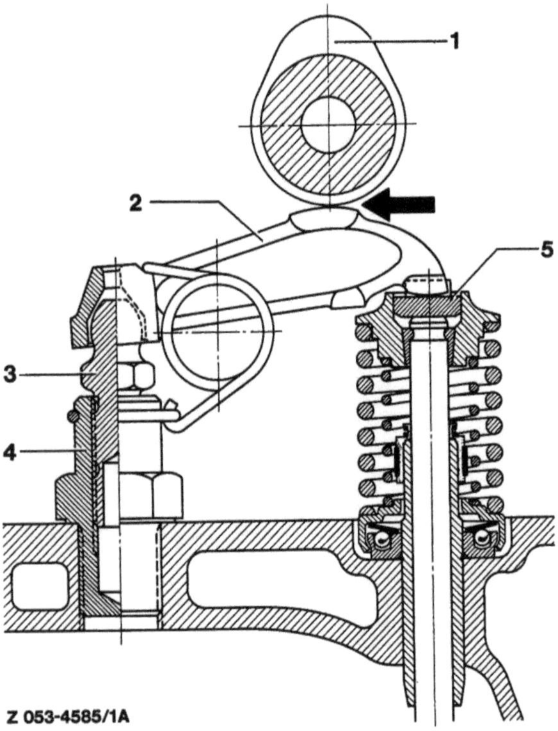

Z 053-4585/1A

- Nockenwelle so stellen, daß die Nockenspitze –1– vom Schwinghebel –2– des zu prüfenden Ventils wegzeigt.
- Ventilspiel mit Fühlerblattlehre zwischen Gleitfläche des Schwinghebels und Nockengrundkreis der Nockenwelle prüfen –Pfeil–.

Ventile	Motor 115/123 kalt	warm	Motor 110 kalt	warm
Einlaß	0,10 mm	0,15 mm	0,10 mm	0,15 mm
Auslaß	0,20 mm	0,25 mm	0,25 mm	0,30 mm

Man bezeichnet den Motor als „kalt" bei einer Kühlmitteltemperatur von ca. +20° C. Zum Einstellen des Ventilspiels bei „warmem Motor" soll die Kühlmitteltemperatur etwa zwischen +45° C und +75° C liegen.

- Das Ventilspiel ist richtig eingestellt, wenn sich die Fühlerblattlehre stramm durchziehen läßt.

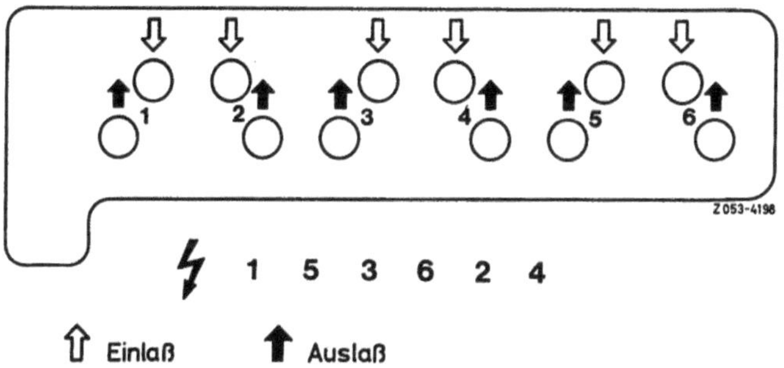

Achtung: Einlaßventile und Auslaßventile nicht verwechseln. Die Abbildung zeigt den Motor 123. Beim Motor 115 liegen die Ventile in einer Reihe hintereinander, die Abfolge von Aus- und Einlaßventilen ist jedoch gleich; Zündfolge: 1–3–4–2. Der Motor 110 hat die Auslaßventile auf der Seite, wo der Abgaskrümmer angeschraubt ist. Die Einlaßventile befinden sich auf der gegenüberliegenden Seite; Zündfolge 1–5–3–6–2–4.

Einstellen

- Falls der Sollwert nicht erreicht wird, Ventilspiel an der Einstellschraube –3– einstellen. Hierfür einen Spezialschlüssel, z. B. HAZET 2768-1, zusammen mit einem Drehmomentschlüssel verwenden.
- Ventilspiel mit Einstellschraube auf Sollwert einstellen. Durch Hineindrehen wird das Spiel größer, durch Herausdrehen kleiner.

Achtung: Zum Drehen der Ventilspiel-Einstellschraube ist ein Drehmoment von 20 Nm bis 40 Nm erforderlich. Falls das Drehmoment unter 20 Nm liegt, muß entweder die Einstellschraube allein oder zusammen mit der Gewindebuchse –4– ersetzt werden. Dazu Schwinghebel ausbauen. Gewinde der neuen Buchse mit Mehrzweckfett fetten und mit 80 Nm festschrauben. Darauf achten, das die Buchse beim Einschrauben keine Späne zieht. Schwinghebel einbauen, siehe auch Seite 40.

Achtung: Reicht die Verstellmöglichkeit der Einstellschraube nicht aus um das Ventilspiel auf den Sollwert einzustellen, muß das Druckstück durch ein dünneres ersetzt werden.

- **Motor 110:** Sämtliche Spannfedern auf festen Sitz und die Gummidichtungen für die Zündkerzen-Nischen auf Beschädigungen beziehungsweise Porosität prüfen.
- Ventilspiel nochmal kontrollieren, dann Motor weiterdrehen.
- Auf dieselbe Weise Spiel für sämtliche Ventile prüfen beziehungsweise einstellen.
- Zylinderkopfdeckel einbauen, siehe Seite 22.
- Luftfilter einbauen, siehe Seite 98.
- Grüne Steuerleitung am TSZ-Schaltgerät aufschieben beziehungsweise Kabel für Klemme 1 an der Zündspule anklemmen.

Starthilfe

Bei der Starthilfe mit einem Starthilfekabel sind einige Punkte zu beachten:

- Der Leitungsquerschnitt der Starthilfekabel soll bei Ottomotoren bis ca. 2,5 l Hubraum mindestens 16 mm² (Durchmesser ca. 5 mm) betragen. Bei Dieselmotoren oder Ottomotoren über ca. 2,5 l Hubraum soll der Leitungsquerschnitt mindestens 25 mm² betragen. Maßgebend ist dabei jeweils das Fahrzeug mit der entladenen Batterie. Der Leitungsquerschnitt ist in der Regel auf der Packung der Starthilfekabel angegeben. Beim Neukauf ist grundsätzlich ein Starthilfekabel mit isolierten Kabelzangen und 25 mm² Querschnitt empfehlenswert, da es sich auch für Motoren mit geringerem Hubraum eignet.
- Beide Batterien müssen eine Spannung von 12 Volt haben.
- Eine entladene Batterie kann bereits bei –10° C gefrieren. Vor Anschluß der Starthilfekabel muß eine gefrorene Batterie unbedingt aufgetaut werden.
- Die entladene Batterie muß ordnungsgemäß am Bordnetz angeklemmt sein.

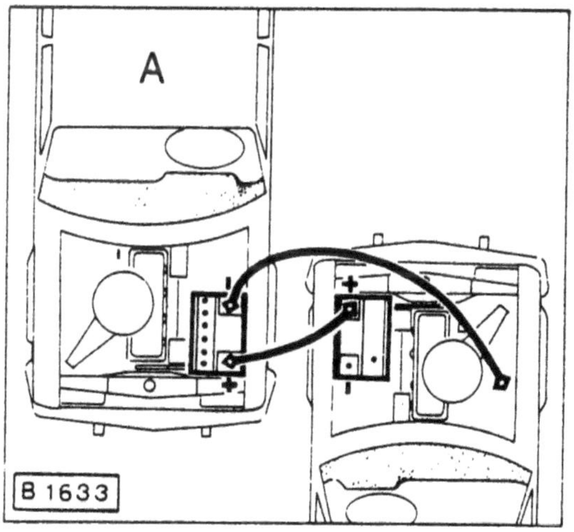

- Fahrzeuge so weit auseinanderstellen, daß kein metallischer Kontakt besteht. Andernfalls könnte bereits beim Verbinden der Pluspole ein Strom fließen.
- Bei beiden Fahrzeugen Handbremse anziehen. Schaltgetriebe in Leerlaufstellung, automatisches Getriebe in Parkstellung „P" schalten.
- Alle Stromverbraucher ausschalten.
- Motor des stromgebenden Fahrzeuges –A– im Leerlauf laufen lassen.

- Starthilfekabel in folgender Reihenfolge anschließen: 1. Rotes Kabel an den Pluspol der entladenen Batterie anklemmen. 2. Das andere Ende des roten Kabels an den Pluspol der stromgebenden Batterie anklemmen. 3. Schwarzes Kabel an den Minuspol der stromgebenden Batterie anklemmen. 4. Das andere Ende des schwarzen Kabels an eine gute Massestelle, zum Beispiel den Motorblock des Empfängerfahrzeuges, anschließen. Dadurch werden Masseverluste vermieden. Unter ungünstigen Umständen könnte beim Anschließen des Kabels an den Minuspol der leeren Batterie, durch Funkenbildung und Knallgasentwicklung, die Batterie explodieren.
- Polzangen nochmals auf festen Sitz prüfen. Darauf achten, daß die Starthilfekabel nicht durch sich drehende Teile, wie etwa durch den Kühlerventilator, beschädigt werden können.

Achtung: Die Klemmen der Starthilfekabel dürfen bei angeschlossenen Kabeln nicht in Kontakt miteinander oder mit Masse (Karosserie oder Rahmen) kommen.

- Motor des Empfängerfahrzeuges (leere Batterie) starten und laufen lassen. Beim Starten Anlasser nicht länger als 15 Sekunden ununterbrochen betätigen, da sich durch die hohe Stromaufnahme Polzangen und Kabel erwärmen. Deshalb zwischendurch eine „Abkühlpause" von mindestens 1 Minute einlegen.
- Grundsätzlich Motor des Spenderfahrzeuges während des Startvorganges mit Leerlaufdrehzahl drehen lassen. Dadurch wird eine eventuelle Beschädigung des Generators durch Spannungsspitzen beim Startvorgang vermieden. Sinkt allerdings die Leerlaufdrehzahl stark ab, kann etwas Gas gegeben werden.
- Während des Starthilfevorganges offene Flammen in der Nähe der Batterie vermeiden, weil aus der Batterie brennbare Gase austreten können.
- **Nach der Starthilfe** Kabel in **umgekehrter** Reihenfolge abklemmen.

Achtung: Werden die vorgeschriebenen Anschlußhinweise nicht genau eingehalten, besteht die Gefahr der Verätzung durch austretende Batteriesäure. Außerdem können Verletzungen oder Schäden durch eine Batterieexplosion entstehen. Zudem können Defekte an den elektrischen Anlagen beider Fahrzeuge auftreten.

Störungsdiagnose Motor

Wenn der Motor nicht anspringt, Fehler systematisch einkreisen. Damit der Motor überhaupt anspringen kann, müssen immer zwei Grundvoraussetzungen erfüllt sein: Das Kraftstoff-Luftgemisch muß bis in die Zylinder gelangen, der Zündfunke muß an den Zündkerzen vorhanden sein. Als erstes ist deshalb immer zu prüfen, ob überhaupt Kraftstoff gefördert wird. Wie man dabei vorgeht, steht in den Störungstabellen „Vergaser" und „Einspritzanlage".

Störung: Der Motor springt schlecht oder gar nicht an

Ursache		Abhilfe
Bedienungsfehler beim Starten	**Vergasermotor:**	■ **Bei kaltem Motor:** Gaspedal einmal langsam durchtreten und wieder loslassen, Kupplung treten, Zündung einschalten, starten, kein Gas geben. Sofort losfahren. Nur bei strengem Frost Motor ca. 30 Sekunden warmlaufen lassen. ■ **Bei warmem Motor:** Während des Anlassens Gaspedal langsam niedertreten. Nach dem Anspringen Gaspedal loslassen. ■ **Bei heißem Motor:** Vor dem Anlassen Gaspedal ganz niedertreten und Vollgas-Stellung beibehalten – nicht pumpen
	Einspritzmotor:	■ Gaspedal etwas niederdrücken und festhalten. Kupplung durchtreten. ■ Zündschlüssel drehen und starten, bis der Motor anspringt. Dann erst Zündschlüssel loslassen.
Zündanlage defekt, verschmutzt oder verstellt		Zündanlage entsprechend Störtabelle überprüfen
Kraftstoffanlage defekt, verschmutzt		Kraftstoffanlage entsprechend Störtabelle überprüfen
Anlasser dreht zu langsam		Batterie laden. Falls Einbereichs-Motoröl eingefüllt ist, in der kalten Jahreszeit Winteröl einfüllen. Anlasser überprüfen
Ventilspiel falsch		Ventilspiel korrigieren
Kompressionsdruck zu niedrig		Ventilspiel einstellen, Motor überholen
Längung der Steuerkette		Steuerzeiten überprüfen, Steuerkette ersetzen
Zylinderkopfdichtung defekt		Dichtung ersetzen

Die Zündanlage

Die Zündanlage erzeugt für jeden Zylinder des Motors im richtigen Augenblick den Zündfunken. Dieser setzt das angesaugte Kraftstoffluftgemisch in Brand. In der Zündspule wird hierzu die Batteriespannung von 12 Volt auf 25000 bis 30000 Volt umgeformt.

Je nach Modell ist der MERCEDES mit einer unterbrechergesteuerten Zündanlage ausgestattet, die in regelmäßigen Abständen gewartet werden muß, oder er besitzt eine weitgehend wartungsfreie Transistorzündung (TSZ).

Die Zündanlage besteht aus

- der Zündspule
- den Zündkerzen
- dem Zündverteiler mit Unterbrecher beziehungsweise Induktivgeber bei der TSZ-Anlage
- dem TSZ-Schaltgerät

Der Zündverteiler hat die Aufgabe, mit Hilfe des Unterbrecherkontaktes die Zündspannung in der Zündspule zu induzieren. Ein Kondensator vermindert dabei die Funkenbildung am Unterbrecherkontakt und verringert dadurch den Abbrand an den Kontaktflächen. Die in der Zündspule erzeugte Zündspannung wird über den Zündverteilerläufer zu der jeweils richtigen Zündkerze geleitet. An den Zündkerzen-Elektroden springt dann der Zündfunke über, der das Kraftstoff-Luftgemisch entzündet.

Funktion der TSZ-Anlage

Die Transistorzündanlage (TSZ) ist ein kontaktloses Zündsystem. Anstelle des Unterbrecherkontaktes ist der Zündverteiler mit einem wartungsfreien Induktivgeber ausgestattet. Ein Zündkondensator ist nicht erforderlich. Der Induktivgeber besteht aus einem Dauermagneten, einer Magnetspule und einem mit der Verteilerwelle verbundenen Verteileranker.

Der Induktivgeber steuert das TSZ-Schaltgerät an und bestimmt somit den Aus- und Einschaltpunkt des Zündspulenstromes. Dadurch bestimmt der Induktivgeber auch den Zündzeitpunkt.

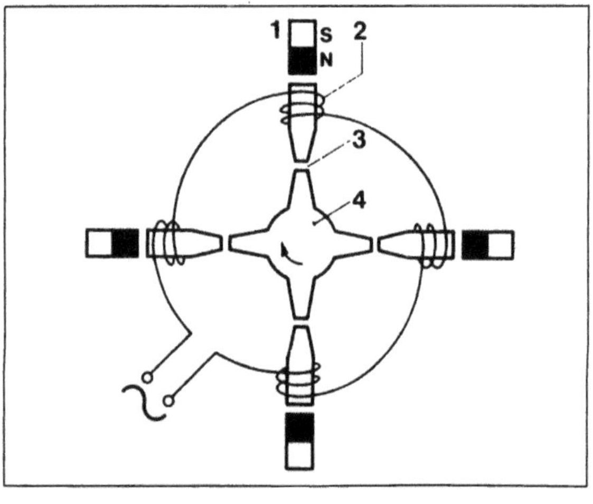

Da sich der Verteileranker –4– mit der Verteilerwelle dreht, ändert sich der Abstand –3– zwischen Verteileranker und den Statorpolen ständig. Dadurch wird in die Magnetspule –2– eine Wechselspannung induziert. Entsprechend den Spannungsänderungen löst das Schaltgerät zusammen mit der Zündspule den Zündfunken aus. Die Zündung erfolgt immer dann, wenn sich die Pole des Verteilerankers gerade wieder von den Statorpolen entfernen. Weitere in der Abbildung dargestellte Teile sind: –1– Dauermagnet, –S– Südpol und –N– Nordpol des Dauermagneten.

Um das Schaltgerät und die Zündspule vor hoher Erwärmung zu schützen, schaltet das Schaltgerät bei eingeschalteter Zündung und stehendem Motor die Spannungsversorgung der Zündspule ab.

Aus Sicherheitsgründen hat die Zündspule eine 5,5 mm große Öffnung mit Verschlußstopfen. Sie dient dazu, die Vergußmasse der Zündspule im Falle eines Schaltdefektes im TSZ-Schaltgerät gezielt austreten zu lassen.

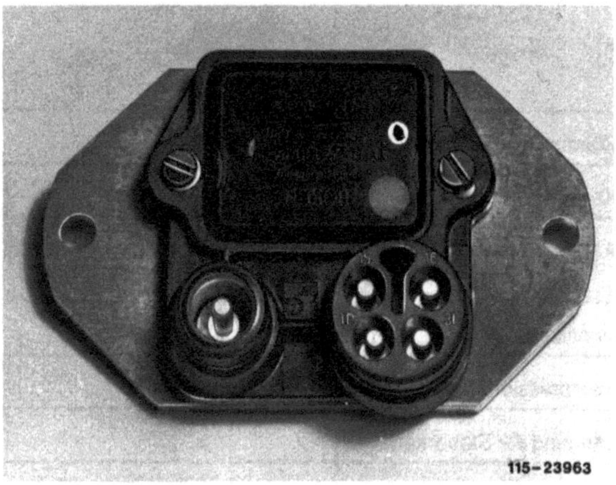

115-23963

Die Grundplatte des TSZ-Schaltgerätes dient zur Wärmeabfuhr. Vor Montage des Schaltgerätes Grundplatte und Radlaufblech sorgfältig reinigen und mit Wärmeleitpaste bestreichen, damit eine gute Wärmeabgabe möglich ist.

Achtung: Die Arbeitswärme des Gerätes wird über die Karosserie abgeleitet, deshalb darf der Motor nicht laufen, wenn das Schaltgerät nicht fest installiert ist.

Sicherheitsmaßnahmen zur TSZ-Anlage

Bei elektronischen Zündanlagen beträgt die Zündspannung bis zu 30 kV. Unter ungünstigen Umständen, zum Beispiel Feuchtigkeit im Motorraum, können Spannungsspitzen die Isolation durchschlagen, was bei Berührung zu Elektroschocks führt.

Um Verletzungen von Personen und/oder die Zerstörung der elektronischen Zündanlage zu vermeiden, ist bei Arbeiten an Fahrzeugen mit elektronischer Zündanlage folgendes zu beachten:

- Zündkabel nicht bei laufendem Motor bzw. bei Anlaßdrehzahl mit der Hand berühren bzw. abziehen.
- Leitungen der Zündanlage nur bei ausgeschalteter Zündung abklemmen. Bei eingeschalteter Zündung kann durch Erschütterung des Verteilers ein Hochspannungsstoß ausgelöst werden.
- Das An- und Abklemmen von Meßgeräteleitungen (Drehzahlmesser/Zündungstester) nur bei ausgeschalteter Zündung vornehmen.
- An Klemme 1 (−) dürfen kein Entstörkondensator und keine Prüflampe angeschlossen werden.
- Meßgeräte und Zündblitzlampen mit Spannungsversorgung 12 Volt bei laufendem Motor nicht an Klemme 15 der Zündspule anklemmen.
- Klemme 1 und Klemme 15 der Zündspule dürfen nicht gegen Masse kurzgeschlossen werden.
- Bei laufendem Motor dürfen Prüfungen, wie z. B. Zündkabel (Klemme 4) mit Abstand gegen Masse halten oder das Abziehen einzelner Kerzenstecker nicht durchgeführt werden.
- Das Prüfen der Zündspannung beim Starten mit abgezogenem Zündkabel Klemme 4 vom Zündverteiler darf nicht durchgeführt werden.
- Bevor der Motor mit Anlaßdrehzahl betrieben (z. B. Kompressionsdruckprüfung) oder von Hand durchgedreht wird, Zündung ausschalten und Stecker für Induktivgeber des Zündverteilers (grünes Kabel) am Schaltgerät abziehen.
- Die Zündspule darf nicht durch eine andere Ausführung ersetzt werden. Auf keinen Fall darf eine für unterbrechergesteuerte Zündanlagen vorgesehene Zündspule eingebaut werden.
- Bei Erhitzung auf mehr als +80° C (z. B. Lackieren, Dampfstrahlen) darf der Motor nicht unmittelbar nach der Aufheizphase gestartet werden.
- Die Motorwäsche ist nur bei Motorstillstand durchzuführen.
- Bei Elektro- und Punktschweißen ist die Batterie komplett abzuklemmen.
- Personen mit einem Herzschrittmacher sollen keine Arbeiten an der elektronischen Zündanlage durchführen.

Zündung prüfen

Wenn der Motor nicht anspringt, kann das unter anderem durch einen Defekt in der Zündanlage verursacht werden.

- Voltmeter an die Batteriepole anschließen.
- Zündung einschalten; dabei muß die Spannung ca. 12 Volt betragen. Gegebenenfalls Batterie laden.
- Zündkabel Klemme 4 aus der Mitte der Verteilerkappe herausziehen und gegen Masse legen. Anlasser betätigen und dabei Spannung messen, Sollwert ca. 10 Volt.

Unterbrechergesteuerte Zündanlage

- Voltmeter an Klemme 15 der Zündspule und an Masse anschließen. Zündkabel bleibt an Masse gelegt, Zündung eingeschaltet. Unterbrecherkontakt schließen, dazu Motor mit Stecknuß an der Kurbelwellen-Riemenscheibe in Motorrichtung drehen. Das Meßgerät muß nun eine Spannung von mindestens 5 Volt anzeigen.
- Anschließend Anlasser betätigen und Spannung prüfen. Der Sollwert beträgt mindestens 9,6 Volt. **Achtung:** Stecknuß vorher von der Kurbelwellen-Riemenscheibe abnehmen.
- Vorwiderstand prüfen. Der Vorwiderstand befindet sich in einem Keramikkörper oberhalb der Zündspule. Einen Leitungsanschluß des Widerstandes abklemmen und Ohmmeter an die beiden Kontakte des Widerstandes anschließen. Bei einer Temperatur von ca. +20° C liegt der Sollwert bei ca. 1,8 Ω (rote Befestigungsschelle) oder 1,4 Ω (goldene Schelle). Bei höheren Temperaturen sind etwas höhere Werte zulässig.

TSZ-Anlage mit Vorwiderständen

- Eingangsspannung am Vorwiderstand prüfen. Dazu Voltmeter an schwarz/rotes Kabel am 0,4 Ω -Vorwiderstand und an Masse anschließen. Sollwert: ca. 12 Volt. Anschließend Anlasser betätigen, die Spannung muß jetzt ca. 8,5 Volt betragen.
- Voltmeter an die Zündspule Klemme 15 und an Masse anschließen. Sollwert: ca. 4,5 Volt.
- Voltmeter an die Zündspule Klemme 1 und an Masse anschließen. Sollwert: 0,5 bis 2,0 Volt. Liegt der gemessene Wert über dem Sollwert, dann ist das Schaltgerät defekt. Wird der Sollwert erreicht, obwohl kein Zündfunke vorhanden ist, dann müssen das Geberteil im Zündverteiler oder die Sekundärwicklung der Zündspule geprüft werden.
- Vorwiderstände mit Ohmmeter prüfen. Dazu jeweils ein Kabel an den Widerständen abklemmen und Meßgerät an die Kontakte des einzelnen Widerstandes anschließen. Sollwerte: Widerstand mit blau eloxierter Schelle – ca. 0,4 Ω , metallische Schelle – 0,6 Ω . **Achtung:** Die Werte gelten für eine Temperatur von ca. +20° C, bei höheren Temperaturen erhöhen sich auch die Werte für die Widerstände.

TSZ-Anlage ohne Vorwiderstände

- Deckel von Diagnosesteckdose –4– abnehmen.
- Voltmeter zwischen Buchse 5 und Masse anschließen. Zündung einschalten. Voltmeter muß Batteriespannung (ca. 12 Volt) anzeigen, sonst Zuleitung gemäß Schaltplan überprüfen.

- Mit Voltmeter Spannungsdifferenz zwischen Buchse 5 und 4 der Steckdose prüfen. Sollwert: 0 Volt. **Achtung:** Ist die gemessene Spannung größer als 0,1 Volt, Zündung sofort ausschalten und Steuergerät ersetzen. Außerdem Zündspule prüfen.
- Schließwinkel bei Anlasserdrehzahl prüfen. Dazu grüne Leitung vom Schaltgerät abziehen und Schließwinkelmeßgerät an Klemme 1 der Diagnosesteckdose, danach an Klemme TD des Schaltgerätes und gegen Masse anschließen, Sollwert: 7° bis 25°.
- Falls die gemessenen Werte größer als 25° sind, Steuergerät erneuern.
- Wenn die gemessenen Werte verschieden sind, Verbindungsleitung gemäß Schaltplan überprüfen.
- Am Stecker der grünen Steuerleitung mit Ohmmeter Widerstand der Geberspule prüfen. Ohmmeter zwischen inneren und äußeren Kontakt des abgezogenen Steckers anschließen (Klemmen 7 und 3), Sollwert: 600 ± 100 Ω.

- Wird der Sollwert nicht erreicht, Steuerleitung am Zündverteiler abziehen, Ohmmeter an die Kontakte am Verteiler anschließen. Wird nun der Sollwert 600 ± 100 Ω angezeigt, Steuerleitung ersetzen, andernfalls Zündverteiler erneuern.

- Am abgezogenen Stecker der grünen Steuerleitung nacheinander die Klemmen 3 und 7 über Ohmmeter gegen Masse anschließen. Das Ohmmeter muß einen Wert von 200 k Ω oder mehr, beziehungsweise unendlich (∞ Ω) anzeigen.
- Wird der Sollwert nicht erreicht, Steuerleitung am Zündverteiler abziehen und Widerstand an einem der beiden Kontakte gegen Masse prüfen. Sollwert: 200 k Ω oder darüber. Wird der Sollwert erreicht, Steuerleitung ersetzen, andernfalls Zündverteiler erneuern.

Kondensator prüfen

Nur unterbrechergesteuerte Zündanlage

Der Kondensator sitzt im oder am Zündverteiler. Er regelt den Funken, der beim Öffnen des Unterbrecherkontaktes zwischen den beiden Kontaktflächen entsteht. Dadurch wird ein vorzeitiger Abbrand der Kontakte verhindert.

Bei einem defekten Kondensator treten Startschwierigkeiten auf, oder der Motor erreicht nicht mehr seine Höchstdrehzahl. Erkennbar ist ein defekter Kondensator an stark verbrannten Unterbrecherkontakten und schwachen Zündfunken. Defekte Kondensatoren sind außerordentlich selten.

Sichtprüfung

- Zündverteilerkappe abnehmen. Kontakte mit Schraubendreher abheben. Wenn die Kontakte blaue Abbrandstellen aufweisen, deutet dies auf einen defekten Kondensator hin. Grauer oder schwarzer Abbrand ist normal.
- Motor bei abgenommener Zündverteilerkappe von Hilfsperson starten lassen. Während des Startens den Unterbrecherkontakt beobachten. Wenn ständig starke Funken zwischen den Kontaktflächen auftreten, ist dies ein Hinweis auf einen defekten Kondensator. Schwache, nicht ständig auftretende Funken sind normal.

Zündspule prüfen

Die Zündspule kann mit einem Ohmmeter geprüft werden.

- Massekabel von der Batterie abklemmen.
- Abdeckhaube für Zündspule abnehmen. Dazu Clip mit breitem Schraubendreher trennen, Haube etwas spreizen und nach hinten schwenken.
- Anschlüsse an der Zündspule abklemmen.

115–18942

- Wenn der Stopfen –Pfeil– an der Zündspule herausgedrückt ist, Zündspule ersetzen.
- Primärwiderstand der Zündspule prüfen, dazu Ohmmeter an die Klemmen 1 und 15 anschließen.
- Sekundärwiderstand prüfen, dazu Ohmmeter an die Klemmen 1 und 4 anschließen.

Zündanlage	Zündspulenwiderstand primär	sekundär
unterbrechergesteuert	1,2 – 1,6 Ω	7 – 12 kΩ
TSZ mit Vorwiderständen	0,33 – 0,46 Ω	7 – 12 kΩ
TSZ ohne Vorwiderstände	0,5 – 0,9 Ω	6 – 16 kΩ

- Elektrische Leitungen an Zündspule anklemmen.
- Abdeckhaube hinten ansetzen, spreizen und nach vorn klappen. Richtigen Sitz der Leitungen in der Abdeckung prüfen, Haube unten mit Zange zusammenclipsen.
- Massekabel an Batterie anklemmen.

Achtung: Wird die Zündspule ersetzt, auf keinen Fall eine Zündspule für eine herkömmliche, unterbrechergesteuerte Zündanlage einbauen. Dadurch würde das Steuergerät zerstört.

Zündkabel prüfen

Nur Fahrzeuge mit TSZ-Anlage

- Massekabel von der Batterie abklemmen.
- Verteilerkappe abnehmen und Kerzenstecker abziehen. **Achtung:** Dabei am Stecker und nicht am Kabel ziehen.
- Widerstand zwischen den einzelnen Kontakten in der Verteilerkappe und den entsprechenden Kontakten der Zündkerzenstecker prüfen. Sollwert: 1 k Ω .

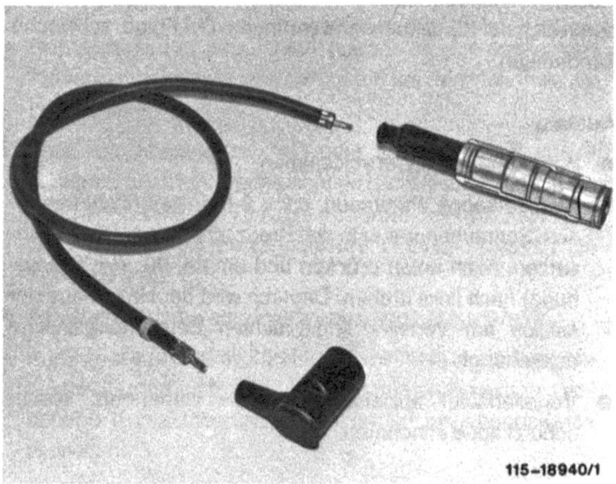
115–18940/1

- Wird der Sollwert nicht erreicht, Kerzenstecker vom Zündkabel abschrauben. Der Widerstand des Steckers muß 1 k Ω betragen. Falls nicht, Kerzenstecker ersetzen, andernfalls Zündkabel beziehungsweise Verteilerkappe erneuern.
- Bei zu hohem Widerstand Kabelanschlüsse reinigen und Prüfung wiederholen, gegebenenfalls Kabel erneuern.
- Verteilerläufer prüfen.
- Massekabel an Batterie anklemmen.

Zündverteilerläufer prüfen

Für einen einwandfreien Zündfunken darf der Widerstand (in Ohm gemessen) nicht zu hoch sein.

- Zündverteilerkappe ausbauen.

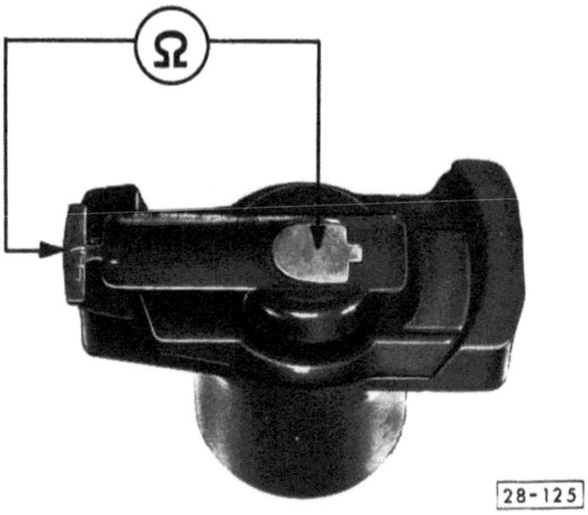

- Ohmmeter an Zündverteilerläufer anschließen. Der Sollwert beträgt ca. 1 k Ω, Kennzeichnung R 1.

Unterbrecherkontakt ersetzen

Im Laufe der Zeit bilden sich an den Unterbrecherkontakten Abbrandstellen, die sich als kleine Höcker und Krater bemerkbar machen. Außerdem nutzt sich das Kunststoffgleitstück ab, wodurch sich der Kontaktabstand verringert. Die Folge: schwache Zündfunken.

Ausbau

- Batterie-Massekabel abklemmen.
- Verteilerkappe abnehmen, dazu 2 Befestigungshaken lösen. Schraubendreher in den Kreuzschlitz des Hakens einsetzen, nach unten drücken und um ca. 90° (1/4 Umdrehung) nach links drehen. Dadurch wird der Haken aus der seitlich am Verteiler angebrachten Befestigungslasche ausgehängt.
- Verteilerläufer abziehen und, falls vorhanden, Staubschutzkappe abnehmen.

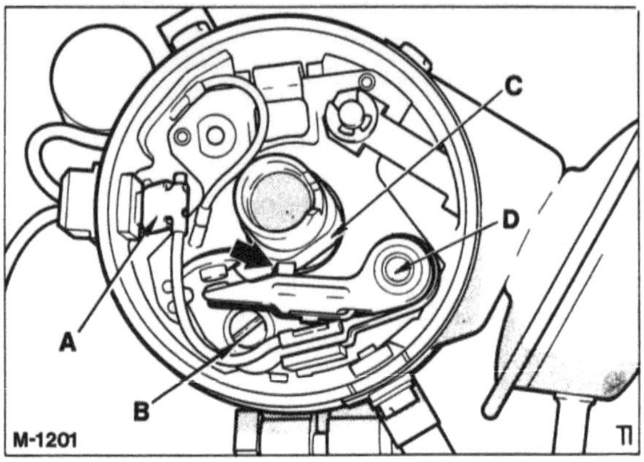

- Niederspannungskabel –A– abziehen.
- Befestigungsschraube –B– herausdrehen und Kontakt abnehmen.

Achtung: Die Schraube –B– darf nicht in den Verteiler fallen. Anfernfalls **muß** der Verteiler ausgebaut werden.

Einbau

Vor dem Einbau neuen Unterbrecherkontakt mit einem nicht fasernden Lappen abreiben und dadurch etwa anhaftendes Fett und Feuchtigkeit entfernen.

- Unterbrecherkontakt am Gleitstück –Pfeil– und an der Lagerstelle –D– mit Heißlagerfett, zum Beispiel BOSCH Ft1v4, schmieren. Außerdem Nockengleitbahn –C– der Verteilerwelle hauchdünn mit Fett einstreichen. Das Fett liegt in der Regel dem Kontaktsatz bei.

Achtung: Versehentlich auf die Kontaktflächen gelangtes Öl oder Fett sorgsam entfernen, sonst springt der Motor nicht an. Zum Entfernen kann saugfähiges Papier, zum Beispiel Löschpapier, verwendet werden.

- Unterbrecherkontakt einsetzen und Befestigungsschraube reindrehen, nicht festziehen.
- Kabel aufstecken.
- Kontaktabstand (Schließwinkel) einstellen und Befestigungsschraube festziehen.
- Falls vorhanden, Staubschutzkappe einsetzen. Dabei muß die Nase der Kappe in die Nut am Verteilergehäuse eingreifen.
- Verteilerläufer aufstecken. Durch leichtes Hin- und Herdrehen des Läufers prüfen, ob er in die Verteilerwelle eingerastet ist.
- Verteilerkappe aufsetzen, dabei muß die Nase der Kappe in die Nut am Rand des Verteilers eingreifen. 2 seitliche Befestigungshaken nach unten drücken und durch Drehen in die Haltelaschen seitlich am Verteilergehäuse einhängen.
- Prüfen ob die Haken an der richtigen Stelle eingehängt sind und die Verteilerkappe fest auf dem Verteiler sitzt.
- Batterie-Massekabel anklemmen.

Schließwinkel prüfen/einstellen

Für eine exakte Einstellung des Unterbrecherkontaktes benutzen die Werkstätten ein Schließwinkel-Meßgerät. Dieses Gerät bietet auch den Vorteil, daß bei leicht abgebrannten Kontaktflächen der Schließwinkel dennoch exakt geprüft werden kann. Bei Verwendung eines Schließwinkel-Meßgerätes, Gerät nach Bedienungsanleitung anschließen.

Prüfen mit Schließwinkel-Meßgerät

- Motor starten und im Leerlauf drehen lassen, Schließwinkel ablesen. Gemessenen Wert mit SOLLWERT vergleichen.

Motor	Sollwert		Einstellwert	
115	46° – 53°	51% – 59%	53° ± 1°	59% ± 1%
123	34° – 41°	53% – 69%	41° ± 1°	69% ± 1%
110	39° – 42°	65% – 70%	42° ± 1°	70% ± 1%

Achtung: Je nach verwendetem Meßgerät erfolgt die Anzeige in Grad (°) oder Prozent (%).

- Anschließend Motor mit ca. 3000/min laufen lassen. Der Schließwinkel darf dabei nicht mehr als ± 3° (4-Zylinder-Motor: ca. ± 3 %; 6-Zylinder-Motor: ± 5 %) vom vorher angezeigten Wert abweichen. Größere Abweichungen deuten auf Verschleiß der Verteilerwelle hin. In einem solchen Fall ist der Zündverteiler zu ersetzen.
- Liegt der gemessene Schließwinkel außerhalb des Sollwertes, Unterbrecherkontakt ersetzen. **Achtung:** Der Schließwinkel darf bei gelaufenen Unterbrecherkontakten nicht nachgestellt werden.

Einstellen mit Schließwinkelmeßgerät

- Verteilerkappe abnehmen, Verteilerläufer abziehen.
- Getriebe in Leerlaufstellung bringen, Handbremse anziehen. Motor mit Anlasser von Helfer durchdrehen lassen.

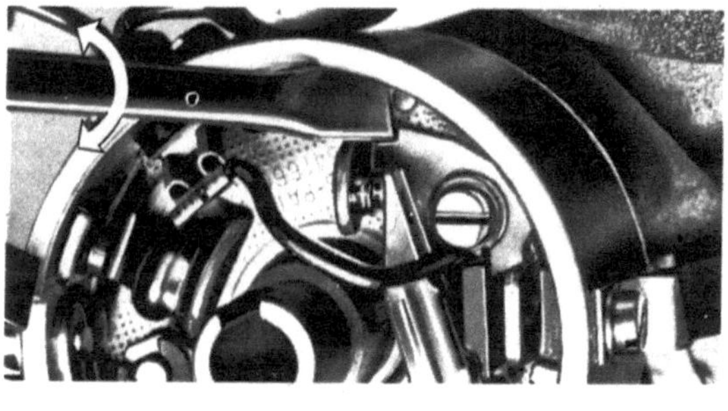

- Zum Verstellen des Unterbrecherkontaktes Schraubendreher so zwischen die Noppen der Verteilerplatte einsetzten, daß er gleichzeitig in die Kerbe am Unterbrecher eingreift. Bei Anlaßdrehzahl durch Hin- und Herdrehen des Schraubendrehers Kontaktabstand verändern, bis das Meßinstrument den EINSTELLWERT anzeigt, siehe Tabelle.
- Nach dem Einstellen Befestigungsschraube für Unterbrecherkontakt festziehen.
- Anschließend Schließwinkel bei laufendem Motor und Leerlaufdrehzahl nochmals überprüfen, gegebenenfalls Einstellung wiederholen.

Einstellen mit Fühlerblattlehre

Steht kein Schließwinkel-Meßgerät zur Verfügung, kann der Schließwinkel auch mit einer Fühlerblattlehre **behelfsmäßig** eingestellt werden. Anschließend Schließwinkel unbedingt mit einem Meßgerät prüfen.

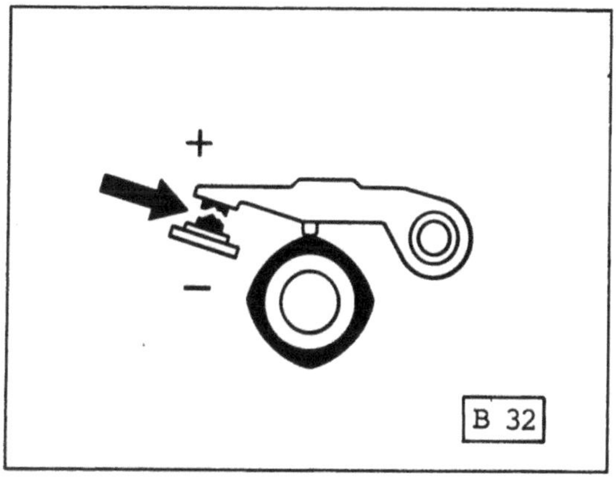

- Kurbelwelle und damit Zündverteilerwelle von Hand drehen, bis das Kunststoffgleitstück am höchsten Punkt des Zündverteilernockens anliegt. Kurbelwelle drehen, siehe Seite 47.

Achtung: Bei neu eingesetzten Kontakten kommt es vor, daß das Gleitstück nicht gegen den Nocken der Welle anstößt. Dann Unterbrecherkontakt leicht lösen und mit Schraubendreher in Richtung Zündverteilerwelle drücken. Unterbrecherkontakt anschließend festziehen.

- Der richtige Kontaktabstand beträgt ca. 0,4 mm. Dabei Fühlerblattlehre zwischen die beiden Kontaktflächen schieben –Pfeil–.
- Falls der Abstand zu groß oder zu klein ist: Feststellschraube am Unterbrecherkontakt leicht lösen. Mit Schraubendreher unteren Teil des Unterbrecherkontaktes verschieben, bis die Fühlerblattlehre stramm zwischen die Kontakte paßt.
- Feststellschraube am Unterbrecherkontakt anziehen.
- Kurbelwelle und damit Zündverteilerwelle in Motordrehrichtung weiterdrehen bis der Unterbrecherhebel nochmals voll abhebt. Kontaktabstand erneut prüfen beziehungsweise einstellen.
- Verteilerläufer aufstecken und Verteilerkappe montieren.
- Zündzeitpunkt einstellen.

Zündzeitpunkt prüfen/einstellen

Der Zündzeitpunkt ist nach Austausch der Unterbrecherkontakte entsprechend den Wartungsintervallen einzustellen. Bei Fahrzeugen mit einer TSZ-Anlage verstellt sich der Zündzeitpunkt in der Regel nicht.

Zum Prüfen und Einstellen werden ein Drehzahlmesser und eine Zündblitzpistole benötigt.

- Motor auf Betriebstemperatur bringen; ca. +70° C Kühlmitteltemperatur.

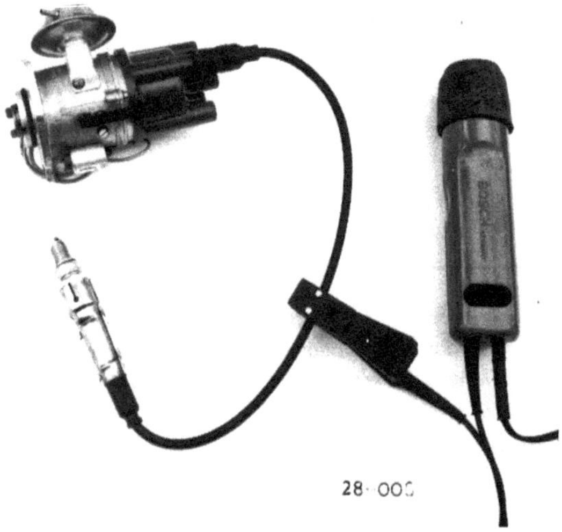

- Drehzahlmesser und Zündblitzpistole nach Bedienungsanleitung anschließen.

Achtung: Die Unterdruckleitung an der Unterdruckdose des Zündverteilers bleibt je nach Motorversion aufgesteckt oder muß abgezogen werden, siehe „Zündzeitpunktwerte" auf Seite 59.

- Klimaanlage muß ausgeschaltet sein.
- Motor starten und im Leerlauf drehen lassen.

- Zeiger am Steuergehäusedeckel mit Zündblitzlampe anblitzen.
  Achtung: Verletzungsgefahr durch drehende Riemenscheiben und Keilriemen.

- Die Zündung ist richtig eingestellt, wenn beim Anblitzen der Prüfwert unterhalb der Bezugsmarke scheinbar stillsteht, siehe Zündzeitpunkttabelle.
- Stimmen die Zündzeitpunktmarkierungen nicht überein, Befestigungsschraube für Verteiler mit Innensechskantschlüssel SW 6 etwas lösen, Drehzahl auf 4500/min (280 E: 3000/min) erhöhen und Zündverteiler verdrehen, bis sich der Einstellwert mit der Bezugsmarke deckt.
- Befestigungsschraube festziehen.
- Leerlaufeinstellung prüfen.
- Anschließend Zündzeitpunkt nochmals prüfen.
- Meßgeräte entfernen, Unterdruckleitung aufstecken.

Zündzeitpunkt-Werte

Achtung: Bei der Prüfung des Zündzeitpunktes bleibt die Unterdruckleitung an der Unterdruckdose des Zündverteilers, je nach Motorversion, aufgesteckt oder muß abgezogen werden.

Wird zum Beispiel im Ausland nur Kraftstoff mit geringerer Oktanzahl (ROZ unter 98) angeboten, so ist der Zündzeitpunkt in Richtung „spät" zu verstellen. Und zwar: pro 1 ROZ um 1–2° KW (Kurbelwellenwinkel). **Achtung:** Die maximale Zurücknahme darf 6° KW nicht überschreiten.

Achtung: Bei zurückgenommenem Zündzeitpunkt darf der Motor nicht voll belastet werden, hohe Drehzahlen sind zu vermeiden. Der Kraftstoffverbrauch erhöht sich und die Leistung des Motors wird verringert.

Sobald Kraftstoff mit der vorgeschriebenen Oktanzahl (mind. 98 ROZ) zur Verfügung steht, ist wieder auf volle Frühzündung umzustellen.

Modell	Verteiler-Nr.	Einbauwert	Prüfwert		Einstellwert		
		Zündzeitpunkt bei Startdrehz.	Leerlaufdrehzahl 1/min	Zündzeitpunkt (vor OT)	Drehzahl 1/min	Unterdruckschlauch abgezogen	Unterdruckschlauch angeschlossen
200 bis 6. 80		14° vor OT	850 ± 50	15° ± 3[1])	4500	40° vor OT	54° – 60° vor OT
200 seit 7. 80		13° vor OT	800 ± 50	13° ± 3[1])	4500	32° vor OT	40° – 44° vor OT
230		14° vor OT	850 ± 50	15° ± 3[1])	4500	40° vor OT	54° – 60° vor OT
230 E	0 237 003 022	13° vor OT	800 ± 50	1° ± 3 mit[2])	4500	32° vor OT	40° – 44° vor OT
	0 237 002 066	15° vor OT	800 ± 50	15° ± 3 mit[2])	4500	32° vor OT	40° – 44° vor OT
	0 237 003 025	15° vor OT	800 ± 50	3° ± 3 mit[2])	4500	32° vor OT	40° – 44° vor OT
250		8° vor OT	850 ± 50	0° ± 4 mit[2])	4500	32° vor OT	45° – 49° vor OT
280 bis 1. 80		5° vor OT	850 ± 50	0° ± 3 mit[2])	4500	28° vor OT	36° – 40° vor OT
280 seit 2. 80		10° vor OT	850 ± 50	0° ± 4 mit[2])	4500	32° vor OT	40° – 44° vor OT
280 seit 9. 81		10° vor OT	750 ± 50	10° ± 3[1])	750	10° vor OT	–
280 E		10° vor OT	800 ± 50	0° ± 3[1])	3000	32° vor OT	40° – 44° vor OT
280 E ab 2. 80		10° vor OT	800 ± 50	0° ± 3[1])	3500	30° vor OT	38° – 42° vor OT
280 E	0 237 306 045	12° vor OT	750 ± 50	10° ± 3[1])	3500	30° vor OT	38° – 42° vor OT

[1]) Unterdruckschläuch(e) von der Unterdruckdose am Verteiler **abgezogen**

[2]) Unterdruckschläuch(e) von der Unterdruckdose am Verteiler **aufgesteckt**

Zündverteiler aus- und einbauen

Ausbau

- Batterie-Massekabel abklemmen.
- Stecker mit grüner Steuerleitung am Verteiler abziehen, vorher Haltelasche abschrauben.
- Verteilerkappe abnehmen, dazu 2 Befestigungshaken lösen. Schraubendreher in den Kreuzschlitz des Hakens einsetzen, nach unten drücken und um ca. 90° (¼ Umdrehung) nach links drehen. Dadurch wird der Haken aus der seitlich am Verteiler angebrachten Befestigungslasche ausgehängt.
- Unterdruckleitung an der Unterdruckdose abziehen.
- Motor auf Zünd-OT des 1. Zylinders stellen. Dazu Getriebe in Leerlaufstellung bringen und Motor mit Steckschlüsseleinsatz (SW 27) an der Zentralschraube der Kurbelwellen-Riemenscheibe in Motordrehrichtung (im Uhrzeigersinn) weiterdrehen, bis die Markierung auf der Kontaktzunge des Verteilerläufers mit der Kerbe auf dem Rand des Verteilergehäuses übereinstimmt, gegebenenfalls Staubschutzkappe etwas anheben.

- Gleichzeitig muß der Zeiger am Steuergehäusedeckel über der OT-Markierung der Kurbelwellen-Riemenscheibe stehen –Pfeil–.

Achtung: Motor **nicht** rückwärts drehen.

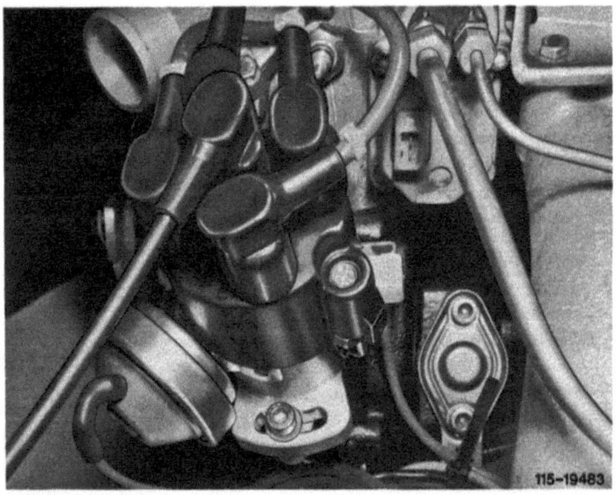

- Befestigungsschraube für Zündverteiler mit Innensechskantschlüssel SW6 herausdrehen und Verteiler herausziehen.

Achtung: Motor bei ausgebautem Verteiler nicht mehr verdrehen.

Einbau

- Vor dem Einbau prüfen, ob sich der Motor noch in der OT-Stellung für Zylinder 1 befindet.
- Zündverteilerwelle so drehen, daß die Markierungen auf Verteilerläufer und Verteilergehäuse übereinstimmen.
- Verteiler so einsetzen, daß sich das Langloch am Verteilerfuß etwa mittig über der Bohrung für die Befestigungsschraube befindet.
- Befestigungsschraube beiziehen, nicht festziehen.
- Zündzeitpunkt behelfsmäßig einstellen. Dazu Zündblitzlampe nach Bedienungsanleitung anschließen. Motor mit Anlasser (Helfer!) durchdrehen und Zündzeitpunktmarke am Steuergehäusedeckel anblitzen.
- Der Zündzeitpunkt ist richtig eingestellt, wenn der Einbauwert auf der Kurbelwellen-Riemenscheibe unterhalb der Bezugsmarke am Steuergehäusedeckel stillsteht, siehe auch Abbildung 101-18944 und Zündzeitpunkttabelle.
- Wird der Sollwert nicht erreicht, Befestigungsschraube für Zündverteiler lösen und Verteiler verdrehen, bis die Markierungen übereinstimmen.
- Befestigungsschraube für Verteiler festziehen.
- Bei unterbrechergesteuerter Zündanlage Schließwinkel einstellen.
- Unterdruckleitung aufschieben.
- Sitz der Staubschutzkappe prüfen, die Nase der Kappe muß in die Nut am Rand des Verteilergehäuses eingreifen.
- Senkrechten Sitz der Haltelaschen am Verteilergehäuse prüfen, gegebenenfalls ausrichten und Schraube festziehen.
- Verteilerkappe so aufsetzen, daß sich das Zündkabel für Zylinder 1 über der Kerbe am Rand des Verteilers befindet. Die Kerbe ist nur sichtbar, wenn die Staubschutzkappe etwas angehoben wird. Oben an der Verteilerkappe befindet sich neben dem entsprechenden Zündkabelanschluß in einem Kreis die Bezeichnung „1".
- Richtigen Sitz der Verteilerkappe durch Hin- und Herbewegen prüfen, die Kappe darf sich nicht drehen lassen.
- Die 2 seitlichen Befestigungshaken nach unten drücken, durch Drehen in die Haltelaschen seitlich am Verteilergehäuse einhängen und loslassen.
- Prüfen, ob die Haken an der richtigen Stelle eingehängt sind und die Verteilerkappe fest auf dem Verteiler sitzt.
- Grüne Steuerleitung am Verteiler aufschieben und mit Haltelasche sichern.
- Batterie-Massekabel anklemmen.
- Motor starten und warmlaufen lassen.
- Zündzeitpunkt bei laufendem Motor einstellen und Schließwinkel prüfen.

Die Zündkerzen

Die Zündkerze besteht aus der Mittel-Elektrode, dem Isolator mit Gehäuse und der Masse-Elektrode. Die Masse-Elektrode ist gasdicht im Isolator befestigt, der Isolator ist fest mit dem Gehäuse verbunden. Zwischen Mittel- und Masse-Elektrode springt der Zündfunke über, der das Kraftstoffluftgemisch entzünden soll. Von der Zündkerze hängen Startbereitschaft, Leerlaufverhalten, Beschleunigung und Höchstgeschwindigkeit ab. Man sollte deshalb nicht ohne Grund von dem vom Werk vorgeschriebenen Zündkerzentyp abweichen, der durch die Wärmewert-Kennzahl bestimmt wird. Die Wärmewert-Kennzahl gibt den Grad der Wärmebelastbarkeit einer Zündkerze im Motor unter bestimmten Betriebsbedingungen an. Die Zündkerzen für den Motor sind so ausgewählt, daß sie möglichst unter allen Fahrbedingungen die Selbstreinigungstemperatur erreichen. Je niedriger die Wärmewert-Kennzahl einer Zündkerze ist, desto höher ist ihr Widerstand gegen Glühzündungen und desto kleiner ist ihr Widerstand gegen Verschmutzung. Je höher die Wärmewert-Kennzahl der Zündkerze ist, desto kleiner ist ihr Widerstand gegen Glühzündungen und desto höher ist ihr Widerstand gegen Verschmutzung.

Die Wärmewert-Kennzahl ist im Zündkerzencode enthalten. Der Code schlüsselt sich wie folgt auf:

Bosch-Zündkerze

Beispiel W R 7 D C
① ② ③ ④ ⑤

① W = Gewinde M 14 x 1,25 mit Flachdichtsitz, SW 21; F = Gewinde M 14 x 1,25 mit Flachdichtsitz, SW 16; M = Gewinde M 18 x 1,5 mit Flachdichtsitz, SW 25; H = Gewinde M 14 x 1,25 mit Kegeldichtsitz, SW 16; D = Gewinde M 18 x 1,5 mit Kegeldichtsitz, SW 21; SW = Schlüsselweite.
② R = Mit Widerstand, zur Entstörung. Die Funktion der Zündanlage wird dadurch nicht beeinflußt.
③ Wärmewert-Kennzahl. Die Wärmewertskala wird von 06 („kalt“) bis 13 („warm“) angegeben. Dabei entspricht die Kennzahl 7 dem alten Wärmewert 175 (frühere Bezeichnung), 6 – 200,5 – 225 usw.
④ A = Gewindelänge 12,7 mm, normale Funkenlage; B = Gewindelänge 12,7 mm, vorgezogene Funkenlage; C = Gewindelänge 19 mm, normale Funkenlage; D = Gewindelänge 19 mm, vorgezogene Funkenlage.
⑤ = Elektrodenwerkstoff der Mittelelektrode: Cr-Ni-Legierung, C = Ni-Cu-Verbund-Mittelelektrode, S = Silber-Mittelelektrode, P = Platin-Mittelelektrode, O = Standard-Zündkerze mit verstärkter Mittelelektrode.

Durch den Kupferkern (Cu) in der Mittelelektrode und noch mehr durch die Silber-Mittelelektrode wird die Wärmeleitfähigkeit und damit die Wärmebelastbarkeit erhöht. Der Vorteil der Zündkerze mit Platin-Mittelelektrode liegt in hoher Zündwilligkeit sowie geringem Verschleiß und größerem Wärmewertbereich.

Beru-Zündkerze

Beispiel 14 K 7 D U
① ② ③ ④ ⑤

① Gewindedurchmesser in mm, hier M 14 x 1,25.
② Konstruktionsmerkmal, z. B. K für Konussitz, R für Entstörwiderstand.
③ Wärmewert-Kennzahl (wie bei Bosch).
④ Gewindelänge (wie bei Bosch).
⑤ Elektrodenwerkstoff, z. B. U für Kupferkern.

Von dem vom Werk empfohlenen Wärmewert sollte nur abgegangen werden, wenn die Betriebsbedingungen erheblich von den normalen Bedingungen abweichen und Betriebsstörungen auftreten. Sind die Kerzen ständig verrußt, erreichen sie also nicht die Selbstreinigungstemperatur (nur Kurzstreckenverkehr), ist eine Zündkerze mit der nächsthöheren Wärmewert-Kennzahl empfehlenswert. Wenn der Motor ausschließlich Vollgas gefahren wird, kann eine Zündkerze mit nächstniedriger Wärmewert-Kennzahl erforderlich werden.

Die richtige Zündkerze für den MERCEDES

Motor	Bosch	Beru	Champion	EA*
102	H7D H7DC	14K-7D 14K-7DU	BN-9Y S9YC	0,8 0,8
110/115	W7D W7DC	14-7D 14-7DU	N9Y	0,8 0,8
123 bis 8/81	W6D W6DC	14-6D 14-6DU	N8Y	0,8 0,8
123 ab 9/81	W5D W5DC	14-5D 14-5DU	N8Y	0,8 0,8

***)EA = Elektrodenabstand in mm.**

Achtung: Da die technische Entwicklung immer weitergeht und einzelne Zündkerzenwerte aufgrund praktischer Erfahrung nachträglich geändert werden können, empfiehlt es sich, beim Neukauf den neuesten Stand der Freigabe bei einer MERCEDES-Werkstatt zu erfragen.

Wartungsarbeiten an der Zündanlage

Die elektronische Zündanlage ist grundsätzlich wartungsfrei, dennoch sollten im Rahmen der Wartung die Anschlüsse und Zündkerzen überprüft werden.

Verteilerkappe prüfen

- Verteilerkappe abnehmen, siehe Seite 56.
- Die Kappe muß innen trocken sein.
- Anschlußkontakte auf Verschleiß und Korrosion prüfen, gegebenenfalls mit Schmirgelleinen reinigen.
- Mittleren Kohlekontakt auf Leichtgängigkeit und Verschleiß prüfen. Dazu Kontakt mit dem Finger eindrücken.
- Verteilerkappe auf Kriechströme untersuchen. Kriechströme zeigen sich durch dünne, unregelmäßige Spuren auf der Oberfläche der Verteilerkappe.
- Verteilerkappe mit sauberem, trockenem Lappen auswischen und auf Haarrisse untersuchen, gegebenenfalls Verteilerkappe auswechseln. Anschließend Kappe innen mit Kontaktspray einsprühen.
- Verteilerläufer abziehen und auf Haarrisse sowie saubere Kontakte prüfen, gegebenenfalls reinigen.
- Filz in der Verteilerwelle mit einem Tropfen Öl ölen.
- Verteilerläufer aufstecken, dabei muß die Nase des Läufers in die Nut der Verteilerwelle einrasten. Verteilerläufer leicht hin- und herdrehen und dadurch festen Sitz prüfen.
- Verteilerkappe einbauen, siehe Seite 56.

Elektrische Anschlüsse prüfen

- Sämtliche elektrischen Anschlüsse an der Zündspule sowie am Verteiler auf festen Sitz prüfen.
- Angerissene Klemmen ersetzen.
- Korrodierte Anschlüsse mit einer Drahtbürste oder Schmirgelleinen reinigen, gegebenenfalls mit Kontaktspray einsprühen.
- Die Kontakte müssen in trockenem Zustand sein, andernfalls Kontakte reinigen und mit Kontaktspray einsprühen.

Zündkerzen prüfen

Die Zündkerzen sind alle 10000 km zu prüfen und alle 20000 km zu ersetzen. Platin-Zündkerzen haben in der Regel eine längere Lebensdauer. Sie müssen ausgetauscht werden, wenn die Mittel-Elektrode im Isolatorfuß nicht mehr erkennbar ist.

- Sämtliche Kerzenstecker abziehen, dabei nur an den Steckern und nicht an den Kabeln ziehen. Eine spezielle Zange, zum Beispiel HAZET 1849, erleichtert das Abziehen der Kerzenstecker. Dabei dürfen die Stecker jedoch nur an der Blechhülse gefaßt werden.
- Zündkerzen-Nischen, wenn möglich, mit Preßluft ausblasen.
- Zündkerzen mit geeignetem Kerzenschlüssel herausschrauben und Kerzengesicht prüfen. Mit einiger Erfahrung lassen sich daraus Rückschlüsse auf den Betriebszustand des Motors ziehen. Es gelten fogende Regeln:

Elektroden und Isolierkörper

- Mittelgrau = richtige Vergasereinstellung und richtiges Arbeiten der Zündkerze
- Schwarz = Gemisch zu fett
- Hellgrau = Gemisch zu mager
- Verölt = Aussetzen der betreffenden Zündkerze oder schlecht abdichtende Kolbenringe.

- Zündkerzen mit einer Messingbürste oder einem Sandstrahlgerät reinigen.
- Isolatoren der Zündkerzen auf Kriechströme untersuchen. Kriechströme zeigen sich als dünne, unregelmäßige Spuren auf der Oberfläche. Falls sich die Kriechstromspuren nicht vollständig entfernen lassen, betreffende Kerze austauschen.
- Falls erforderlich, Mittel-Elektrode mit Feile rechtwinkelig abstumpfen und damit Abbrand ausgleichen.

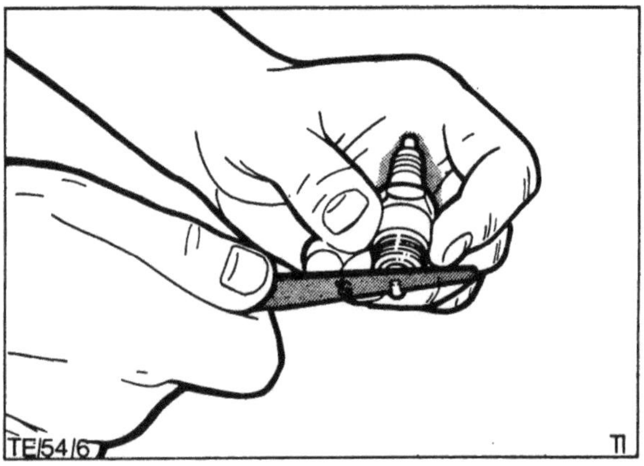

- Elektrodenabstand mit Fühlerblattlehre prüfen. Sollwert: **0,8 mm.**

- Zum Einstellen des Kontaktabstandes Masse-Elektrode nachbiegen. Dafür gibt es ein einfaches, praktisches Werkzeug, andernfalls seitlich gegen die Masse-Elektrode klopfen. Beim Aufbiegen kleinen Schraubendreher am Gewinderand der Kerze abstützen, keinesfalls jedoch an der Mittel-Elektrode, da diese sonst beschädigt wird.
- Gewinde an den Kerzen und im Zylinderkopf reinigen.
- Zündkerzen von Hand bis zur Anlage am Zylinderkopf einschrauben. **Achtung:** Dabei Kerzen nicht verkantet ansetzen.
- Zündkerzen mit 20 Nm festziehen.

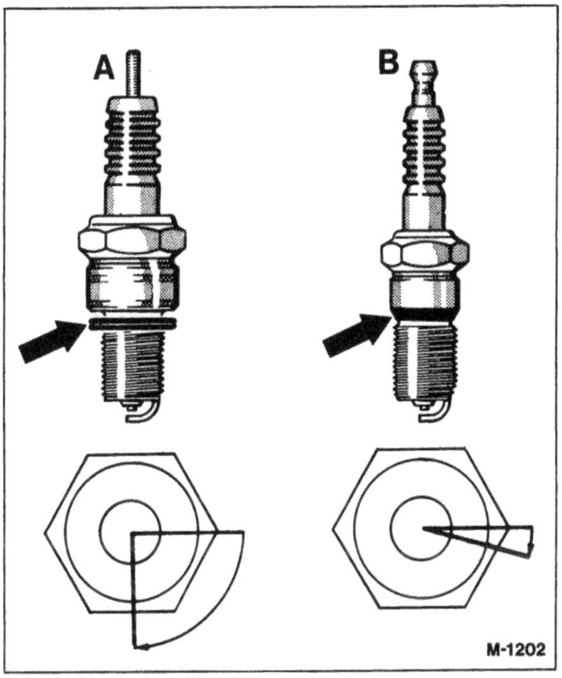

Achtung: Steht kein Drehmomentschlüssel zur Verfügung, neue Zündkerzen mit **Flachdichtsitz –A–** mit Kerzenschlüssel um **ca. 90°** (¼ Umdrehung) weiterdrehen. Zündkerzen mit **Kegeldichtsitz –B– um ca. 15°** weiterdrehen, ebenso wie gebrauchte Zündkerzen mit Flachdichtsitz. Zu fest angezogene Zündkerzen können beim Herausschrauben abreißen oder das Gewinde im Zylinderkopf beschädigen. In diesem Fall Kerzengewinde mit UTC- oder Heli-Coil-Einsätzen reparieren.

- Kerzenstecker aufstecken. Durch Hin- und Herbewegen festen Sitz der Kerzenstecker und Zündkabel prüfen.

Störungsdiagnose Zündanlage

Störung: Der Motor springt schlecht oder gar nicht an

Ursache	Abhilfe
Kein Zündfunke vorhanden. Verteilerkappe feucht, verschmutzt	■ Verteilerkappe reinigen und trocknen, innen mit Zündspray einsprühen
Risse in der Verteilerkappe, Brandkanäle	■ Verteilerkappe erneuern
Schleifkohle in der Zündverteilerkappe abgenutzt	■ Schleifkohle erneuern
Verteilerläufer defekt	■ Verteilerläufer erneuern
Widerstand des Verteilerläufers zu hoch	■ Verteilerläufer erneuern
Widerstand in Zündkerzenleitung/Zündkerzenstecker zu hoch	■ Zündleitung/Zündkerzenstecker erneuern
Zündkerzenstecker in falscher Reihenfolge aufgesteckt	■ Zündkerzenstecker nach Zündfolge 1–3–4–2 bzw. 1–5–3–6–2–4 aufstecken
Zündkerzen wegen zu vieler Startversuche naß	■ Zündkerzen ausbauen und trocknen
Zündkerzen außen feucht und verschmutzt	■ Zündkerzen reinigen, trocknen, Silikonschutzkappe auf Zündkerze und Stecker schieben
Leistung der Zündspule zu gering	■ Elektrische Leitungen an der Zündspule auf festen Sitz und guten Kontakt prüfen
Zündspule gerissen, Brandkanäle	■ Zündspule erneuern
Spannungsverlust durch Berührung elektrischer Anschlüsse bzw. Leitungen mit Schläuchen des Motors	■ Elektrische Leitungen richtig führen
Zündzeitpunkt grob verstellt	■ Zündzeitpunkt korrigieren
Unterbrecherkontakte abgebrannt	■ Unterbrecherkontakte erneuern
Kondensator am Zündverteiler lose oder defekt	■ Kondensator festziehen bzw. erneuern

Motor-Schmierung

Bei allem Bemühen, den MERCEDES durch konstruktive und fertigungstechnische Maßnahmen mehr und mehr zu vervollkommnen und seine Lebensdauer, Betriebssicherheit und Wirtschaftlichkeit zu erhöhen, bleibt die regelmäßige Schmierung und Wartung des Fahrzeugs nach dem MERCEDES-BENZ-Wartungs-System unerläßlich.

Aufgabe des Motoröls

Je nach den Betriebsbedingungen unterliegen die Motorenöle recht wechselnden Beanspruchungen. Es ist deshalb sehr schwierig, die verschiedenen Betriebsbedingungen in ihrer Auswirkung auf das Schmiermittel genau festzulegen. Motoren, die lange Zeit mit hoher Drehzahl oder mit Vollast laufen, erreichen hohe Öltemperaturen. Unter Einwirkung hoher Temperaturen und des Luftsauerstoffes beginnt das Öl zu oxydieren. Die Oxydationsprodukte verdicken das Öl und können sich als lackartige Überzüge an den oberen Kolbenpartien, in den Kolbenringnuten und an den Ventilschäften ablagern. Dies kann zu einer Verkokung der Ventilteller führen.

Erhalten die Zylinder ein kraftstoffüberreiches Gemisch, werden von einem Motor nur selten oder nie Höchstleistungen verlangt oder wird mit unterkühltem Motor gefahren (Stadtverkehr), so ist eine unvollkommene Verbrennung die Folge. Ruß, Ölkohle und andere Produkte, der unverbrannte Kraftstoff selbst und die Kondensation von Feuchtigkeit führen zur Bildung von Schlamm, Säure und Asphalt. Der unverbrannte Kraftstoff schlägt sich an den kalten Zylinderwänden nieder und läuft in das Kurbelgehäuse, wobei der Ölfilm an Zylinder und Kolben abgewaschen wird. Die Folge ist eine verminderte Schmierung der Kolbenlaufbahn und eine Ölverdünnung, welche die Schmiereigenschaften des Öles je nach Kraftstoffgehalt beeinträchtigen.

Bei zu hoher Ölverdünnung ist eventuell ein vorzeitiger Ölwechsel vorzunehmen. Da bei scharfer Fahrt (heißer Motor) die Benzinanteile im Öl verflüchtigen, ist vor allem im Winter (viele Kaltstarts – hoher Benzinanteil im Öl) öfters der Ölstand zu kontrollieren.

Viskosität des Motoröls

Viskosität nennt man die Zähflüssigkeit des Öls. In Abhängigkeit von der Temperatur neigt jedes Öl dazu, seine Zähflüssigkeit zu vermindern. Mit zunehmender Wärme wird es dünnflüssig. Dadurch wird die Haftfähigkeit und Druckfestigkeit des Schmierfilms beeinträchtigt. Bei Kälte wird es dick und zähflüssig, wobei das Fließvermögen träge und der innere Reibungswiderstand vergrößert wird. Diese Eigenschaft erfordert die Verwendung eines Motoröles von einer Zähflüssigkeit, die sich bei wechselnden Temperaturen möglichst wenig verändert.

Bei kaltem Motor soll es noch dünnflüssig genug sein, um die Arbeit des Anlassers nicht übermäßig zu erschweren und um vom Startbeginn an zu allen Schmierstellen möglichst schnell fließen zu können.

Die Zähflüssigkeit oder Viskosität ist gleichbedeutend mit der inneren Reibung eines Öles und wird nach dem SAE-System (Society of Automotive Engineers) gekennzeichnet, wie zum Beispiel SAE 30, SAE 10 usw. Hohe SAE-Zahlen weisen auf dicke, niedrige auf dünne Öle hin. Die Viskosität gibt aber keinen Aufschluß über die Schmiereigenschaften eines Öles.

Das Mehrbereichsöl

Für die MERCEDES-Motoren können sowohl Einbereichsöle wie auch Mehrbereichsöle verwendet werden. Mehrbereichsöle haben den Vorteil, daß sie sich den Temperaturverhältnissen (Sommer/Winter) anpassen. Mehrbereichsöle bauen auf einem dünnflüssigen Einbereichsöl (z. B. 15 W) auf. Durch sogenannte Verdickerer wird das Öl im heißen Zustand stabilisiert, so daß für jeden Betriebszustand die richtige Schmierfähigkeit gegeben ist. Wird ein Mehrbereichsöl verwendet, sollte man zu den modernen Ölen greifen, die eine hohe Viskositätsspanne haben (z. B. 15 W-40, 15 W-50).
Das „W" in der SAE-Bezeichnung weist das Öl als wintertauglich aus.

Das Leichtlauföl

Bei Leichtlaufölen handelt es sich um Mehrbereichsöle, denen unter anderem Reibwertverminderer zugesetzt wurden, so daß eine Kraftstoffeinsparung von bis zu 2 Prozent möglich sein soll. Leichtlauföle haben eine niedrige Viskosität (z. B. 10 W-30). Sie erfordern unkonventionelle Grundöle (Synthetiköle). Beim Kauf eines Leichtlauföles sollte man darauf achten, daß es von MERCEDES-BENZ freigegeben wurde.

Anwendungsbereich/Viskositätsklassen

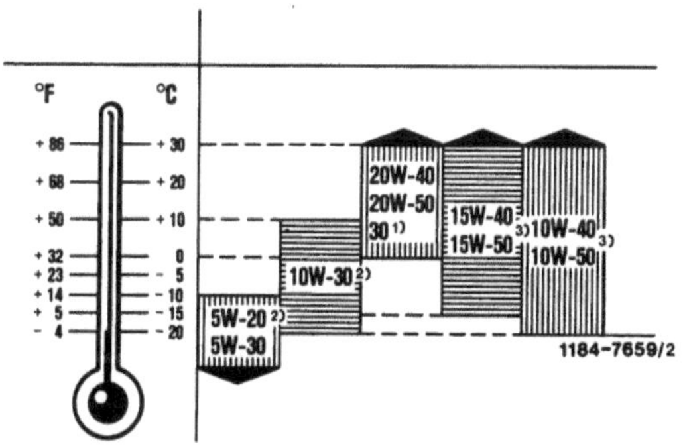

1) Bei andauernder Außentemperatur über +30° C kann SAE 40 verwendet werden.
2) Motoröl SAE 5W-20 nur bei dauernden Außentemperaturen unter +10° C, SAE 10W-30 in gemäßigten Zonen als Ganzjahresöl verwendbar.
3) Ganzjahresöl

Da die Einsatzbereiche benachbarter SAE-Klassen sich überschneiden, können kurzfristige Temperaturschwankungen unberücksichtigt bleiben. Es ist zulässig, Öle verschiedener Viskositätsklassen miteinander zu mischen, wenn einmal Öl nachgefüllt werden muß und die Außentemperaturen nicht mehr der Viskositätsklasse des im Motor befindlichen Öles entsprechen.

Zusatzschmiermittel – gleich welcher Art – sollen weder dem Kraftstoff noch den Schmierölen beigemischt werden.

Spezifikation des Motoröls

Grundsätzlich sind nur HD-Öle für die modernen Motoren zugelassen. HD-Öle sind legierte Öle, deren Schmiereigenschaften durch Zusatz verschiedener chemischer Wirkstoffe erheblich verbessert sind. Diese Zusätze bewirken einen besseren Korrosionsschutz, ein günstigeres Verhalten gegen Oxydationserscheinungen, insbesondere eine geringere Neigung zur Schlammbildung im Kurbelgehäuse, ein besseres Viskositätsverhalten, reinigende und lösende Eigenschaften. Die reinigenden und lösenden Zusätze verringern nicht nur die Rückstandsbildung im Motor, sondern besitzen zugleich die Fähigkeit, Rückstände zu lösen und sie und alle anderen Verunreinigungen im Motoröl fein verteilt und ständig in der Schwebe zu halten, so daß beim Ölwechsel die Verunreinigungen mit abfließen.

Die Qualität eines HD-Motoröls wird durch das API-System gekennzeichnet (API: American Petroleum Institut). Europäische Hersteller richten sich ebenfalls nach diesem System.

Die Kennzeichnung erfolgt durch jeweils zwei Buchstaben. Der erste Buchstabe gibt den Anwendungsbereich an: **S** = Service, für **Ottomotoren** geeignet; **C** = Commercial, für **Dieselmotoren** geeignet.

Der zweite Buchstabe gibt die Qualität in alphabetischer Reihenfolge an.

Von höchster Qualität sind Öle der API-Spezifikation **SG** für Ottomotoren und CD für Dieselmotoren. **Achtung:** CD-Motorenöle, die vom Öl-Hersteller ausdrücklich als Öle für Diesel-Motoren bezeichnet werden, sind für Otto-Motoren nicht geeignet. Es gibt Öle, die sowohl für den Otto- wie auch für den Diesel-Motor geeignet sind. In diesem Fall sind beide Spezifikationen (Beispiel SF/CD) auf der Öldose vermerkt.

Für den MERCEDES sind Motoröle der API-Spezifikation **SF** geeignet. Es kann auch höherwertiges Motoröl der Spezifikation SG verwendet werden. **In jedem Fall darauf achten, daß das benutzte Motoröl von MERCEDES-BENZ freigegeben ist.**

Ölverbrauch

Bei einem Verbrennungsmotor versteht man unter dem Ölverbrauch diejenige Ölmenge, die als Folge des Verbrennungsvorganges verbraucht wird. Auf keinen Fall ist Ölverbrauch mit Ölverlust gleichzusetzen, wie er durch Undichtigkeiten an Ölwanne, Zylinderkopfdeckel usw. auftritt.

Normaler Ölverbrauch entsteht durch Verbrennung jeweils kleiner Mengen im Zylinder; durch Abführen von Verbrennungsrückständen und Abrieb-Partikeln. Zudem verschleißt das Öl durch die hohen Temperaturen und die hohen Drücke, denen es im Motor fortwährend ausgesetzt ist.

Ferner haben auch äußere Betriebsverhältnisse, Fahrweise sowie Fertigungstoleranzen einen Einfluß auf den Ölverbrauch. Im Normalfall ist dieser Verbrauch so gering, daß zwischen den vorgeschriebenen Ölwechselintervallen nur ein geringfügiges Nachfüllen erforderlich ist.

Unbedingt muß Öl nachgefüllt werden, wenn die „Nachfüll"-Markierung erreicht ist (Nachfüllmenge dann max. 1,5 l).

Der Ölkreislauf

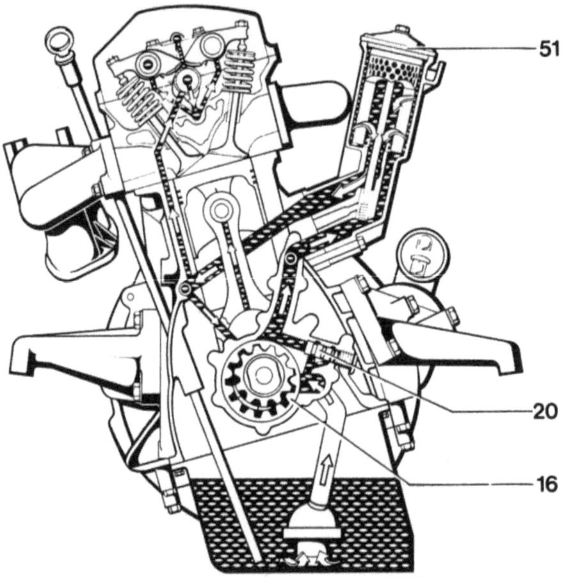

Die Ölpumpe –16– saugt das Motoröl aus der Ölwanne an und drückt es in den Hauptstromölfilter. Zwischen Druck- und Saugseite der Ölpumpe befindet sich ein Überdruckventil –20– (Öldruckregelventil). Bei zu hohem Öldruck von ca. 4 bar öffnet das Ventil, und ein Teil des Öls kann zum Saugraum zurückfließen.

Über den unteren Kanal, vorbei am Rücklauf-Sperrventil, tritt das Motoröl in den Ölfilter –51– ein. Das Rücklauf-Sperrventil verhindert, daß bei stehendem Motor das Öl in die Ölwanne zurückfließt.

Durch den oberen Kanal gelangt das gefilterte Öl in den Hauptölkanal. Bei verstopftem Ölfilter leitet ein Kurzschlußventil das Öl direkt und ungefiltert in den Hauptölkanal.

Vom Hauptölkanal zweigen Kanäle ab zur Schmierung der Kurbelwellenlager. Durch schräge Bohrungen in der Kurbelwelle wird das Öl an die Pleuellager geleitet und innerhalb der Pleuel zu den Kolbenbolzen geführt.

Gleichzeitig gelangt Motoröl über Steigleitungen in den Zylinderkopf und versorgt dort Nockenwellenlager und Kipphebel.

Ölüberdruckventil aus- und einbauen

Motor 102

Das Ölüberdruckventil ist links am Steuergehäusedeckel eingebaut. Es befindet sich im Verbindungskanal zwischen Druck- und Saugraum der Ölpumpe. Steigt der Öldruck über ca. 4 bar, öffnet das Ventil und ein Teil des Öles kann in den Saugraum der Pumpe zurückfließen.

Das Ventil ist zu überprüfen, wenn bei normalem Ölstand der Öldruck zu gering ist.

Ausbau

- Verschlußschraube –23– herausdrehen.

Achtung: Die Verschlußschraube steht unter Druck und kann leicht wegspringen.

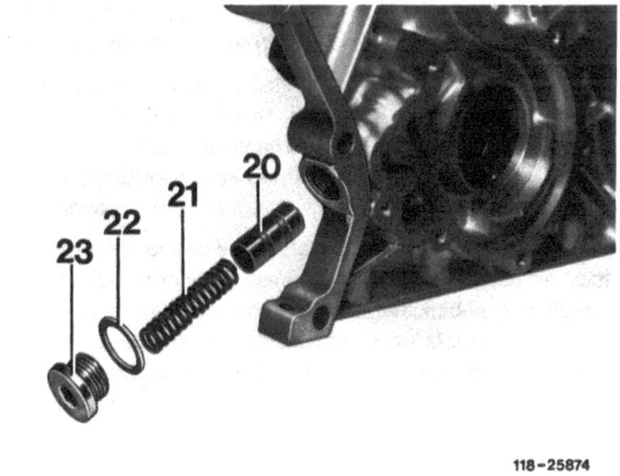

- Druckfeder –21– und Kolben –20– herausnehmen.

Achtung: Schwergängigen oder klemmenden Kolben mit einer Außen-Seegerringzange herausziehen.

- Bohrung im Steuergehäusedeckel mit Preßluft ausblasen.
- Kolben im Steuergehäusedeckel mehrmals hin- und herschieben. Falls sich der Kolben nicht leicht hin- und herschieben läßt, Kolben mit Polierleinen leicht abziehen.

Einbau

- Falls der Kolben erneuert wird, neuen Kolben auf Leichtgängigkeit in der Bohrung prüfen. Gegebenenfalls Grat am Kolben mit Schmirgelleinen entfernen.
- Kolben mit neuer Druckfeder einsetzen.
- Verschlußschraube mit neuem Dichtring –22– einschrauben und mit 30 Nm festziehen.
- Motor warmlaufen lassen und Dichtheit der Schraube prüfen.

Motor 110/115/123

Das Ölüberdruckventil befindet sich vorn im Hauptölkanal und öffnet bei einem Überdruck von 5 bar (Motor 110/115) beziehungsweise 4 bar (Motor 123).

Je nach Platzverhältnissen im Motorraum müssen unterschiedliche Zusatzaggregate ausgebaut werden.

Ausbau

- Kühler ausbauen, siehe Seite 74.
- Lüfterkupplung ausbauen, siehe Seite 75.
- Keilriemen ausbauen und Kurbelwellen-Riemenscheibe abschrauben, siehe Seite 222.
- Verschlußschraube für Überdruckventil herausschrauben.

- Verschlußschraube –Pfeil– für Ölkanal mit Innensechskantschlüssel SW 8 abschrauben und herausziehen. Dazu Schlüssel einfetten, damit die Schraube daran hängen bleibt.
- Angepreßten Alu-Dichtring aus der Ansenkung des Ölkanals heraushebeln. Damit der Dichtring nicht herunterfallen kann, vorher langen Draht in den Ölkanal einführen.

Einbau

- Überdruckventil einschrauben und mit 40 Nm festziehen.
- Gewinde der Verschlußschraube mit Dichtmasse, zum Beispiel Curil, bestreichen und mit 50 Nm festschrauben.
- Riemenscheibe mit 35 Nm anschrauben.
- Lüfterkupplung einbauen, siehe Seite 75.
- Keilriemen auflegen und spannen, siehe Seite 222.
- Kühler einbauen, siehe Seite 74.
- Kühlmittel auffüllen, siehe Seite 79.
- Motor starten, Öldruck und Dichtheit der Verschlußschraube prüfen.

Ölwanne aus- und einbauen

Motor 102

Ausbau

- Motoröl ablassen, siehe Seite 69.
- Motor ausbauen, siehe Seite 13.
- 32 Befestigungsschrauben für Ölwanne herausdrehen und Ölwanne abnehmen.
- Dichtfläche an Ölwanne und Kurbelgehäuse sorgfältig reinigen.

Einbau

- Ölwanne mit neuer Dichtung ansetzen und Befestigungsschrauben gleichmäßig mit 10 Nm festziehen.
- Motor einbauen, siehe Seite 13.
- Motoröl auffüllen, siehe Seite 69.
- Motor warmlaufen lassen und Ölwanne auf Dichtheit prüfen.

Ölpumpe aus- und einbauen

Motor 115/123

Die Zahnrad-Ölpumpe befindet sich in der Ölwanne und wird durch die Nebenwelle angetrieben.

Ausbau

- Kraftstoffpumpe ausbauen, siehe Seite 100.
- Fahrzeug aufbocken, siehe Seite 244.
- Motoröl ablassen, siehe Seite 69.
- Ölwanne abschrauben.
- Ölpumpe vom Kurbelgehäuse und vom Kurbelwellenlager abschrauben und herausnehmen.

Einbau

- Ölpumpe ansetzen und festschrauben. Anzugsdrehmoment für Motor 115: 23 Nm, für Motor 123: 30 Nm.

Achtung: Der Motor 115 ist bis zu folgenden Motor-Nummern mit einer Ölpumpe mit integriertem Ölüberdruckventil ausgerüstet: Schaltgetriebe – 005217; Automatisches Getriebe – 003284. Wird in solche Fahrzeuge eine Ölpumpe ohne integriertes Ölüberdruckventil eingebaut, dann muß zusätzlich in den Hauptölkanal ein 5 bar-Überdruckventil eingebaut werden.

- Ölwanne mit **neuer** Dichtung ansetzen, Schrauben gleichmäßig mit 10 Nm festziehen.
- Kraftstoffpumpe mit 23 Nm festschrauben.
- Fahrzeug ablassen, siehe Seite 244.
- Motoröl auffüllen, siehe Seite 69.

Wartungsarbeiten an der Motor-Schmierung

Motorölwechsel

Der Ölwechsel ist alle 10 000 km oder, falls sehr wenig gefahren wird, einmal im Jahr durchzuführen. Dabei wird gleichzeitig die Filterpatrone gewechselt.

Bei erschwerten Einsatzbedingungen wie Kurzstreckenverkehr, häufiger Kaltstart und staubige Straßenverhältnisse sollten Motoröl und Ölfilter in kürzeren Abständen gewechselt werden. Das Motoröl darf auch mittels einer Sonde abgesaugt werden.

Achtung: Altöl muß auf jeden Fall bei den Altöl-Sammelstellen abgegeben werden. In der Regel nehmen die Verkaufsstellen für neues Motoröl das Altöl kostenlos entgegen. Außerdem informieren Gemeinde- und Stadtverwaltungen darüber, wo sich die nächste Altöl-Sammelstelle befindet. **Keinesfalls darf Altöl einfach weggeschüttet oder dem Hausmüll mitgegeben werden.** Größere Umweltschäden wie beispielsweise Grundwasserverseuchung wären sonst unvermeidbar.

- Motor auf Betriebstemperatur bringen (60° – 80° C Kühlmitteltemperatur).

Motoröl ablassen

Achtung: Das Motoröl kann auch mit einer entsprechenden Pumpe über das Ölmeßrohr abgesaugt werden. Vorher beim Motor 102 Zentralschraube am Ölfilterdeckel herausschrauben und hochziehen, damit das Öl aus dem Ölfilter unter Umgehung des Rücklaufsperrventils in die Ölwanne zurückfließen kann.

- Fahrzeuge mit Motor 110, 115, 123 waagerecht aufbocken, siehe Seite 244.
- Gefäß zum Auffangen des Altöls unter die Ölwanne stellen.
- Ölablaßschraube seitlich an der Ölwanne herausdrehen und Altöl ganz ablassen. Die Ablaßschraube befindet sich in Fahrtrichtung gesehen links beim Motor 102 am vorderen Teil der Ölwanne, bei den übrigen Motoren hinten an der Ölwanne.

Achtung: Werden im Motoröl Metallspäne und Abrieb in größeren Mengen festgestellt, deutet dies auf Freßschäden hin, zum Beispiel Kurbelwellen- oder Pleuellagerschäden. Um Folgeschäden zu vermeiden, müssen nach der Motorreparatur die Ölkanäle und Ölschläuche sorgfältig gereinigt werden. Zusätzlich muß der Ölkühler, falls vorhanden, erneuert werden.

Ölfilter wechseln beim Motor 102

- Luftfilter ausbauen, siehe Seite 98.

- Zentralschraube –1– herausdrehen, danach kann das Öl aus dem Filtergehäuse unter Umgehung des Rücklauf-Sperrventils in die Ölwanne zurückfließen.
- Filterdeckel –2– mit Dichtring abnehmen.
- Ölfiltereinsatz herausziehen, dazu Drahtbügel hochklappen. Abtropfendes Öl mit Lappen auffangen.
- Neuen Filtereinsatz in das Ölfiltergehäuse einsetzen.
- Ölfilterdeckel reinigen und mit **neuem** Gummidichtring aufsetzen.
- Dichtring für Zentralschraube auf einwandfreien Zustand prüfen, gegebenenfalls erneuern.
- Zentralschraube mit Dichtring einsetzen, anschrauben und mit 27 Nm festziehen.

Ölfilter wechseln Motor 110 und Motor 123 mit Klimaanlage

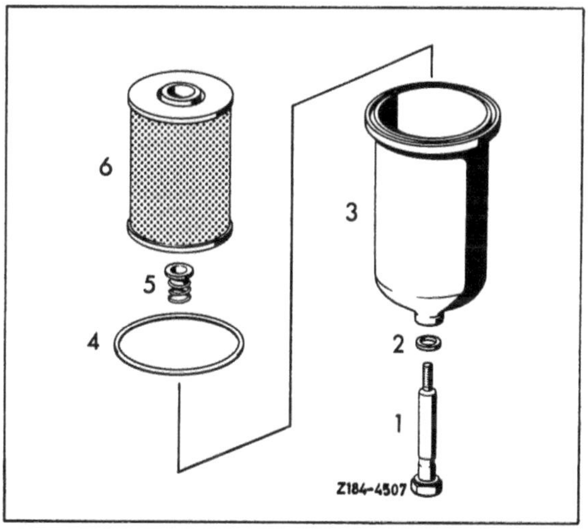

- Befestigungsschraube –1– herausdrehen, Filterunterteil –3– vorsichtig nach unten abnehmen und entleeren.
- Filtereinsatz –6– herausnehmen.

- Druckfeder mit Federteller –5– von der Befestigungsschraube abziehen und Schraube aus dem Filterunterteil herausnehmen.
- Filterunterteil mit Kraftstoff auswaschen und anschließend mit Preßluft, falls vorhanden, ausblasen.
- Dichtring –2– für Zentralschraube auf einwandfreien Zustand prüfen, gegebenenfalls erneuern.
- Druckfeder mit Federteller –5– auf die Befestigungsschraube stecken.
- **Neuen** Gummidichtring –4– am Filterunterteil auflegen und **neuen** Filtereinsatz einsetzen.
- Ölfilterunterteil mit 35 Nm festschrauben.

Ölfilter wechseln Motor 115 und Motor 123 ohne Klimaanlage

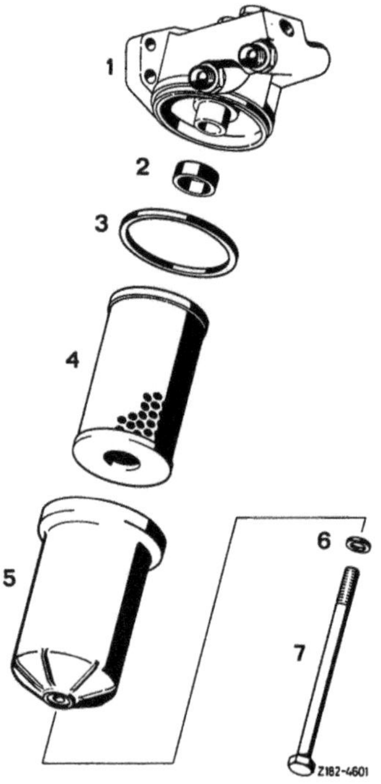

- Ölfilterunterteil –4– abschrauben, vorsichtig abnehmen und entleeren.
- Dichtring –6– auf einwandfreien Zustand prüfen, gegebenenfalls erneuern.
- Gummidichtring –1– prüfen. Falls der Dichtring eingerissen, aufgequollen, gequetscht oder verhärtet ist, Dichtring auf jeden Fall erneuern.

Achtung: Beim Motor 115 zwei zusätzliche Dichtringe zwischen Filtereinsatz –3– und Filtergehäuse –4– auf Beschädigungen prüfen, gegebenenfalls erneuern. Beim Einbau muß die abgerundete Seite des größeren Dichtringes zum Filtereinsatz zeigen.

- Filterunterteil mit Kraftstoff auswaschen und mit Preßluft, falls vorhanden, ausblasen.
- Ölfilterunterteil komplettieren und mit **neuem** Filtereinsatz –3– und **neuem** Dichtring –2– anschrauben; Anzugsdrehmoment 35 Nm.

Achtung: Bei einigen Modellen sind schwarz beschichtete Filterunterteile eingebaut. In diesem Fall sind die Schraube –7– und die Dichtung –6– nicht identisch mit denselben Teilen bei den unbeschichteten Aluminium-Filterunterteilen.

Motoröl auffüllen

- Ölablaßschraube mit **neuem** Dichtring einschrauben und beim Motor 102 mit 30 Nm sowie bei allen anderen Motoren mit 40 Nm festziehen.
- Neues Motoröl am Einfüllstutzen des Zylinderkopfdeckels einfüllen.
- Falls ausgebaut, Luftfilter einbauen. Gegebenenfalls Fahrzeug ablassen, siehe Seite 244.

Ölwechselmenge:

Motor		**Ölmeßstabkennzeichnung**	
		rosa,	**gelbgrün weinrot**
102	**4,5 l**	**–**	**–**
115	**5,5 l**	**–**	**–**
123 110		**6,5 l**	**6,0 l**

Mengendifferenz zwischen Min.- und Max.-Markierung am Ölpeilstab: **1,5 Liter.**

- Nach Probefahrt Dichtigkeit der Ablaßschraube und des Ölfilters überprüfen, gegebenenfalls vorsichtig nachziehen.
- Betriebswarmen Motor abstellen und Ölstand nach ca. 2 Minuten nochmals prüfen, gegebenenfalls korrigieren.
- Um die Betriebsverhältnisse des Motors besser überwachen zu können, soll beim Ölwechsel immer ein Öl gleichen Typs und möglichst auch gleicher Marke verwendet werden. Daher ist es zweckmäßig, bei jedem Ölwechsel ein Hinweisschild am Motor zu befestigen, auf dem Marke und Viskosität des Öles vermerkt sind.
- Wahllos abwechselnder Gebrauch verschiedener Öltypen ist ungünstig. Motorenöle gleichen Typs, aber verschiedener Marken sollen möglichst nicht gemischt werden. Motorenöle gleichen Typs und gleicher Marke, aber verschiedener Viskosität können im Bedarfsfall während jahreszeitlicher Überschneidung ohne weiteres nachgefüllt werden.

Störungsdiagnose Ölkreislauf

Störung	Ursache	Abhilfe
Geringer Öldruck nach Anspringen des Motors	■ Öl sehr warm	Unbedenklich, wenn Öldruck beim Gasgeben auf Normalwert steigt
Zu niedriger Öldruck im unteren Drehzahlbereich	■ Öldruckregelventil klemmt in offenem Zustand durch Verschmutzung	Ventil ausbauen und prüfen
Zu niedriger Öldruck im gesamten Drehzahlbereich	■ Zu wenig Öl im Motor	Motoröl nachfüllen
	■ Ansaugsieb in der Saugglocke verschmutzt	Ölwanne ausbauen, Ansaugsieb reinigen
	■ Saugrohr lose oder gebrochen	Ölwanne ausbauen, Saugrohr überprüfen
	■ Ölpumpe verschlissen	Ölpumpe ausbauen und prüfen, gegebenenfalls ersetzen
	■ Lagerschaden	Motor demontieren
Keine Öldruckanzeige	■ Masseschluß im Anzeigegerät	Anzeigegerät ersetzen
Öldruck fällt während der Fahrt bei ca. 80–120 km/h auf 2 bar ab, beziehungsweise Öldruck liegt im Leerlauf unter 0,3 bar	■ Ölfiltereinsatz verschmutzt	Filtereinsatz erneuern, Öl wechseln
	■ Ölüberdruckventil schwergängig	Ölüberdruckventil ausbauen, prüfen, gegebenenfalls erneuern
	■ Anzeige-Instrument defekt	Anzeige-Instrument in Armaturentafel erneuern
	■ Ölrücklaufbohrungen im Zylinderkopf verstopft	Zylinderkopfdeckel abnehmen, Motoröl in die Rücklaufbohrungen auf der Linken Seite des Zylinderkopfes einfüllen. Fließt das Öl nicht oder nur sehr langsam ab, ist die Bohrung im Kurbelgehäuse nicht gebohrt oder im Rücklauf zur Ölwanne befindet sich eine Gußhaut. Werkstattarbeit.
	■ O-Ring am Ölpumpendeckel defekt oder nicht eingebaut	O-Ring prüfen, dazu Steuergehäusedeckel ausbauen, Werkstattarbeit
Blaurauch im leerlauf und nach Schiebebetrieb, hoher Ölverbrauch	■ Luftfilter verölt	Luftfilter ausbauen und prüfen, gegebenenfalls erneuern sowie Ölrücklaufbohrungen auf Durchgang prüfen, siehe oben
	■ Auflagen für Kipphebellagerböcke beschädigt	Kipphebellagerböcke ausbauen und Auflageflächen für die Unterlegscheiben an den Lagerböcken auf Kerben, Riefen oder sonstige Beschädigungen prüfen, gegebenenfalls Lagerbock erneuern
Zeiger des Anzeige-Instrumentes bleibt nach Abstellen des Motors auf 3 bar Überdruck stehen	■ Ölüberdruckventil schwergängig	Ölüberdruckventil ausbauen, prüfen, gegebenenfalls erneuern
	■ Anzeige-Instrument defekt	Anzeige-Instrument erneuern
Öldruck sinkt mit steigender Drehzahl	■ Falscher Ölstand	Ölstand prüfen, ggf. richtigstellen
	■ Ölwanne eingedrückt	Ölwanne ersetzen
	■ Gummi-Ausgleichstück am Saugkorb der Ölpumpe defekt	Beschädigtes oder verformtes Ausgleichstück ersetzen
	■ Ölpumpensieb verstopft	Sieb reinigen
	■ Ölüberdruckventil hängt in geöffnetem Zustand	Ventil ausbauen und prüfen, ggf. Ventil und/ oder Ölpumpe ersetzen

Die Motor-Kühlung

Der Kühlmittelkreislauf

Der Kühlmittelkreislauf wird thermostatisch geregelt. Solange der Motor kalt ist, zirkuliert das Kühlmittel nur im Zylinderkopf sowie im Motorblock und – bei geöffneter Heizung – im Wärmetauscher. Mit zunehmender Erwärmung öffnet der Kühlmittelregler den großen Kühlmittelkreislauf. Das Kühlmittel wird von der ständig im Einsatz befindlichen Kühlmittelpumpe über den Kühler geleitet. Die Kühlflüssigkeit durchströmt den Kühler von oben nach unten und wird dabei durch die an den Kühlrippen vorbeistreichende Luft gekühlt. Ein Lüfterrad hinter dem Kühler sorgt für genügend Luftdurchsatz, indem es zusätzlich zum Fahrtwind Luft durch den Kühler saugt.

Der Kühler-Lüfter ist je nach Modell unterschiedlich aufgebaut. Während beim Motor 115 das Lüfterrad starr mit der Welle der Kühlmittelpumpe verbunden ist und sich somit dauernd mit der gleichen Drehzahl wie die Pumpe dreht, besitzen die anderen Motoren einen Lüfter mit Kupplung. Dabei handelt es sich in der Regel um eine Magnetkupplung. Nur Fahrzeuge mit Klimaanlage sind mit einer Visco-Kupplung ausgestattet.

Bei Fahrzeugen mit Lüfter-Kupplung dreht sich das Lüfterrad nicht dauernd mit, sondern wird je nach Bedarf zu- oder abgeschaltet. Dadurch erhöht sich die nutzbare Motorleistung und der Kraftstoffverbrauch vermindert sich.

Sobald beim **Motor 102** die Kühlmitteltemperatur auf ca. 100° C steigt, schaltet ein Thermoschalter über die Magnetkupplung den Lüfter zu. Der Lüfter dreht sich dann entsprechend der Motordrehzahl mit der gleichen Drehzahl wie die Kühlmittelpumpe. Sinkt die Kühlmitteltemperatur auf 98° – 93° C ab, öffnet der Thermoschalter und der Lüfter wird ausgekuppelt.

Im 6-Zylinder-Motor ist die Magnetkupplung etwas anders aufgebaut. Und zwar sorgen 2 getrennte magnetische Scheiben in der Kupplung dafür, daß sich das Lüfterrad bis zu einer Motordrehzahl von ca. 1700/min mit derselben Drehzahl mitdreht. Dann „reißt" die Kupplung ab und bei weiter steigender Motordrehzahl kann sich die Lüfterdrehzahl nur noch bis ca. 2300/min erhöhen.

Der 6-Zylinder-Motor kann auch mit einer Visco-Kupplung ausgerüstet sein. Bei ausgeschalteter Visco-Kupplung dreht sich der Lüfter entsprechend der Motordrehzahl, jedoch nicht schneller als mit 2100/min. Steigt die Kühlmitteltemperatur auf 90° – 95° C schaltet ein Bimetallstreifen die Visco-Kupplung ein, wodurch die Lüfterdrehzahl entsprechend der Motordrehzahl bis etwa 3500/min zunimmt.

Kühlmittelkreislauf 4-Zylinder-Motor

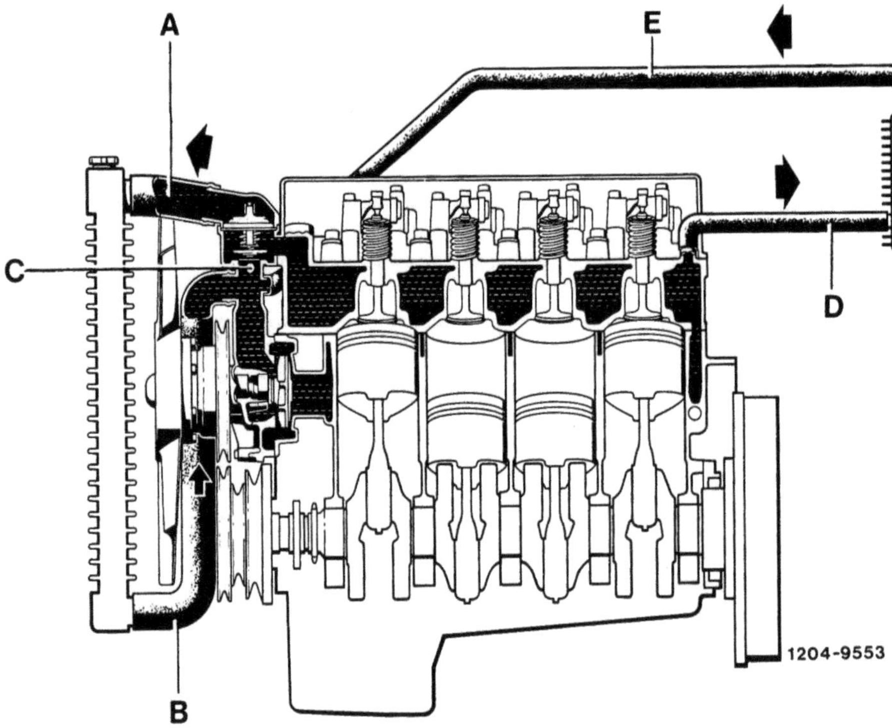

A – Vom Kühlmittelregler zum Kühler
B – Vom Kühler zur Kühlmittelpumpe
C – Verbindung Thermostatgehäuse/Kühlmittelpumpe (kleiner Kreislauf)
D – Zum Wärmetauscher
E – Vom Wärmetauscher zur Kühlmittelpumpe

Kühler-Frostschutzmittel

Die Kühlanlage wird vom Werk mit einer Mischung aus Wasser und Kühlerfrost- und Korrosions-Schutzmittel aufgefüllt. Das Kühlkonzentrat verhindert Frost- und Korrosionsschäden und hebt außerdem die Siedetemperatur des Wassers an. Deshalb muß das Kühlsystem unbedingt ganzjährig mit Kühlerfrost- und Korrosionsschutzmittel gefüllt sein.

Achtung: Nur von MERCEDES-BENZ freigegebene Kühlkonzentrate verwenden.

Da der Korrosionsschutz-Anteil in der Kühlflüssigkeit nach einiger Zeit an Wirkung verliert, sollte die Kühlflüssigkeit alle 3 Jahre gewechselt werden.

Kühlmittel-Mischungsverhältnis

Frostschutz bis	−30°C		−45°C	
Motor	102	110,115 123	102	110,115 123
Kühlkonzentrat	3,75 l	4,5 l	4,75 l	5,5 l
Wasser	4,75 l	5,5 l	3,75 l	4,5 l
Gesamtmenge	8,5 l	10 l	8,5 l	10 l

Der Frostschutz sollte in unseren Breiten bis ca. – 30° C reichen.

Kühlmittelregler aus- und einbauen/ prüfen

Der Kühlmittelregler öffnet mit zunehmender Erwärmung des Motors den großen Kühlmittelkreislauf. Bleibt der Kühlmittelregler durch einen Defekt geschlossen, wird der Motor zu heiß. Erkennbar ist das an einer im roten Bereich stehenden Kühlmittel-Temperaturanzeige, während gleichzeitig der Kühler kalt bleibt. Ein defekter Thermostat kann aber auch nach dem Abkühlen der Kühlflüssigkeit weiterhin geöffnet bleiben. Dies erkennt man daran, daß der Motor nicht mehr seine Betriebstemperatur erreicht bzw. daß der Zeiger der Kühlmittel-Temperaturanzeige langsamer ansteigt als bisher oder im Winter die Heizleistung nachläßt.

Achtung: Wenn der Motor nach kurzer Fahrstrecke heiß wird, kann das auch daran liegen, daß sich der Kühler aufgrund von Kalkablagerungen zugesetzt hat.

Ausbau

- Massekabel von der Batterie abklemmen.
- Kühlmittel ablassen und auffangen.

- Entlüftungsleitung –Pfeil– abschrauben und abnehmen; die Abbildung zeigt den Motor 102.
- Befestigungsschrauben (je nach Ausführung 3 oder 4 Stück) herausdrehen, Deckel am Kühlmittelreglergehäuse abnehmen und zur Seite legen.
- Kühlmittelregler aus dem Gehäuse herausnehmen.

Prüfen

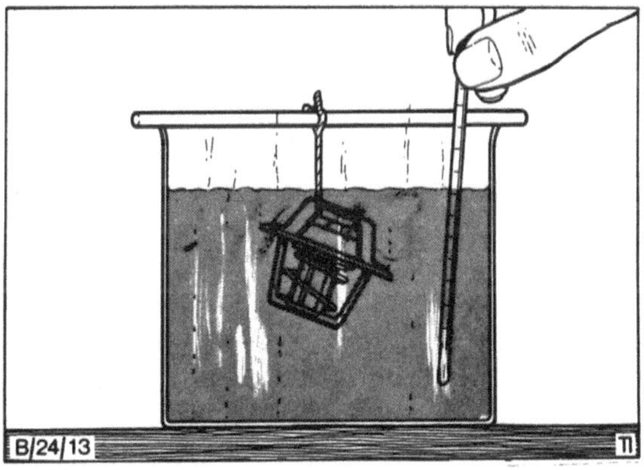

- Kühlmittelregler im Wasserbad erwärmen. Dabei darf der Regler nicht die Wände des Behälters berühren. Temperatur mit einem geeigneten Thermometer kontrollieren.

Bei einer Temperatur von ca. 87° C beginnt die Bimetallfeder des Reglers sich auszudehnen. Die größte Ausdehnung ist bei ca. 102° C erreicht.

- Prüfen, ob sich der Regler ausdehnt und wieder schließt, andernfalls Regler ersetzen.

Einbau

- Dichtflächen an Gehäuse und Deckel reinigen.
- Vor dem Einbau prüfen ob sich die Kugel im Entlüftungsventil des Kühlmittelreglers frei bewegen läßt.

- Kühlmittelregler mit neuem Dichtring in Gehäuse einsetzen. **Achtung:** Regler so einsetzen, daß sich das Kugelventil –Pfeil– an der höchsten Stelle befindet.
- Deckel aufsetzen und gleichmäßig mit 10 Nm anschrauben. **Achtung:** Schrauben nicht zu fest anziehen.
- Entlüftungsleitung anschrauben und, wo vorhanden, mit Schelle sichern.
- Kühlmittel auffüllen.
- Batterie-Masseband anklemmen.
- Motor warmlaufen lassen, bis der Lüfter einschaltet. Prüfen, ob der Kühler unten warm wird und das Kühlmittelreglergehäuse dicht ist.

Kühler aus- und einbauen

Nach längerer Laufzeit des Fahrzeuges können sich die dünnen Kanäle im Kühler durch Rückstände im Kühlmittel und Kalkablagerungen zusetzen. Dadurch läßt die Kühlleistung stark nach und der Motor wird zu warm. In diesem Fall hilft nur ein Austauschen des Kühlers.

Ausbau

- Massekabel von Batterie abklemmen.
- Kühlmittel ablassen, siehe Seite 79.

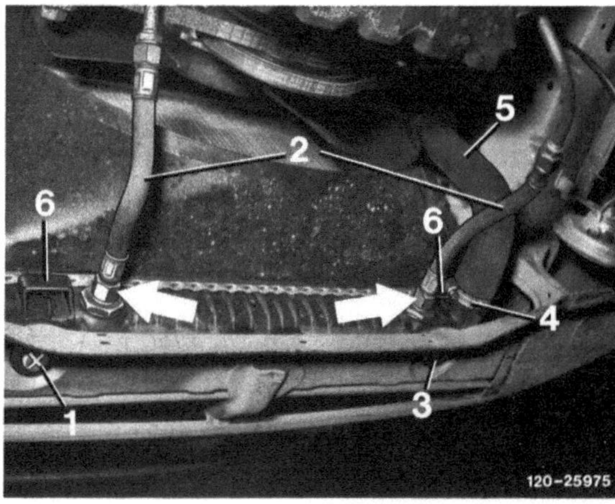

- Bei Fahrzeugen mit automatischem Getriebe Ölleitungen vom und zum Getriebe mit geeigneten Klammern abklemmen und am Kühler abschrauben –Pfeile–. Dabei auf peinliche Sauberkeit achten, Anschlüsse vor dem Abnehmen äußerlich mit Spiritus reinigen. Anschließend kleine Plastiktüten mit Gummiringen auf die Leitungen schieben, damit kein Schmutz eindringen kann.

- Oberen und unteren Kühlmittelschlauch –5/6– am Kühler –3– abziehen, vorher Schellen lösen und ganz zurückschieben.
- Haltefedern –1– für Lüfterhaube nach oben herausziehen.
- Lüfterhaube –4– etwas hochziehen und über Lüfter legen.

Achtung: Bei einigen Fahrzeugen ist die untere Haltelasche der Lüfterhaube mit einer Feder an der Halteöse des Kühlers befestigt. In diesem Fall Feder nach unten herausziehen.

- Haltefedern –2– nach oben herausziehen.
- Kühler nach oben herausheben.

Einbau

- Sämtliche Kühlmittelschläuche auf Einschnitte, Risse und sonstige Beschädigungen überprüfen und, falls erforderlich, auswechseln. Gummitüllen der Kühlerhalterung auf einwandfreien Zustand prüfen.
- Kühler von oben so einsetzen, daß die Befestigungszapfen –1– und –3– (Abbildung 120-25976) des Kühlers in die Gummitüllen an der Quertraverse eingreifen.
- Haltefedern oben für Kühler einsetzen; Lüfterhaube ansetzen, nach unten drücken und dabei in die Haltelasche –6– (Abbildung 120-25976) am Kühler einrasten.
- Kühlmittelschläuche aufschieben und mit Schellen sichern.
- Falls abgebaut, Ölkühlerschläuche mit Überwurfmuttern und 20 Nm festschrauben, Klammern entfernen.
- Kühlmittel auffüllen.
- Batterie-Massekabel anklemmen.
- Motor warmlaufen lassen und Schlauchanschlüsse auf Dichtheit prüfen.
- Kühlmittelstand kontrollieren, gegebenenfalls Kühlmittel nachfüllen.

Lüfter aus- und einbauen

Motor 102

Achtung: Je nach Ausführung ist die Lüfterkupplung auf unterschiedliche Weise befestigt.

Ausbau

- Batterie-Massekabel abklemmen.
- Luftfilter ausbauen, siehe Seite 79.
- Kühler ausbauen, siehe Seite 74.

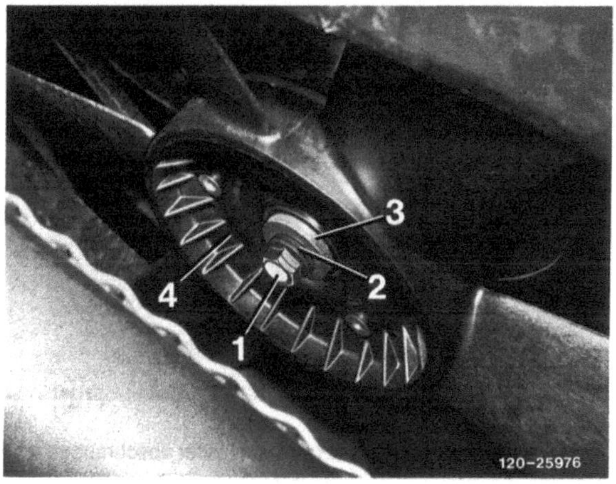

- Zentralschraube –1– herausdrehen und mit Scheiben –2– und –3– abnehmen. *Je nach Ausführung kann das Lüfterrad auch mit 3 Schrauben befestigt sein.*
- Lüfterrad –4– herausnehmen.
- Keilriemen ausbauen, siehe Seite 222.

- 4 Innensechskantschrauben –19 – herausdrehen und Keilriemenscheibe –12– abnehmen.

- *Keilriemenscheibe für Kühlmittelpumpe ausbauen. Dazu Befestigungsmutter –16– abschrauben und gleichzeitig mit Gabelschlüssel SW 24 an der Sechskant-Formscheibe –15– gegenhalten. Anschließend Ankerflansch –14– mit Anker –14a– und Riemenscheibe –12– von Hand abziehen.*

Achtung: *Falls die Riemenscheibe nicht von Hand abgezogen werden kann, Bundschraube –11– herausdrehen. Bei schwergängiger Bundschraube (gelbe Markierung auf der Mutter – Bundschraube eingeklebt) Ankerflansch abziehen damit der Sechskant der Bundschraube besser zugänglich ist. Anschließend Schraube M10x1x45 in das Gewinde der Riemenscheibe reindrehen und dadurch Riemenscheibe vom Magnetkörper abdrücken. Falls die Riemenscheibe kein Gewinde besitzt (Fahrzeuge vor 8/81), nachträglich Gewinde M10x1 einschneiden. Damit sich hierbei die Riemenscheibe nicht dreht, Keilriemen auflegen und spannen.*

- Elektrische Leitung am Magnetkörper abziehen.
- Befestigungsschrauben –Pfeile– (insgesamt 3 Stück) herausdrehen und Magnetkörper abnehmen.

- *Magnetkörper –9– abschrauben –Pfeile– und zur Seite legen.*

Einbau

- Magnetkörper an Kühlmittelpumpe mit 10 Nm anschrauben, elektrische Leitung aufstecken.
- Riemenscheibe an den Flansch der Pumpenwelle mit 10 Nm (Innensechskantschrauben) anschrauben.
- *Zapfen der Kühlmittelpumpenwelle mit Mehrzweckfett bestreichen. Riemenscheibe sorgfältig reinigen und auf den Zapfen der Pumpenwelle aufschieben.* ***Neue*** *Formscheibe so einsetzen, daß sie nicht verkantet wird.* ***Neue*** *Mutter mit 35 Nm festziehen, dabei an der Formscheibe gegenhalten. Falls ausgebaut,* ***neue*** *Bundschraube am Gewinde mit Sicherungsmittel, zum Beispiel Loctite 270, bestreichen und an der Pumpenwelle mit 15 Nm anschrauben. Dabei Zapfen der Pumpenwelle mit Rohrzange festhalten, vorher Zapfen mit Lappen oder Klebestreifen mehrfach umwickeln, damit er nicht beschädigt wird. Läßt sich die Bundschraube nicht reindrehen, Gewinde M8 vorsichtig nachschneiden.*

- Lüfter mit Zentralschraube und 25 Nm an Pumpenwelle anschrauben. **Achtung:** Unterlegscheibe und Spannscheibe nicht vergessen. Die gewölbte Spannscheibe zeigt mit dem größeren Durchmesser zur Kühlmittelpumpe.
- *Lüfterrad mit 3 Schrauben und 20 Nm festziehen.*
- Keilriemen einbauen, siehe Seite 222.
- Kühler einbauen, siehe Seite 74.

Kühlmittelpumpe aus- und einbauen

Ausbau

- Heizungsrücklaufleitung –1– und Kühlmittelschlauch –2– an der Kühlmittelpumpe abziehen. Vorher Schellen –Pfeile– ganz öffnen und zurückschieben.
- Rücklaufleitung für Vergaservorwärmung von der Kühlmittelpumpe abschrauben.
- Lüfter ausbauen.

- Drehstromgenerator mit vorderem Halter abschrauben und zur Seite legen. Dazu die Schrauben –1,2 und Pfeil– herausdrehen.
- Je nach Ausführung, Entlüftungsleitung am Gehäuse der Kühlmittelpumpe mit Hohlschraube abschrauben.

- Verbindungsschlauch für kleinen Kreislauf abziehen. Dazu Schelle –Pfeil– ganz öffnen und zurückschieben.
- Kühlmittelpumpe abschrauben –3– und herausnehmen.
- Dichtflächen an Pumpengehäuse und Steuergehäusedekkel sorgfältig reinigen.

Einbau

- Neue Dichtung an 2 Punkten leicht an die Dichtfläche des Steuergehäusedeckels ankleben.

Achtung: Falls die Dichtung nicht vorhanden ist, Dichtflächen an der Kühlmittelpumpe gleichmäßig und möglichst dünn mit Dichtmittel „Loctite 573 mit Aktivator" bestreichen.

- Kühlmittelpumpe am Steuergehäusedeckel ansetzen und mit 10 Nm anschrauben.
- Verbindungsschlauch für kleinen Kreislauf aufschieben und mit Schelle sichern.
- Falls abgeschraubt, Enlüftungsleitung am Gehäuse der Kühlmittelpumpe anschrauben.
- Drehstromgenerator mit vorderem Halter und 45 Nm anschrauben, Keilriemen spannen, siehe Seite 222.
- Lüfter einbauen.
- Rücklaufleitung für Vergaservorwärmung an Kühlmittelpumpe mit etwa 45 Nm anschrauben.
- Heizungs- und Kühlmittelschläuche aufschieben und mit Schellen sichern.

Wartungsarbeiten an der Motor-Kühlung

Kühlmittelstand prüfen

Der Kühlmittelstand sollte in regelmäßigen Abständen – etwa alle vier Wochen – geprüft werden, zumindest aber vor jeder größeren Fahrt.

Achtung: Verschlußdeckel am Kühler bei heißem Motor vorsichtig öffnen. Verbrühungsgefahr! Beim Öffnen Lappen über den Verschlußdeckel legen. Verschlußdeckel möglichst bei einer Kühlmittel-Temperatur unter 90° C öffnen.

- Verschlußdeckel beim Öffnen zuerst bis zur ersten Raste drehen und Überdruck entweichen lassen. Danach Deckel weiterdrehen und abnehmen.

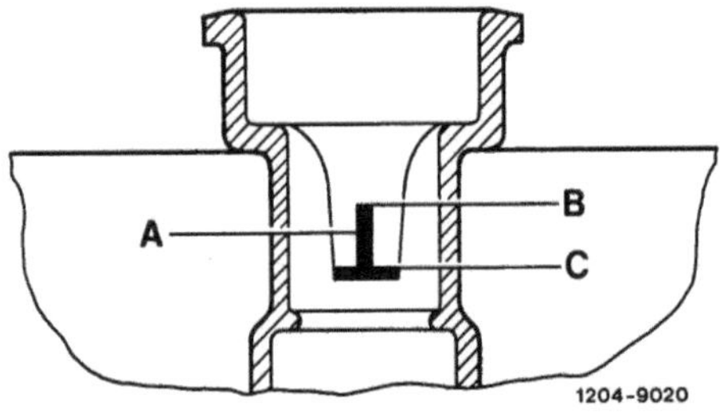

- Das Kühlmittel soll bei kaltem Motor bis zur Position –C– der Einfüllmarkierung –A– im Kühlerstutzen reichen. Bei warmem Motor soll der Kühlmittelspiegel bei Position –B– liegen.
- **Kaltes** Kühlmittel nur bei **kaltem Motor** nachfüllen, um Motorschäden zu vermeiden.
- Zum Nachfüllen – auch in der warmen Jahreszeit – nur eine Mischung aus Kühlerfrostschutzmittel und kalkarmem, sauberem Wasser verwenden.

Achtung: Um die Weiterfahrt zu ermöglichen, kann auch, insbesondere im Sommer, reines Wasser nachgefüllt werden. Der Kühlerfrostschutz muß dann jedoch baldmöglichst korrigiert werden.

- Sichtprüfung auf Dichtheit durchführen, wenn der Kühlmittelstand häufig unterhalb der Min.-Markierung steht.

Frostschutz prüfen

Vor Beginn der kühleren Jahreszeit sollte die Konzentration des Frostschutzmittels geprüft werden.

- Motor warmfahren, bis der Kühler oben ca. handwarm ist.
- Verschlußdeckel des Ausgleichbehälters vorsichtig öffnen, siehe unter „Kühlmittelstand prüfen".
- Mit Meßspindel Kühlflüssigkeit ansaugen und am Schwimmer Kühlmitteldichte ablesen. Der Frostschutz soll in unseren Breiten bis mindestens – 30° C reichen.

MERCEDES-Kühlkonzentrat ergänzen

Beispiel: Die Frostschutz-Messung mit der Spindel ergibt einen Frostschutz bis – 10° C. In diesem Fall aus dem Kühlsystem 3 l Kühlflüssigkeit ablassen und dafür 3 l reines Frostschutzkonzentrat auffüllen.

Gemessener Wert in °C	Differenzmenge in Liter	
	Motor 102	Motor 110, 115, 123
0	4,0	5,0
– 5	3,5	4,5
–10	3,0	4,0
–15	2,0	3,0
–20	1,5	2,5
–25	1,0	1,5

- Verschlußdeckel am Kühler verschließen und nach Probefahrt Frostschutz erneut überprüfen.

Sichtprüfung auf Dichtheit

- Kühlmittelschläuche durch Zusammendrücken und Verbiegen auf poröse Stellen untersuchen, hartgewordene Schläuche ersetzen.
- Die Schläuche dürfen nicht zu kurz auf den Anschlußstutzen sitzen.
- Festen Sitz der Schlauchschellen kontrollieren.
- Dichtung des Verschlußdeckels am Einfüllstutzen des Kühlers auf Beschädigungen überprüfen.
- Motor warmlaufen lassen und prüfen, ob Kühlflüssigkeit im Bereich der Kühlmittelpumpe austritt.
- Wenn bei heißem Motor Kühlmittel aus einer Bohrung unten an der Pumpe läuft, ist in der Regel der Wellendichtring defekt. In diesem Fall Kühlmittelpumpe ersetzen.
- Mitunter ist es schwierig, die Leckstelle ausfindig zu machen. Dann empfiehlt sich eine Druckprüfung (Spezialgerät erforderlich) durch die Werkstatt. Hierbei kann ebenfalls das Überdruckventil des Verschlußdeckels geprüft werden.

Kühlmittel wechseln

Das Kühlmittel ist im Rahmen der Wartung alle 3 Jahre zu erneuern.

Achtung: Wird die Kühlflüssigkeit im Rahmen einer Reparatur abgelassen, sollte sie zur Wiederverwendung aufgefangen werden, da die Kühlmittelflüssigkeit ein Frost- und Korrosionsschutzmittel enthält.

Ablassen

- Massekabel von der Batterie abklemmen.
- Beide Heizungsschalter im Innenraum auf maximale Heizleistung stellen. Bei Fahrzeugen mit Klimatisierungsautomatik „DEF"-Taste drücken.
- Verschlußdeckel am Kühler nach links drehen bis er einrastet und Überdruck aus dem Kühlsystem entweichen lassen. Dann Deckel weiterdrehen und ganz abnehmen.

Achtung: Bei heißem Motor vor dem Öffnen des Deckels einen dicken Lappen auflegen, um Verbrühungen durch heiße Kühlflüssigkeit oder Dampf zu vermeiden. Deckel nur bei Kühlmitteltemperaturen unter 90° C abnehmen.

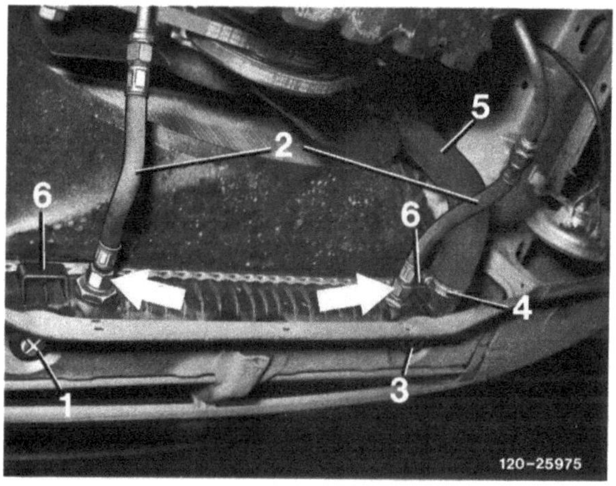

- Sauberes Auffanggefäß unter den Kühler stellen und Ablaßschraube –1– am Kühler herausdrehen.
- Ablaßschraube am Motorblock herausdrehen. Die Ablaßschraube befindet sich auf der rechten Seite etwa in der Mitte unterhalb des Abgaskrümmers.
- Kühlmittel ganz ablaufen lassen.
- Ablaßschraube am Motorblock mit neuem Dichtring und 30 Nm einschrauben.
- Ablaßschraube am Kühler mit 1,5 bis 2 Nm hineindrehen. Dazu eine Münze in den Schlitz der Schraube stecken und Ablaßschraube handfest anziehen.

Auffüllen

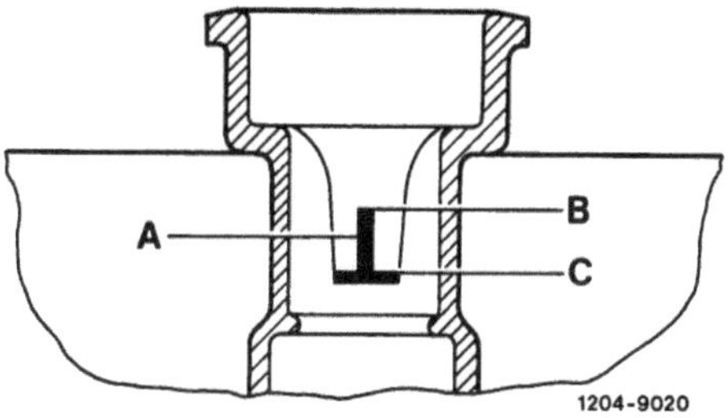

- Kühlmittel über den Einfüllstutzen des Kühlers bis zur Marke „Kühlmittel kalt" –C– auffüllen. A – Einfüllmarkierung, B – „Kühlmittel warm". Der Einfüllstutzen des Kühlers bleibt zunächst geöffnet.
- Batterie-Massekabel anschließen.
- Motor warmlaufen lassen, bis der Kühlmittelregler öffnet (Kühlmitteltemperatur 90° – 100° C). Dabei stoßweise gasgeben.

Achtung: Bei einer Kühlmitteltemperatur von 60° – 70° C Einfüllstutzen am Kühler verschließen.

- Kühlsystem – Schlauchanschlüsse sowie Ablaßschrauben und Kühlmittelpumpe – auf Dichtheit prüfen.

Störungstabelle Motorkühlung

Störung: Die Kühlmitteltemperatur ist zu hoch, Anzeige steht im roten Bereich

Ursache	Abhilfe
Zu wenig Kühlmittel im Kreislauf	■ Kühler bzw. Ausgleichbehälter muß bis zur Markierung voll sein. Kühlsystem auf Dichtheit prüfen
Kühlmittelregler öffnet nicht	■ Prüfen, ob oberer Kühlmittelschlauch warm wird.. Wenn nicht, Regler ersetzen
Lüfter läuft nicht, Thermoschalter defekt (Motor 102)	■ Stecker vom Thermoschalter abziehen und gegen Masse legen, wenn der Lüfter bei laufendem Motor jetzt mitläuft, Thermoschalter ersetzen
Sicherung Nr. 10 defekt (Motor 102)	■ Sicherung prüfen
Magnetkörper defekt (Motor 102)	■ Elektrische Leitung am Magnetkörper abziehen und über Prüflampe gegen Masse legen, Zündung einschalten. Wenn die Lampe aufleuchtet, Magnetkörper ersetzen, andernfalls Leitungsunterbrechung beseitigen
Kühlmittelpumpe defekt	■ Kühlmittelpumpe ausbauen und überprüfen
Geber für Kühlmitteltemperaturanzeiger defekt	■ Geber überprüfen lassen
Kühlmitteltemperaturanzeige defekt	■ Anzeigegerät überprüfen lassen
Kühler-Verschlußdeckel defekt	■ Druckprüfung durchführen lassen (Werkstattarbeit)
Keilriemenspannung für Kühlmittelpumpe zu gering	■ Spannung prüfen und einstellen
Kühlerlamellen verschmutzt	■ Kühler von der Motorseite her mit Preßluft durchblasen
Kühler innen durch Kalkablagerungen oder Rost zugesetzt	■ Kühler erneuern
Entlüftungsleitung zwischen Kühlmittelpumpe und Zylinderkopf verstopft	■ Leitung ausbauen und auf freien Durchgang prüfen
Visco-Lüfterkupplung defekt	■ Lüfterkupplung prüfen: Motor mit 4000–4500/min laufen-lassen. Sobald eine Kühlmitteltemperatur von 90°–95° C erreicht ist, erhöht sich die Drehzahl hörbar um 1000/min

Die Kraftstoffanlage

Zur Kraftstoffanlage gehören der Kraftstoffbehälter, die Kraftstoffleitungen, der Kraftstoff-Filter, die Kraftstoffpumpe und der Vergaser beziehungsweise die Einspritzanlage mit Luftfilter.

Der Kraftstoffbehälter ist über der Hinterachse angeordnet. Der jeweilige Kraftstoffvorrat wird dem Fahrer durch eine Kraftstoffvorratsanzeige angezeigt. Über ein Entlüftungssystem wird der Tank belüftet.

Beim Tanken aus Kanistern empfiehlt es sich, den Kraftstoff durch einen sauberen Lappen zu filtern.

Damit **unverbleiter Kraftstoff** getankt werden kann, müssen folgende Voraussetzungen erfüllt sein. 1. Es müssen Ventilsitzringe aus gehärtetem Material eingebaut sein, da sonst die Ventilsitze schneller verschleißen. Ein nachträglicher Einbau lohnt sich wegen des hohen Aufwandes nicht. 2. Da das unverbleite Superbenzin lediglich eine Oktanzahl von 95 ROZ besitzt (verbleites Superbenzin: 98 ROZ), muß je nach Modell die Zündung in Richtung „spät" verstellt werden um ein Klopfen des Motors zu verhindern. Die Folge sind Leistungseinbuße und höherer Verbrauch.

Es empfiehlt sich beim MERCEDES-Händler nachzufragen, ob anhand der Motor-Nummer bereits gehärtete Ventilsitzringe eingebaut sind, die Zündung verstellt werden muß, oder ob aufgrund der Kilometerleistung des Fahrzeuges unverbleiter Kraftstoff im Wechsel mit verbleitem Kraftstoff getankt werden kann.

Vergaser /Einspritzanlage

Die Fahrzeug-Typen 200 und 230 sind mit mit einem Stromberg Flachstromvergaser ausgerüstet, wobei bis 6/80 der Vergaser 175 CDTU und seit 7/80 der Vergaser 175 CDT eingebaut wurde. Bei der Bezeichnung des Vergasers steht 175 für den Saugrohrdurchmesser von 1¾ Zoll (45 mm); CD = Constant Depression (konstanter Unterdruck); T = Temperaturgesteuerte Startautomatik.

Die 6-Zylinder-Vergasermotoren 250 und 280 sind mit einem Solex Doppelregister-Vergaser 4 A 1 ausgestattet, während die Typen 230 E und 280 E eine mechanische Einspritzanlage besitzen.

Vergasereinstellung

Jeder Vergaser wird im Werk geprüft und eingestellt. An dieser Einstellung sollte nichts verändert werden. Sehr hoher Kraftstoffverbrauch und schlechte Motorleistung haben nämlich fast immer andere Ursachen, wobei Fahrweise und Verkehrsbedingungen eine besonders große Rolle spielen. Man kann sich für gewöhnlich auf ein sorgfältiges Einstellen des Leerlaufs beschränken. Eine korrekte Leerlaufeinstellung ist überhaupt wichtiger als man gemeinhin glaubt, denn sie beeinflußt noch bis zu mittleren Drehzahlen hinauf den Übergang des Motors.

Achtung: Bei Fahrzeugen, die mit einer Transistorzündanlage ausgestattet sind, müssen verschiedene Punkte beachtet werden, um Verletzungen von Personen bzw. die Zerstörung der TSZ-Anlage zu vermeiden, siehe Seite 53.

Hinweis: Die Schrauben an Vergaser oder Einspritzanlage, mit denen die Abgaszusammensetzung verändert werden kann, müssen aufgrund gesetzlicher Bestimmungen eingriffsicher gemacht werden. Die Lage und Anzahl der Einstellschrauben ist vom Vergasertyp abhängig.

Die Sicherungskappen lassen sich zum Teil mit einer Zange oder einem Schraubendreher entfernen. Bei manchen Kappen ist es zweckmäßig, eine Blechschraube mit einem Durchmesser von ca. 2 mm in die Kunststoffkappe einzuschrauben; dann mit einer Zange die Schraube mitsamt Kappe herausziehen. Die Sicherungskappen werden dabei zerstört. Nach einer Einstellung müssen die Einstellschrauben mit neuen Kappen (Ersatzteil) gesichert werden.

Sofern die Abgas-Werte nicht den gesetzlichen Vorschriften entsprechen, erlischt die ABE (Allgemeine Betriebserlaubnis). Fehlen am Vergaser die Sicherungskappen, kann dies bei einer polizeilichen Überprüfung des Fahrzeugs zu einem Bußgeldverfahren führen.

Sauberkeitsregeln bei Arbeiten an der Kraftstoffversorgung

Bei Arbeiten an der Kraftstoffversorgung sind die folgenden Regeln zur Sauberkeit sorgfältig zu beachten:

- Verbindungsstellen und deren Umgebung vor dem Lösen gründlich reinigen.
- Ausgebaute Teile auf einer sauberen Unterlage ablegen und abdecken. Folien oder Papier verwenden. Keine fasernden Lappen benutzen!
- Geöffnete Bauteile sorgfältig abdecken bzw. verschließen, wenn die Reparatur nicht umgehend ausgeführt wird.
- Nur saubere Teile einbauen.
- Ersatzteile erst unmittelbar vor dem Einbau aus der Verpakkung nehmen.
- Keine Teile verwenden, die unverpackt (z. B. in Werkzeugkästen usw.) aufgehoben wurden.
- Bei geöffneter Kraftstoff-Anlage möglichst nicht mit Druckluft arbeiten.
- Das Fahrzeug möglichst nicht bewegen.

175 CDT-Vergaser

Hinweis: Die Buchstaben in der Abbildung geben an welche Teile in zusammengebautem Zustand miteinander verbunden sind.

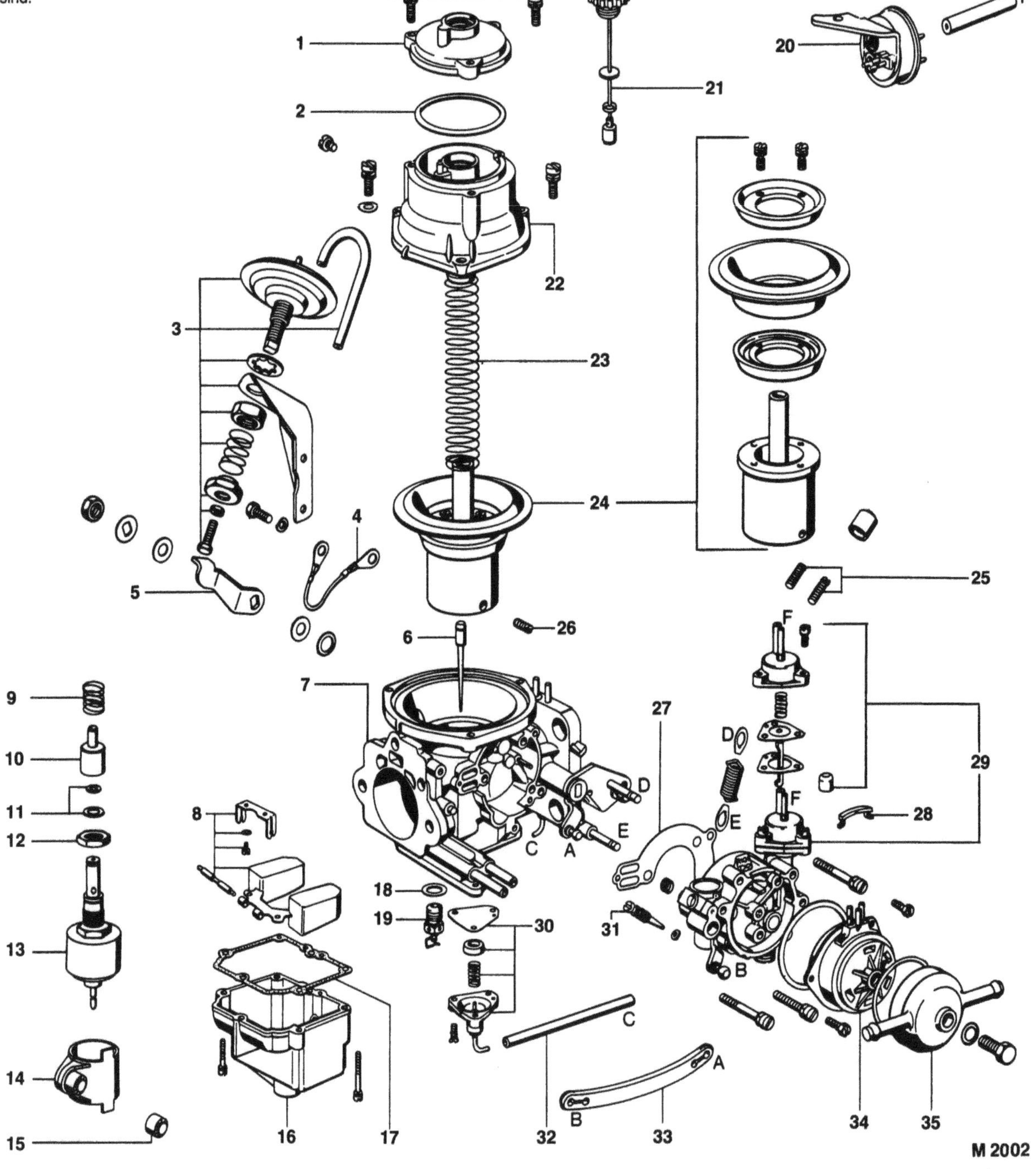

1 – Verschlußdeckel
2 – O-Ring
3 – Unterdruckregler
4 – Massekabel
5 – Anschlaghebel
6 – Düsennadel
7 – Vergasergehäuse
8 – Schwimmer mit Achse
9 – Druckfeder
10 – Düsenhalter
11 – O-Ringe
12 – Kontermutter
13 – Leerlaufabschaltventil
14 – Sicherungsmanschette
15 – Sicherungskappe
16 – Schwimmerkammer
17 – Dichtung
18 – Dichtring
19 – Schwimmernadelventil
20 – Thermoventil
21 – Luftkolbendämpfer
22 – Vergaserdeckel
23 – Druckfeder
24 – Kolben mit Membran
25 – Drehzahl-Einstellschrauben
26 – Schaftschraube
27 – Dichtung
28 – Plastikabdeckung
29 – Pulldown-Dose
30 – Kraftstoff-Rücklaufventil
31 – Warmlauf-CO-Einstellschraube
32 – Verbindungsschlauch
33 – Starter-Verbindungsstange
34 – Starterdeckel Nr. 200
35 – Kühlmittelstutzen

Vergaser aus- und einbauen

Ausbau

- Batterie-Massekabel abklemmen.

- Verbindungsschlauch –1– am Ansaugstutzen abziehen, vorher Klemmschelle lösen.
- Unterdruckschlauch –3– am Vergaser abziehen.
- Stecker –2– von Thermoverzögerungsventil und Starterdeckelbeheizung abziehen.

Achtung: Kein offenes Feuer, Brandgefahr!

- Kraftstoffzulauf- und Rücklaufschlauch –5– und –6– abziehen und mit passender Schraube verschließen.

Achtung: Falls der Motor warm ist, vor dem Abziehen der Kühlmittelschläuche Überdruck aus dem Kühlsystem entweichen lassen, siehe Seite 78.

- Kühlmittelschläuche –4– am Starterdeckel abziehen und mit Draht hochhängen, damit kein Kühlmittel ausläuft. Vorher Schellen ganz öffnen und zurückschieben.
- Regulierstange am Drosselklappenhebel aushängen, siehe Seite 84.

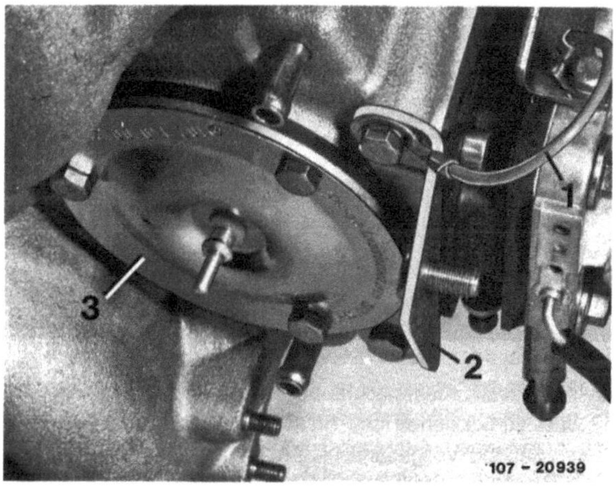

- Massekabel –1– am Vergaser abschrauben.
- Stecker vom Leerlaufabschaltventil abziehen.

- Vergaser vom Gummiflansch abschrauben und herausnehmen.
- Dichtung abnehmen und Anlagefläche am Vergaser reinigen.
- Gummiflansch vom Ansaugrohr abschrauben und auf Porosität oder Beschädigung prüfen.
- Ansaugrohr gegebenenfalls mit sauberem Tuch abdecken.

Einbau

- Gummiflansch am Ansaugrohr mit 15 Nm anschrauben.
- Vergaser mit neuer Dichtung am Gummiflansch mit 50 Nm anschrauben.
- Stecker für Leerlaufabschaltventil, Thermoverzögerungsventil und Starterdeckelbeheizung aufschieben.
- Regulierstange einhängen, falls erforderlich, einstellen.

- Unterdruckleitungen am Vergaser anschließen. A – für Unterdruckregler (nur bei Fahrzeugen mit automatischem Getriebe beziehungsweise Klimaanlage), B – für Zündverstellung (roter Farbring), C – für Startautomatik.

- Massekabel an Vergaser anschließen, vorher Kontaktstellen sorgfältig reinigen.

Achtung: Wenn kein guter Massekontakt vorliegt, kann ein einwandfreies Leerlaufabschaltventil trotz Stromzuführung nicht schalten.

- Kraftstoffschläuche entsprechend Abbildung 107–20922 aufschieben und mit Schellen sichern.
- Kühlmittelschläuche am Starterdeckel aufschieben und mit Schellen sichern.

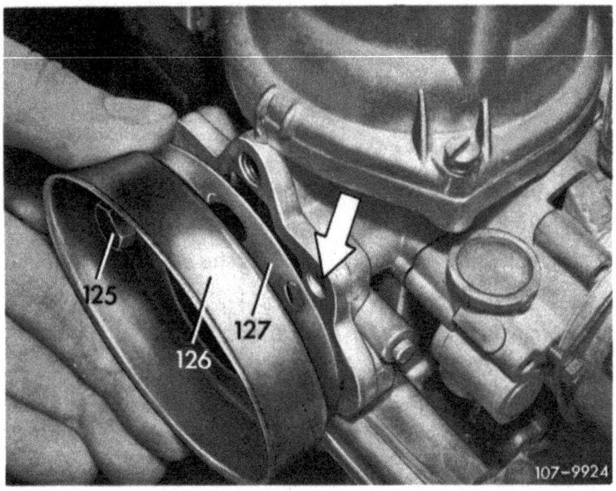

- Am Zwischenstück –126– die Befestigungsschrauben auf ein Anzugsdrehmoment von 30 Nm prüfen.

Achtung: Wird die Dichtung –127– ersetzt, darauf achten, daß die Entlüftungsbohrung –Pfeil– nicht verdeckt wird. Sonst kann es zu erhöhtem Kraftstoffverbrauch kommen.

- Luftkolbendämpfer-Ölstand prüfen, gegebenenfalls nachfüllen.
- Verbindungsschlauch aufschieben und mit Schelle sichern.
- Batterie-Massekabel anklemmen.
- Leerlauf und CO-Gehalt im Abgas einstellen.

Gasgestänge einstellen

- Gasgestänge auf Leichtgängigkeit und Verschleiß prüfen. Verbindungsstangen mit ausgeschlagenen Lagern erneuern.

Vollgasanschlag einstellen

- **Schaltgetriebe:** Gaspedal ganz niedertreten und dort halten; dazu geeignetes Brett zwischen Sitz und Pedal klemmen.
- **Automatisches Getriebe:** Gaspedal bis zum Kickdown-Anschlag niedertreten und dort halten (Helfer). Kickdown-Schalter nicht betätigen.

- Der Drosselklappenhebel -42- muß jetzt am Vollgasanschlag des Vergasers anliegen. Weitere abgebildete Teile: 4 – Längsregulierwelle, 5 – Verbindungsstange, 6 – Kulissenhebel, 8 – Druckstange, 10 – Lager für Längsregulierwelle.

- Andernfalls Klemmschraube –Pfeil– lösen, Gaspedal etwas zurückziehen und Schraube wieder festziehen. Anschließend Vollgasanschlag nochmals überprüfen, gegebenenfalls korrigieren. Weitere abgebildete Teile: 5 – Druckstange.

Leerlaufdrehzahl und CO-Gehalt einstellen

- Motor warmfahren und abstellen, Öltemperatur 65°–75° C.
- Klimaanlage ausschalten, bei Automatik-Fahrzeugen Wählhebel in Stellung „P" legen.
- Elektrische Verbraucher ausschalten.
- Drehzahlmesser und CO-Meßgerät nach Vorschrift anschließen; Luftfilter aufgeschraubt lassen.

Achtung: Schlauch für Kurbelgehäuseentlüftung bleibt aufgesteckt.

- Motor starten und im Leerlauf drehen lassen.
- Ansauganlage auf Dichtheit prüfen. Dazu alle Dichtstellen der Ansauganlage mit einem Pinsel und Benzin bestreichen. Wenn sich dabei kurzfristig die Drehzahl erhöht, dann saugt der Motor Nebenluft an. Undichte Stelle lokalisieren und beseitigen.

Achtung: Kraftstoffdämpfe nicht einatmen – giftig! Benzin nicht auf glühende Teile oder Zündanlage spritzen. Feuergefahr!

- Prüfen, ob der Drosselklappenhebel am Leerlaufanschlag anliegt. Dazu Drosselklappenhebel etwas anheben und Drehzahl auf ca. 2500/min steigern. Anschließend Drosselklappenhebel loslassen, dabei muß der Hebel selbständig bis zum Leerlaufanschlag zurückgehen. Andernfalls Gasgestänge schmieren und einstellen, siehe Seite 84.

Bis 6/80

- *Leerlaufdrehzahl mit der Einstellschraube –147– auf den Sollwert einstellen, siehe Seite 95.*

Achtung: *Falls der Verstellbereich der Einstellschraube –147– nicht ausreicht um die Leerlaufdrehzahl auf den Sollwert einzuregulieren, Stellung der Drosselklappe mit Einstellschraube –8– einregulieren. Dazu Starterverbindungsstange und Regulierstange am Drosselklappenhebel aushängen, Sicherungskappe von der Einstellschraube abnehmen und Schraube –8– langsam nach links drehen, bis die Drosselklappe ganz geschlossen ist. Anschließend Schraube –8– ca. 1 Umdrehung nach rechts drehen und mit neuer Sicherungskappe versehen. Gasgestänge einhängen.*

- *Unten am Vergaser Sicherungskappe mit Zange abziehen und CO-Gehalt durch Verdrehen der CO-Einstellschraube –152– auf Sollwert einstellen. Nach jeder Verstellung kurz Gas geben. Durch Herausdrehen der Einstellschraube wird das Gemisch fetter, durch Hineindrehen magerer. Sollwert siehe Seite 95.*

Achtung: *Die Kraftstoff-Einstellschraube muß geschlossen bleiben. Gegebenenfalls Kontermutter lösen, Schraube bis zum Anschlag reindrehen und Kontermutter wieder festziehen.*

- Stecker vom Temperaturschalter –2– abziehen und mit selbst angefertigter Prüfleitung gegen Masse legen. Dadurch wird verhindert, daß die Kühlmitteltemperatur während der Einstellung über 100° C steigt.

- Leerlaufdrehzahl mit Einstellschraube –55–, längere der beiden Schrauben, auf Sollwert einstellen, siehe Seite 95.

Achtung: Nach jeder Verstellung kurz Gas geben.

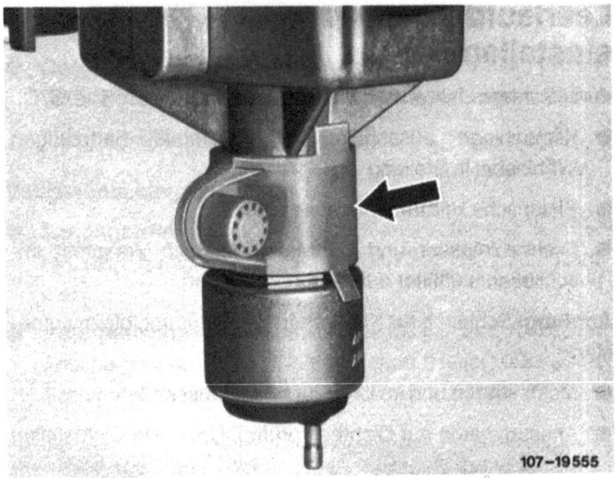

- Zum Einstellen des CO-Wertes Sicherungskappe mit Zange abziehen, dann Sicherungs-Manschette –Pfeil– vom Leerlaufabschaltventil abnehmen.

- Kontermutter –59– lösen und CO-Gehalt durch Verdrehen des Leerlaufabschaltventils einstellen. Nach jeder Verstellung kurz Gas geben. Durch Herausdrehen des Leerlaufabschaltventils wird das Gemisch fetter, durch Hineindrehen magerer. Sollwert siehe Seite 95.
- Kontermutter festziehen.
- Sicherungsmanschette ansetzen und mit neuer Sicherungskappe befestigen.
- Gasgestänge einstellen, siehe Seite 84.
- Falls vorhanden, Tempomat einstellen, siehe Seite 87.
- Stecker für Temperaturschalter aufschieben.

Achtung: Bei Fahrzeugen mit automatischem Getriebe beziehungsweise Klimaanlage zusätzlich Einstellung des Unterdruckreglers prüfen. Dazu bleibt der Stecker für Temperaturschalter abgezogen.

Unterdruckregler prüfen

Bei Fahrzeugen mit 4-Zylinder-Motoren ist der Unterdruckregler nur zusammen mit Automatikgetriebe und/oder Klimaanlage eingebaut, währen 6-Zylinder-Fahrzeuge serienmäßig damit ausgerüstet sind.

Immer dann, wenn der Motor im Leerlauf stärker belastet wird und die Drehzahl sinkt, zum Beispiel beim Einlegen einer Fahrstufe oder Einschalten der Klimaanlage, sorgt der Unterdruckregler dafür, daß die Leerlaufdrehzahl so weit angehoben wird bis der Motor wieder rundläuft.

Für die Prüfung des Unterdruckreglers gelten dieselben Prüfvoraussetzungen wie für die Einstellung der Leerlaufdrehzahl.

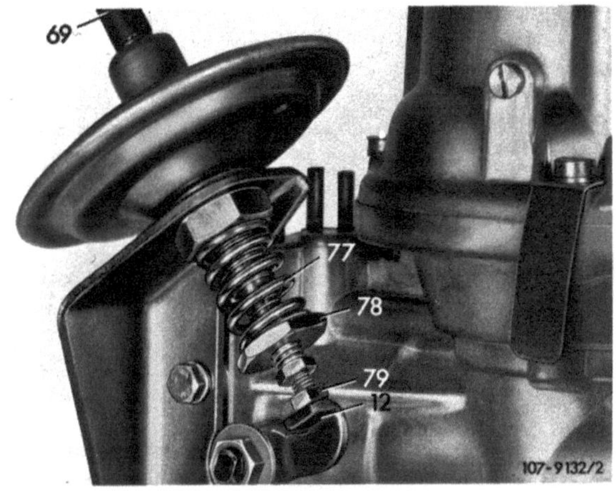

- Unterdruckschlauch –69– abziehen und mit geeignetem Stopfen verschließen.
- Kontermutter für Einstellschraube –79– lösen, dabei Gewindestange mit Maulschlüssel SW 6 gegenhalten.
- Motordrehzahl mit Einstellschraube –79– auf 1250/min einstellen.
- Unterdruckschlauch aufschieben.
- Mit Fühlerlehre prüfen, ob zwischen Einstellschraube –79– und Drosselklappenhebel –12– ein Abstand von 0,5 mm vorhanden ist. Gegebenenfalls Abstand mit Einstellmutter –78– einstellen.
- Bei Fahrzeugen mit Automatik-Getriebe Handbremse anziehen und eine Fahrstufe einlegen. Falls vorhanden, Servolenkung ganz einschlagen. Dabei muß der Motor noch rund laufen, gegebenenfalls Drehzahl mit Einstellmutter –78– nachregulieren.
- Falls vorhanden, zusätzlich Klimaanlage einschalten. Der Unterdruckregler muß nun ganz ausfahren und die Drosselklappe anstellen, etwas öffnen. Der Motor muß rund laufen.
- Stecker für Temperaturschalter aufschieben.

Luftkolbendämpfer-Ölstand prüfen

- Motor auf Betriebstemperatur bringen, Öltemperatur 70° – 80° C.

- Verschlußschraube abschrauben und mit Luftkolbendämpfer abnehmen.
- Der Ölstand muß bis zum unteren Deckelrand reichen –Pfeil–, andernfalls ATF-Getriebeöl (ATF = Automatic-Transmission-Fluid) nachfüllen.

Tempomat einstellen

- Motor im Leerlauf laufen lassen.

- Regulierstange –21– am Hebel des Stellgliedes aushängen, dann Hebel im Uhrzeigersinn in Leerlaufstellung drükken.
- Regulierstange so einstellen, daß sich die Kugelpfanne direkt über dem Kugelzapfen des Hebels befindet. Dazu Kontermutter lösen und Kugelpfanne auf der Regulierstange verdrehen.
- Nach Übereinstimmung Kugelpfanne um 2 Umdrehungen auf die Stange aufschrauben und Kontermutter anziehen.
- Kugelpfanne auf Kugelzapfen des Tempomathebels aufstecken.

Leerlaufabschaltventil prüfen

Achtung: Je nach Vergaserausführung sind 2 in der Funktionsweise unterschiedliche Leerlaufabschaltventile eingebaut.

Bis 6/80

Das Leerlaufabschaltventil verschließt beim Ausschalten der Zündung den Leerlaufkanal und verhindert dadurch ein Nachlaufen des Motors. Das Ventil bleibt so lang geschlossen, bis durch Einschalten der Zündung wieder Spannung anliegt. Bei einem defekten Ventil oder fehlerhafter Spannungsversorgung springt der Motor nicht an. Das Leerlaufabschaltventil ist oben in das Saugrohr eingeschraubt, siehe auch –38– in Abbildung 107-11543 auf Seite 85.

- *Zündung einschalten.*
- *Stecker am Abschaltventil mehrmals abziehen und wieder aufstecken. Dabei muß das Ventil hörbar klicken.*
- *Andernfalls Prüflampe zwischen Stecker und Masse schalten. Wenn die Prüflampe aufleuchtet, Ventil erneuern. Falls die Prüflampe nicht leuchtet, Sicherung Nr. 4 beziehungsweise elektrische Zuleitung nach Schaltplan prüfen.*

Seit 7/80

Das Leerlaufabschaltventil verschließt beim Ausschalten der Zündung oder bei Erreichen der Höchstdrehzahl von 6100 ± 50/min die Kraftstoffzufuhr zur Kraftstoffdüse. Dabei wird die Stromzufuhr durch ein Verzögerungsrelais gesteuert. Solang keine Spannung anliegt ist das Ventil immer geöffnet. Nach Ausschalten der Zündung sorgt das Relais dafür, daß für ca. 6 bis 16 Sekunden Spannung anliegt, wodurch das Ventil für diesen Zeitraum die Kraftstoffzufuhr sperrt. Anschließend öffnet das Ventil selbständig wieder. Außerdem wird am Abschaltventil der CO-Gehalt eingestellt. Bei defektem Ventil läuft der Motor nach Abstellen der Zündung etwas nach. Wenn das Ventil in geschlossenem Zustand hängenbleibt, springt der Motor nicht an. Das Leerlaufabschaltventil ist unten am Vergaser in die Schwimmerkammer eingeschraubt.

Motor springt nicht an:

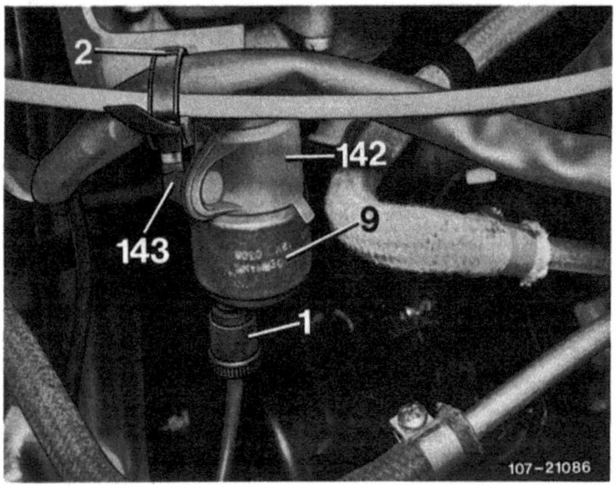

- Stecker –1– am Leerlaufabschaltventil –9– abziehen.
- Prüflampe am Stecker und gegen Masse anschließen.
- Anlasser betätigen. Die Prüflampe darf nicht aufleuchten. Wenn die Prüflampe bei eingeschalteter Zündung oder während der Betätigung des Starters aufleuchtet, Relais für Leerlaufabschaltventil prüfen.

Achtung: Nach Abschalten der Zündung muß die Prüflampe 6–16 Sekunden lang aufleuchten.

- Prüfleitung an Pluspol der Batterie anschließen und wechselweise mit dem Kontaktstift des Abschaltventiles verbinden und trennen. Das Ventil muß dabei klicken, andernfalls Masseverbindung zum Vergaser prüfen, gegebenenfalls Ventil ersetzen.

Achtung: Wenn das Ventil klickt, der Motor aber trotzdem nicht anspringt, kräftig gegen das Ventil klopfen und Motor starten. Auch wenn der Motor jetzt anspringt, Ventil baldmöglichst ersetzen.

Motor bleibt nach Abschalten der Zündung nicht sofort stehen:

- Motor ist betriebswarm, Öltemperatur 65° – 75° C.
- Motor starten und im Leerlauf belassen.
- Stecker vom Leerlaufabschaltventil abziehen. Steckkontakt am Ventil über Hilfsleitung mit dem Pluspol der Batterie verbinden. Der Motor muß stehenbleiben, andernfalls Masseanschluß am Vergaser prüfen, gegebenenfalls Abschaltventil ersetzen.

Masseanschluß am Vergaser prüfen.

- Prüflampe zwischen Vergaser und Pluspol der Batterie anschließen.
- Wenn die Prüflampe aufleuchtet und das Leerlaufabschaltventil trotz Stromzufuhr nicht abschaltet, Ventil ersetzen.

- Leuchtet die Prüflampe nicht, Massekabel –Pfeil– am Vergaser abschrauben und Kontakte gründlich reinigen, Massekabel wieder anschließen und Prüfung wiederholen. Gegebenenfalls Unterbrechung in der Masseleitung aufspüren und beseitigen.

Relais für Leerlaufabschaltventil prüfen

Seit 7/80

- Motor starten und im Leerlauf drehen lassen.
- Voltmeter zwischen den abgezogenen Stecker des Leerlaufabschaltventils und Masse anschließen.
- Zündung ausschalten. Das Meßgerät muß jetzt ca. 6–16 Sekunden lang Batteriespannung (ca. 12 Volt) anzeigen, andernfalls Sicherungen Nr. 2 und 14 prüfen.

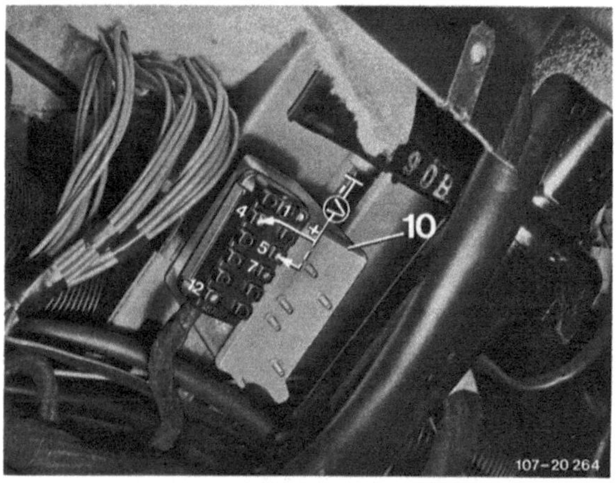

- Bei einwandfreien Sicherungen Stecker vom Relais –10– abziehen. Das Relais befindet sich im Innenraum hinter der unteren Abdeckung links neben der Lenksäule.
- Zündung einschalten und Voltmeter an Masse sowie nacheinander an die Klemmen 4 und 5 des Relaissteckers anschließen. Anschließend Voltmeter an die Klemmen –12– (Masse) und –5– anschließen. Das Meßgerät muß jeweils Batteriespannung anzeigen, andernfalls Leitungen gemäß Schaltplan überprüfen.
- Motor starten, Stecker am Leerlaufabschaltventil ist aufgesteckt.
- Klemmen 1 und 5 am Relaisstecker mit kurzer Prüfleitung verbinden. Das Leerlaufabschaltventil muß schalten und der Motor stehenbleiben. Andernfalls Leitung von Klemme 1 zum Leerlaufabschaltventil auf Unterbrechung prüfen.
- Wurde bei diesen Prüfungen kein Fehler festgestellt, Relais für Leerlaufabschaltventil erneuern.

Leerlaufabschaltventil aus- und einbauen

Achtung: Je nach Vergaserausführung sind 2 unterschiedliche Leerlaufabschaltventile eingebaut. Während beim CDT-Vergaser seit 7/80 das Abschaltventil unten am Vergaser in die Schwimmerkammer eingeschraubt ist, befindet es sich beim CDTU-Vergaser bis 6/80 oben im Saugrohr hinter dem Vergaser, siehe auch –38– in Abbildung 107-11543 auf Seite 85.

Um das Ventil zu erneuern, braucht der Vergaser nicht ausgebaut zu werden. In den CDT-Vergaser nur Ventile ab Fertigungskennzahl 0.231 einbauen.

Ausbau

- Luftfilter ausbauen, siehe Seite 98.
- Elektrische Leitung am Abschaltventil abziehen.
- Sicherungsmanschette abnehmen.
- Kontermutter –59– in Abbildung 107–19123 lösen und Ventil herausschrauben. Mutter **nicht** abschrauben.

Einbau

107–20936

- Beschädigte Dichtringe –Pfeile– ersetzen.
- Leerlaufabschaltventil bis zur Kontermutter einschrauben. Wird ein neues Ventil verwendet, Kontermutter auf gleichen Abstand bringen wie am alten Ventil.

Achtung: Wurde die Kontermutter versehentlich abgeschraubt, Schwimmerkammer abschrauben und mit Düsenhalter und Druckfeder abnehmen. Leerlaufabschaltventil in die Schwimmerkammer einschrauben bis es 25 ± 0,5 mm in die Schwimmerkammer hineinragt. Düsenhalter auf das Abschaltventil drücken, Druckfeder einsetzen und Schwimmerkammer mit neuer Dichtung anschrauben. Dabei Schrauben vorher mit Dichmittel „Curil" bestreichen und nicht zu fest anziehen.

- Elektrische Leitung aufstecken.
- Leerlauf und CO-Gehalt einstellen.
- Kontermutter festziehen.
- Luftfilter einbauen, siehe Seite 98.

Markierung für Starterdeckel prüfen

- Die Markierungen –Pfeile– an Starterdeckel und Vergasergehäuse müssen sich genau gegenüber stehen. Falls nicht, Spannschrauben lösen und Starterdeckel entsprechend verdrehen.

Achtung: Seit 9/78 wird ein Starterdeckel mit der Kennzahl 200 eingebaut. Bei diesem Starterdeckel hat die Heizwendel einen geringeren Widerstand (7 Ω , bisher 8 Ω /Kennzahl 173 oder 10 Ω /Kennzahl 102), wodurch sich die Abschaltzeit der Starteinrichtung verkürzt. Der neue Starterdeckel kann auch in bisherige Fahrzeuge eingebaut werden.

Warmlaufdrehzahl und Warmlaufabgaswert einstellen

- Drehzahlmesser und CO-Meßgerät nach Bedienungsanleitung anschließen.
- Motor auf Betriebstemperatur bringen, Öltemperatur 70° –80° C.
- Elektrische Leitung vom Temperaturschalter abziehen und gegen Masse legen, siehe Seite 86.

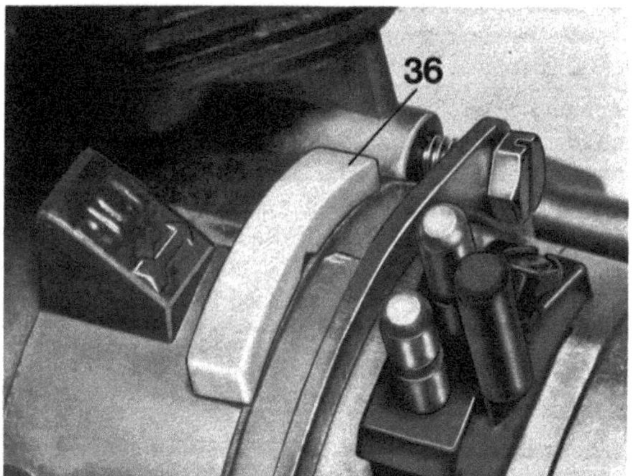

- Plastikabdeckung –36– ausclipsen und herausnehmen.

- Motor mit 2500/min laufen lassen, dazu Drosselklappenhebel anheben. Dann mit kleinem Schraubendreher durch den Einstellschlitz am Startergehäuse Mitnehmerhebel –86– (Abbildung 107-20936) in Richtung Motor bis zu einem fühlbaren Anschlag drücken.

Achtung: Nicht über den Anschlag wegdrücken.

- Drosselklappenhebel loslassen, dabei Mitnehmerhebel –86– weiterhin am Anschlag halten.
- Der Starterhebel –85– liegt nun auf der zweithöchsten Raste der Stufenscheibe –87–, also in Pulldown-Stellung. Weitere abgebildete Teile: 88 – Mitnehmer.
- Warmlaufdrehzahl und Warmlaufabgaswert ablesen, Sollwert siehe Seite 95.

- Wird der Sollwert nicht erreicht, Warmlaufdrehzahl an der Einstellschraube –41– einstellen. Hineindrehen = Drehzahlerhöhung, Herausdrehen = Drehzahlsenkung.

Achtung: Die Warmlaufdrehzahl-Einstellschraube ist die kürzere der beiden Schrauben. Falls keine Einstellschraube vorhanden ist, Warmlaufdrehzahl durch Verkürzen (Drehzahl sinkt) oder Verlängern (Drehzahl steigt) der Starterverbindungsstange einstellen. Dabei ergibt ½ Umdrehung eine Drehzahländerung von ca. 200/min.

- Warmlaufabgaswert einstellen.
- Sicherungsstopfen –Pfeil– entfernen, dazu Holz- oder Blechschraube mit entsprechendem Durchmesser in den Stopfen einschrauben, anschließend mit einer Zange die Schraube und damit den Stopfen herausziehen.
- Abgaswert mit der Warmlaufabgas-Einstellschraube einstellen, Hineindrehen = Gemisch wird fetter, Herausdrehen = Gemisch wird magerer. Sollwert siehe Seite 95.
- Anschließend neuen, blauen Sicherungsstopfen eindrükken.
- Mitnehmerhebel loslassen.
- Ansaugluftvorwärmung prüfen.
- Elektrische Saugrohrbeheizung prüfen.
- Leitung für Temperaturschalter aufschieben.

Thermoverzögerungsventil / Pulldownventil prüfen

Nur 175 CDT-Vergaser

Der kalte Motor erhält beim Starten ein besonders fettes Kraftstoff-/Luftgemisch, damit er leichter anspringt. Bei laufendem Motor schließt die Pulldown-Einrichtung über Unterdruck das Startanreicherungsventil, um eine Überfettung des Warmlaufgemisches zu vermeiden. Das Thermoverzögerungsventil bestimmt den Einschaltzeitpunkt der Pulldown-Einrichtung nachdem der Motor angesprungen ist. Während bei warmem Motor die Pulldown-Einrichtung sofort wirksam wird, „verzögert" bei niedrigen Temperaturen das Ventil den Einschaltzeitpunkt.

- Motor auf Betriebstemperatur bringen, Öltemperatur ca. 70°–80° C.

Funktion prüfen

- Unterdruckschlauch –50– am Vergaser abziehen. Mit Mund am Unterdruckschlauch saugen, dabei darf kein Durchgang vorhanden sein. Andernfalls ist der Dichtring im Thermoverzögerungsventil –23– defekt oder die Bimetall-Ventilplatte schaltet nicht. In diesem Fall Ventil ersetzen. Weitere abgebildete Teile: 27 – Belüftungsrohr für Thermoverzögerungsventil.
- Thermoverzögerungsventil ausbauen. Ventil abkühlen, zum Beispiel unter Leitungswasser halten, gleichzeitig am Unterdruckschlauch, dem mittleren Anschluß des Ventils, saugen. Sobald die Temperatur des Ventils unter +20° C fällt, muß es auf Durchgang schalten. Andernfalls ist die Bimetallplatte im Ventil defekt, Ventil erneuern.

Elektrische Beheizung prüfen

- Thermoverzögerungsventil wieder einbauen. Am mittleren Anschluß des Ventils Prüfschlauch aufschieben. Motor starten (Helfer) und gleichzeitig am Prüfschlauch saugen. Nach einigen Sekunden muß das Ventil klicken, und es darf kein Durchgang mehr vorhanden sein.

- Falls das Ventil nicht schaltet, Stecker –84– abziehen und bei laufendem Motor Prüflampe zwischen die beiden Kontakte anschließen. Wenn die Prüflampe leuchtet, Thermoverzögerungsventil ersetzen, andernfalls 8 A-Sicherung in der Zusatzsicherungsdose und Leitungen sowie Anschlüsse gemäß Schaltplan prüfen. Die Zusatzsicherungsdose befindet sich entweder auf oder neben der Relaisplatte am linken Federbeindom. Sie ist mit 2 Sicherungen bestückt (2. Sicherung: 25 A). Weitere abgebildete Teile: 254 – Thermoverzögerungsventil, 24 – Spannschrauben für Starterdeckel –18–.

Verzögerungszeit prüfen

Prüfvoraussetzung: Temperatur des Thermoverzögerungsventils liegt unter +20° C, Motor kalt.

- Unterdruckschlauch –50– am Vergaser abziehen und daran saugen. Es muß Durchgang vorhanden sein. Gleichzeitig Motor starten (Helfer) und die Zeit mit der Stoppuhr messen, bis das Ventil umschaltet, also bis kein Durchgang mehr vorhanden ist.

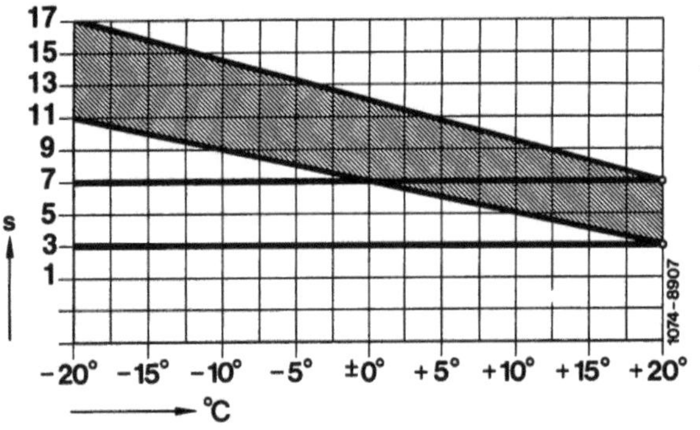

- Die gemessene Zeit ist die Verzögerungszeit. Diese Zeit mit der im Diagramm angegebenen Sollzeit vergleichen. Zum Beispiel: Umgebungstemperatur ist +15° C, die gemessene Zeit liegt bei 6 Sekunden, also innerhalb des erlaubten Toleranzbereiches. Das Ventil ist hinsichtlich der Verzögerungszeit in Ordnung. Der Toleranzbereich bei –15° C liegt zwischen 10 und 16 Sekunden.
- Wenn das Ventil nicht schaltet oder die Schaltzeit außerhalb des Toleranzbereiches liegt, Stecker vom Thermoverzögerungsventil bei laufendem Motor abziehen und mit Voltmeter Spannungs- und Masseanschluß am Stecker prüfen. Dazu Voltmeter an schwarz-rote Leitung und an Masse anschließen, dann Voltmeter an braune Leitung (–) und an den Pluspol der Batterie anschließen. Wenn beidesmal Batteriespannung (ca. 12 Volt) angezeigt wird, Thermoverzögerungsventil ersetzen. Andernfalls 8 A-Sicherung in der Zusatzsicherungsdose und elektrische Leitungen gemäß Schaltplan überprüfen.

Startautomatik aus- und einbauen

Ausbau

- Bei warmem Motor Überdruck im Kühlsystem abbauen, siehe Seite 78.

- Kühlmittelschläuche am Starterdeckel –18– mit je einer Klemme abklemmen, Schlauchschellen ganz lösen und zurückschieben, Kühlmittelschläuche abziehen. Stehen keine geeigneten Klemmen zur Verfügung, Kühlmittelschläuche mit Draht nach oben gerichtet aufhängen, damit keine Kühlflüssigkeit ausläuft.
- Stecker –84– abziehen, Schrauben –24– herausdrehen und Starterdeckel mit Dichtung abnehmen.
- Unterdruckleitung am Pulldown-Deckel –Pfeil– abziehen, siehe Abbildung 107-19124/1 auf Seite 91.

- Verbindungsstange –26– am Starterhebel –85– aushängen.
- 3 Befestigungsschrauben –17– herausdrehen und Gehäuse –16– für Startautomatik abnehmen.

Einbau

- Gehäuse am Vergaser mit neuer Dichtung ansetzen und festschrauben.
- Verbindungsstange am Starterhebel einhängen.
- Starterdeckel mit neuer Dichtung ansetzen, dabei Bimetallfeder so in den Mitnehmerhebel –Pfeil– einhängen, daß der Haken der Feder links vom Hebel liegt. Klemmschrauben für den Starterdeckel beiziehen.
- Starterdeckel entsprechend den Markierungen einstellen, siehe Seite 90.
- Klemmschrauben festziehen.
- Elektrische Leitung anschließen.
- Kühlmittelschläuche aufschieben und mit Schellen sichern.
- Unterdruckleitung am Pulldown-Deckel aufschieben.

Elektrische Saugrohrbeheizung prüfen

Seit 7/80

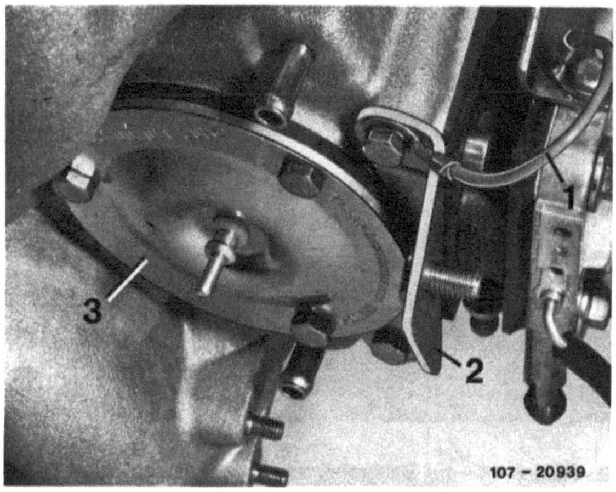

Bei Kühlmitteltemperaturen unter 40 ± 3° C wird nach dem Starten des Motors der Vorwärmdeckel –3– der Saugrohrbeheizung elektrisch aufgeheizt. Bei einer Temperatur von 50 ± 3° C wird durch einen Temperaturschalter der Strom unterbrochen und der Vorwärmdeckel nicht mehr beheizt. **Achtung:** *Bei Fahrzeugen bis 11/80 liegt die Einschalttemperatur bei 25 ± 3° und die Ausschalttemperatur bei 40 ± 3° C. Bei dieser Ausführung ist die Isoliermasse schwarz,* seit 12/80 blau.

Die Prüfung kann bei kaltem Motor (Kühlmitteltemperatur unter +40° C *bzw. +25°* C) oder bei warmem Motor (Kühlmitteltemperatur über ca. +50° C *bzw. +40°* C) erfolgen.

Achtung: Beschrieben wird die Prüfung bei kaltem Motor. Bei warmem Motor ist zusätzlich folgendes zu beachten:

- Überdruck aus Kühlsystem abbauen, siehe Seite 78.
- Temperaturschalter ausbauen und auf unter +40° C *(+25°* C) abkühlen. Dazu Schalter unter Leitungswasser halten.
- Elektrische Leitung vom Vorwärmdeckel abziehen.
- Temperaturschalter über Prüfleitung gegen Masse anschließen. **Achtung:** Temperaturschalter dabei so ablegen, daß er sich nicht erwärmen kann. Nicht auf den Motor legen.

Prüfen

Prüfvoraussetzungen: Kühlmitteltemperatur unter ca. +40° C *(+25°* C), Motor kalt.

- Grüne Steuerleitung vom Steuergerät der Zündanlage abziehen, siehe Seite 47.
- Zündschlüssel kurz in Startstellung drehen, dann loslassen. Zündung ist eingeschaltet.

Achtung: Es genügt nicht, nur die Zündung einzuschalten.

- Elektrische Leitung am Vorwärmdeckel abziehen, Prüflampe zwischen Stecker und Masse anschließen. Die Prüflampe muß aufleuchten. Andernfalls Ansteuerung von Relais für Saugrohrvorwärmung prüfen.

Vorwärmdeckel prüfen

- Stecker am Vorwärmdeckel aufschieben.

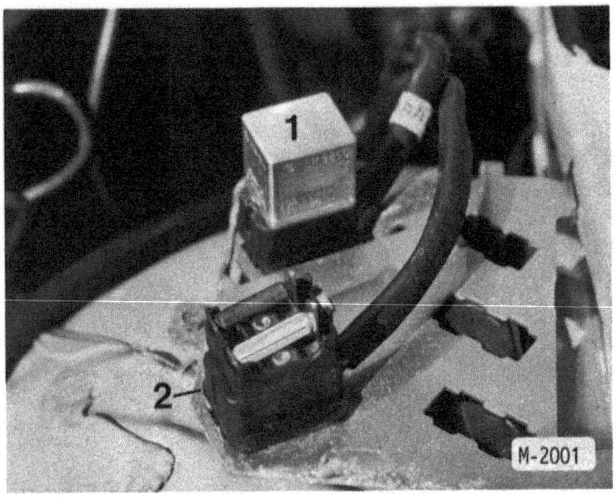

- Relais –1– für Saugrohrvorwärmung abziehen; 2 – Zusatzsicherungsdose.
- Prüflampe an die Klemmen 3 und 1 am Relaisstecker anschließen. Die Prüflampe muß leuchten. Andernfalls Stekker am Vorwärmdeckel abziehen und an Masse halten. Wenn die Lampe jetzt leuchtet, Vorwärmdeckel ersetzen. Sonst rot-gelbe Leitung vom Vorwärmdeckel zu Klemme 1 auf Unterbrechung prüfen.

Abschaltpunkt prüfen

- Zündung ausschalten und grüne Steuerleitung am Steuergerät aufstecken.
- Motor warmlaufen lassen, bis die Kühlmitteltemperatur über ca. +50° C *bzw.* +40° C beträgt.
- Stecker am Vorwärmdeckel abziehen. Prüflampe zwischen Stecker und Masse anschließen.

- Die Prüflampe darf nicht leuchten, sonst Temperaturschalter –2– erneuern. Weitere abgebildete Teile: 3 – Rückschlagventil, 5 – Thermoventil, 8 –Temperaturschalter für Lüfter, 9 – Temperaturschalter für Kühlmitteltemperaturanzeige, 10 – Steckverbindung für Lüfterkupplung.

Ansteuerung für Relais –1– prüfen

Nur wenn am Vorwärmdeckel keine Spannung anliegt.

Prüfvoraussetzungen: Grüne Steuerleitung abgezogen, Zündung eingeschaltet, vorher Zündschlüssel kurz in Startstellung gedreht.

- Relais –1– abziehen.

- Prüflampe zwischen Klemme 1 und Batterie-Pluspol anschließen. Die Lampe muß aufleuchten. Andernfalls elektrische Leitung vom Temperaturschalter -2- abziehen und gegen Masse legen. Leuchtet jetzt die Prüflampe auf, Temperaturschalter erneuern.
- Prüflampe nacheinander an die Klemmen 3 und Masse sowie 4 und Masse anschließen. Leuchtet die Lampe nicht auf, Sicherungen in der Zusatzsicherungsdose sowie Leitungen gemäß Schaltplan prüfen.
- Falls die Prüflampe bei allen drei Prüfungen aufleuchtet, Relais ersetzen.
- Grüne Steuerleitung am Steuergerät aufschieben.

Vorwärmdeckel aus- und einbauen

Seit 7/80

Ausbau

- Elektrische Leitung –Pfeil– am Vorwärmdeckel abziehen.
- 3 Befestigungsschrauben herausdrehen.

- Saugrohrstütze –1– abschrauben.
- Vorwärmdeckel vorsichtig heraushebeln.

Achtung: Dabei Isolierring nicht beschädigen.

- Gummidichtring aus dem Saugrohr herausnehmen.

Einbau

- **Neuen** Gummidichtring auf Vorwärmdeckel aufschieben, Isolierring ansetzen und Vorwärmdeckel am Saugrohr einsetzen.
- Vorwärmdeckel anschrauben.
- Saugrohrstütze anschrauben.
- Elektrische Leitung aufschieben.

Vergaserdaten I

Typ	**175 CDTU**	**175 CDT**
Leerlaufdrehzahl CO-Gehalt	850 ± 50/min 1,5 ± 0,5 Vol. %	800 ± 50/min 1,0 ± 0,5 Vol. %
Unterdruckregler Anhebedrehzahl Abstand –a–	 1300 ± 100/min ca. 0,5 mm	 1250 ± 50/min ca. 0,5 mm
Leerlaufabschaltventil Verzögerungszeit	 –	 6 16 s
Starterdeckel-Kennzahl Warmlaufdrehzahl Warmlauf-CO-Gehalt	200 1900 ± 100/min 5,5 ± 0,5 Vol. %	200 1700 ± 100/min 7 ± 1 Vol. %
Düsennadel	MB	CC
Kraftstoffdüse	100	100
Schwimmernadelventil Dichtring, Dicke Schwimmerstand, Kugel eingedrückt Schwimmergewicht	2,25 1,5 mm 16 – 17 mm 11,0 ± 0,6 g	2,25 1,5 mm 18 – 19 mm 12,1 ± 0,6 g

Solex 4A1-Vergaser

Der Solex-Vergaser ist ein Doppelregistervergaser, der aus 4 miteinander verschraubten Hauptteilen besteht: Vergaserdeckel, Vergasergehäuse, Drosselklappenteil und Starteinrichtung. Die „4" in der Vergaserbezeichnung deutet auf die 4 Mischkammern des Vergasers hin, wogegen „A" und „1" auf das Konstruktionsprinzip und die Ausführung hinweisen. Da es sich um eine Doppelvergaseranlage handelt, sind praktisch 2 Vergaser in einem Gehäuse untergebracht, wobei jeder der beiden Vergaserteile 2 Ansaugrohre (Stufe I und Stufe II) besitzt. Während der Motor das Kraftstoff-Luftgemisch im Leerlauf und bis zu mittleren Drehzahlen nur über die beiden 1. Stufen des Vergasers erhält, werden bei Vollastbetrieb und ausgeschalteter Startautomatik die beiden 2. Stufen zugeschaltet (Zweistufenvergaser = Registervergaser). Der Vergaser ist mit 4 Muttern und 7 ± 1 Nm am Saugrohr festgeschraubt.

Arbeitsanweisungen, die weitgehend identisch mit dem Stromberg-Vergaser sind, werden nur dort beschrieben.

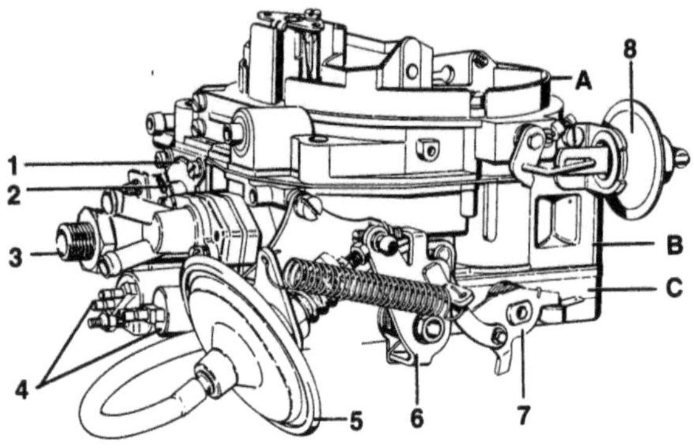

M 2005

1 – Beschleunigerpumpe
2 – TN-Starter (TN=Thermo-Nebenschluß)
3 – Kraftstoff-Zufluß
4 – Leerlaufabschaltventile
5 – Unterdruckregler
6 – Drosselklappenhebel I.Stufe
7 – Drosselklappenhebel II.Stufe
8 – Dämpfer II.Stufe
A – Vergaserdeckel
B – Vergasergehäuse
C – Drosselklappenteil

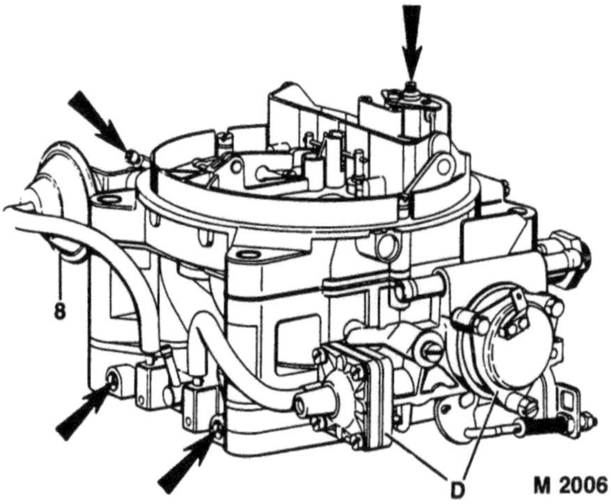

M 2006

8 – Dämpfer II.Stufe
D – Startautomatik

Achtung: Die mit –Pfeilen– gekennzeichneten Justierschrauben sind werkseitig eingestellt. Sie dürfen **nicht** verstellt werden, da eine Neueinstellung selbst in der Werkstatt nicht möglich ist.

Leerlaufdrehzahl und CO-Gehalt einstellen

- Motor warmfahren und abstellen, Öltemperatur 75°–85° C.
- Klimaanlage ausschalten, bei Automatik-Fahrzeugen Wählhebel in Stellung „P" legen.
- Elektrische Verbraucher ausschalten.
- Drehzahlmesser und CO-Meßgerät nach Vorschrift anschließen; Luftfilter aufgeschraubt lassen.

- Schlauch für Kurbelgehäuseentlüftung –Pfeil– sowie Unterdruckschlauch für Beschleunigerpumpe (rechts daneben) abziehen und verschließen.
- Motor starten und im Leerlauf drehen lassen.
- Ansauganlage auf Dichtheit prüfen. Dazu alle Dichtstellen der Ansauganlage mit einem Pinsel und Benzin bestreichen. Wenn sich dabei kurzfristig die Drehzahl erhöht, dann saugt der Motor Nebenluft an. Undichte Stelle lokalisieren und beseitigen.

Achtung: Kraftstoffdämpfe nicht einatmen – giftig! Benzin nicht auf glühende Teile oder Zündanlage spritzen. Feuergefahr!

- Prüfen, ob der Drosselklappenhebel am Leerlaufanschlag anliegt. Dazu Drosselklappenhebel etwas anheben und Drehzahl auf ca. 2500/min steigern. Anschließend Drosselklappenhebel loslassen, dabei muß der Hebel selbständig bis zum Leerlaufanschlag zurückgehen. Andernfalls Gasgestänge schmieren und einstellen.
- Falls vorhanden, Tempomat-Einstellung prüfen. 1. Ausführung mit Bowdenzug: Der Zug muß spannungsfrei am Regulierhebel anliegen, sonst Einstellmutter entsprechend verdrehen. 2. Ausführung: Verbindungsstange aushängen und bis zum Anschlag nach unten drücken. Kugelpfanne auf der Stange so verdrehen bis sie sich direkt über dem Kugelkopf befindet. Anschließend Kugelpfanne 2 Umdrehungen herausdrehen und mit Kontermutter sichern. Verbindungsstange einhängen.

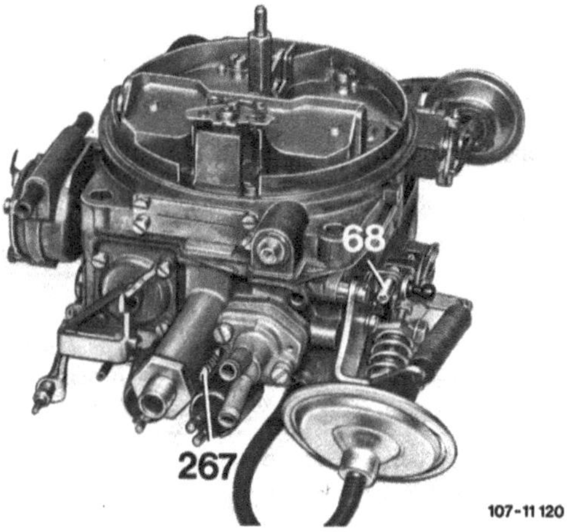

- *Leerlaufdrehzahl mit der Einstellschraube –68– auf den Sollwert einstellen, siehe Seite 98.*

Bis 8/79

- Sicherungskappe am Vergaser mit Zange abziehen und CO-Gehalt durch Verdrehen der CO-Einstellschraube –267– auf Sollwert einstellen. Nach jeder Verstellung kurz Gas geben. Durch Herausdrehen der Einstellschraube wird das Gemisch fetter, durch Hineindrehen magerer. Sollwert siehe Seite 98.

- Synchronisierung prüfen. Dazu Prüfdraht mit 5 mm Ø vorn abwinkeln und nacheinander in die beiden Leerlaufluftdüsen –78– einführen. Der Prüfdraht darf maximal 10 mm eintauchen. Dabei kommt es darauf an, daß der CO-Anstieg auf beiden Seiten gleich hoch ist. Bei Abweichungen über 1,0 % Vergaser synchronisieren lassen (Werkstattarbeit). **Achtung:** Ungleiche Einstellung der Leerlaufsysteme beeinflußt ebenfalls die Hauptdüsensysteme, was zu Anfahrschwierigkeiten und Ruckeln bei mittleren Drehzahlen führt.

Seit 9/79

- *Verschlußschraube vom Abgasentnahmerohr am vorderen Teil des Abgaskrümmers (Zylinder 1–3) herausschrauben und CO-Meßgerät anschließen.*
- *CO-Gehalt prüfen, Meßwert notieren.*
- *Anschließend Verschlußschraube am hinteren Abgasentnahmerohr (Zylinder 4–6) herausdrehen und CO-Meßgerät anschließen. Vorderes Entnahmerohr verschließen.*
- *CO-Gehalt prüfen und diesen Meßwert mit dem vorher gemessenen Wert (Zylinder 1–3) vergleichen. Beide Meßwerte müssen etwa gleich hoch sein und innerhalb der Sollwert-Toleranz liegen, siehe Seite 98.*

- *Andernfalls CO-Werte an den beiden CO-Einstellschrauben –Pfeile– einregulieren. Der Pfeil rechts in der Abbildung zeigt die Schraube für die Zylinder 1–3, während der linke Pfeil auf die Schraube für die Zylinder 4–6 zeigt. Durch Herausdrehen wird das Gemisch fetter, durch Hineindrehen magerer. Abgasentnahmerohre am Krümmer verschließen.*
- Regulierstange so einstellen, daß beim Gasgeben die Übertragung der Bewegung am Kulissenhebel ohne Spiel erfolgt.
- Unterdruckregler einstellen, siehe Seite 87.
- Sollwerte für die Einstellung des Unterdruckreglers, siehe Seite 98.

Leerlaufabschaltventile prüfen

Die 2 Leerlaufabschaltventile verschließen beim Ausschalten der Zündung die Leerlaufkanäle und verhindern dadurch ein Nachlaufen des Motors. Die Ventile bleiben so lange geschlossen, bis durch Einschalten der Zündung wieder Spannung anliegt. Bei einem defekten Ventil oder fehlerhafter Spannungsversorgung springt der Motor schlecht an und ruckelt im Leerlauf. Wenn bei eingeschalteter Zündung an beiden Ventilen keine Spannung anliegt, springt der Motor nicht an. Die Leerlaufabschaltventile sind seitlich in das Drosselklappenteil des Vergasers eingeschraubt.

- Zündung einschalten.

- Nacheinander Stecker –253– am einzelnen Abschaltventil –21– mehrmals abziehen und wieder aufstecken. Dabei muß das Ventil hörbar klicken.
- Andernfalls Prüflampe zwischen Stecker und Masse schalten. Wenn die Prüflampe aufleuchtet, Ventil erneuern. Falls die Prüflampe nicht leuchtet, Sicherung Nr. 14 beziehungsweise elektrische Zuleitung nach Schaltplan prüfen.
- Motor starten und im Leerlauf drehen lassen. Stecker an beiden Ventilen gleichzeitig abziehen, der Motor muß sofort stehen bleiben ohne nachzulaufen. Motor wieder starten und Stecker vom linken Ventil abziehen, dabei muß die Motordrehzahl deutlich abfallen beziehungsweise der Motor beginnt zu Ruckeln. Anschließend Stecker am linken Ventil aufschieben und am rechten Ventil abziehen, die Drehzahl muß ebenfalls abfallen. Andernfalls das entsprechende Ventil ersetzen.

Achtung: Bei Vergasern ohne zentrale CO-Einstellschraube zwischen den Leerlaufabschaltventilen, können die Ventile bei eingebautem Vergaser ausgewechselt werden.

Vergaserdaten II

Motor	**110**		**123**	
Vergasertyp	**4 A 1**		**4 A 1**	
Leerlaufdrehzahl	850 ± 50/min		850 ± 50/min	
CO-Gehalt	0,7 ± 0,5 Vol. %		0,7 ± 0,5 Vol. %	
Unterdruckregler				
Anhebedrehzahl	2000/min		2000/min	
Abstand –a–	ca. 1,0 mm		ca. 1,0 mm	
Drehzahl, belastet	650 ± 50/min		650 ± 50/min	
Starterdeckel-Kennzahl	80		80	
Vergaserstufe	I.	II.	I.	II.
Düsennadel	–	B 2	–	B 4
Hauptdüse	X 95	–	X 95	–
Leerlaufkraftstoffdüse	–	–	45[1)]	–
Leerlaufluftdüse	110	–	110	–

1) Kann ausgewechselt werden.

Luftfilter aus- und einbauen

Ausbau

- Gummiformstück –2– am Ansaugstutzen des Vergasers abziehen. Vorher Schlauchschelle ganz öffnen.
- 3 Befestigungsmuttern für Luftfilterdeckel –10– herausdrehen.
- Unterdruckschlauch am Ansaugkrümmer abziehen.
- **Motor 115:** Unterdruckleitungen am Temperaturregler im Ansaugrohr des Luftfilters mit Tesaband markieren und abziehen.
- 7 Schnellverschlüsse lösen und Luftfilterdeckel abnehmen.

- Filtereinsatz herausnehmen.
- Luftfiltergehäuse mit 3 Muttern von den Gummi–Metallagern abschrauben.
- Luftfiltergehäuse etwas hochheben und dabei aus dem Warmluftschlauch herausziehen. Motorentlüftungsschlauch unten am Luftfiltergehäuse vom Zylinderkopfdeckel abziehen.

Einbau

- Luftfiltergehäuse einsetzen, dabei Motorentlüftungsschlauch am Zylinderkopfdeckel aufschieben und richtigen Sitz am Warmluftschlauch prüfen.
- Luftfiltergehäuse anschrauben.
- Filtereinsatz so einsetzen, daß die Markierung „TOP/OBEN" nach oben zeigt.
- Motorentlüftungsschlauch aufschieben.
- Luftfilterdeckel aufsetzen, Gummiformstück am Vergaser aufschieben und mit Schlauchschelle anschrauben.
- Luftfilterdeckel anschrauben, Schnellverschlüsse spannen und Unterdruckschlauch am Ansaugkrümmer aufschieben.
- Falls ausgebaut, Unterdruckleitungen am Temperaturregler entsprechend den angebrachten Markierungen aufstekken.

Ansaugluftvorwärmung prüfen

Motor 102

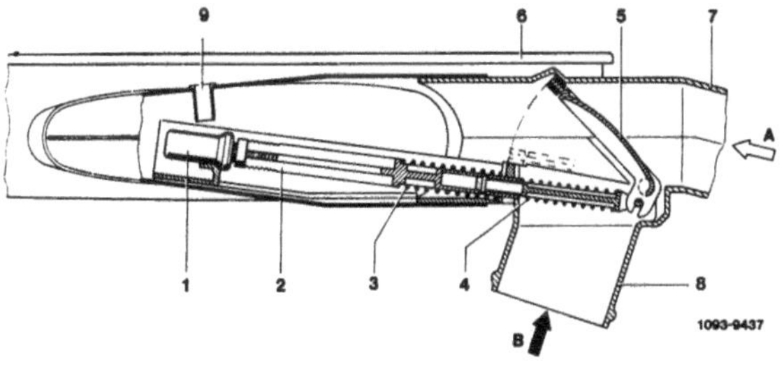

Die Ansaugluftvorwärmung wird temperaturabhängig über ein Regelelement (Thermostat) –1– im Ansaugrohr –7– des Luftfilters –6– gesteuert. Der weiße Pfeil –A– gibt die Richtung der „Frischluft", der schwarze Pfeil –B– die der „Warmluft" an.

Bei Ansauglufttemperaturen unter +13° C wird die Klappe –5– durch die Feder –3– in Stellung „Warmluft" gehalten. Ab einer Ansauglufttemperatur von ca. +13° C bis ca. +25° C wird die Klappe vom Thermostat kontinuierlich gesenkt, so daß sich der Anteil von „Frischluft" entsprechend der Temperatur erhöht. Liegt die Ansauglufttemperatur bei ca. +25° C oder darüber, ist der Regelvorgang beendet, die Klappe steht in Stellung „Frischluft", der Warmluftkanal ist vollständig geschlossen.

Weitere abgebildete Teile: 2 – Regelstange, 4 – Druckfeder, 8 – Anschlußstutzen für Warmluftschlauch, 9 – Kompensationsbohrung für Luftführungsrohr.

Prüfen

- Bei kaltem Motor und einer Außentemperatur unter +13° C in den Ansaugstutzen –7– schauen.
- Die Klappe muß nach oben stehen und die Kaltluftzufuhr ganz sperren.
- Bei einer Außentemperatur zwischen +13° und +25° C ist die Klappe etwas angehoben und gibt die Kaltluftzufuhr entsprechend der Temperatur frei.
- Liegt die Außentemperatur über +25° C muß sich die Klappe ganz unten befinden. Sie gibt dann die Kaltluftzufuhr ganz frei und verschließt gleichzeitig die Warmluftzufuhr von unten vollständig.

Motor 110, 115, 123

Die Ansaugluftvorwärmung wird temperatur- und lastabhängig geregelt. Das heißt, die Stellung der Luftklappe wird zusätzlich durch den Saugrohrunterdruck des Motors geregelt. Der Saugrohrunterdruck ist ein Maß für die momentane Belastung des Motors.

Prüfen

- Warmluftschlauch abziehen. Motor starten und im Leerlauf laufen lassen.
- Unter ca. +30° C muß die Luftklappe den Frischluftkanal ganz verschließen, also ganz nach oben gezogen sein.
- Über ca. +40° C muß die Luftklappe den Warmluftkanal ganz verschließen.
- Am Drosselklappenhebel gasgeben. Liegt dabei die Ansauglufttemperatur unter ca. +25° C, muß die Luftklappe oben bleiben, der Frischluftkanal ist dann verschlossen. Bei +25° C bis ca. +40° C muß beim Gasgeben die Luftklappe den Frischluftkanal freigeben und beim Gaswegnehmen wieder schließen. Dabei muß sich die Stellung der Luftklappe je nachdem wieviel Gas gegeben wird entsprechend verändern.

Thermostat aus- und einbauen

Motor 102

Der Thermostat steuert die Stellung der Luftklappe für die Ansaugluftvorwärmung in Abhängigkeit von der Temperatur der Ansaugluft.

Ausbau

- Ansaugstutzen am Luftfiltergehäuse abschrauben.

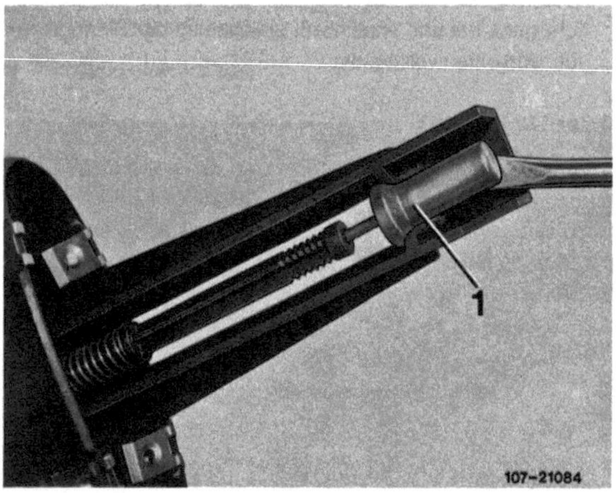

- Thermostat –1– mit Schraubendreher aus der Halterung herausdrücken.

Einbau

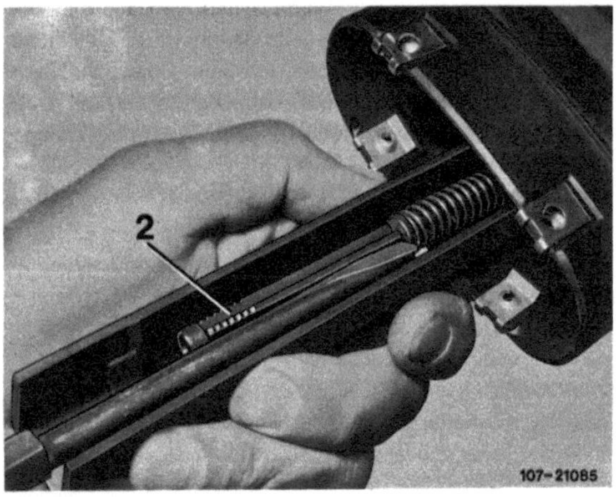

- Regelstange –2– gegen die Federkraft so weit zurückdrücken, bis der Thermostat spannungsfrei in die Halterung eingesetzt werden kann.
- Luftfilter-Ansaugrohr einbauen.

Kraftstoffpumpe aus- und einbauen

Die Kraftstoffpumpe befindet sich seitlich am Zylinderkopf neben dem Verteiler.

Achtung: Beim Motor 102 nur Pumpen mit einer eingeprägten Fertigungskennzahl ab 1.132 einbauen.

Ausbau

Achtung: Kein offenes Feuer, Brandgefahr!

- Saug- und Druckschlauch –1–/–2– mit je einer Klemme abklemmen. Steht eine geeignete Klemme nicht zur Verfügung, nach dem Abziehen der Leitungen eine Schraube mit entsprechendem Durchmesser in die Kraftstoffschläuche stecken, damit kein Kraftstoff ausläuft.
- Kraftstoffschläuche an der Pumpe abziehen, vorher Schellen lösen.
- Kabelbinder –4– vom Isolierflansch der Pumpe lösen und Kabel zur Seite legen.
- Je nach Ausführung Kraftstoffpumpe mit 2 Muttern –Pfeile– oder 2 Schrauben abschrauben und mit Isolierflansch herausnehmen.

Einbau

107-21144

- Gummidichtungen beziehungsweise Dichtringe –Pfeil– am Isolierflansch auf Beschädigung prüfen. Gegebenenfalls Isolierflansch erneuern. Die Dichtringe sind nicht einzeln erhältlich.
- Betätigungsstößel so in den Isolierflansch einsetzen, daß der Sicherungsring zur Kraftstoffpumpe zeigt. Durch Hin- und Herbewegen Stößel auf Leichtgängigkeit prüfen.
- Kraftstoffpumpe mit Isolierflansch ansetzen und festschrauben. **Achtung:** Falls die Pumpe mit Schrauben befestigt wird, Gewinde der Schrauben vorher mit Dichtmittel (z.B. Hylomar) bestreichen.
- Kabelbinder anclipsen.
- Kraftstoffschläuche aufschieben und mit Schellen sichern. Schlauch –1– kommt vom Tank, Schlauch –2– geht zum Vergaser.

Störungsdiagnose Vergaser

Bei Störungen in der Kraftstoffzufuhr ist die Anlage in folgender Reihenfolge zu prüfen:

- Prüfen, ob Kraftstoff im Behälter ist.
- Kraftstoffschlauch zwischen Kraftstoffpumpe und Vergaser am Vergaser abziehen und in geeignetes Gefäß halten. Anlasser kurz betätigen, dabei muß aus dem Schlauch stoßweise Kraftstoff austreten. **Achtung:** Brandgefahr, kein offenes Feuer!
- Wird kein Kraftstoff gefördert, Zuleitung zur Kraftstoffpumpe abziehen.
- Wenn dort Kraftstoff herausläuft, Pumpe auf Undichtigkeiten beziehungsweise Sieb auf Verschmutzung prüfen. Dazu Deckel der Kraftstoffpumpe mit einer Schraube abschrauben und Sieb in Kraftstoff reinigen. **Achtung:** Bei neueren Pumpen läßt sich der Deckel nicht mehr abschrauben, daher kann auch das Kraftstoffsieb nicht mehr gereinigt werden.
- Läuft kein Kraftstoff heraus, Kraftstoffleitung zum Tank ausbauen und durchblasen.
- Tankbelüftung auf Durchgang prüfen, reinigen.
- Filter im Kraftstofftank ausbauen und reinigen.

Störung	Mögliche Ursache	Abhilfe
1. Der kalte Motor springt nicht an	1. Leerlaufabschaltventil öffnet nicht	Abschaltventil prüfen
	2. Startautomatik schaltet nicht	
	a) Starterdeckel nicht auf Markierung	Auf Markierung stellen
	b) Bimetallfeder im Startergehäuse gebrochen	Bimetallfeder ersetzen
	c) Startschieber schwergängig, hängt	Starterdeckel ausbauen, Startschieber durch Mitnehmerhebel betätigen, ggf. Startschieber ausbauen und mit Polierleinen etwas abziehen
	d) Startanreicherungsventil schwergängig, hängt	Pulldown-Stange mit kleinem Schraubendreher nach oben drücken, Anreicherungsventil betätigen, wenn schwergängig, Startergehäuse ersetzen
	e) Thermoverzögerungsventil hängt in geschlossener Stellung, Belüftungsrohr am Thermoverzögerungsventil verstopft	Thermoverzögerungsventil prüfen, gegebenenfalls ersetzen
	3. Drosselklappe steht nicht in Startstellung	Warmlaufdrehzahl prüfen, einstellen
2. Motor bleibt nach dem Kaltstart stehen	1. Drosselklappe steht nicht in Startstellung	Warmlaufdrehzahl prüfen, einstellen
	2. Thermoverzögerungsventil hängt in geöffneter Stellung	Thermoverzögerungsventil prüfen, kurzfristige Abhilfe: Belüftungsrohr am Ventil verschließen, bei warmem Motor Belüftungsrohr freigeben
	3. Luftkolben geht nicht ganz zurück	Luftkolben gangbar machen, ggf. Luftkolbendämpfer erneuern
	4. Nicht genügend Kraftstoff in der Schwimmerkammer durch Ausdampfen bei heiß abgestelltem Motor	Durchstarten, Gaspedal mehrmals durchtreten, dann bei niedergetretenem Pedal starten
	5. Saugrohrbeheizung defekt	Prüfen
	6. Ansaugluftvorwärmung defekt	Prüfen
3. Motor bleibt vor Erreichen der Betriebstemperatur stehen	1. Drosselklappe steht nicht in Startstellung	Warmlaufdrehzahl prüfen, einstellen
	2. Falsche Leerlaufeinstellung	Drehzahl und CO-Gehalt einstellen
	3. Startautomatik schaltet nicht:	
	a) Starterdeckel nicht auf Markierung	Auf Markierung stellen
	b) Keine Beheizung	Anschluß wieder herstellen, evtl. Starterdeckel erneuern
	c) Bimetallfeder defekt oder ausgehängt	Starterdeckel erneuern oder Feder einhängen
	d) Pulldown-Membran gerissen	Pulldown-Dose auf Dichtheit prüfen
	e) Thermoverzögerungsventil wird nicht beheizt	Thermoverzögerungsventil prüfen
	4. Saugrohrbeheizung defekt	Prüfen

Störung	Mögliche Ursache	Abhilfe
4. Heißstart schwierig	Überfetten durch Ausdampfen und Tropfen von Kraftstoff infolge des Hitzestaus	Mit Vollgas starten (Gaspedal festhalten)
5. Leerlauf unregelmäßig – Motor bleibt stehen (Motor warm)	1. Leerlaufeinstellung	
	a) Drehzahl zu niedrig	Einstellen
	b) CO-Wert zu niedrig/zu hoch	Einstellen
	2. Leerlaufdüsendurchgang zu gering	
	a) Düse verschmutzt	Reinigen
	b) Düse beschädigt	Erneuern
	c) Düsennadel verbogen	Erneuern
	3. Luftkolbendämpfung zu gering	Dämpferölstand prüfen, nachfüllen, ggf. Luftkolbendämpfer ersetzen
	4. Undichtigkeiten an Saugrohr, Zwischenflansch, Vergaser	Dichtstellen bei laufendem Motor mit Pinsel und Kraftstoff bestreichen, bei Undichtigkeit erhöht sich die Drehzahl kurzfristig. In diesem Fall Dichtungen ersetzen
	5. Wie unter 3.3 und 3.4.	
6. Übergangsstörungen beim Beschleunigen	1. Drosselklappe schwergängig	Gangbar machen
	2. Gasgestänge hakt	Gangbar machen bzw. erneuern
	3. Lager für Drosselklappenwelle ausgeschlagen	Vergaser erneuern
7. Endleistung wird nicht erreicht	1. Düse verschmutzt	Reinigen
	2. Düsennadel verbogen	Erneuern
	3. Vollgasstellung wird nicht erreicht	Gasgestänge einstellen
	4. Luftfiltereinsatz verschmutzt	Erneuern
8. Motor läuft nach	Leerlaufabschaltventil bzw. Relais für Abschaltventil defekt	Ventil, Relais prüfen, ggf. erneuern
9. Verbrauch zu hoch. Der Kraftstoffverbrauch wird ganz entscheidend von den Einsatzbedingungen des Fahrzeugs, der Verkehrsdichte und dem Fahrstil des Fahrers beeinflußt und kann, ohne daß ein Fehler am Fahrzeug vorliegt, mehr als den doppelten Normverbrauch erreichen	1. Leerlaufgemisch zu fett	
	a) CO-Einstellung falsch	Einstellen
	2. Düse ausgeschlagen, Düsennadel verbogen	Ersetzen
	3. Luftfilter verschmutzt, verölt	Erneuern
	4. Wie unter 3.3 und 3.4	

Wartungsarbeiten an der Vergaseranlage

Vergaser prüfen

Motor 102

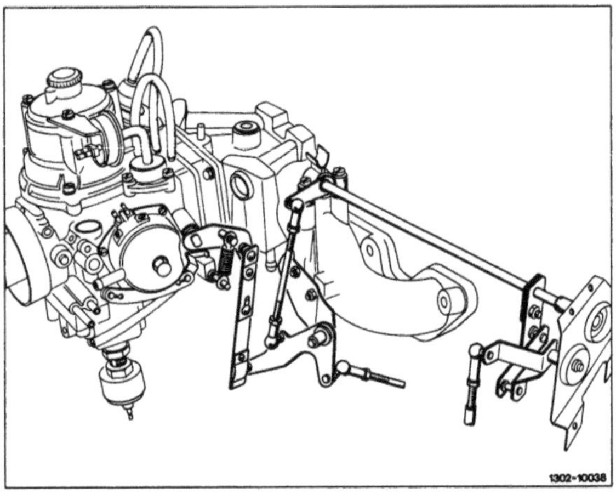

Motor 110

- Motor-Reguliergestänge auf Leichtgängigkeit, Verbiegungen und Spiel in den Lagern prüfen.
- Alle Lagerstellen der Regulierwellen, Regulierhebel und Gelenke mit Motoröl schmieren.
- Funktion der Ansaugluft-Vorwärmung prüfen, siehe Seite 99.
- Luftkolben-Dämpferölstand prüfen.
- Leerlaufdrehzahl und CO-Gehalt prüfen.

Luftfiltereinsatz auswechseln

Der Luftfiltereinsatz ist alle 60 000 km zu erneuern. Bei stärkerem Staubanfall Filtereinsatz in kürzeren Abständen erneuern.

- Luftfilterdeckel ausbauen, siehe Seite 98.
- Filtereinsatz herausnehmen.
- Filtergehäuse sorgfältig auswischen.

Achtung: Filtereinsatz weder mit Benzin reinigen, noch mit Öl benetzen.

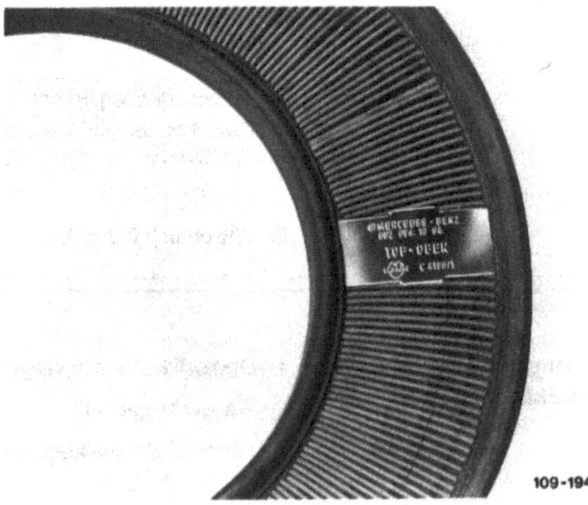

- Neuen Filtereinsatz so einlegen, daß die Bezeichnung „TOP · OBEN" nach oben zeigt.
- Deckel aufsetzen, anschrauben und mit Drahtklammern sichern.

Die Einspritzanlage

Schemazeichnung der K-Jetronic

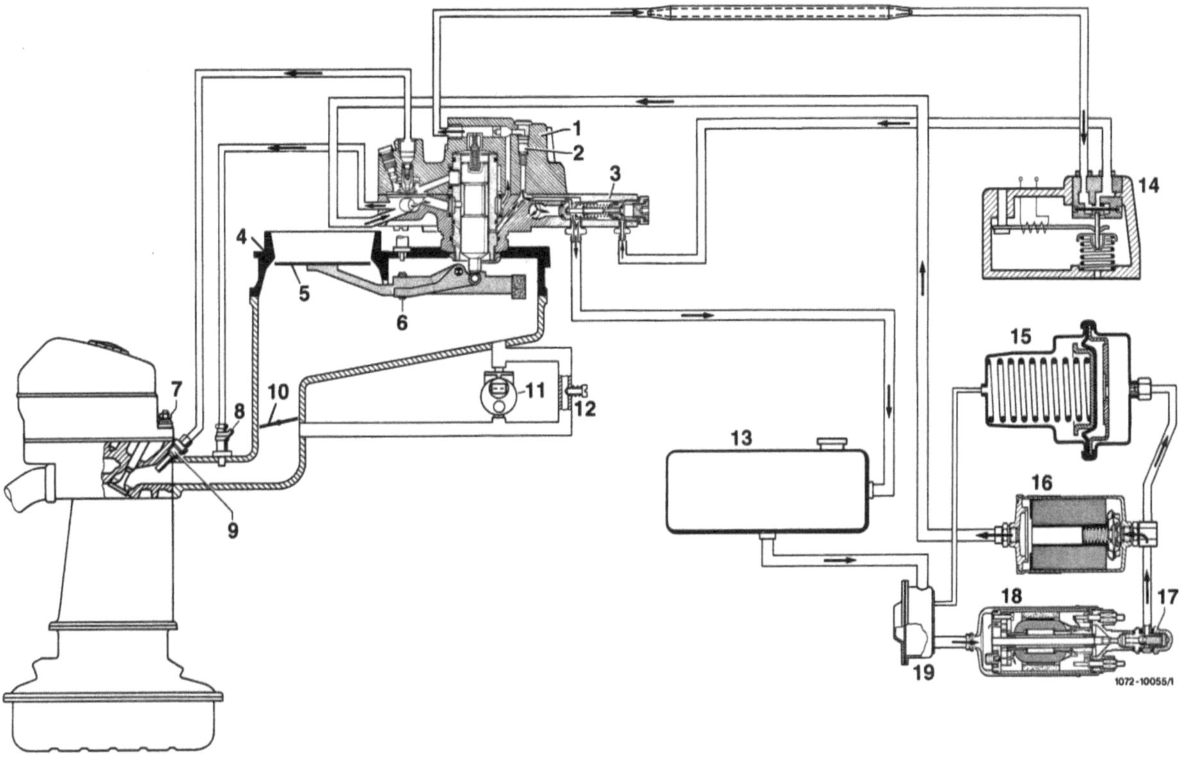

1 – Kraftstoffmengenteiler
2 – Druckausgleichventil
3 – Systemdruckregler
4 – Luftmengenmesser
5 – Stauscheibe
6 – CO-Einstellschraube
7 – Thermozeitschalter
8 – Kaltstartventil
9 – Einspritzventil
10 – Drosselklappe
11 – Zusatzluftschieber
12 – Leerlaufdrehzahl-Einstellschraube
13 – Kraftstoffbehälter
14 – Warmlaufregler
15 – Kraftstoffspeicher
16 – Kraftstoffilter
17 – Rückschlagventil
18 – Elektrische Kraftstoffpumpe
19 – Membrandämpfer

Die K-Jetronic ist eine mechanische Benzineinspritzung, die den Kraftstoff kontinuierlich in das Ansaugrohr vor die Einlaßventile einspritzt.

Der Kraftstoff wird aus dem Kraftstoffbehälter von der elektrischen Kraftstoffpumpe angesaugt und über Kraftstoffspeicher und -Filter zum Kraftstoffmengenteiler gefördert. Die Luftmenge wird vom Motor über das Saugrohr angesaugt und vom Luftmengenmesser gemessen. Der Kraftstoffmengenteiler teilt entsprechend der gemessenen Luftmenge den einzelnen Zylindern über das jeweilige Einspritzventil die Kraftstoffmenge zu. Zusätzliche Fühler und Geber sorgen auch in extremen Temperatur- und Fahrsituationen für die richtig bemessene Kraftstoffmenge.

- Der Kraftstoffspeicher hält den Kraftstoff auch nach Abschalten des Motors über einen längeren Zeitraum unter Druck. Dadurch verhindert man Dampfblasenbildung und verbessert das Heißstartverhalten.
- Die Kraftstoffpumpe ist als Rollenzellenpumpe ausgelegt und hat eine Förderleistung von ca. 130 Liter pro Stunde.
- Das Kraftstoffpumpenrelais versorgt die Kraftstoffpumpe und das Kaltstartventil beim Starten und bei laufendem Motor mit Strom. Das Relais sperrt die Stromzufuhr zur Pumpe beim Abschalten der Zündung und wenn keine Zündimpulse mehr erfolgen (Motor abgewürgt, Zündung eingeschaltet). Außerdem schaltet es die Pumpe bei Erreichen der erlaubten Höchstdrehzahl so lange ab, bis die Motordrehzahl wieder unter diesen Wert abgefallen ist.
- Das Kaltstartventil spritzt bei kaltem Motor während des Startvorganges zusätzlich Kraftstoff in das Sammelsaugrohr, damit der Motor leichter anspringt.
- Der Thermozeitschalter regelt die Einspritzzeit des Kaltstartventils.
- Der Systemdruckregler regelt den Systemdruck auf ca. 5,5 bar.

■ Der elektrisch beheizte Zusatzluftschieber stabilisiert während der Warmlaufphase die Motordrehzahl.

■ Der Warmlaufregler fettet während der Warmlaufphase das Gemisch an.

Seit 9/81 ist die Einspritzanlage zur Senkung des Kraftstoffverbrauchs mit einer Schubabschaltung ausgestattet. Dadurch wird automatisch die Kraftstoffzufuhr zu den Einspritzventilen gesperrt, wenn der Fahrer den Fuß vom Gaspedal nimmt. Das Einschalten der Schubabschaltung ist abhängig von der Motordrehzahl und der Fahrgeschwindigkeit. Ein Mikroschalter am Gasgestänge sorgt dafür, daß schon beim leichtesten Gasgeben die Kraftstoffzufuhr einsetzt. Dadurch ist sichergestellt, daß das Fahrzeug auch nach der Schubphase ruckfrei beschleunigt.

■ Das Schubabschaltventil öffnet bei geschlossenem Mikroschalter und versorgt den Motor mit Frischluft unter Umgehung des Luftmengenmessers. Dadurch geht die Stauscheibe in die Nullage zurück und sperrt die Kraftstoffzufuhr zu den Einspritzventilen.

Achtung: Bei Arbeiten an der Einspritzanlage ist auf peinliche Sauberkeit zu achten. Vor der Demontage sind die entsprechenden Teile mit Benzin zu säubern. **Die Anlage steht unter hohem Druck. Deshalb ist vor dem Auswechseln von Teilen zum Druckabbau die Kraftstoffleitung am Kaltstartventil langsam zu lösen. Dabei Lappen um Kraftstoffanschluß legen. Spritzgefahr!** Austretenden Kraftstoff mit Lappen auffangen.

Sauberkeitsregeln bei Arbeiten an der Einspritzanlage

■ Verbindungsstellen und deren Umgebung vor dem Lösen gründlich mit Kraftstoff reinigen.

■ Ausgebaute Teile auf einer sauberen Unterlage ablegen und abdecken. Folien oder Papier verwenden. Keine fasernden Lappen benutzen!

■ Geöffnete Bauteile sorgfältig abdecken bzw. verschließen, wenn die Reparatur nicht umgehend ausgeführt wird.

■ Nur saubere Teile einbauen. Ersatzteile erst unmittelbar vor dem Einbau aus der Verpackung nehmen.

■ Bei geöffneter Anlage: Möglichst nicht mit Druckluft arbeiten. Das Fahrzeug möglichst nicht bewegen.

Dichtheit der Einspritzanlage prüfen

Bei Heißstartschwierigkeiten ist die Einspritzanlage auf Dichtheit zu prüfen. Beschrieben wird die Sichtprüfung, außerdem müssen die Kraftstoffdrücke geprüft werden (Werkstattarbeit).

- Luftfilter ausbauen.
- Die Kraftstoffanschlüsse am Mengenteiler dürfen nicht feucht sein, gegebenenfalls Anschlüsse vorsichtig nachziehen.
- Kraftstoffpumpenrelais abziehen und die Klemmen 7 und 8 mit Prüfleitung kurz verbinden, damit im Kraftstoffsystem Druck aufgebaut wird.

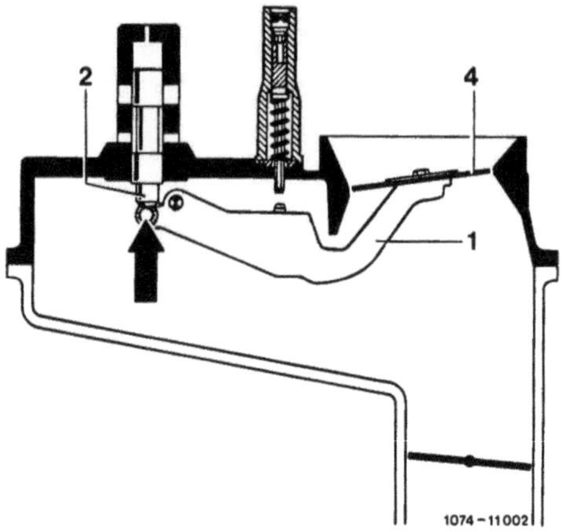

- Steuerkolben –2– auf Dichtheit prüfen. Dazu Stauscheibe –4– kurzzeitig ganz nach unten drücken und in dieser Stellung festhalten.
- Im Luftführungsgehäuse darf in dieser Stellung nur eine geringe Menge Kraftstoff sichtbar werden, sonst Dichtring für Steuerkolben erneuern. Dazu ist der Kraftstoffmengenteiler auszubauen (Werkstattarbeit).
- Wurde kein Fehler gefunden, Kraftstoffdrücke prüfen lassen (Werkstattarbeit).
- Kraftstoffpumpenrelais aufstecken und Luftfilter einbauen.

Leerlaufdrehzahl/CO-Gehalt prüfen

- Klimaanlage ausschalten.
- Bei Automatikfahrzeugen Wählhebel in Stellung „P" legen.
- Drehzahlmesser und CO-Prüfgerät nach Vorschrift anschließen.
- Motor auf Betriebstemperatur bringen, die Öltemperatur soll 75°–85° C betragen.

Achtung: Leerlauf nicht bei zu heißem Motor, zum Beispiel nach scharfer Fahrt, einstellen.

- Zündzeitpunkt prüfen, siehe Seite 58.
- Ansaugtrakt auf Dichtheit prüfen. Dazu Motor starten und im Leerlauf belassen. Sämtliche Dichtstellen des Ansaugtraktes mit einem Pinsel und Benzin bestreichen. Wenn sich die Drehzahl erhöht, saugt der Motor an der gerade bestrichenen Stelle Nebenluft an. In diesem Fall ist die entsprechende Dichtung zu erneuern.

Achtung: Kraftstoff nicht auf glühende Teile oder Zündanlage spritzen, Feuergefahr! Kraftstoffdämpfe nicht einatmen – giftig!

- Einstellung Gasgestänge prüfen.
- Motor starten und im Leerlauf drehen lassen.

Motor 102

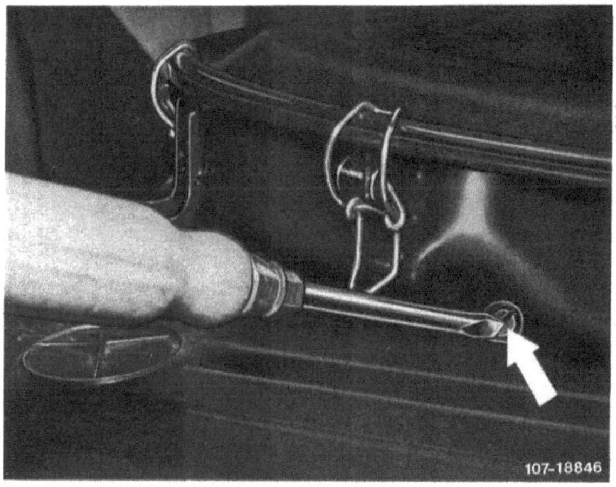

- Leerlaufdrehzahl mit Leerlaufdrehzahl-Einstellschraube –Pfeil– auf 800 ± 50/min einstellen.

Motor 110

- Leerlaufdrehzahl mit Leerlaufdrehzahl-Einstellschraube –10– auf 750 ± 50/min einstellen.
- CO-Gehalt prüfen, Sollwert Motor 102: 1,0 ± 0,5 Vol. %; Motor 110: 1,5 ± 0,5 Vol. %.

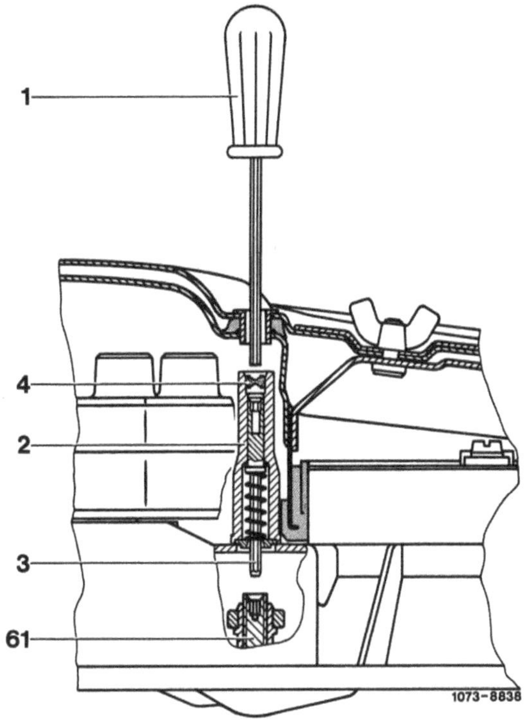

- Sicherungsstopfen –4– mit Auszieher durch die Aussparung am Luftfilteroberteil herausziehen. Steht das Spezialwerkzeug nicht zur Verfügung, geeignete Holz- oder Blechschraube in den Sicherungsstopfen einschrauben, dann Schraube zusammen mit Stopfen herausziehen.
- Mit schmalem Schraubendreher –1– Einstellvorrichtung –2– gegen die Federkraft nach unten drücken und etwas drehen, bis der Sechskant –3– in die CO-Einstellschraube –61– einrastet. Schraubendreher nach links drehen – Gemisch wird mager; nach rechts drehen – Gemisch wird fetter.
- Schraubendreher loslassen, damit die Einstellvorrichtung aus der CO-Einstellschraube ausrastet.
- Anschließend etwas Gas geben, dann CO-Wert prüfen, gegebenenfalls nochmals nachstellen.
- Nach der Einstellung blauen Sicherungsstopfen mit einem Dorn von 6,5 mm Durchmesser eindrücken.
- Feststellbremse anziehen und Wählhebel in eine Fahrstufe legen, Klimaanlage einschalten, Servolenkung ganz einschlagen. Dabei muß der Motor einwandfrei rundlaufen. Andernfalls Leerlaufdrehzahl nachstellen.
- Meßgeräte abklemmen.

Gasgestänge einstellen

- Gasgestänge auf Leichtgängigkeit, Verschleiß und Verbiegungen prüfen.
- Sämtliche Gelenke des Gasgestänges mit Motoröl schmieren.

- Verbindungsstange –Pfeil– am Umlenkhebel aushängen. Drosselklappenhebel in Leerlaufstellung drücken und prüfen ob die Verbindungsstange spannungsfrei eingehängt werden kann. Dabei muß die Rolle –15– im Kulissenhebel –13– am Endanschlag anliegen. Andernfalls Länge der Verbindungsstange entsprechend verstellen. Wird die Verbindungsstange erneuert, Länge (Mitte Kugelpfanne bis Mitte Kugelpfanne) auf 96 mm einstellen.
- Falls vorhanden, Zugstange für Tempomat einstellen, siehe Seite 87.

Vollgasanschlag einstellen

- **Schaltgetriebe:** Gaspedal ganz niedertreten und dort halten; dazu geeignetes Brett zwischen Sitz und Pedal klemmen.
- **Automatisches Getriebe:** Gaspedal bis zum Kickdown-Anschlag niedertreten und dort halten (Helfer). Kickdown-Schalter nicht betätigen.

- Der Drosselklappenhebel muß jetzt am Vollgasanschlag des Vergasers anliegen. Andernfalls Klemmschraube –Pfeil– lösen, Gaspedal etwas zurückziehen und Schraube festziehen. Anschließend Vollgasanschlag nochmals überprüfen, gegebenenfalls korrigieren.

Achtung: *Wenn der Vollgasanschlag auf diese Weise nicht* eingestellt werden kann, Druckstange –5– aushängen und auf eine Länge von 200 mm (Mitte Kugelpfanne bis Mitte Dämpfungsring) einstellen. Druckstange einhängen.

Tempomat einstellen

- Prüfen, ob der Hebel des Stellgliedes am Leerlaufanschlag des Tempomats anliegt. Dazu Zugstange –21– aushängen und Hebel im Uhrzeigersinn gegen den Leerlaufanschlag drücken.
- Anschließend Zugstange wieder einhängen; dabei muß der Hebel des Stellgliedes um ca. 1 mm vom Leerlaufanschlag angehoben werden.
- Andernfalls Zugstange einstellen. Kugelpfanne abdrücken, Kontermutter lösen und Kugelpfanne auf- oder abschrauben und Kontermutter wieder festziehen.

Kaltstartventil prüfen

Das Kaltstartventil spritzt während der Starterbetätigung bei kaltem Motor zusätzlich Kraftstoff in das Saugrohr.

Ein defektes Kaltstartventil verursacht Startschwierigkeiten (kalt und warm), Übergangsstörungen und hohen Kraftstoffverbrauch.

Der Thermozeitschalter begrenzt die Spritzzeit des Kaltstartventils in Abhängigkeit von der Motortemperatur. Die Schalttemperatur des Ventils liegt bei +15° C beziehungsweise seit 9/82 bei +5° C.

Ein defekter Thermozeitschalter verursacht Kaltstart-Schwierigkeiten.

- Grüne Steuerleitung vom TSZ-Schaltgerät abziehen, siehe Seite 47.
- Luftfilter ausbauen, siehe Seite 98.

Spannungsversorgung prüfen

- Stecker am Kaltstartventil –98– abziehen. Voltmeter am Stecker anschließen, dabei Plusanschluß des Meßgerätes an die rosa/blaue Leitung anlegen.

- Stecker vom Thermoschalter –97b– abziehen. Weitere abgebildete Teile: A – Meßfühlerkasten am Zylinderkopf, 35 – Thermostatgehäuse, 96 – Temperaturschalter für Lüfterkupplung, 97c – Temperaturgeber (nicht vorhanden, stattdessen Verschlußschraube), 99 – Temperaturgeber für Kühlmitteltemperatur-Anzeige, 100 – Thermoventil (nicht vorhanden, nur Vergasermotor)
- Braun/blaue Leitung von Klemme W des Thermozeitschalters mittels Hilfskabel an Masse legen. Dadurch wird eine Temperatur von unter +5° C simuliert.

Achtung: Nicht die rosa/blaue Leitung an Masse legen, Kurzschlußgefahr.

- Anlasser betätigen. Das Meßgerät muß ca. 10 Volt anzeigen. Ist dies der Fall, Kaltstartventil ausbauen und prüfen. Andernfalls Leitungen gemäß Schaltplan auf Unterbrechung prüfen.

Kaltstartventil prüfen

- Überdruck im Kraftstoffsystem abbauen, siehe Seite 78.
- Braun/blaue Leitung vom Thermozeitschalter bleibt an Masse gelegt.

Achtung: Kein offenes Feuer, Brandgefahr!

- Kraftstoffleitung am Kaltstartventil abschrauben.
- Kaltstartventil herausschrauben, Kraftstoffleitung wieder anschrauben und Ventil in Meßbecher halten.
- Stecker am Kaltstartventil aufschieben.
- Anlasser kurz betätigen. Das Kaltstartventil muß in einem gleichförmigen Kegel abspritzen.
- Kaltstartventil an der Düse abtrocknen.
- Am Kaltstartventil darf innerhalb einer Minute kein Tropfen abfallen. Auch äußerlich darf das Ventil nicht feucht werden.
- Stecker am Thermozeitschalter aufschieben.
- Kaltstartventil mit neuer Dichtung einbauen, Kraftstoffleitung mit ca. 10 Nm anziehen.

Thermozeitschalter prüfen

- Kühlmitteltemperatur unter +15° C (seit 9/82 unter +5° C). Sonst Thermozeitschalter ausbauen und im Kühlschrank abkühlen.

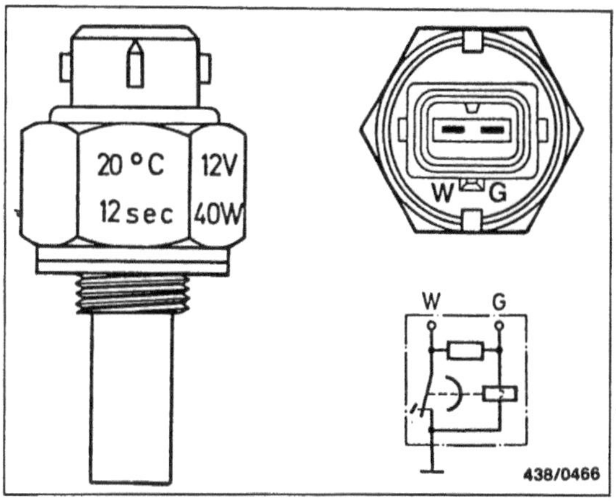

- Am Sechskant des Schalters ist die Schaltdauer (z. B. 12 Sekunden bei – 20° C) eingeprägt.
- Stecker am Kaltstartventil abziehen und Prüflampe anschließen.

Achtung: Ausgebauten Thermozeitschalter während der Prüfung an Masse halten. Elektrische Leitung anschließen.

- Anlasser ca. 15 Sekunden betätigen. Die Prüflampe muß für 1 bis 12 Sekunden aufleuchten. Ist dies nicht der Fall, Thermozeitschalter ersetzen.

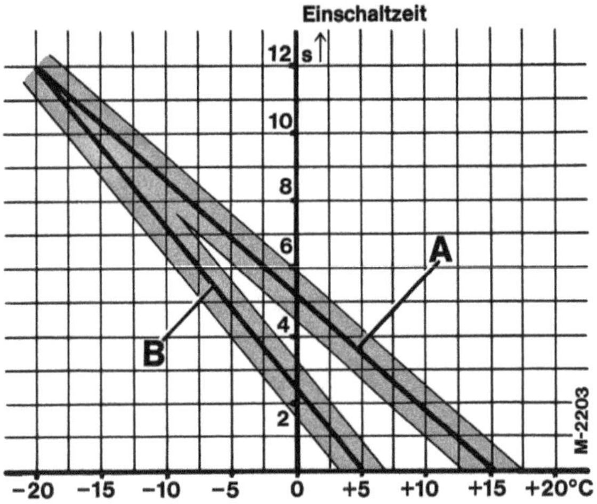

Hinweis: Die Einspritzzeit muß der Einschaltzeit des Thermozeitschalters entsprechen. Zum Beispiel: Bei einer Kühlmitteltemperatur von 0° C, Einschaltdauer 4,5 beziehungsweise 2,5 Sekunden. Kennlinie –A– für Thermozeitschalter mit einer Schalttemperatur von +15° C, Kennlinie –B– für Thermozeitschalter mit einer Schalttemperatur von +5° C seit 9/82.

- Thermozeitschalter mit Ohmmeter prüfen. **Schalter „A" +15°** C: Ohmmeter nacheinander zwischen die Kontakte G und Masse, sowie W und Masse anschließen. Liegt die Temperatur des Thermozeitschalters unter +15° C, muß das Meßgerät ca. 48 Ω /0 Ω anzeigen, oberhalb von +15° C ca. 62 Ω /270 Ω. **Schalter „B" +5°** C: Ohmmeter zwischen die Kontakte W und G anschließen. Bei einer Temperatur unter +5° C muß ein Meßwert von ca. 93 Ω angezeigt werden, über +5° C ca. ∞ Ω.
- Falls ausgebaut, Thermozeitschalter einbauen.
- Stecker für Kaltstartventil und Thermozeitschalter aufstekken.
- Grüne Steuerleitung am TSZ-Schaltgerät aufschieben.
- Luftfilter einbauen, siehe Seite 98.

Zusatzluftschieber prüfen

Während der Warmlaufphase wird dem Motor eine größere Menge Kraftstoff-Luftgemisch zugeführt, als es der Drosselklappenstellung entspricht. Man erreicht dies durch Umgehung der Drosselklappe mittels eines Zusatzluftschiebers. In betriebswarmem Zustand muß der Zusatzquerschnitt geschlossen sein.

Ein defekter Zusatzluftschieber verursacht Stehenbleiben des Motors bzw. unrunden Lauf während der Warmlaufphase, zu hohe Leerlaufdrehzahl bei warmem Motor oder nicht einstellbare Leerlaufdrehzahl. Der Zusatzluftschieber befindet sich zwischen Zylinderkopf und Ölfilter unter dem Heizungsschlauch.

- Grüne Steuerleitung am TSZ-Steuergerät abziehen, siehe Seite 47.
- Motor muß zur Prüfung kalt sein.

Spannungsversorgung prüfen

- Stecker vom Zusatzluftschieber abziehen und Prüflampe anschließen.
- Anlasser betätigen. Prüflampe muß aufleuchten, andernfalls Leitungsunterbrechung nach Stromlaufplan ermitteln und beseitigen.
- Ohmmeter zwischen die Kontakte des Zusatzluftschiebers anschließen. Sollwert: ca. 40 Ω. Zeigt das Meßgerät ∞ Ω, ist die Heizwicklung defekt; in diesem Fall Zusatzluftschieber ersetzen.
- Stecker am Zusatzluftschieber aufstecken.
- Grüne Steuerleitung aufschieben.

Funktion prüfen

- Motor starten und im Leerlauf laufen lassen.

- Verbindungsschlauch –Pfeil– zusammenklemmen. Die Motordrehzahl muß abfallen, andernfalls hängt der Zusatzluftschieber und muß erneuert werden.
- Prüfung bei warmem Motor wiederholen. Dabei darf sich die Drehzahl bei zusammengeklemmtem Schlauch nicht verändern, andernfalls Zusatzluftschieber ersetzen.

Ruhelage der Stauscheibe prüfen/einstellen

Die Stauscheibe im Luftmengenmesser wird in Abhängigkeit der angesaugten Luftmenge mehr oder weniger abgesenkt. Wenn die Ruhelage der Stauscheibe zu hoch ist, springt der Motor nicht mehr an. Überdies kann es bei falsch eingestellter Ruhelage der Stauscheibe zu Heißstartschwierigkeiten und zu Übergangsstörungen kommen.

- Luftfilter ausbauen.
- Kraftstoffpumpenrelais abziehen und mit Prüfleitung die Klemmen 1 und 2 beziehungsweise seit 9/81 die Klemmen 7 und 8 an der Relaisfassung verbinden. Dadurch läuft die Kraftstoffpumpe an und baut Druck auf. Anschließend Verbindungsleitung abnehmen und Relais aufstecken.

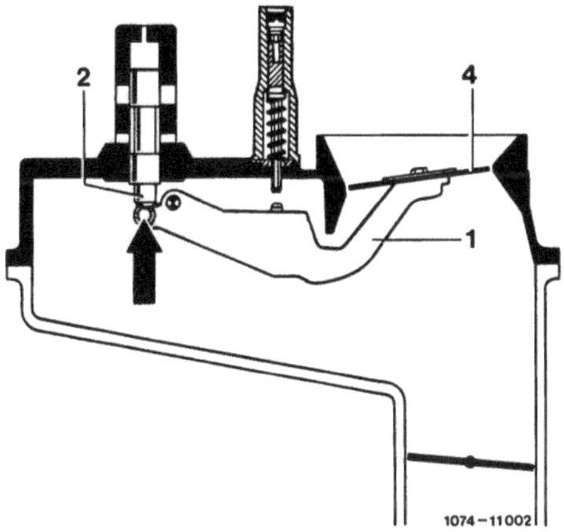

- Stauscheibe –4– von Hand nach unten drücken. Dabei muß über den ganzen Weg ein gleichmäßiger Widerstand spürbar sein.
- Stauscheibe schnell aufwärts bewegen, dabei darf kein Widerstand spürbar sein, da der träge folgende Steuerkolben –2– vom Verstellhebel –1– abhebt. Bei langsamer Aufwärtsbewegung muß der Steuerkolben kraftschlüssig folgen.
- Bei Schwergängigkeit von Verstellhebel oder Steuerkolben Kraftstoffmengenteiler ersetzen.

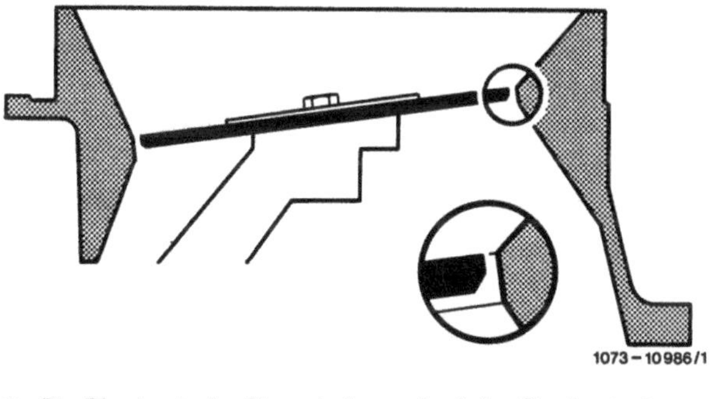

- Die Oberkante der Stauscheibe muß mit der Oberkante des Kegelanfangs –Pfeil– am Lufttrichter übereinstimmen. Dabei ist eine maximal 0,5 mm höhere Lage der Stauscheibe noch zulässig.
- In dieser Stellung muß zwischen Verstellhebel und Steuerkolben ein Spiel von 1–2 mm vorhanden sein. Dazu Stauscheibe etwas nach unten drücken, bis leichter Widerstand spürbar wird.

Einstellen

- **Bei zu hoher Lage:** Führungsbolzen –Pfeil– mit Dorn etwas tiefer einschlagen. Falls erforderlich, Kraftstoff-Zulaufstutzen herausdrehen.

Achtung: Führungsbolzen nicht zu tief einschlagen.

- **Bei zu niedriger Lage:** Gemischregler ausbauen und Bolzen von unten etwas herausschlagen.

Achtung: Mehrmaliges Versetzen des Bolzens in beiden Richtungen vermeiden.

- Luftfilter einbauen.
- Leerlauf einstellen.

Kraftstoffpumpenrelais prüfen

Das Kraftstoffpumpenrelais befindet in einem Relaishalter links am Radlauf. Es versorgt die Kraftstoffpumpe und den Zusatzluftschieber beim Starten und bei laufendem Motor mit Strom. Das Relais sperrt die Stromzufuhr zur Pumpe beim Abschalten der Zündung, bei Erreichen der Höchstdrehzahl so lange, bis die Drehzahl wieder gefallen ist und wenn keine Zündimpulse mehr erfolgen (Motor abgewürgt, Zündung eingeschaltet). Seit 9/81 regelt das Kraftstoffpumpenrelais zusätzlich die Schubabschaltung.

Wenn zur Prüfung der Einspritzanlage die Kraftstoffpumpe laufen soll, ohne daß der Motor läuft, Relais abziehen und die Klemmen 7 und 8 (bis 8/81: Klemmen 1 und 2) mit kurzer Prüfleitung verbinden.

Achtung: Zur Prüfung des Kraftstoffpumpenrelais muß die Batterie geladen sein.

- Relais abziehen.

Bis 8/81

- Voltmeter an Klemme 2 des Relaishalters und Masse (Motorblock) anschließen. Sollwert: ca. 12 Volt. Andernfalls rote Leitung zum Kabelverbinder auf Unterbrechung prüfen, gegebenenfalls ersetzen.
- Zündung einschalten. Voltmeter an Klemme 3 und Masse anschließen. Sollwert: ca. 12 Volt. Andernfalls schwarz/rote Leitung auf Unterbrechung prüfen, gegebenenfalls ersetzen.
- Voltmeter an Klemme 3 (+) und 5 (–) am Relaisplatz anschließen. Sollwert: ca. 12 Volt. Andernfalls braune Leitung bis zum Massepunkt auf Unterbrechung prüfen.
- Drehzahlmesser an Klemme 3 und 4 anklemmen und Anlasser betätigen. Sollwert: ca. 200/min. Zeigt der Drehzahlmesser 0/min an, grün/gelbe Leitung zum TSZ-Schaltgerät auf Unterbrechung prüfen. Falls Leitung und Kontakte in Ordnung sind, Schaltgerät erneuern.
- Voltmeter mit Plusanschluß so an Klemme 1 anschließen, daß das Relais aufgesteckt werden kann. Gegebenenfalls Hilfskabel selbst herstellen. Minusanschluß des Meßgerätes an Masse (z.B. Motorblock) legen.
- Sobald der Anlasser betätigt wird, muß das Meßgerät ca. 12 Volt anzeigen, und der Motor muß anspringen. Springt der Motor nicht an, während gleichzeitig keine Spannung angezeigt wird, Kraftstoffpumpenrelais erneuern.
- Drehzahlbegrenzung bei warmem Motor prüfen. Dazu Vollgas geben und Motor kurz auf Höchstdrehzahl bringen. Ab 6200 ± 50/min (Motor 110: 6650 ± 50/min) darf die Drehzahl nicht weiter steigen, sonst Relais erneuern. Die Abregeldrehzahl ist jeweils auf dem Relais eingeprägt. **Achtung:** Diese Prüfung nur bei betriebswarmem Motor durchführen.

Seit 9/81

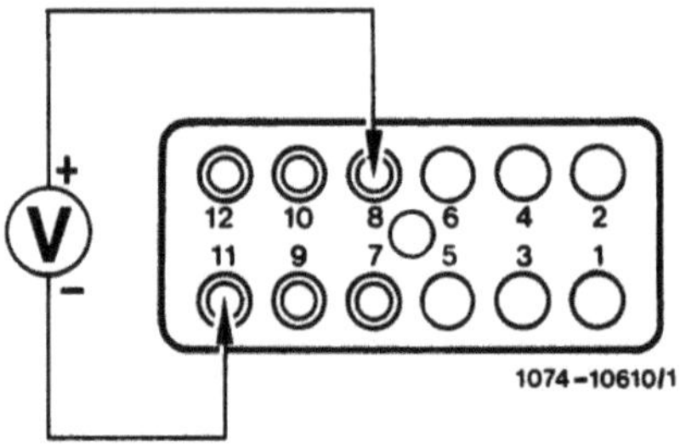

- Voltmeter an Klemme 8 (+) und 11 (–) am Relaisplatz anschließen. Sollwert: ca. 12 Volt.
- Andernfalls Voltmeter zwischen Klemme 8 und Masse schalten. Wenn das Meßgerät jetzt ca. 12 Volt anzeigt, braune Leitung nach Schaltplan auf Unterbrechung prüfen. Sonst rote Leitung nach Schaltplan prüfen, gegebenenfalls ersetzen.
- Zündung einschalten, Voltmeter an Klemme 9 (+) und Masse anschließen. Sollwert: ca. 12 Volt. Andernfalls schwarz/rote Leitung zum Sicherungskasten auf Unterbrechung prüfen, gegebenenfalls erneuern.
- **Motor 102:** Schließwinkelmeßgerät an Klemme 10 (+) und Masse anschließen. Starter betätigen. Das Gerät muß einen Schließwinkel von 7°–34° anzeigen. Andernfalls grün/gelbe Leitung zum TSZ-Steuergerät auf Durchgang prüfen. Wenn Durchgang vorhanden ist, Steuergerät der Zündanlage ersetzen.
- **Motor 110:** Drehzahlmesser an Klemme 10 (TD=Drehzahlsignal der Transistorzündung) und 11 (–) anklemmen und Anlasser betätigen. Sollwert: ca. 200/min. Zeigt der Drehzahlmesser 0/min an, grün/gelbe Leitung zum TSZ-Schaltgerät auf Unterbrechung prüfen. Falls Leitung und Kontakte in Ordnung sind, Schaltgerät erneuern.
- Die Klemmen 7 und 8 mit kurzer Prüfleitung verbinden. Wenn die Pumpe jetzt anläuft, Kraftstoffpumpenrelais ersetzen.
- Andernfalls schwarz/rot/weiße Leitung zur Kraftstoffpumpe auf Durchgang prüfen, gegebenenfalls Leitung ersetzen.
- Falls Durchgang vorhanden ist, Kraftstoffpumpe ersetzen.

Kraftstoffpumpe aus- und einbauen

Die Kraftstoffpumpe befindet sich auf der linken Seite vor der Hinterachse am Rahmenboden.

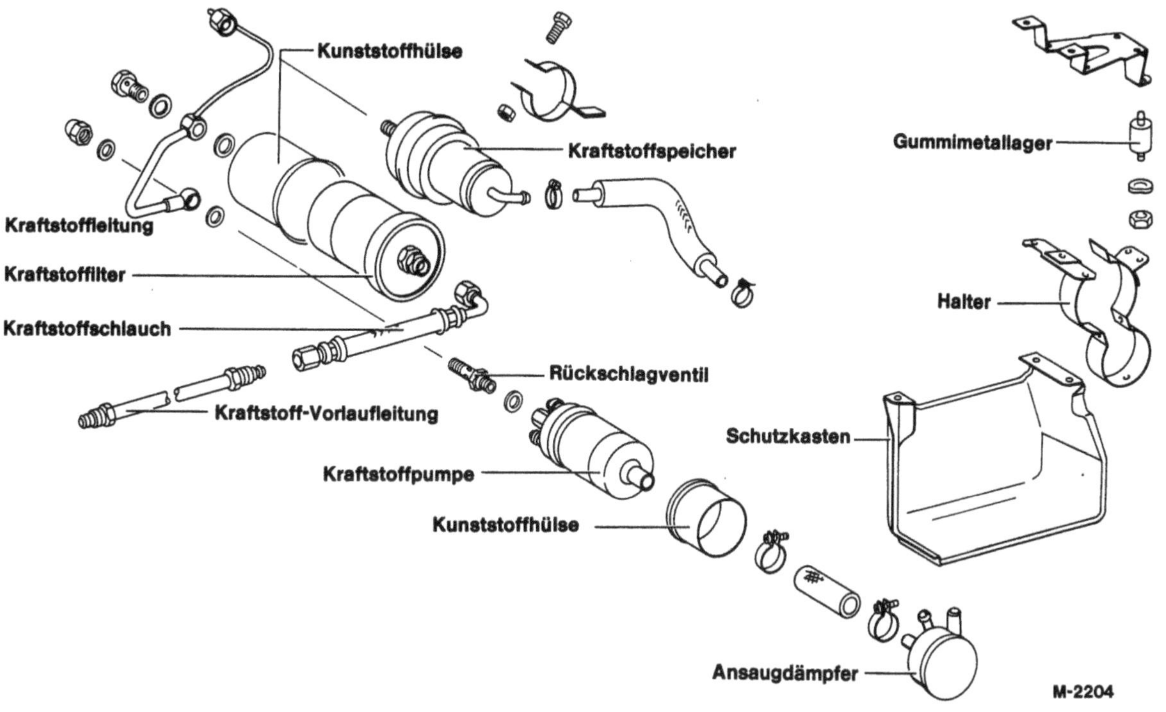

Ausbau

- Fahrzeug hinten aufbocken.
- Batterie-Massekabel abklemmen.

Achtung: Kein offenes Feuer, Brandgefahr!

- Tankverschluß kurz öffnen und wieder verschließen, dadurch wird der Überdruck im Kraftstoffbehälter abgebaut.
- Schutzkasten abschrauben.
- Kraftstoff-Saugschlauch vor dem Ansaugdämpfer mit einer Schraubklemme abklemmen.
- Kraftstoffleitung an Speicher, Pumpe und Filter abschrauben.
- Kraftstoffschlauch an der Kraftstoffpumpe abziehen, vorher Schelle lösen.
- Elektrische Leitungen abziehen.
- 2 Befestigungsschrauben am Halter lösen und Kraftstoffpumpe herausziehen.

Einbau

- Kraftstoffpumpe mit Kunststoffhülse einsetzen.
- Kraftstoffleitung an Speicher, Pumpe und Filter mit neuen Dichtringen anschrauben.
- Befestigungsschrauben für Halter festziehen.

Achtung: Die Kunststoffhülse muß auf beiden Seiten des Halters überstehen. Keinesfalls darf der Halter direkt an der Kraftstoffpumpe anliegen.

- Kraftstoffschlauch an Pumpe aufschieben und mit Schelle sichern.
- Elektrische Kabel aufstecken. Die Anschlußklemmen müssen in Einbaulage senkrecht stehen.
- Schraubklemme abnehmen.
- Batterie-Massekabel anklemmen.
- Motor starten und Dichtheit der Kraftstoffanschlüsse kontrollieren.
- Schutzkasten anschrauben.
- Fahrzeug ablassen .

Luftfilter aus- und einbauen

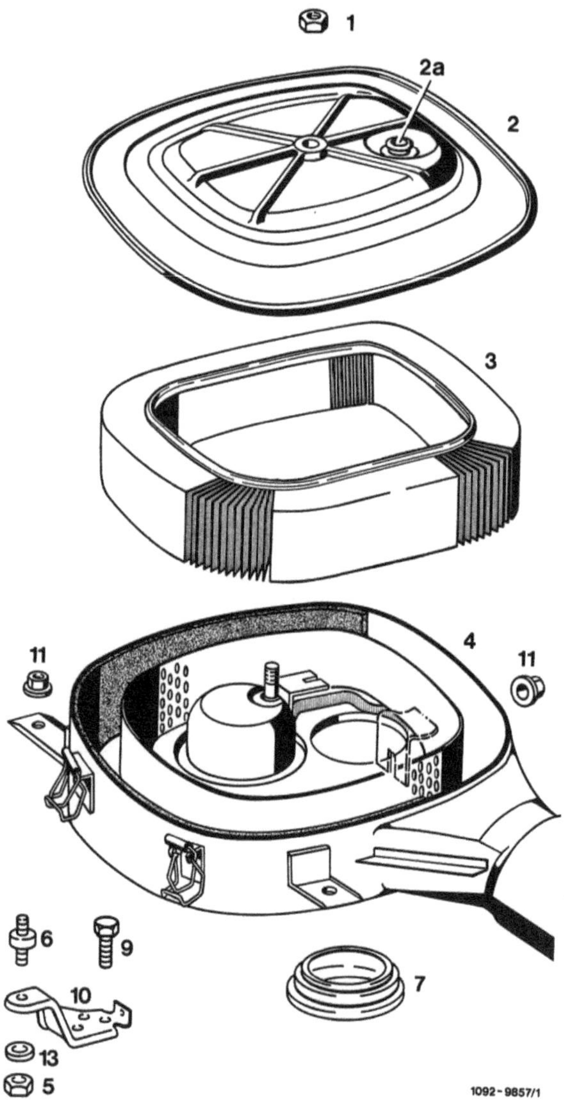

1	– Mutter	6	– Gummimetallager
2	– Luftfilterdeckel	7	– Gummidichtring
2a	– Anschluß für Schubabschaltung	9	– Schraube
3	– Filtereinsatz	10	– Halter
4	– Filtergehäuse	11	– Mutter
5	– Mutter	13	– Scheibe

Ausbau

- 1 Mutter seitlich am Halter/Gemischregler sowie 2 Muttern an den Gummimetallagern –6– abschrauben.
- Luftfilter nach oben etwas abziehen. Am Luftfilterunterteil Schlauch für Kurbelgehäuseentlüftung vom Zylinderkopfdeckel abziehen.
- Luftfilter abnehmen.

Einbau

- Luftfilterdeckel abnehmen, damit beim Aufsetzen des Luftfilters der richtige Sitz des Dichtringes –7– am Luftmengenmesser kontrolliert werden kann. Dazu Drahtklammern lösen und Mutter –1– abschrauben.
- Luftfilter über Kraftstoffmengenteiler legen. Entlüftungsschlauch am Zylinderkopfdeckel aufschieben.
- Luftfilter aufsetzen, dabei auf richtigen Sitz des Dichtringes –7– achten.
- Luftfilterdeckel aufsetzen und mit Drahtklammern befestigen, Muttern anschrauben.

Kraftstoffpumpe prüfen

Prüfen

- Kraftstoffpumpenrelais abziehen.
- Voltmeter an Kraftstoffpumpe anschließen.
- Die Klemmen 7 und 8 (***bis 8/81:*** *1 und 2*) am Relaisplatz verbinden. Die Kraftstoffpumpe muß anlaufen, und die Spannung an der Pumpe muß mindestens 11,5 Volt betragen. Andernfalls Batterie beziehungsweise elektrische Leitungen nach Schaltplan prüfen.
- Prüfleitung abnehmen.

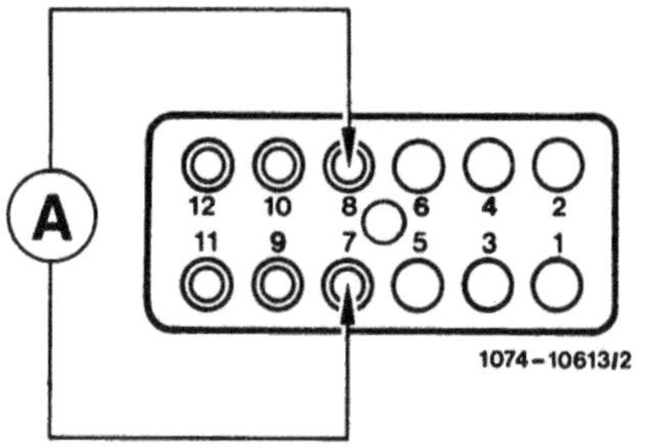

- Ampèremeter an die Klemmen 7 und 8 (*1 und 2*) anschließen. Die Stromaufnahme der Kraftstoffpumpe soll ca. 7,5 (*11,2*) Ampère betragen. Liegt der Wert über 10 A (*15 A*), Kraftstoffpumpe erneuern.

Achtung: Kein offenes Feuer, Brandgefahr!

- Kraftstoff-Rücklaufschlauch –Pfeil– am Kraftstoffmengenteiler abschrauben.

- Zusätzlichen Kraftstoff-Druckschlauch anschrauben und in Meßbecher halten. Hierzu werden ein ca. 50 cm langes Stück Kraftstoffschlauch, ein kurzes Rohr mit Dichtkegel, eine Schlauchschelle sowie eine Überwurfmutter M 14x1,5 benötigt.
- Die Klemmen 7 und 8 (*1 und 2*) am Relaisplatz des Kraftstoffpumpenrelais maximal 40 Sekunden (Motor 110: 30 Sekunden) lang mit Prüfleitung verbinden.
- Die Förderleistung soll in dieser Zeit ca. 1 Liter betragen, andernfalls folgende Prüfungen durchführen:
- Überwurfmutter am Zulaufstutzen des Kraftstoffmengenteilers abschrauben, Sieb herausnehmen und durchblasen, gegebenenfalls erneuern.
- Kraftstoffleitungen auf Knicke und Quetschungen prüfen, gegebenenfalls auswechseln.
- Leckleitung zwischen Kraftstoffspeicher und Ansaugdämpfer mit Schraubklemme abklemmen und Fördermenge nochmals prüfen. Wird nun die vorgeschriebene Fördermenge erreicht, Kraftstoffspeicher ersetzen.
- Kraftstoffilter ersetzen und Fördermenge nochmals prüfen. Wenn die Fördermenge immer noch zu gering ist, Kraftstoffpumpe ersetzen.
- Kraftstoffleitung mit ca. 10 Nm am Mengenteiler anschrauben.
- Kraftstoffpumpenrelais aufstecken.

Wartungsarbeiten an der Einspritzanlage

Luftfiltereinsatz wechseln

Der Luftfiltereinsatz ist alle 20000 km auszuwechseln. **Achtung:** Bei erhöhtem Staubanfall Filtereinsatz in kürzeren Abständen wechseln. Einsatz weder mit Benzin reinigen noch mit Öl benetzen.

- Luftfilterdeckel abnehmen, dazu Befestigungsmutter abschrauben und Verschlußklammern öffnen.

- Filtereinsatz herausheben.
- Filtergehäuse und Deckel mit sauberem Lappen auswischen.
- Dichtung am Luftfilterdeckel auf Beschädigung prüfen.
- Neuen Filtereinsatz einlegen, dabei auf festen Sitz des Abdichtgummis achten.
- Deckel auflegen und mit Verschlußklammern sichern, Befestigungsmutter anschrauben.

Kraftstoffilter aus- und einbauen

Der Kraftstoffilter ist alle 60000 km zu ersetzen. Im Kraftstoffilter ist zusätzlich ein Dämpfer zur Geräuschminderung integriert.

Ausbau

- Fahrzeug hinten aufbocken.
- Massekabel von der Batterie abklemmen.

Achtung: Kein offenes Feuer, Brandgefahr!

- Tankverschluß kurz öffnen und wieder verschließen, dadurch wird der Überdruck im Kraftstoffbehälter abgebaut.
- Schutzkasten für Kraftstoffpumpensystem abschrauben, siehe Abbildung M-2204 auf Seite 113.

- Kraftstoff-Saugschlauch vor dem Ansaugdämpfer mit einer Schraubklemme –1– abklemmen.
- Kraftstoffleitung und Kraftstoffschlauch am Kraftstoffilter abschrauben.

- 2 Befestigungsschrauben –Pfeile– am Halter herausdrehen und Kraftstoffilter herausziehen.

Einbau

- Neuen Kraftstoffilter mit Kunststoffhülse einsetzen.

Achtung: Die Kunststoffhülse muß an beiden Seiten des Halters überstehen. Der Halter darf keinesfalls direkt auf dem Kraftstoffilter montiert werden, da sonst Kontaktkorrosion auftreten kann.

- Kraftstoffschlauch und Kraftstoffleitung am Filter mit neuem Dichtring anschrauben.
- Schraubklemme abnehmen.
- Batterie-Massekabel anklemmen.
- Motor starten und Dichtheit der Kraftstoffanschlüsse kontrollieren.
- Schutzkasten anschrauben.
- Fahrzeug ablassen.

Störungsdiagnose Einspritzanlage K-Jetronic

Bevor anhand der Störungstabelle der Fehler aufgespürt wird, müssen folgende Prüfvoraussetzungen erfüllt sein: Bedienungsfehler beim Starten ausgeschlossen: Sowohl für den kalten wie warmen Motor gilt: Gaspedal etwas niederdrücken und während des Startvorgangs festhalten. Bei heißem Motor: Gaspedal vor dem Starten ganz durchtreten und Vollgasstellung beibehalten, bis der Motor anspringt. Kraftstoff im Tank. Motor mechanisch in Ordnung, Batterie geladen, Anlasser dreht mit ausreichender Drehzahl, Zündeinstellung und Zündanlage sind in Ordnung, keine Undichtigkeiten an der Kraftstoffanlage. Verschmutzungen im Kraftstoffsystem ausgeschlossen, Kurbelgehäuse-Entlüftung in Ordnung, elektrische Masseverbindung (Motor – Getriebe – Aufbau) vorhanden. **Achtung:** Wenn Kraftstoffleitungen gelöst werden, müssen diese vorher mit Benzin gesäubert werden.

Störung: Der Motor springt nicht an

Ursache	Abhilfe
Elektro-Kraftstoffpumpe läuft beim Betätigen des Anlassers nicht an (keine Laufgeräusche hörbar)	Leicht gegen das Pumpengehäuse klopfen, damit sich eine eventuell hängengebliebene Pumpe lösen kann. Prüfen, ob Spannung an der Pumpe anliegt, dazu beide Kabel abziehen und Prüflampe dazwischenschalten, elektrische Kontakte auf gute Leitfähigkeit überprüfen
Ruhelage der Stauscheibe falsch	Ruhelage der Stauscheibe überprüfen
Kraftstoffpumpenrelais defekt	Relais überprüfen
Temperaturfühler defekt	Temperaturfühler prüfen
Kraftstoffdrücke falsch	Drücke überprüfen lassen

Störung: Der kalte Motor springt schlecht an, läuft unrund

Kaltstartventil defekt	Kaltstartventil überprüfen
Temperaturfühler defekt	Temperaturfühler prüfen
Zusatzluftschieber defekt	Zusatzluftschieber prüfen
Warmlaufregler defekt	Warmlaufregler prüfen, Steuerdruck prüfen lassen
Kraftstoffdrücke falsch	Kraftstoffdrücke prüfen lassen

Störung: Der heiße Motor springt nicht an

Kaltstartventil undicht	Kaltstartventil prüfen
Luftansaugsystem undicht	Dichtstellen und Anschlüsse im Ansaugsystem prüfen
Ruhelage der Stauscheibe falsch	Ruhelage der Stauscheibe prüfen
Thermozeitschalter schaltet nicht ab	Schalter prüfen

Störung: Der Motor setzt aus

Elektrische Verbindungen zur Kraftstoffpumpe zeitweise unterbrochen	Steckverbindungen und Anschlüsse von elektrischen Leitungen an der Kraftstoffpumpe, dem Luftmengenmesser und dem Kraftstoffpumpen-Relais auf feste und widerstandslose Verbindung prüfen. Sicherung und Kontaktstellen am Kraftstoffpumpen-Relais prüfen. Kontakte reinigen bzw. erneuern
Dampfblasenbildung	Kraftstoff-Saugleitung erneuern, Kraftstoffpumpe prüfen
Kraftstoffilter defekt	Kraftstoffilter erneuern
Kraftstoffpumpe defekt	Kraftstoffpumpe prüfen
Kraftstoffmengenteiler defekt	Kraftstoffmengenteiler überprüfen
Einspritzventil defekt	Einspritzventile prüfen

Störung: Zu hoher Kraftstoffverbrauch	
Temperaturfühler defekt	Temperaturfühler prüfen
CO-Gehalt/Leerlaufdrehzahl falsch	Leerlauf-Grundeinstellung prüfen
Kraftstoffdrücke falsch	Kraftstoffdrücke prüfen lassen

Tankgeber aus- und einbauen/prüfen

Mit sinkendem Kraftstoffspiegel sinkt auch der Schwimmer im Tankgeber ab. Durch einen Schleifkontakt am Schwimmer erhöht sich dabei der elektrische Widerstand des Gebers. Dadurch sinkt die Spannung am Anzeigeinstrument, und der Zeiger der Kraftstoffanzeige geht in Richtung „leer" zurück.
Sinkt der Schwimmer weiter ab, wird ab einer bestimmten Stellung der Warnkontakt geschlossen und am Schalttafeleinsatz leuchtet die Reserve-Warnleuchte auf. **Achtung:** Seit 9/82 leuchtet die Reserve-Warnleuchte zur Kontrolle beim Einschalten der Zündung auf und erlischt, wenn genügend Kraftstoff vorhanden ist, beim Anlassen des Motors. Wenn „Reserve" angezeigt wird, leuchtet die Lampe stärker als während der Kontrollphase.

Ausbau

- Batterie-Masseband abklemmen.

Achtung: Kein offenes Feuer, Brandgefahr!

- Verbandkasten herausnehmen. Halteschale für Verbandkasten mit 2 Schrauben abschrauben und herausnehmen.

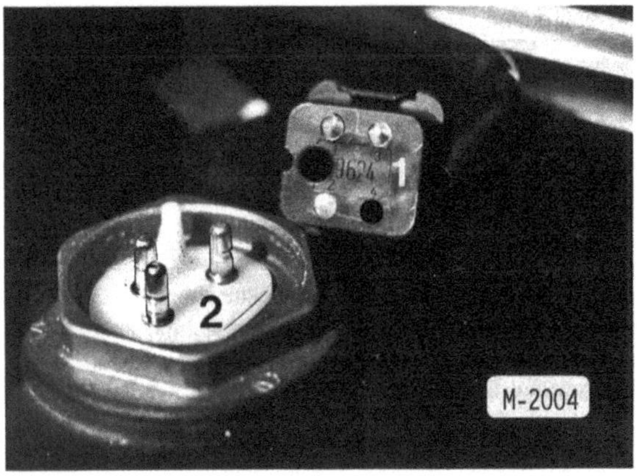

- Stecker –1– vom Tankgeber abziehen. **Achtung:** Kabel mit Draht aufhängen, damit es nicht nach unten rutschen kann.
- Tankgeber –2– mit Schlüsseleinsatz SW 46 herausschrauben.
- Tankgeber nach oben herausziehen. Dabei Lappen unterlegen und eventuell austretenden Kraftstoff auffangen.

Prüfen

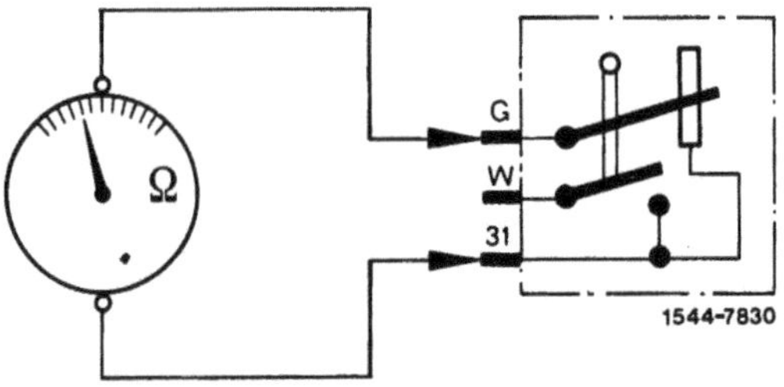

- Ohmmeter an die Klemmen G und 31 anschließen.
- Tankgeber in Einbaulage halten, der Schwimmer befindet sich unten, und die Anzeige im Fahrzeug würde „Reserve" anzeigen. Sollwert: ca. 57 ± 2 Ω , beim T-Modell ca. 52 ± 2 Ω .
- Tankgeber um 180° drehen (auf den Kopf stellen), der Schwimmer befindet sich oben, und die Anzeige im Fahrzeug würde „voll" anzeigen. Sollwert: ca. 1,6 ± 0,7 Ω , beim T-Modell ca. 3,2 ± 0,8 Ω .
- Reserve-Warnkontakt prüfen: Ohmmeter an Klemme W und 31 anschließen und Widerstand messen. Sollwerte: in Einbaulage ca. 0 Ω; um 180° gedreht ∞ Ω.

Einbau

- Vor Einbau eines neuen Tankgebers, Sicherungsstift für Schwimmer entfernen.
- Tankgeber mit neuem Dichtring einsetzen und mit 40 Nm festschrauben.
- Elektrischen Stecker aufschieben.
- Halterung für Verbandkasten einsetzen und anschrauben.
- Batterie-Masseband anklemmen.
- Kraftstoffanzeige im Innenraum auf Funktion prüfen.

Die Abgasanlage

Die Abgasanlage besteht aus dem vorderen Abgasrohr mit Vorschalldämpfer, dem Mittelschalldämpfer und dem hinteren Abgasrohr mit Nachschalldämpfer.

Das vordere Abgasrohr ist mit dem Abgaskrümmer verschraubt, der am Zylinderkopf angeflanscht ist. Alle Teile sind miteinander verschraubt und lassen sich einzeln auswechseln. Selbstsichernde Muttern und Dichtungen sind nach dem Ausbau zu ersetzen. Halteringe und Gummipuffer auf Porosität und Beschädigung prüfen, gegebenenfalls auswechseln.

Beim Einbau einer neuen Abgasanlage empfiehlt es sich, alle Befestigungsteile ebenfalls zu erneuern.

Hinweis: Bei schlechter Motorleistung ab 3000/min, verbunden mit starkem Dröhnen, kann sich an einem der beiden vorderen, doppelwandigen Abgasrohre der innere Teil gelöst haben. Gegebenenfalls die vorderen Abgasrohre ausbauen und mit Lampe in die Rohre leuchten. Bei Verengungen vordere Abgasanlage erneuern.

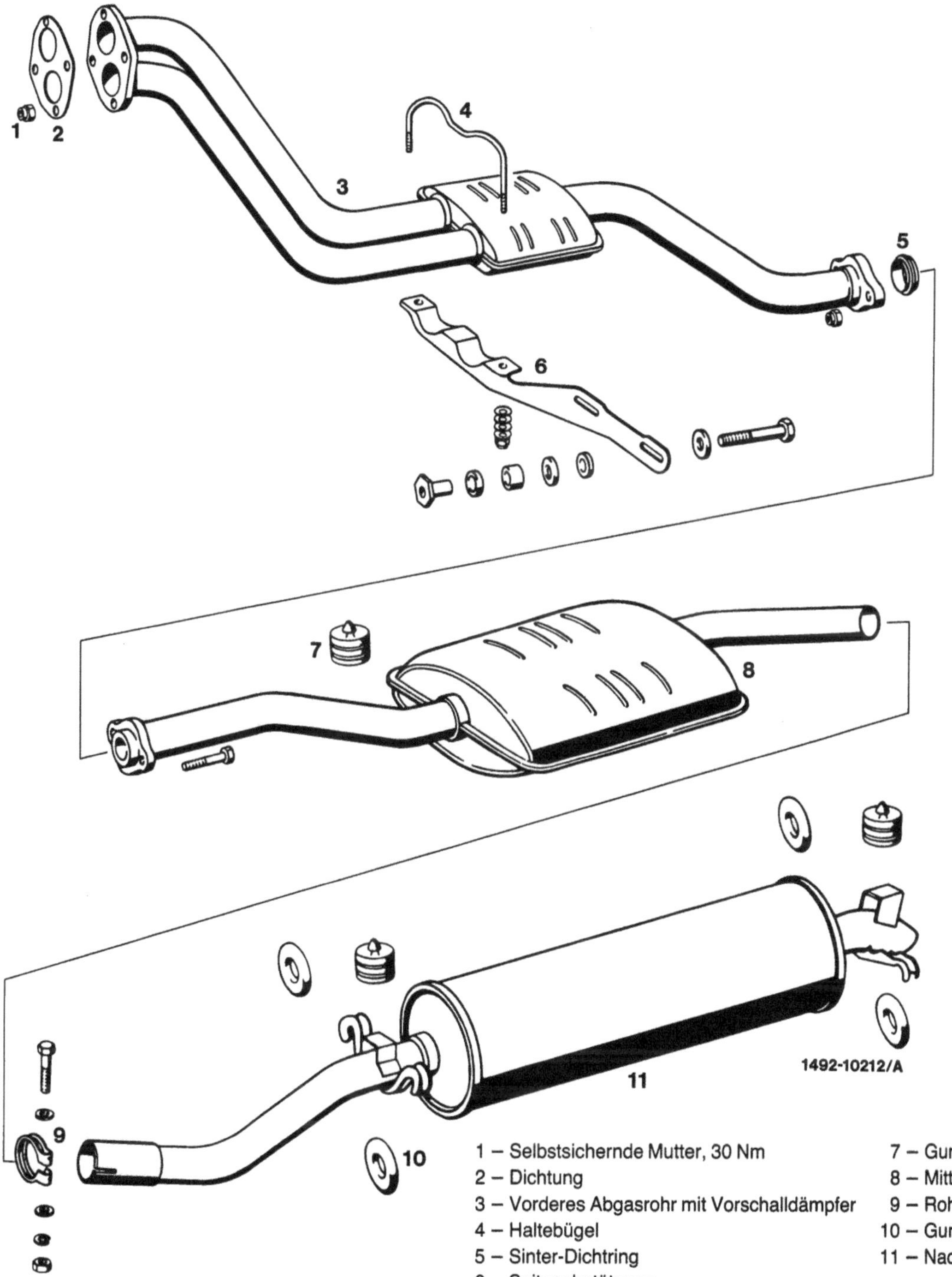

1 – Selbstsichernde Mutter, 30 Nm
2 – Dichtung
3 – Vorderes Abgasrohr mit Vorschalldämpfer
4 – Haltebügel
5 – Sinter-Dichtring
6 – Seitenabstützung
7 – Gummipuffer
8 – Mittelschalldämpfer
9 – Rohrschelle
10 – Gummiring
11 – Nachschalldämpfer

Abgasanlage aus- und einbauen

Ausbau

- Fahrzeug aufbocken.
- Sämtliche Schrauben und Muttern der Abgasanlage mit rostlösendem Mittel einsprühen. Rostlöser einige Zeit einwirken lassen.

- Vorderes Abgasrohr am Abgaskrümmer von unten abschrauben.
- Abgasanlage durch Holzunterlagen abstützen.
- Abgasrohr-Seitenabstützung abschrauben.

- Gummiringe mit selbstangefertigten Haken aushängen.
- Abgasanlage ablassen.

Einbau

Vor der Montage der Abgasanlage prüfen, ob der Flansch zum Abgaskrümmer verzogen ist, gegebenenfalls Flansch ausrichten.

- Vordere Abgasanlage am Krümmer mit **neuer** Dichtung ansetzen und **neue**, selbstsichernde Sechskantmuttern gleichmäßig beiziehen.
- Mittel- und Nachschalldämpfer zusammenstecken und Schelle leicht beiziehen. Hintere Abgasanlage ansetzen und am Hinterachsträger mit neuen Gummiringen einhängen.

Achtung Einspritzmotor: Vor dem Zusammensetzen der Abgasanlage an der Flanschverbindung, vordere Abgasrohre auf die Getriebeabstützung auflegen, damit die Wickelschläuche bei der Montage nicht durch das Gewicht der Abgasanlage auf Zug beansprucht werden. Deshalb Getriebeabstützung einbauen, siehe Abbildung 1493-8618.

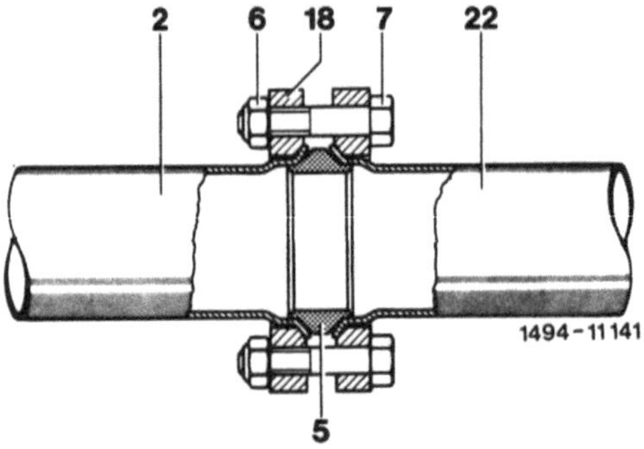

- Falls erforderlich, Konus-Anschlußstücke der Rohre –2– und –22– vor dem Zusammenfügen mit Schmirgelleinen von Verbrennungsrückständen reinigen.
- Beim Zusammensetzen der Rohre auf richtigen Sitz des Dichtringes –5– achten. Selbstsichernde Muttern –6– grundsätzlich erneuern.

Achtung: Um die Muttern und Schrauben der Abgasanlage später leichter lösen zu können, empfiehlt es sich, diese mit einer Hochtemperaturpaste, zum Beispiel Liqui Moly LM-508-ASC, einzustreichen.

- Abgasanlage durch Drehen und Verschieben in Längsrichtung so ausrichten, daß überall ausreichend Abstand zum Aufbau vorhanden ist und die Halteringe gleichmäßig belastet werden, gegebenenfalls Klemmschrauben der Schellen etwas lösen.
- Klemmschrauben an den Schellen mit 20 Nm festziehen.
- **Neue** selbstsichernde Muttern an der Flanschverbindung zum Abgaskrümmer über Kreuz stufenweise mit 30 Nm festziehen.
- **Vergasermotor:** Seitenabstützung spannungsfrei ansetzen. Schrauben für die Befestigung am Getriebe mit 20 Nm festziehen.

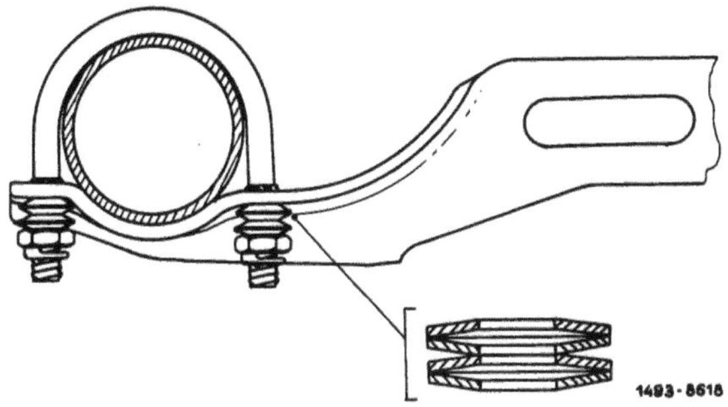
1493-8618

- Neue Muttern für Spannbügel mit je 4 neuen Unterlegscheiben – wie in der Abbildung gezeigt – ansetzen und mit 7 Nm anziehen.
- Motor starten und Abgasanlage auf Dichtheit prüfen.
- Fahrzeug ablassen.

Nachschalldämpfer ersetzen

- Abgasanlage ausbauen.

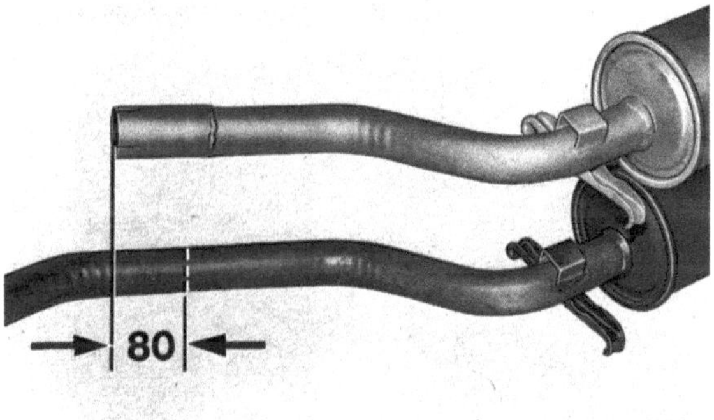

149–13368

- Neuen Nachschalldämpfer über die alte Anlage legen und Rohrlänge an der ausgebauten Abgasanlage markieren.
- Ca. 80 mm von der Markierung in Richtung Nachschalldämpfer eine 2. Markierung am Abgasrohr anbringen.
- Abgasrohr bei 2. Markierung absägen. **Achtung:** Die Einstecktiefe soll 70–80 mm betragen.
- Altes Abgasrohr mit Schmirgelleinen reinigen und Nachschalldämpfer aufschieben, vorher Rohrschelle über Abgasrohr schieben.
- Klemmschraube mit Unterlegscheiben beiziehen, nicht festziehen.
- Abgasanlage einbauen.

Die Kupplung

Die Kupplung besteht aus der Kupplungsdruckplatte, der Kupplungsscheibe und dem hydraulischen Betätigungssystem. Druckplatte und Kupplungsscheibe sind im Schwungrad des Motors untergebracht.

In der Getriebeglocke befindet sich die Ausrückgabel. Sie trägt das wartungsfreie Ausrücklager, das beim Auskuppeln gegen die Kupplungsdruckplatte gedrückt wird. An der Ausrückgabel liegt der Kolben des Nehmerzylinders vom Hydrauliksystem an. Das Hydrauliksystem der Kupplung arbeitet mit Bremsflüssigkeit und wird über den gemeinsamen Ausgleichbehälter für Bremsflüssigkeit versorgt.

In eingekuppeltem Zustand wird durch die Kupplungsmembranfeder die Kupplungsscheibe von der Druckplatte gegen das Schwungrad gepreßt und so der Kraftschluß zwischen Kurbelwelle und Getriebeantriebswelle hergestellt.

Beim Niedertreten des Kupplungspedals wird über den Geberzylinder im Fußraum des Fahrzeuges Druck aufgebaut und über eine Hydraulikleitung auf den am Getriebe angeflanschten Kupplungs-Nehmerzylinder übertragen. Der Kolben des Nehmerzylinders drückt über die Ausrückgabel das Ausrücklager gegen die Membranfeder der Druckplatte und hebt diese etwas an. Dadurch wird die Kupplungsscheibe zwischen Schwungrad und Druckplatte frei, der Kraftschluß zwischen Motor und Getriebe ist somit aufgehoben.

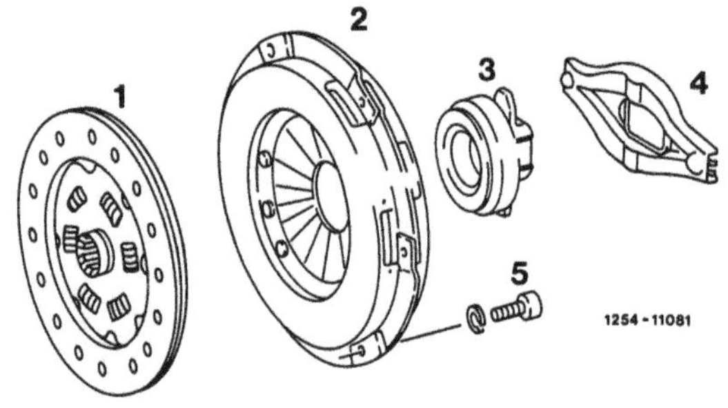

1 – Kupplungsscheibe
2 – Druckplatte
3 – Ausrücklager
4 – Ausrückgabel
5 – Innensechskantschraube, 25 Nm

Kupplung aus- und einbauen/prüfen

Ausbau

- Getriebe ausbauen, siehe Seite 127.
- Befestigungsschrauben der Kupplungsdruckplatte nacheinander jeweils um 1 bis 1½ Umdrehungen lösen, bis die Druckplatte entspannt ist.

Achtung: Wenn die Schrauben sofort ganz gelöst werden, kann die Membranfeder beschädigt werden.

- Damit das Schwungrad beim Lösen der Schrauben nicht mitdreht, Schwungrad mit Schraubendreher arretieren.
- Anschließend Schrauben ganz herausdrehen.
- Druckplatte und Kupplungsscheibe herausnehmen. **Achtung:** Druckplatte und Kupplungsscheibe beim Herausnehmen nicht fallen lassen, sonst können nach dem Einbau Rupf- und Trennschwierigkeiten auftreten.
- Schwungrad innen ausblasen oder mit benzingetränktem Lappen auswischen.

Prüfen

- Kupplungsdruckplatte auf Brandrisse und Riefen prüfen.

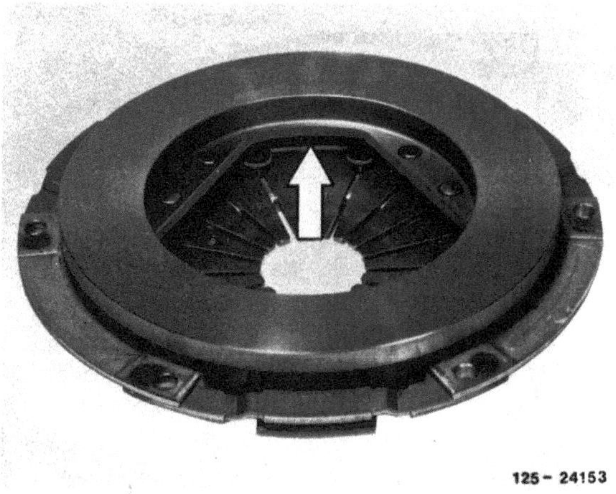

- Membranfeder auf Brüche untersuchen –Pfeil–.

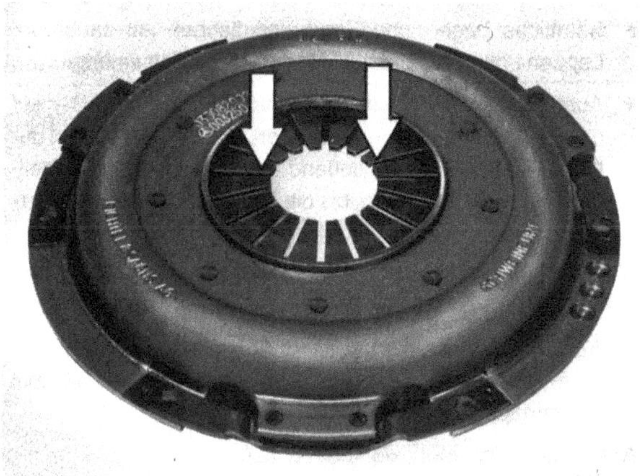

125 – 24151

- Zungen der Membranfeder – Pfeile – auf Verschleiß und gleichmäßige Höhe prüfen, gegebenenfalls mit Zange vorsichtig nachrichten. **Achtung:** Der Verschleiß darf maximal 0,3 mm betragen.
- Schwungrad auf Brandrisse und Riefen prüfen.
- Kupplungsdruckplatte und Schwungrad mit grobem Schmirgelleinen abziehen.

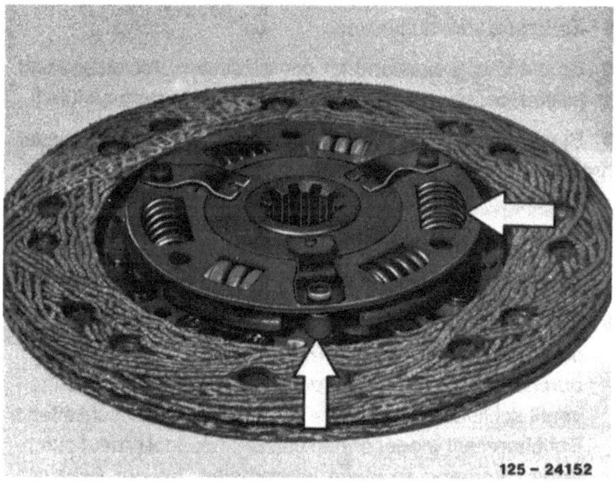

125 – 24152

- Verölte, verfettete oder mechanisch beschädigte Kupplungsscheiben austauschen.
- Belagstärke der Kupplungsscheibe messen. Die Belagstärke beträgt im Neuzustand 3,8 – 4,0 mm. Wenn die Verschleißgrenze von 1,8 mm erreicht ist, Kupplungsscheibe auswechseln. Ebenso bei Belagrissen.
- Anschlagbolzen, Federfenster, Torsionsfedern und Nabe auf Verschleiß- und Einlaufspuren prüfen – Pfeile –.
- Ausrücklager vom Lagerrohr am vorderen Getriebedeckel abnehmen und prüfen, siehe Seite 124.
- In der Werkstatt kann die Kupplungsscheibe auf Schlag geprüft werden. Der Seitenschlag darf bei der Kupplungsscheibe maximal 0,5 mm betragen. **Achtung:** Diese Prüfung ist nur notwendig, wenn die alte Kupplungsscheibe wieder eingebaut werden soll und die Kupplung vorher nicht richtig ausgekuppelt hat.

Einbau

Achtung: Seit 6/78 wird ein selbstzentrierendes Ausrücklager zusammen mit einer Kupplungsdruckplatte ohne Anlaufring eingebaut, bisher Druckplatte mit Anlaufring. Der Anlaufring befindet sich an den zur Mitte zeigenden Enden der Membranfeder – Pfeile in Abbildung 125-24151 –. Abbildung 125-10249 zeigt eine Druckplatte mit Anlaufring. Das bisherige Ausrücklager darf **nicht** mit einer Druckplatte ohne Anlaufring kombiniert werden, gegebenenfalls Ausrücklager ersetzen. Wenn ein selbstzentrierendes Ausrücklager zusammen mit einer Druckplatte mit Anlaufring eingebaut werden soll, muß vorher der Anlaufring entfernt werden.

125-15289

- Falls erforderlich, Anlaufring ausbauen. Dazu Druckplatte auf eine Unterlage mit 80 mm Höhe und 60 mm ∅ legen und den Anlaufring mit einem Durchschlag an 2 Stellen aufsprengen und herausnehmen. Blechring mit einer Zange aufbiegen und abnehmen. Anschließend Zungen der Membranfeder auf Verschleiß und gleichmäßige Höhe prüfen, gegebenenfalls vorsichtig nachrichten.

125-10249

- Kupplungsscheibe und Kupplungsdruckplatte in Schwungrad einsetzen. Dabei muß die Kupplungsscheibe mit einem passenden Dorn (zum Beispiel von HAZET) oder mit einer alten Getriebe-Antriebswelle zentriert werden.

- Befestigungsschrauben für Kupplungsdruckplatte nacheinander mit 1 bis 1½ Umdrehungen anziehen, bis die Druckplatte festgezogen ist. Anschließend Zentrierdorn entfernen. **Achtung:** Darauf achten, daß die Druckplatte beim Anziehen der Schrauben gleichmäßig und gratfrei in das Schwungrad eingezogen wird.
- Getriebe einbauen, siehe Seite 127.

Ausrücklager aus- und einbauen

Hörbare Lagergeräusche in ausgekuppeltem Zustand, also bei niedergetretenem Kupplungspedal, deuten auf ein defektes Ausrücklager hin.

Ausbau

- Getriebe ausbauen, siehe Seite 127.

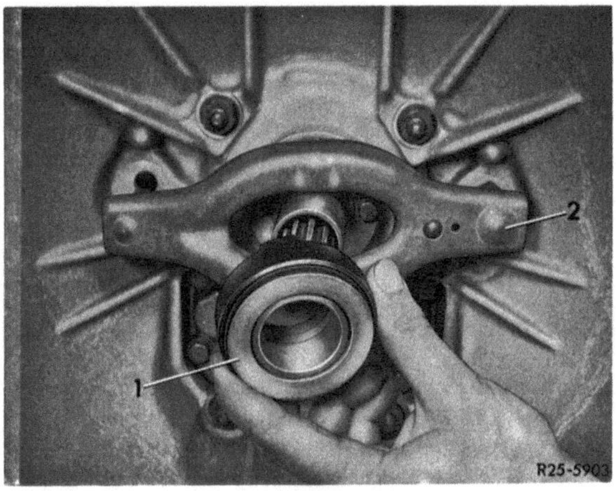

- Ausrücklager –1– vom Lagerrohr am vorderen Getriebedeckel abziehen.

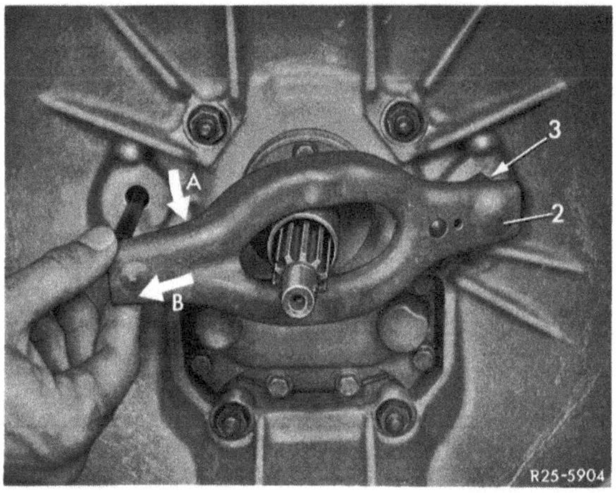

- Ausrückgabel –2– in Pfeilrichtung –A– bewegen und dann in Pfeilrichtung –B– vom Kugelbolzen –3– am Kupplungsgehäuse abziehen und abnehmen.
- Ausrücklager von Hand auf leichten Lauf prüfen.

Einbau

- Sämtliche Lager- und Berührungsflächen mit sauberem Lappen abwischen und mit MoS_2-Schmierfett einfetten.
- Ausrückgabel –2– entgegen der Pfeilrichtung –B– auf den Kugelbolzen –3– aufdrücken, bis der Federbügel der Gabel einrastet. Anschließend Gabel entgegen der Pfeilrichtung –A– bewegen, bis die Druckstange des Nehmerzylinders an der Aussparung der Ausrückgabel anliegt.
- Ausrücklager innen und an den beiden seitlichen Anfräsungen am hinteren Hülsenteil einfetten.
- Ausrücklager auf das Lagerrohr aufschieben und so lange drehen, bis es mit den seitlichen Anfräsungen in die Gabel einschnappt.
- Getriebe einbauen, siehe Seite 127.

Kupplungsbetätigung entlüften

Die Kupplungsbetätigung muß entlüftet werden, wenn das Kupplungspedal nicht oder nur verzögert zurückkommt, beziehungsweise wenn das Hydrauliksystem geöffnet wurde.

Da das Hydrauliksystem der Kupplung mit Bremsflüssigkeit arbeitet, sind ebenfalls die entsprechenden Kapitel im Abschnitt „Die Bremsanlage“ durchzulesen.

- Fahrzeug vorn aufbocken.
- Bremsflüssigkeitsstand im gemeinsamen Vorratsbehälter prüfen, gegebenenfalls bis zur Max.-Markierung auffüllen.
- Staubkappen von den Entlüfterventilen am Nehmerzylinder und am vorderen rechten Bremssattel abziehen.
- Entlüfterventile vorsichtig gangbar machen.
- Durchsichtigen Schlauch auf das Entlüfterventil am Bremssattel aufschieben.
- Schlauch mit Bremsflüssigkeit füllen. Dazu Entlüfterschraube am Bremssattel öffnen. Bremspedal langsam durchtreten (Helfer) und in dieser Stellung halten. Entlüfterventil schließen und Bremspedal loslassen. Anschließend Entlüfterventil wieder öffnen und Bremspedal erneut durchtreten. Vorgang so lange wiederholen, bis der Schlauch vollständig mit Bremsflüssigkeit gefüllt ist. Schlauch mit dem Finger zuhalten, damit keine Bremsflüssigkeit ausläuft. **Achtung:** Der Flüssigkeitsstand im Vorratsbehälter darf nicht zu weit absinken, gegebenenfalls **neue** Bremsflüssigkeit nachfüllen.
- Freies Schlauchende auf die Entlüfterschraube am Kupplungs-Nehmerzylinder stecken und beide Entlüfterschrauben öffnen.
- Bremspedal durchtreten, Entlüfterschraube am Bremssattel schließen und Bremspedal entlasten. Diesen Vorgang so oft wiederholen, bis im Ausgleichbehälter keine Luftblasen mehr herausgedrückt werden. Dabei stets neue Bremsflüssigkeit nachfüllen.
- Entlüfterschrauben am Bremssattel und am Nehmerzylinder verschließen. Schlauch abziehen und Staubkappen aufschieben.
- Fahrzeug ablassen.
- Bremsflüssigkeit bis zur Max.-Markierung auffüllen.
- Funktion von Brems- und Kupplungssystem prüfen.

Störungsdiagnose Kupplung

Störung	Ursache	Abhilfe
Kupplung rupft	● Zu niedrige Leerlaufdrehzahl	Drehzahl einstellen
	● Motorlager defekt	Prüfen, gegebenenfalls auswechseln
	● Getriebe liegt in der Aufhängung nicht fest	Schrauben nachziehen
	● Kupplungsdruckplatte trägt ungleichmäßig	Druckplatte auswechseln
Kupplung rutscht	● Kupplungsscheibe verschlissen	Dicke der Kupplungsscheibe prüfen, gegebenenfalls auswechseln
	● Begrenzungsanschlag für Kupplungspedal defekt	Begrenzungsanschlag im Fußraum prüfen
	● Nehmerzylinder klemmt	Nehmerzylinder ersetzen
	● Spannung der Membranfeder zu gering	Druckplatte auswechseln
	● Nehmerzylinder undicht	Sichtprüfung durchführen
	● Belag verhärtet oder verölt	Kupplungsscheibe austauschen, Ursache für Verschmutzung beseitigen
Kupplung trennt nicht richtig	● Kupplungspedal erreicht den Begrenzungsanschlag nicht	Prüfen, ob Begrenzungsanschlag erreicht wird, gegebenenfalls Fußmatte ausschneiden
	● Geberzylinder undicht	Bei durchgetretenem Kupplungspedal beobachten, ob Flüssigkeit im Bremsflüssigkeitsvorratsbehälter aufwallt, gegebenenfalls Kupplung entlüften oder Geberzylinder austauschen
	● Belag der Kupplungsscheibe durch Abrieb verklebt	Kupplungsscheibe austauschen
	● Kupplungsscheibe klemmt auf der Getriebe-Antriebswelle	Verzahnung reinigen und neu schmieren, gegebenenfalls Rost entfernen
	● Kupplungsscheibe hat Seitenschlag	Kupplungsscheibe prüfen lassen, ersetzen
	● Ausrückgabel defekt	Ausrückgabel auf Verformung prüfen
Geräusch bei betätigtem Kupplungspedal	● Ausrücklager defekt	Ausrücklager prüfen, ersetzen
	● Kupplungsscheibe schlägt an die Druckplatte	Kupplungsscheibe auswechseln
Auf- und abschwellendes Geräusch bei Zug- oder Schubzustand, oder wenn das Fahrzeug in ausgekuppeltem Zustand rollt	● Torsionsdämpfer der Kupplungsscheibe schwergängig	Kupplungsscheibe erneuern

Wartungsarbeiten an der Kupplung

Kupplungsscheibe/Dicke prüfen

Die Kupplung ist selbstnachstellend und wartungsfrei. Der Verschleiß der Kupplungsscheibe ist daher nicht am Spiel des Kupplungspedales erkennbar. Die Dicke der Kupplungsscheibe wird mit einer speziellen Kontroll-Lehre in eingebautem Zustand gemessen. Die Lehre kann selbst angefertigt werden.

Die Dicke der Kupplungsscheibe ist im Rahmen der Wartung alle 20 000 km zu prüfen.

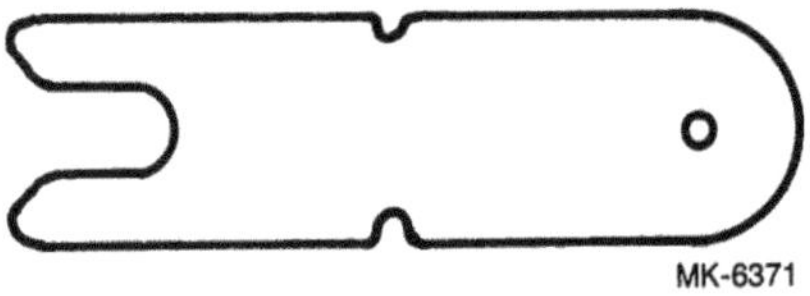

- Kontroll-Lehre im Maßstab 1 : 1 entsprechend der Abbildung aus 0,8 mm starkem Blech anfertigen.
- Fahrzeug aufbocken.

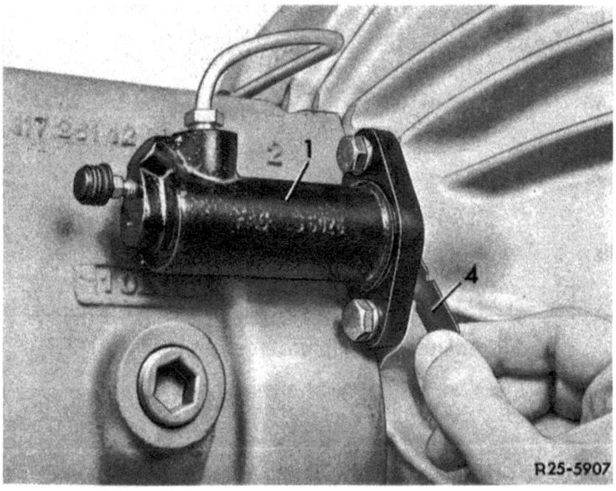

- Lehre –4– am Kupplungs-Nehmerzylinder in die Nut der Kunststoffbeilage bis zum Anschlag einschieben.

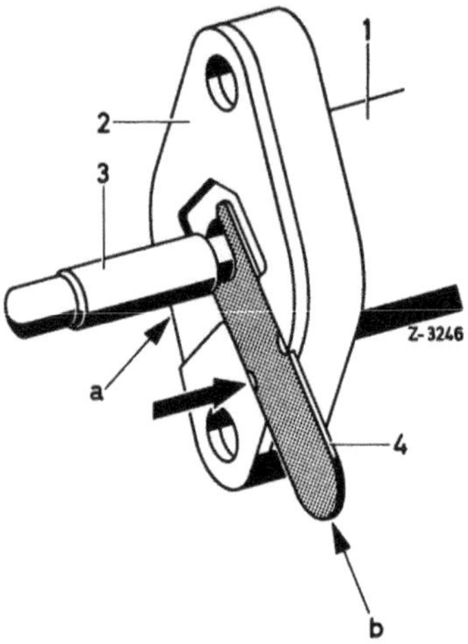

- Wenn die Kerbmarken der Lehre –Pfeil– hinter dem Flansch des Nehmerzylinders verschwinden, ist die Kupplungsscheibe noch ausreichend dick.

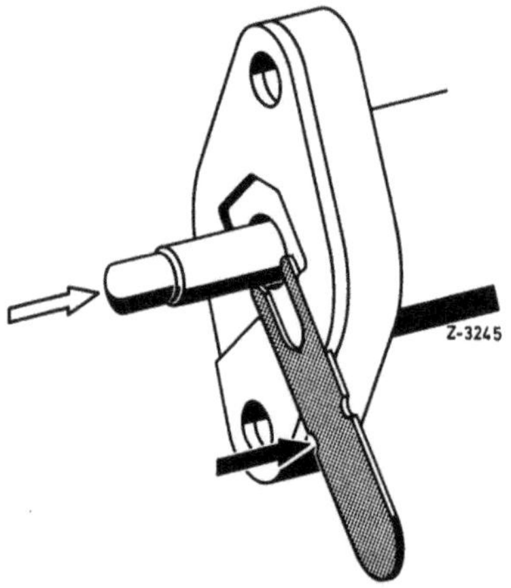

- Wenn die Kerbmarken sichtbar bleiben, obwohl die Lehre bis zum Anschlag eingeschoben ist, dann hat die Kupplungsscheibe ihre Verschleißgrenze erreicht und muß ausgewechselt werden.
- Fahrzeug ablassen.

Das Getriebe

Das Getriebe kann ohne Ausbau des Motors ausgebaut werden. Ein Ausbau ist aber meistens nur dann notwendig, wenn Austausch bzw. Überholung des kompletten Antriebs notwendig ist oder wenn die Kupplung erneuert werden muß. Da es jedoch in keinem Fall anzuraten ist, Reparaturen am Getriebe mit Heimwerkermitteln in Angriff zu nehmen, verweise ich in dieser Hinsicht auf die Werkstatt und beschreibe lediglich den Ausbau des Getriebes.

Getriebe aus- und einbauen

Die *kursiv* dargestellten Abschnitte gelten nur für die Dieselmotoren 615 und 616 seit 10/80, sowie sowie für die Benzinmotoren 102.

Ausbau

Achtung: Um den Einbau zu erleichtern, vor dem Ausbau einen Gang einlegen.

- Massekabel von der Batterie abklemmen.

- *Bei den oben genannten Motoren und beim Motor 110 Regulierwelle –3– aushängen –Pfeil–.*
- **Motor 110:** Abgasanlage komplett ausbauen, siehe Seite 119.
- Fahrzeug aufbocken, Getriebe mit Werkstattwagenheber und Holzzwischenlage leicht anheben.

- Motorlager –Pfeil– am hinteren Getriebedeckel abschrauben.
- Motorträger am Rahmenboden abschrauben.

- Halter für Abgasanlage am Getriebe abschrauben –Pfeile–. *Vorher Lage der Unterlegscheiben mit Reißnadel markieren (umkreisen), damit sie später an der gleichen Stelle wieder eingebaut werden können.*

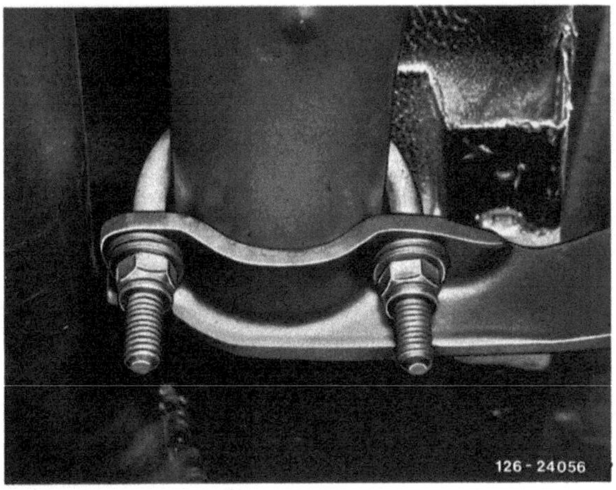

- Muttern am Klemmbügel abschrauben und Halter herausnehmen.

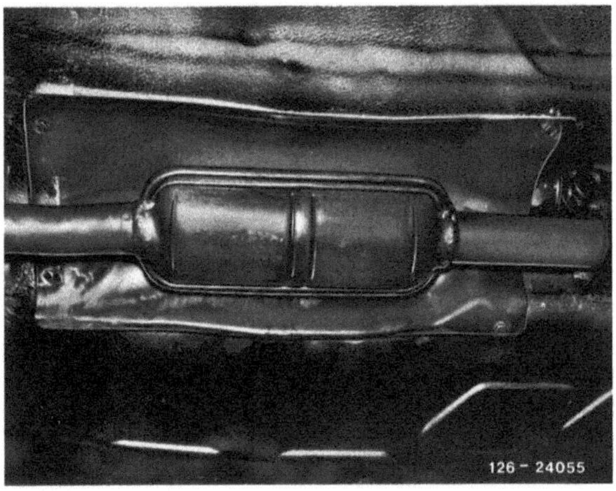

- *Abschirmblech für Gelenkwellen-Zwischenlager abschrauben.*

- Klemmutter an der Gelenkwelle lösen.
- Schrauben für Gelenkwellen-Zwischenlager lösen, **nicht** herausdrehen.

- Gelenkwelle am Getriebe abschrauben. Dabei muß die Gelenkscheibe an der Gelenkwelle bleiben.
- Gelenkwelle so weit nach hinten drücken, wie es Zwischenlager und Klemmstück zulassen.
- Antriebswelle für Geschwindigkeitsmesser am hinteren Getriebedeckel mit Klemmschraube –Pfeil– abschrauben. Tachowelle herausziehen.
- Halter für Tachowelle unten am Getriebe abschrauben *beziehungsweise am Halter ausclipsen.*

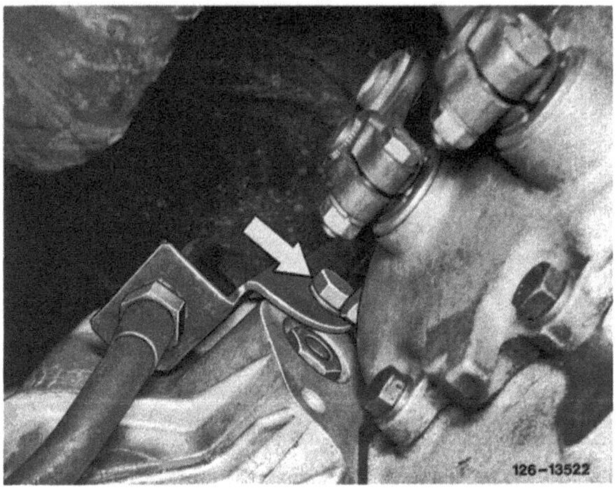

- Halter am Kupplungsgehäuse abschrauben –Pfeil–. **Achtung:** Seit 9/78 besitzt die Kupplungsleitung keine Schraubverbindung mehr.

- Nehmerzylinder abschrauben und mit der Leitung so weit nach hinten ziehen, bis die Druckstange aus dem Kupplungsgehäuse frei wird. Nehmerzylinder mit Draht am Aufbau aufhängen. **Achtung:** Wenn die Leitung geöffnet wird, muß die Anlage beim Einbau entlüftet werden.
- Schaltstangen von den Zwischenhebeln am Schaltbock abnehmen. Vorher Sicherungsklammern abdrücken.

***Achtung:** Bei ausgehängten Schaltstangen Schalthebel nicht in Rückwärtsgangstellung bringen, da sonst der Schalter für den Rückfahrscheinwerfer beschädigt wird.*

- Befestigungsschrauben aus Starterflansch herausdrehen. Anlasser herausnehmen und mit Draht aufhängen.

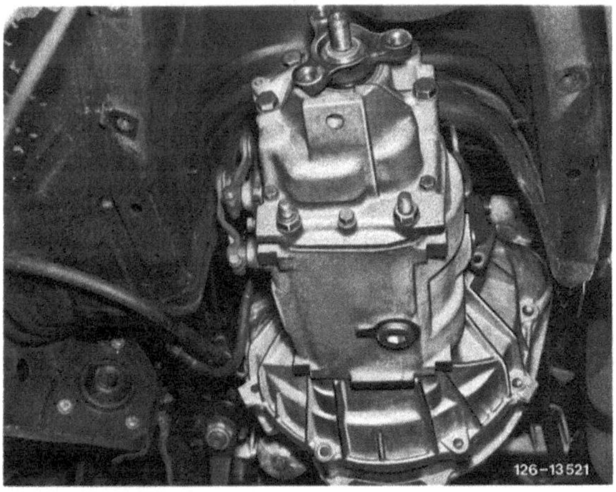

- Sämtliche Befestigungsschrauben, Getriebe an Zwischenflansch, herausschrauben. Dabei die beiden oberen Schrauben zuletzt entfernen.

- Getriebe waagerecht nach hinten von den Paßstiften abziehen und mit Helfer aus der Kupplung herausziehen.
- Getriebe ablassen.

Achtung: Getriebe erst ablassen, wenn die Antriebswelle mit Sicherheit aus der Kupplungsscheibe herausgezogen ist, andernfalls kann die Kupplungsscheibe beschädigt werden.

Einbau

- Vor dem Einbau Kupplung prüfen, siehe Seite 112.
- Kupplungsausrücklager auf leichten Lauf prüfen. Lager einfetten, z.B. mit Liqui Moly M-320. Sind vor dem Ausbau Laufgeräusche des Ausrücklagers beim Auskuppeln aufgetreten, Lager auswechseln, siehe Seite 124.
- Keilverzahnung der Antriebswelle sowie Zentrierzapfen reinigen und leicht mit Moly-Gleitpaste oder Moly-Spray schmieren.
- Einen Gang einlegen.

Achtung: Vor dem Einführen des Getriebes Kupplungs-Nehmerzylinder mit Leitung über das Getriebe legen.

- Getriebe anheben und waagerecht in die Kupplung einfahren. Falls beim Einsetzen die Getriebe-Antriebswelle nicht in die Kupplungsscheibe einrastet, Antriebswelle von hinten am Flansch für die Gelenkwelle mit der Hand entsprechend verdrehen.
- Getriebe am Zwischenflansch anschrauben, dabei Massekabel links unten und, falls erforderlich, Halter für Tachowelle am Getriebe mit anschrauben.
- Anlasser mit 2 Schrauben festziehen.
- Nehmerzylinder und Druckstange in das Kupplungsgehäuse einsetzen und festschrauben. Dabei auf richtigen Sitz der Kunststoffbeilage achten.
- Hydraulikleitung mit Halter am Kupplungsgehäuse anschrauben. Gegebenenfalls Hydraulikkreis entlüften, siehe Seite 124.

- Schaltstangen an den Zwischenhebeln einhängen und mit Sicherungsklammern sichern. Dabei Federklammer aufdrücken, mit dem Langloch in die Nut der Schaltstange schieben und einrasten. Die Klammern müssen beim Einbau einrasten, damit sicherer Halt gewährleistet ist.
- Antriebswelle für Geschwindigkeitsmesser am hinteren Getriebedeckel einsetzen und anschrauben. *Tachowelle am Getriebe-Halter einclipsen.*
- Gelenkwelle im Schiebestück so weit wie möglich auseinanderziehen und am Getriebe anflanschen. Dazu Motor und Getriebe mit Werkstattwagenheber und Holzzwischenlage etwas anheben.
- Hinteres Motorlager mit Motorträger am Getriebe festschrauben.
- Motorträger am Rahmenboden festschrauben.
- Gelenkwellen-Zwischenlager spannungsfrei festschrauben.
- Klemmutter mit 35 Nm festziehen.
- Abschirmblech für Gelenkwellen-Zwischenlager festschrauben.
- Falls ausgebaut, Abgasanlage einbauen, siehe Seite 119.
- *Längsregulierwelle einhängen und mit Blechclip sichern.*
- Halter für Abgasrohr am Getriebe festschrauben, *dabei auf richtige Lage der Unterlegscheiben entsprechend der beim Ausbau angebrachten Markierung achten.*
- Klemmbügel einsetzen und Muttern mit 7 Nm festziehen. Dabei auf richtige Lage der Tellerfedern achten, siehe Seite 121.
- Einstellung der Schaltung überprüfen, siehe Seite 132.
- Fahrzeug ablassen.
- Batterie-Massekabel anklemmen.

Wartungsarbeiten am Getriebe

Sichtprüfung auf Dichtheit

Folgende Leckstellen sind möglich:

- Trennstelle zwischen Motorblock und Getriebe (Schwungraddichtung/Wellendichtung-Getriebe).
- Öleinfüllschraube/Ölablaßschraube.
- Flansch für Gelenkwelle an Getriebe.

Bei der Suche nach der Leckstelle folgendermaßen vorgehen:

- Getriebegehäuse mit Kaltreiniger reinigen.
- Ölstand kontrollieren, ggf. auffüllen.
- Mögliche Leckstellen mit Kalk oder Talkumpuder bestäuben.
- Probefahrt durchführen. Damit das Öl besonders dünnflüssig wird, sollte die Probefahrt auf einer Schnellstraße über eine Entfernung von ca. 30 km durchgeführt werden.
- Anschließend Fahrzeug aufbocken und Getriebe mit einer Lampe nach der Leckstelle absuchen.
- Leckstellen umgehend beseitigen.

Ölstand im Getriebe prüfen

Das Getriebeöl braucht nicht gewechselt zu werden. Der Ölstand ist alle 20000 km im Rahmen der Wartung zu prüfen.

- Das Getriebe sollte vor der Prüfung etwa handwarm sein.
- Fahrzeug waagerecht aufbocken, siehe Seite 244.

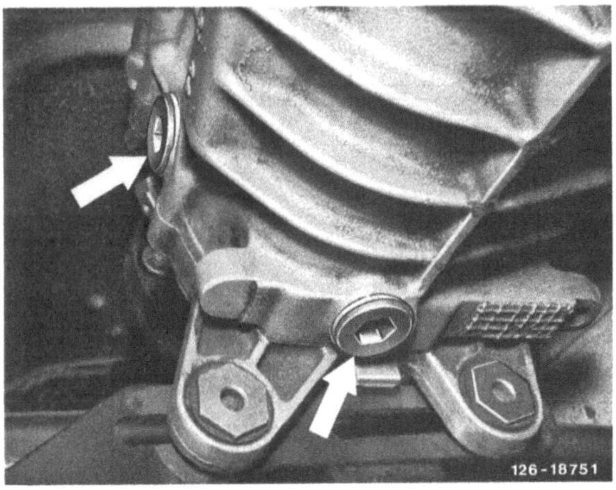

126-18751

- Einfüllschraube –linker Pfeil– am Getriebe herausdrehen. Hierzu wird ein Innensechskantschlüssel SW 14 benötigt, zum Beispiel HAZET 2760.
- Wenn beim Herausdrehen der Einfüllschraube etwas Öl ausläuft, ist der Ölstand in Ordnung. Andernfalls mit Finger prüfen, ob der Ölstand bis zum unteren Rand der Einfüllbohrung reicht. Gegebenenfalls ATF-Öl nachfüllen.

Achtung: Hierfür wird eine Ölspritzkanne benötigt. Beim Nachfüllen Gefäß unterstellen und überschüssiges Öl ablaufen lassen. Nicht zuviel Öl auf einmal einfüllen.

Getriebeölspezifikation: ATF (ATF = Automatic Transmission Fluid), dabei nur ein vom Werk freigegebenes Getriebeöl verwenden (Freigabe steht auf der Öldose).

Füllmenge:

Motor	4-Gang-Getriebe	5-Gang-Getriebe
110, 115, 123, 617 615, 616 bis 9/80	1,6 l	1,6 l
102 615, 616 seit 10/80	1,3 l	1,6 l

- Einfüllschraube mit neuem Dichtring und 60 Nm festziehen.
- Fahrzeug ablassen.

Gelenkscheiben an der Gelenkwelle prüfen

Die Gelenkscheiben sind im Rahmen der Wartung alle 20000 km zu prüfen.

- Fahrzeug aufbocken.

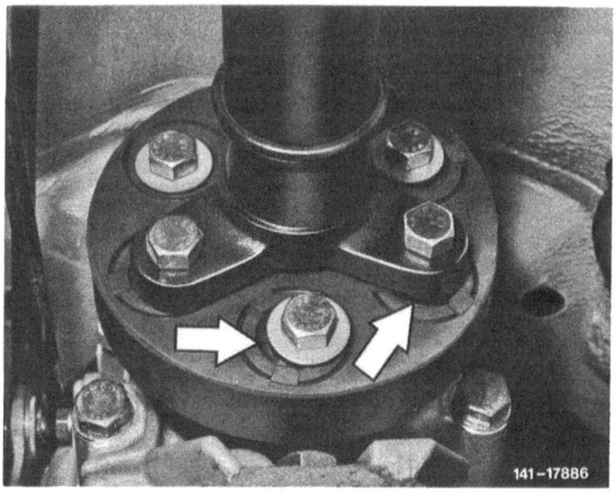

141-17886

- Gelenkscheiben vorn und hinten mit Lampe auf Verschleiß, Beschädigungen und Verformungen prüfen.
- Zwischenstege im Bereich der Paßhülsen –Pfeile– auf Risse prüfen.
- Gegebenenfalls Gelenkscheibe erneuern. Bei Verformungen Gelenkwelle entspannen; wenn die Verformung bestehen bleibt, Gelenkscheibe ebenfalls ersetzen.
- Fahrzeug ablassen, siehe Seite 244.

Die Schaltung

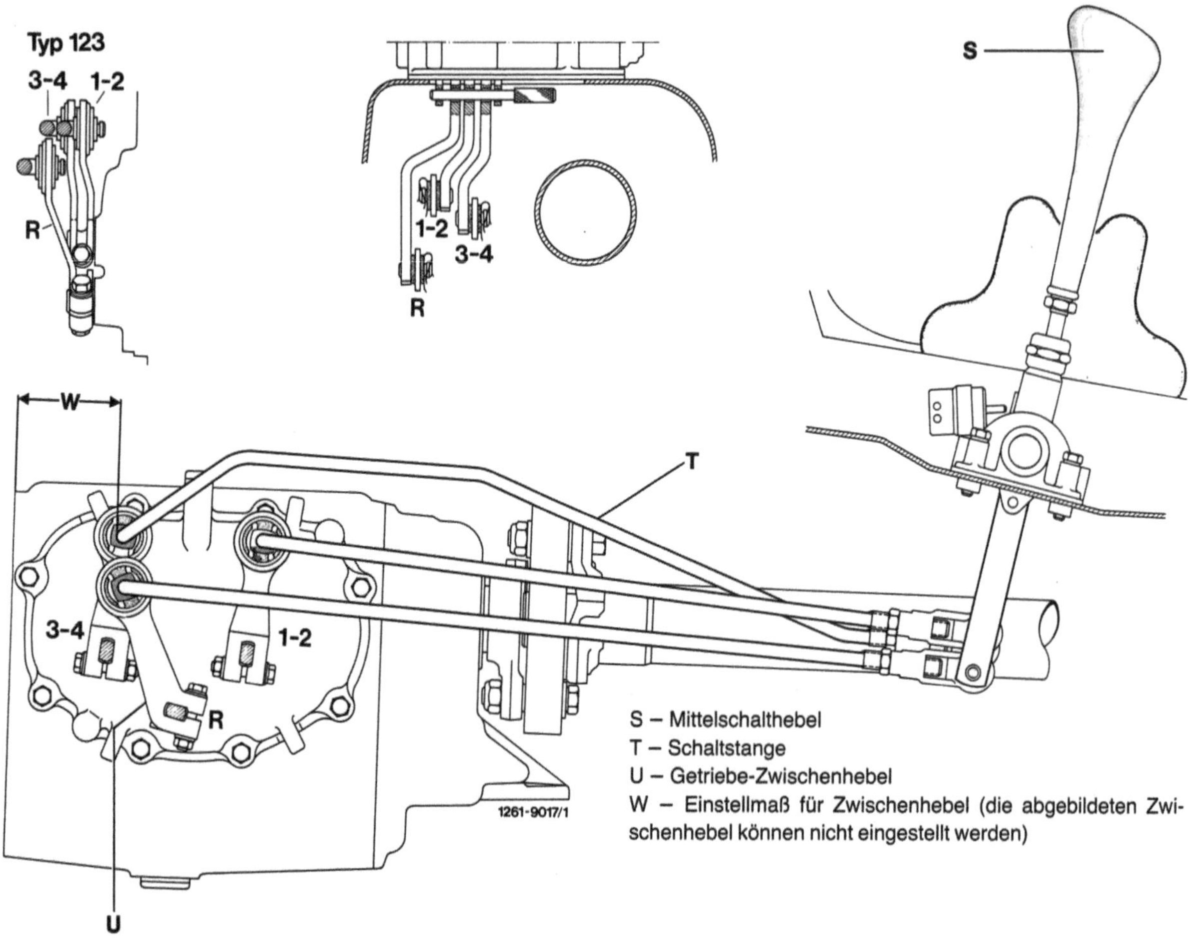

S – Mittelschalthebel
T – Schaltstange
U – Getriebe-Zwischenhebel
W – Einstellmaß für Zwischenhebel (die abgebildeten Zwischenhebel können nicht eingestellt werden)

Schaltung einstellen

- Getriebe in Leerlaufstellung bringen.

- Sicherungsklammern abhebeln, dann Schaltstangen an den Zwischenhebeln aushängen. –27–, –28–, –29– = Zwischenhebel für Rückwärtsgang, 1./2. Gang, 3./4. Gang; –31–, –32–, –33– = Schaltstangen für Rückwärtsgang, 1./2. Gang, 3./4. Gang.

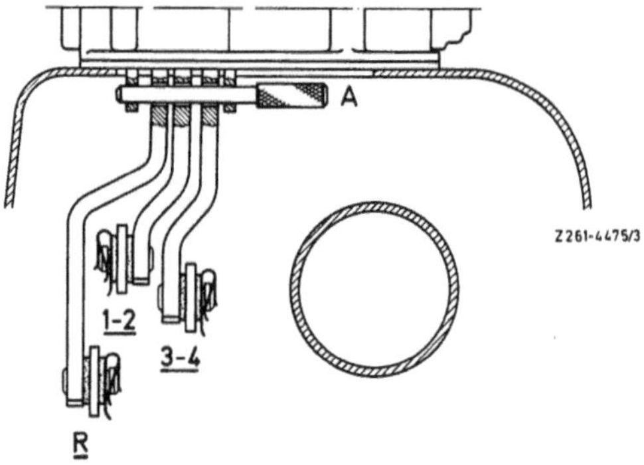

- Fixierbolzen –A– unten am Schaltbock in die Bohrungen einführen und dadurch die 3 Schaltzwischenhebel fixieren.

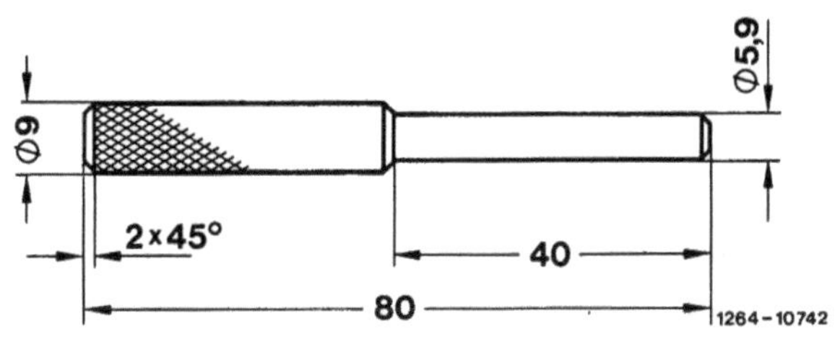

- Falls erforderlich, Fixierbolzen nach den angegebenen Maßen anfertigen.

Achtung: Beim Getriebe mit geschmiedeten Zwischenhebeln –U– die Maße –W– für die 3 Zwischenhebel prüfen, gegebenenfalls einstellen. Dazu Klemmschrauben lösen und Zwischenhebel auf den Achsen entsprechend verdrehen. Sollwerte für Maß –W–: 1./2. Gang – 142 mm, 3./4. Gang – 58 mm, Rückwärtsgang – 111 mm. Anschließend Klemmschrauben wieder festziehen. Die Abbildung 1261-9017/1 zeigt ein Getriebe mit gestanzten Zwischenhebeln. Bei diesem Getriebe ist die Stellung der Zwischenhebel konstruktiv festgelegt und kann nicht eingestellt werden. Ferner können die Zwischenhebel bei den Modellen 200, 230E, 200D, 240D seit 10/84 nicht eingestellt werden.

- Die Schaltstangen müssen sich nun spannungsfrei auf die Bolzen der Zwischenhebel drücken lassen. Andernfalls Kontermutter an den Schaltstangen lösen und jeweilige Schaltstange auf die entsprechende Länge einstellen. Kontermutter festziehen.
- Schaltstangen mit Sicherungsklammern sichern.
- Fixierbolzen herausnehmen.
- Schaltung bei laufendem Motor auf Funktion prüfen. Die Gänge müssen sich ohne zu haken einlegen lassen.

Die Vollautomatik

Der MERCEDES wird auf Wunsch mit einer Getriebevollautomatik ausgestattet. Das automatische Getriebe hat drei Vorwärtswählbereiche, die automatisch geschaltet werden.

Um schneller beschleunigen zu können, zum Beispiel bei Überholvorgängen, hat die Automatik einen sogenannten Kickdown-Schalter, der sich beim vollen Niedertreten des Gaspedals einschaltet. Der Kickdown-Effekt sorgt dafür, daß das Getriebe entweder länger im kürzeren Gang verweilt oder von einem höheren in einen niedrigeren Gang zurückschaltet.

Für die Beurteilung der Funktion der Getriebeautomatik und für die richtige Fehlersuche ist Erfahrung mit automatischen Getrieben und die Kenntnis der Arbeitsweise unerläßlich. Da diese Materie nur durch lange Berufserfahrung erworben werden kann, beschränke ich mich deshalb im Kapitel Automatik auf einige leichte Überprüfungsarbeiten.

Abschleppen von Fahrzeugen mit Automatik

- Wählhebelstellung „N".

Maximale Schleppgeschwindigkeit: 50 km/h!

Maximale Schleppentfernung: 120 Kilometer!

- Über große Entfernungen muß der Wagen hinten angehoben werden, oder die Gelenkwelle muß an der Hinterachse abgeflanscht werden. Grund: Bei stehendem Motor arbeitet die Getriebeölpumpe nicht, das Getriebe wird für höhere Drehzahlen und längere Laufzeiten daher nicht ausreichend geschmiert.
- Zündung einschalten, damit das Lenkrad nicht blockiert ist und die Blinkleuchten, das Signalhorn und gegebenenfalls die Scheibenwischer betätigt werden können.
- Da Bremskraftverstärker und Servolenkung nur bei laufendem Motor arbeiten, muß bei nicht laufendem Motor das Bremspedal entsprechend kräftiger getreten werden beziehungsweise für die Lenkbewegungen entsprechend mehr Kraft aufgewendet werden!

Ölstand im automatischen Getriebe prüfen

Der vorgeschriebene Ölstand ist für die einwandfreie Funktion des automatischen Getriebes äußerst wichtig. Darum ist die Prüfung mit großer Sorgfalt alle 10000 km durchzuführen.

Der Peilstab für die Prüfung befindet sich im Motorraum. Hier wird auch das ATF (Automatic Transmission Fluid) eingefüllt.

Achtung: Die Prüfung kann bei kaltem oder warmem Getriebe durchgeführt werden. Bei kaltem Getriebe (Getriebeöltemperatur 20° bis 30° C) läßt sich jedoch der Ölstand genauer ermitteln als bei warmem Getriebe (Getriebeöltemperatur ca. 80° C), da eine Öltemperatur von 80° C erst nach längerer Fahrt erreicht wird und auch dann nur geschätzt werden kann.

- Fahrzeug unbeladen auf ebener Fläche abstellen.
- Motor im Leerlauf ca. 1 bis 2 Minuten laufen lassen, damit sich der Drehmomentwandler füllen kann.
- Wählhebel in Stellung „P" legen, Feststellbremse anziehen.
- Der Motor dreht während der Prüfung im Leerlauf.

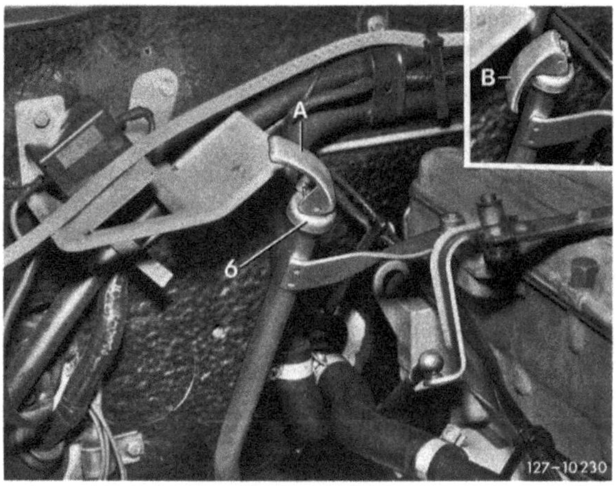

- Verschlußhebel öffnen –Stellung A–, Ölmeßstab –6– herausziehen und mit einem sauberen, nicht fasernden Lappen, am besten mit Leder abwischen. Anschließend Meßstab mit geöffnetem Verschlußhebel voll eintauchen, wieder herausziehen und Ölstand ablesen.

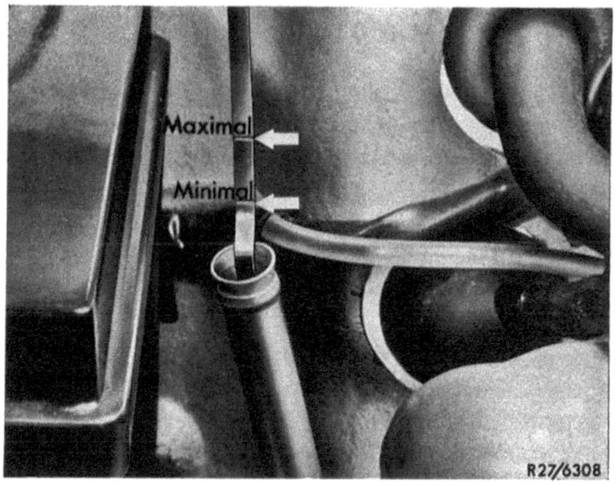

- Der Flüssigkeitsstand muß bei warmem Getriebeöl (ca. 80° C) etwa an der Max.-Markierung des Peilstabes liegen. Bei einer Öltemperatur von 20° bis 30° C muß der Ölstand um das Maß –X– unter der Min.-Markierung liegen.

Modell	Maß –X–
200 bis 5/83 230 230 E bis 4/83 250 bis 8/81 280 280 E bis 8/81 200 D bis 6/83 220 D 240 D bis 6/83 300 D bis 6/83 300 TD Turbodiesel bis 8/81	30 mm
200 seit 6/83 230 E seit 5/83 200 D seit 7/83 240 D seit 7/83 300 D seit 7/83	12 mm
250 seit 9/81 280 E seit 9/81 300 TD Turbodiesel seit 9/81	10 mm

Achtung: Bei zu niedrigem Ölstand wird von der Ölpumpe deutlich hörbar Luft angesaugt. Das Öl schäumt dadurch auf und kann bei der Ölstandsprüfung zu einem falschen Ergebnis führen. In diesem Fall Motor abstellen, nach ca. 2 Minuten etwas Öl nachfüllen und anschließend Ölstand nochmals bei laufendem Motor prüfen.

- Muß ATF nachgefüllt werden, sauberen Trichter und feinmaschiges Sieb verwenden. Nachfüllmenge zwischen Min.- und Max.-Markierung am Peilstab ca. 0,3 l.

Achtung: Nicht zuviel Öl einfüllen. Zuviel Öl kann Störungen in der Automatik hervorrufen. In jedem Fall muß zuviel eingefülltes Öl wieder abgelassen oder mit einer Spritze abgesaugt werden.

- Altes Öl gleichzeitig am Peilstab auf Aussehen und Geruch prüfen. Verbrannte Reibbeläge verursachen Brandgeruch. Durch verschmutztes Öl können Störungen in der Getriebesteuerung auftreten.

Achtung: Es dürfen nur die vom Werk freigegebenen ATF-Öle verwendet werden.

Alle zugelassenen ATF-Öle lassen sich miteinander mischen. Keine Zusatzschmiermittel verwenden.

Ohne ATF-Füllung im Drehmomentwandler und automatischen Getriebe darf weder der Motor laufen noch darf der Wagen abgeschleppt werden.

- Nach erfolgter Prüfung oder Korrektur des Ölstandes Meßstab wieder ganz einführen und Verschlußhebel schließen –Stellung B–.
- Fußbremse betätigen und sämtliche Wählhebelstellungen langsam durchschalten. Anschließend Ölstand nochmals kontrollieren.

Die Vorderachse

Die Vorderachse des MERCEDES besteht aus Dämpferbeinen, Dreieck-Querlenkern sowie separat angeordneten Schraubenfedern. Ein Querstabilisator sorgt für bessere Bodenhaftung der Vorderräder.

Die Dämpferbeine sind als Gasdruckstoßdämpfer ausgelegt. Sie sind mit der Karosserie und mit den Achsschenkeln verschraubt. Gleichzeitig dienen sie als Ausfederungsanschlag für die Vorderräder.

Die Querlenker sind über die Achsgelenke an den Achsschenkeln und mit Gummilagern am Aufbau befestigt.

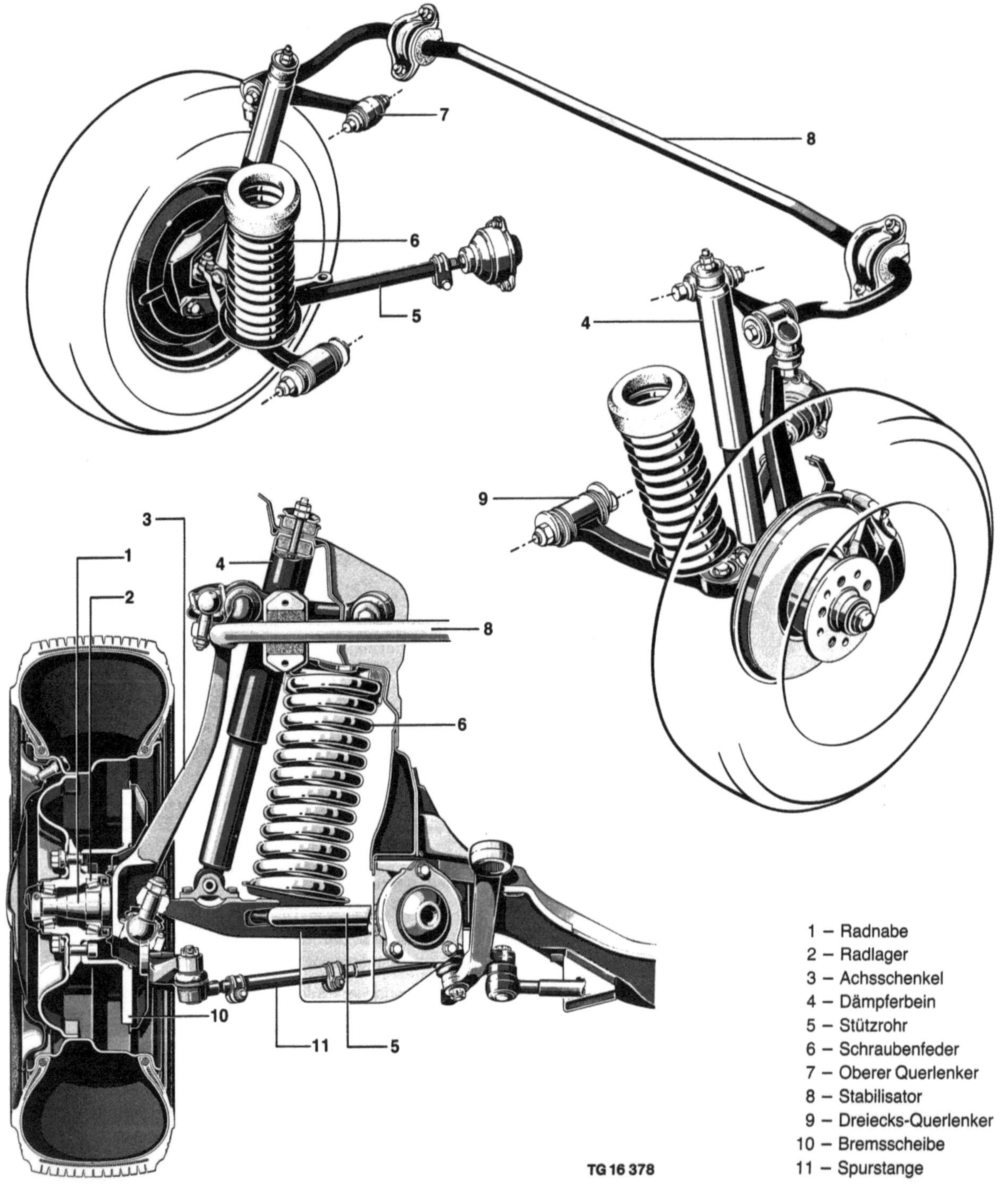

1 – Radnabe
2 – Radlager
3 – Achsschenkel
4 – Dämpferbein
5 – Stützrohr
6 – Schraubenfeder
7 – Oberer Querlenker
8 – Stabilisator
9 – Dreiecks-Querlenker
10 – Bremsscheibe
11 – Spurstange

Dämpferbein aus- und einbauen

Dämpferbeine sind im Reparaturfall, unabhängig vom Fabrikat, einzeln austauschbar. Die Ausführung der Dämpferbeine (Farbstrich-Kennzeichnung) muß jedoch übereinstimmen.

Achtung: Die Stoßdämpfer sind mit Gas und Öl gefüllt und stehen unter hohem Druck. Deshalb defekte Stoßdämpfer nicht dem Hausmüll mitgeben, sondern als Sondermüll bei den entsprechenden Stellen abgeben.

Ausbau

Achtung: Beim Lösen der oberen Stoßdämpferbefestigung muß das Fahrzeug auf dem Boden stehen, da die Stoßdämpfer gleichzeitig als Ausfederungsanschlag für die Vorderräder dienen.

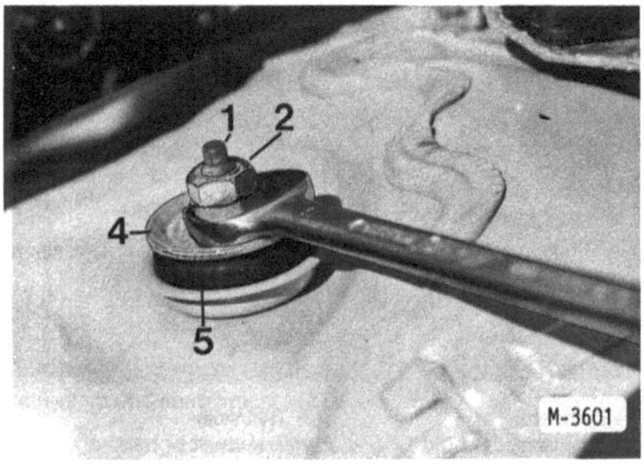

- Obere Befestigungsmutter –2– abschrauben, dabei untere Mutter mit Maulschlüssel –3– gegenhalten.
- Untere Mutter abschrauben, dabei Kolbenstange –1– mit Maulschlüssel oder Zange festhalten. **Achtung: Die Kolbenstange darf sich auf keinen Fall mitdrehen, Unfallgefahr!**
- Unterlegscheibe –4– und Gummiring –5– abnehmen.
- Radschrauben lösen und Fahrzeug aufbocken, siehe Seite 244.
- Radschrauben herausdrehen und Vorderrad abnehmen.

- 12-Kant-Befestigungsschrauben –Pfeile– für Dämpferbein –1– am unteren Querlenker herausdrehen und Stoßdämpfer abnehmen. Hierzu wird ein gerader 12-Kant-Ringschlüssel SW 10 benötigt.

Stoßdämpfer mit Trennkolben

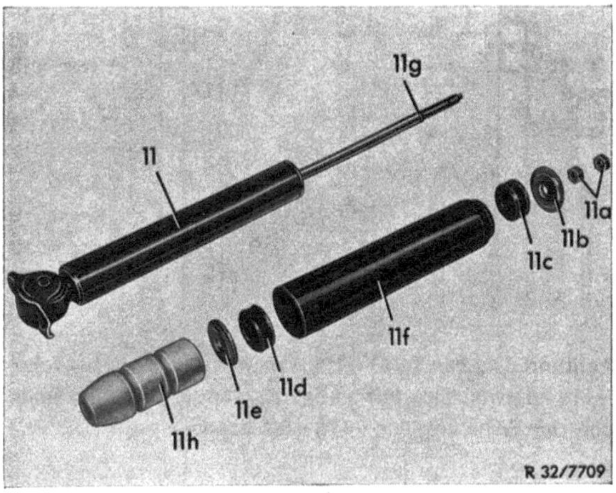

Stoßdämpfer ohne Trennkolben

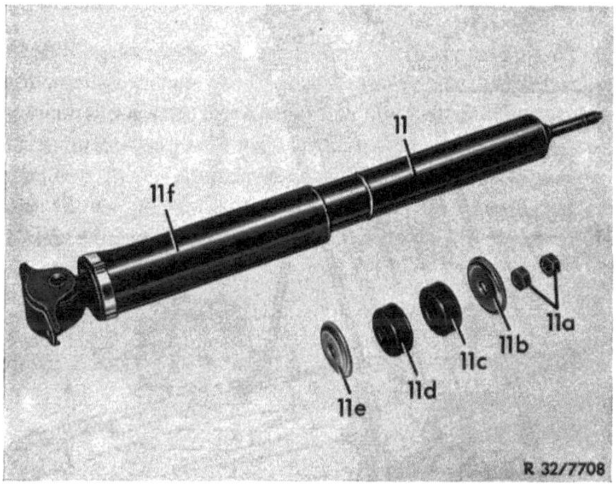

11 – Stoßdämpfer
11a – Sechskantmutter
11b – Teller oben
11c – Gummiring oben
11d – Gummiring unten
11e – Teller unten
11f – Schutzhülse
11g – Sicherungsring
11h – Anschlagpuffer

- Aufhängungsteile vom Stoßdämpfer abnehmen und auf Beschädigungen und Porosität prüfen.

Einbau

Vor dem Einbau Stoßdämpfer prüfen. Nur Dämpferbein mit gleicher Farbkennzeichnung einbauen.

- Auflagefläche des Stoßdämpfers am unteren Querlenker reinigen.

Achtung: Der Haltebügel unten am Stoßdämpfer muß fest im Gummilager sitzen. Wird ein neuer Stoßdämpfer eingebaut, Haltebügel in den gleichen Winkel zum Stoßdämpfer bringen wie beim ausgebauten Dämpfer, sonst lassen sich die Schrauben nicht ansetzen.

Stoßdämpfer mit Trennkolben

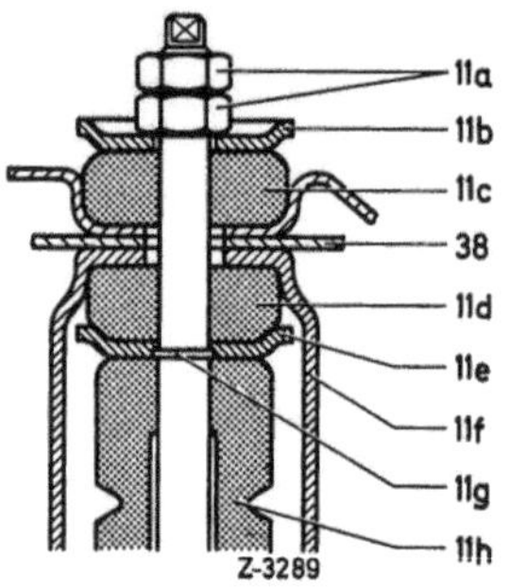

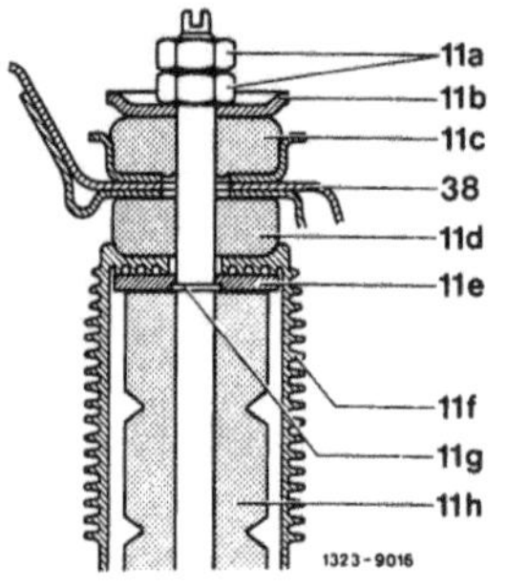

Achtung: Unteren Teller –11e– **nicht** mit dem oberen Teller –11b– verwechseln. Im Fahrbetrieb kann sich sonst der Teller über den Sicherungsring –11g– schieben.

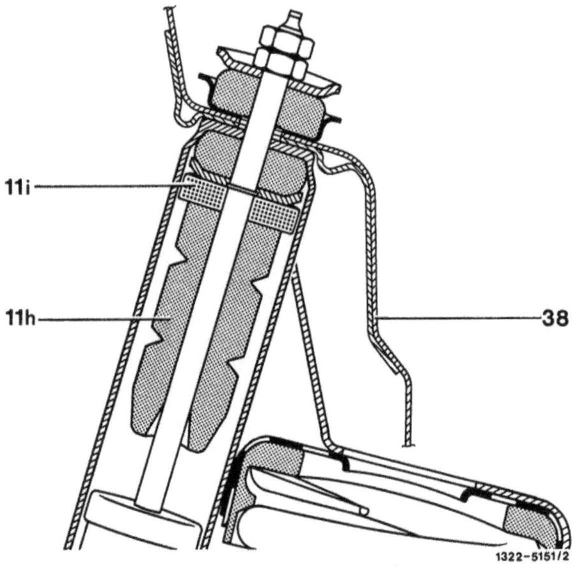

Achtung: Bei Fahrzeugen mit 15-Zoll-Rädern oder härterer Federung wird an Stoßdämpfern mit Trennkolben zwischen Anschlagpuffer und unterem Teller zusätzlich eine 9 mm starke Beilage –11i– eingebaut.

Stoßdämpfer ohne Trennkolben

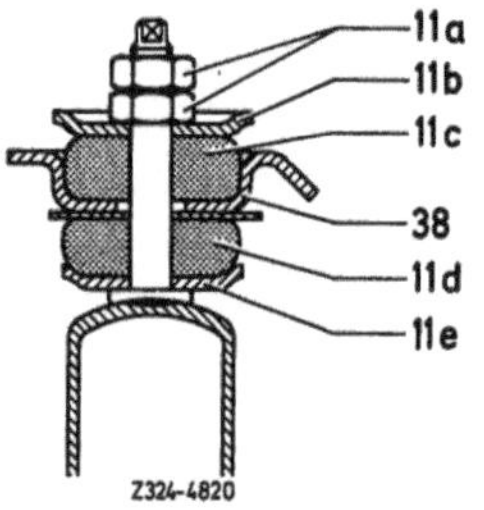

- Stoßdämpfer entsprechend den Abbildungen komplettieren.
- Stoßdämpfer einsetzen und am Querlenker mit neuen Zwölfkantschrauben und 20 Nm anschrauben.
- Kolbenstange nach oben ziehen und in die Karosserie –38– einführen.
- Vorderrad anschrauben und Fahrzeug ablassen, siehe Seite 244.
- Obere Befestigungsteile für das Dämpferbein aufsetzen.
- Untere Mutter bis zum Gewindeende anschrauben, dabei an der Kolbenstange gegenhalten. Anschließend obere Mutter anschrauben, dabei an der unteren Mutter gegenhalten.
- Radschrauben über Kreuz mit 110 Nm festziehen.

Stoßdämpfer prüfen

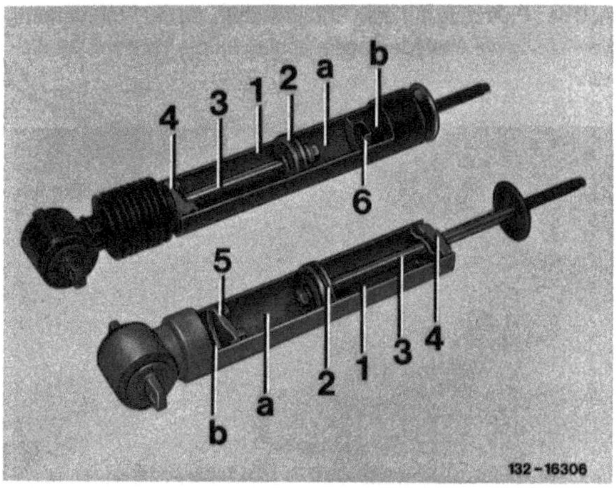

1 – Zylinder	5 – Trennkolben
2 – Arbeitskolben	6 – Prallscheibe
3 – Kolbenstange	a – Ölraum
4 – Verschlußstück mit Dichtung	b – Gasraum

Achtung: Es können Gasdruckstoßdämpfer mit und ohne Trennkolben eingebaut sein. Bei Stoßdämpfern mit Trennkolben zwischen Gas- und Ölraum befindet sich die Kolbenstange in eingebautem Zustand oben, während Stoßdämpfer ohne Trennkolben mit der Kolbenstange nach unten eingebaut sind.

Klopf- und Poltergeräusche bei den hinteren Stoßdämpfern können folgende Ursachen haben:

- Obere Aufhängung nicht richtig montiert.
- Gummilager im unteren Gehäuseauge lose.
- Bei großem Ölverlust kann beim Einfedern der Trennkolben gegen die Kolbenstange klopfen.
- Arbeitskolben lose. Am ausgebauten Stoßdämpfer in Einbaulage Kolbenstange eindrücken, loslassen und wieder eindrücken. Wenn beim Wechsel zwischen Druck und Zug ein Klopfen auftritt, Stoßdämpfer auswechseln.

Zischgeräusche bei den hinteren Stoßdämpfern

- Bei undichtem Trennkolben kann Gas in das Ölsystem eintreten und zur Schaumbildung führen, dies führt dann während der Fahrt zu Zischgeräuschen. In diesem Fall Stoßdämpfer austauschen, auch wenn er noch funktionstüchtig ist.

Ausgebauten Stoßdämpfer prüfen (vorn und hinten)

- Stoßdämpfer ausbauen.
- Kolbenstange sorgfältig auf Oberflächenbeschädigungen überprüfen.
- Kolbenstange auf Verbiegung prüfen. Stoßdämpfer in Einbaulage auf Holzunterlage stellen. Kolbenstange einschieben, eine verbogene Kolbenstange klemmt dabei in der Führungsbuchse.

Achtung: Ein geringer Ölfilm an der Kolbenstange ist konstruktiv bedingt.

- Stoßdämpfer in Einbaulage halten, Stoßdämpfer auseinanderziehen und zusammendrücken. Dabei muß sich der Stoßdämpfer über den gesamten Hub gleichmäßig und ruckfrei bewegen lassen.
- Bei starkem Ölverlust Stoßdämpfer austauschen. Dämpferöl kann nicht nachgefüllt werden.

Ölreserve prüfen

Um die Ölreserve zu prüfen, wird der Austritt –a– der Kolbenstange gemessen. Wenn ein Ölverlust vorliegt, dann vergrößert sich der Kolbenstangenaustritt bei Stoßdämpfern mit Trennkolben, wohingegen er sich bei Dämpfern ohne Trennkolben verkleinert.

Während der Prüfung soll die Temperatur des Stoßdämpfers ca. 20° C betragen.

Achtung: Ein geringer Ölfilm an der Kolbenstange ist konstruktiv bedingt und deutet nicht auf Ölverlust hin.

- Kolbenstange herausziehen und in umgekehrter Einbaulage auf die Unterlage stellen.

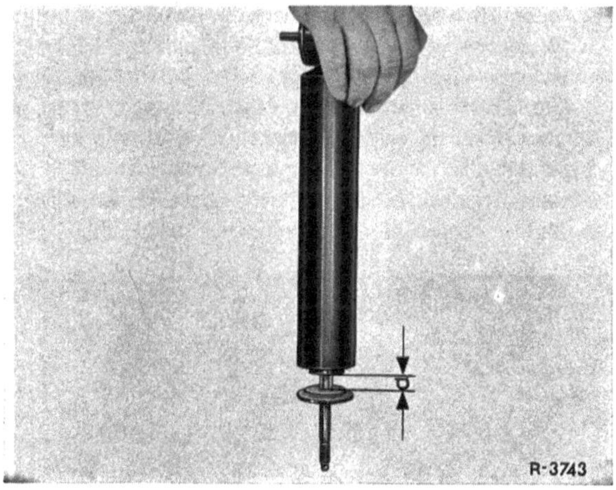

- **Stoßdämpfer mit Trennkolben:** Kolbenstange bis zum Anschlag des Arbeitskolbens am Trennkolben eindrücken, das Austrittsmaß –a– messen und mit Sollwert vergleichen.

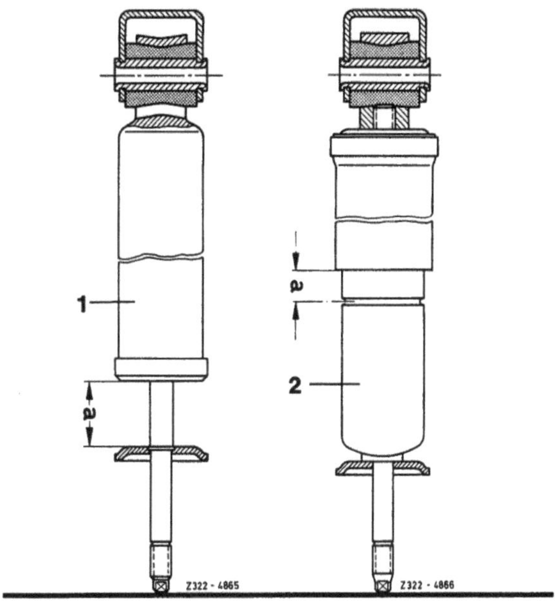

Stoßdämpfer ohne Trennkolben: *Stoßdämpfer so weit zusammendrücken, bis ein deutlich spürbarer zusätzlicher Widerstand auftritt. Der Kolben trifft dann auf die Ölsäule. In dieser Stellung Maß –a– messen und mit Sollwert vergleichen. In der Abbildung ist ein vorderer Stoßdämpfer der Marke „Fichtel & Sachs" gezeigt. Als Markierung besitzt er einen oder zwei weiße Querstriche.*

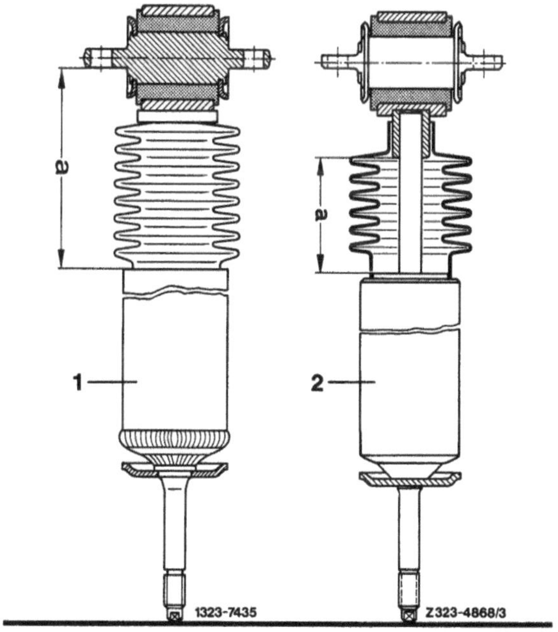

- *In der Abbildung sind 2 hintere Stoßdämpfer dargestellt. Stoßdämpfer –1– vom Fabrikat „Fichtel & Sachs" besitzt einen oder zwei weiße Querstriche. Stoßdämpfer -2- vom Fabrikat „Boge" hat als Markierung einen weißen Schrägstrich.*

Achtung: *Zischgeräusche, die beim Zusammendrücken von Stoßdämpfern ohne Trennkolben auftreten, sind ohne Bedeutung.*

Kolbenstangen-Austrittswert –a–:

Stoßdämpfer mit Trennkolben	**Neu**	**zuläss. Max.-We**
vorn und hinten	0 + 2 mm	32 mm
Stoßdämpfer ohne Trennkolben vorn	20 ± 2 mm	0 mm
hinten F&S/1 oder 2 ws Querstriche Boge/1 Schrägstrich ws	 105 ± 2 mm 147 ± 2 mm	 82 mm 137 mm

Achtung: Stoßdämpfer austauschen, wenn bei Stoßdämpfern **mit** Trennkolben der zulässige Maximal-Wert **überschritten** wird *oder wenn bei Stoßdämpfern* ***ohne*** *Trennkolben der zulässige Maximal-Wert* ***unterschritten*** *wird.*

- Weitergehende Prüfungen des Stoßdämpfers können nur in der Fachwerkstatt vorgenommen werden, da hierfür spezielle Prüfgeräte benötigt werden.

Schraubenfeder vorn aus- und einbauen

Achtung: Je nach Ausstattung des Fahrzeuges sind unterschiedliche Schraubenfedern mit den jeweils dazu passenden Gummilagern eingebaut. Zur Kennzeichnung der Federn sind am letzten, unteren Windungsgang ein roter oder blauer Farbstrich angebracht sowie die Teile-Nr. eingeschlagen. Beim Auswechseln nur Feder gleicher Kennzeichnung einbauen.

Ausbau

- Dämpferbein oben abschrauben, dabei muß das Fahrzeug auf dem Boden stehen, siehe Seite 137.
- Radschrauben lösen, Fahrzeug vorn aufbocken, Vorderrad abnehmen.

- Federspanner in die Schraubenfeder einsetzen, dabei soll der Spanner 9 Windungen der Feder umfassen. Falls ein Federspanner mit Spannplatten –01b/01c– verwendet wird, Spannplatten um 90° versetzt einbauen und auf sichere Arretierung der Spannschraube achten. Um die Schraubenfeder zu spannen, sind erhebliche Kräfte erforderlich, keinesfalls Feder nur einseitig spannen, Unfallgefahr!

- Unteren Querlenker mit Werkstattwagenheber langsam anheben, dadurch wird das Spannen der Feder erleichtert.

- Querlenker etwas ablassen und gespannte Schraubenfeder mit Gummilager nach vorn herausnehmen.
- Gummilager nach links drehen und abnehmen.
- Feder längs zwischen Schraubstockbacken legen und langsam entspannen.

Einbau

Vor dem Einbau Gummilager auf Porosität oder Beschädigung prüfen, gegebenenfalls ersetzen. Vor dem Einbau der Feder Anlagefläche am Querlenker reinigen.

- Prüfen, ob die Wasserablaufbohrung –Pfeil– im Federteller frei ist, gegebenenfalls reinigen.
- Federspanner ansetzen und Feder langsam spannen.
- Gummilager mit einer Rechtsdrehung –Pfeil– auf die Feder aufsetzen.
- Schraubenfeder so einsetzen, daß das Ende der unteren Windung in der Vertiefung des Federtellers sitzt.
- Querlenker mit Werkstattwagenheber etwas anheben und Dämpferbein oben einführen und anschrauben.
- Schraubenfeder langsam entspannen, dabei auf richtigen Sitz des Gummilagers im Rahmenboden und unten am Querlenker achten.
- Vorderrad anschrauben, Fahrzeug ablassen, Radschrauben über Kreuz mit 110 Nm festziehen.
- Fahrzeugniveau an der Vorderachse prüfen lassen.
- Scheinwerfer einstellen lassen.

Radlager vorn aus- und einbauen/ prüfen

Achtung: Treten bei Kurvenfahrt insbesondere in engen Kurven Geräusche aus der Richtung des kurvenäußeren Rades auf, deutet das auf defekte Radlager hin.

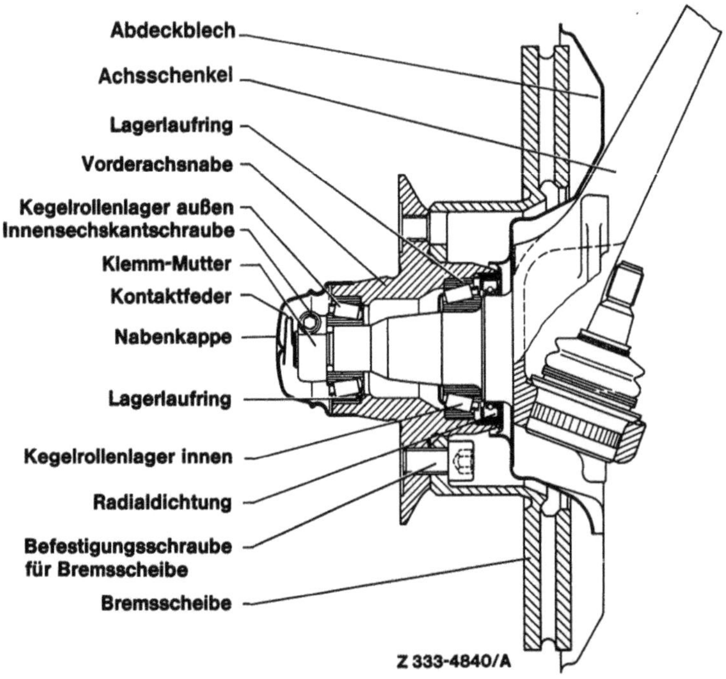

Ausbau

Achtung: Rollenkäfige und Außenlaufringe der Radlager so ablegen, daß sie beim eventuellen Wiedereinbau nicht verwechselt werden können.

- Bremssattel ausbauen und aufhängen, siehe Seite 162.
- Nabenkappe mit Schraubendreher abschlagen, Kontaktfeder für Radioentstörung abnehmen, Innensechskantschraube lösen und Klemmutter vom Achsschenkelzapfen abschrauben, siehe auch Seite 143.
- Vorderradnabe mit Bremsscheibe vom Achsschenkelzapfen abnehmen. **Achtung:** Darauf achten, daß das äußere Radlager nicht herunterfällt. Falls die Radnabe festsitzt, handelsüblichen Abzieher verwenden.
- Bremsscheibe ausbauen, siehe Seite 162.
- Äußeren Lagerlaufring mit geeignetem Messing- oder Aluminiumdorn gleichmäßig und vorsichtig herausschlagen. Dabei Dorn kreisförmig an verschiedenen Stellen des Laufringes ansetzen, um ein Verkanten zu verhindern. **Achtung:** Der Dorn muß aus weichem Material bestehen und in einwandfreiem Zustand sein, damit beim Herausschlagen der Laufring sowie der Sitz nicht beschädigt werden.
- Inneren Lagerlaufring mit Innenauszieher herausziehen. Steht der Innenauszieher nicht zur Verfügung, Laufring mit Dorn kreisförmig herausschlagen. **Achtung:** Dabei Laufring nicht verkanten.

Prüfen

- Oberfläche des Achsschenkelzapfens, insbesondere im Bereich der Lauffläche für den Radialdichtring auf einwandfreien Zustand prüfen, gegebenenfalls Achsschenkel ersetzen.
- Kegelrollenlager (Radlager) und Radnabe innen gründlich auswaschen. Hierzu spezielle Reinigungsflüssigkeit auf Kaltreinigerbasis verwenden. Das Reinigungsmittel ist im Zubehörhandel erhältlich. Kein Benzin verwenden, da die Benzindämpfe giftig sind und sich leicht entzünden können.
- Lagersitze in der Nabe auf einwandfreien Zustand prüfen.
- Lagerlaufringe in der Nabe auf Anlaufspuren prüfen. Die Laufringe sind in Ordnung, wenn sie eine glatte, graue Laufspur der Kegelrollen aufweisen.
- Wenn die Laufringe Eindrückungen der Kegelrollen aufweisen beziehungsweise durch Überhitzung hellbraun bis blau verfärbt sind, Radlager komplett ersetzen.
- Kegelrollen auf leichten Lauf und Stirnseite auf einwandfreien Zustand prüfen. Wenn sich an den Lagern Rost angesetzt hat, liegt das in der Regel an einem defekten Radialdichtring. In diesem Fall Radlager ersetzen.

Einbau

Achtung: Grundsätzlich beide Lager einer Nabe erneuern. Bei Wiedereinbau der bisherigen Lager, zusammengehörende Rollenkäfige und Laufringe nicht verwechseln.

- Lagerlaufringe vorsichtig und gleichmäßig einschlagen.
- Nabe und Lager mit 45 g Hochtemperatur-Wälzlagerfett füllen. Dabei Rollenkäfige so mit Fett füllen, daß die Hohlräume zwischen den Rollen mit Fett gefüllt sind.
- Rollenkäfige in die Nabe einsetzen und Stirnflächen der Rollen fetten.
- **Neuen** Radialdichtring zwischen den Gummilippen mit Fett füllen und am Umfang mit Dichtungsmasse, zum Beispiel Curil, bestreichen. Anschließend Dichtring in die Radnabe einpressen. Dazu Dichtring ansetzen, ein Stück Vierkantholz auf den Dichtring legen und Dichtring kreisförmig einschlagen. Anstelle des Holzstücks kann auch ein kurzes Rohr verwendet werden, das denselben Durchmesser wie der Dichtring besitzt.
- Vorderradnabe mit restlichem Fett füllen. **Achtung:** Wird zuviel Fett verwendet, erhitzt es sich im Fahrbetrieb zu stark und kann dadurch seine Schmierfähigkeit verlieren. Bei zu wenig Fett ist die Schmierung der Radlager nicht mehr gewährleistet.
- Bremsscheibe und Bremssattel einbauen, siehe Seite 162.

Radlagerspiel vorn einstellen

- Radschrauben lösen.
- Fahrzeug aufbocken, Rad abnehmen.
- Scheibenbremsbeläge mit Schraubendreher vorsichtig von der Bremsscheibe wegdrücken.

- Breiten Schraubendreher an der Nabenkappe ansetzen und Kappe mit dem Handballen abschlagen.

- Kontaktfeder –Pfeil– für Radioentstörung abnehmen.

- Innensechskantschraube der Klemm-Mutter –9d– lösen.
- Klemm-Mutter unter gleichzeitigem Drehen der Nabe –9– so weit anziehen, bis sich die Nabe kaum noch drehen läßt. Anschließend Klemm-Mutter ca. ⅓ Umdrehung zurückdrehen und durch einen Schlag mit einem Kunststoffhammer auf den Achsschenkelzapfen –5a– Spannung lösen. Die Abbildung zeigt ferner das äußere Radlager –9c–.

- Die Werkstatt mißt das Axialspiel des Radlagers mit Hilfe einer Meßuhr und des entsprechenden Halters. Sollwert bei richtig eingestelltem Spiel: 0,01–0,02 mm.
- Meßuhr auf 2 mm Vorspannung einstellen. Dabei zeigt der Zeiger der Meßuhr schon vor der Messung eine Spannung von 2 mm an.
- Spiel durch kräftiges Ziehen und Drücken am Flansch kontrollieren. Vor jedem Messen Radnabe einige Male durchdrehen.

Achtung: Während der Messung darf sich die Radnabe nicht verdrehen. Steht das Spezialwerkzeug nicht zur Verfügung, Radlagerspiel so einstellen, daß gerade kein Spiel mehr spürbar ist. Anschließend Spiel in der Werkstatt überprüfen lassen.

- Innensechskantschraube der Klemm-Mutter mit 14 Nm festziehen und Radlagerspiel nochmals kontrollieren.
- Kontaktfeder für Radioentstörung einsetzen.
- Nabenkappe bis zum Bördelrand mit Hochtemperatur-Wälzlagerfett füllen. Füllmenge ca. 15 Gramm, siehe auch Abbildung 133-7871/1. Bei Fahrzeugen bis 11/82 bisherige Fettfüllung entfernen und Nabenkappe mit neuem Hochtemperatur-Wälzlagerfett füllen.
- Nabenkappe aufdrücken, dazu Kappe ansetzen und leicht mit einem Gummihammer einschlagen.
- Vorderrad anschrauben. Fahrzeug ablassen, Radschrauben über Kreuz mit 110 Nm festziehen.

Wartungsarbeiten an der Vorderachse

Sichtprüfung der Vorderachse

Die Sichtprüfung ist im Rahmen der Wartung alle 20000 km durchzuführen.

- Radschrauben lösen, Fahrzeug vorn aufbocken und Vorderräder abnehmen.

132-11146/1

- Mit Lampe Staubkappen –Pfeil– der Traggelenke auf Beschädigung überprüfen, dabei auf Fettspuren an der Kappe und in deren Umgebung achten.

133-11110/1

- Manschetten –Pfeil– der Führungsgelenke auf Beschädigungen prüfen.

Achtung: Wenn die Staubkappe beschädigt ist, Trage- oder Führungsgelenk umgehend ersetzen, da eintretender Schmutz das Gelenk nach kurzer Zeit zerstört.

- Dämpferbein auf Ölspuren überprüfen. Ein geringer Ölfilm an der Kolbenstange ist normal. Andernfalls Dämpferbein ausbauen und prüfen, siehe Seite 138.
- Vorderräder einbauen, Fahrzeug ablassen und Radschrauben mit 110 Nm über Kreuz festziehen.

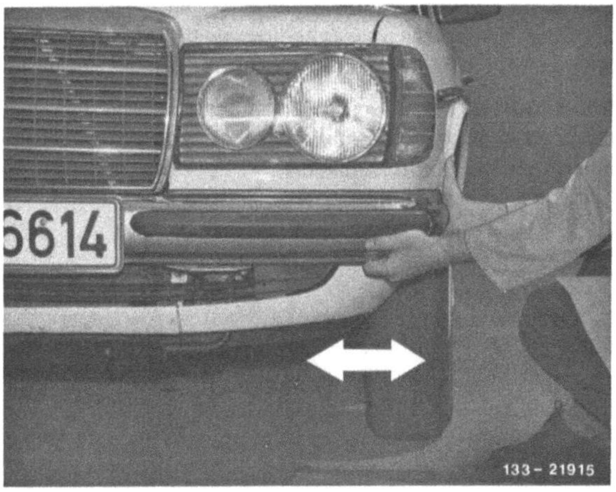

133-21915

- Führungsgelenke sorgfältig auf Spiel prüfen. Dazu Fahrzeug seitlich am Stoßfänger kräftig hin- und herbewegen (Helfer!).

133-21916

- Gleichzeitig Kugelgelenk und Achsschenkel mit den Fingern abtasten, ob im Kugelgelenk Spiel vorhanden ist. Wenn Spiel vorhanden ist, oberen Querlenker erneuern.

Die Hinterachse

Der MERCEDES besitzt eine Diagonal-Pendel-Hinterachse mit Einzelradaufhängung. Zur Abfederung dienen Schraubenfedern und hydraulisch wirkende Stoßdämpfer.

In der Mitte der Hinterachse befindet sich das Hinterachsgetriebe. Es ist am Achsträger befestigt und über ein Gummilager mit dem Rahmenboden verbunden.

Auf beiden Seiten des Achsträgers sind die Schräglenker elastisch gelagert. Die Lenker sind auf der anderen Seite über Kegelrollenlager mit dem Radträger verbunden.

Die Schraubenfedern und Stoßdämpfer sind zwischen Schräglenker und Rahmenboden angeordnet, wobei sich die Stoßdämpfer innerhalb der Federn befinden.

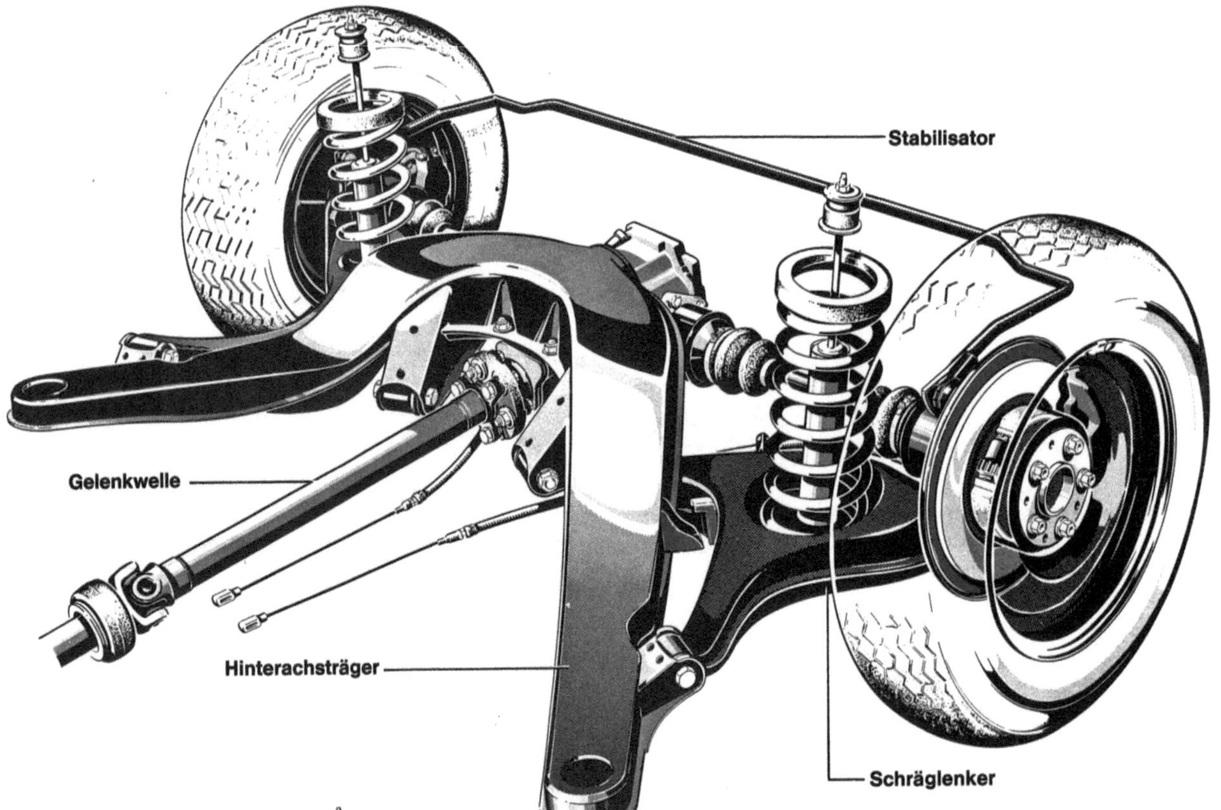

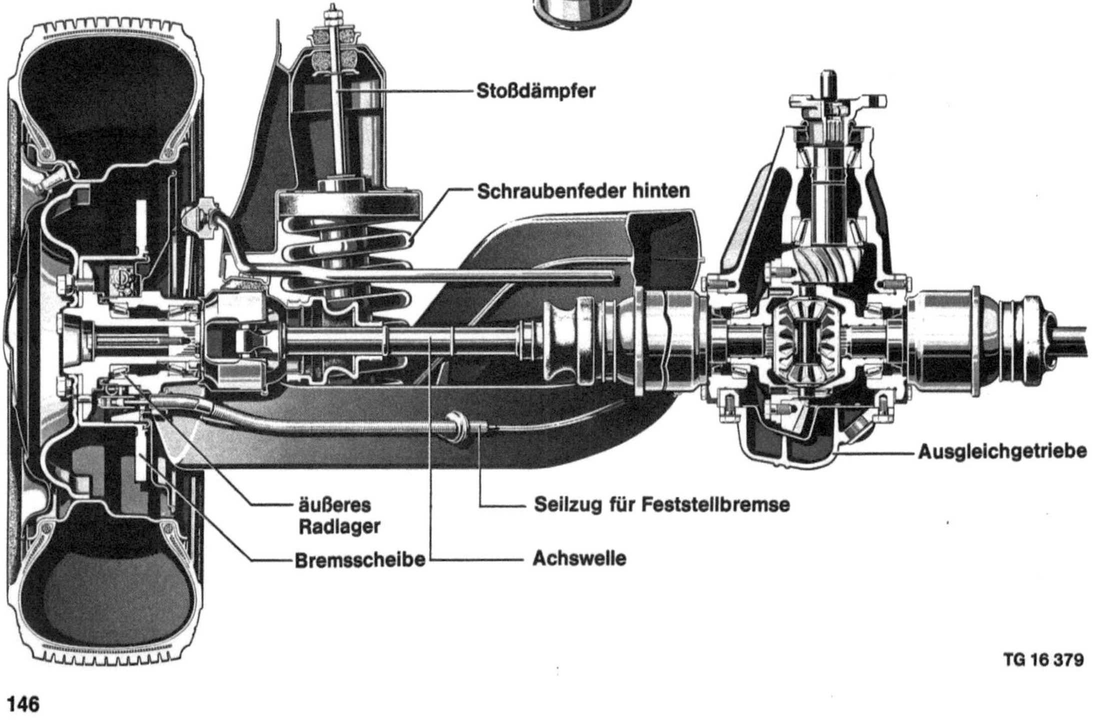

Schraubenfeder hinten aus- und einbauen

Achtung: Je nach Aussstattung des Fahrzeuges sind unterschiedliche Schraubenfedern mit den jeweils dazu passenden Gummilagern eingebaut.

Zur Kennzeichnung der Federn sind am letzten unteren Windungsgang ein roter oder blauer Farbstrich angebracht sowie die Teile-Nr. eingeschlagen. Beim Auswechseln nur Feder mit gleicher Kennzeichnung verwenden.

Ausbau

- Hinteren Stoßdämpfer ausbauen, dabei Stoßdämpfer zuerst oben lösen, siehe Seite 148.
- Schraubenfeder mit geeignetem Federspanner spannen. Dabei soll der Federspanner 5 Windungen umfassen.
- Hintere Schraubenfeder mit Gummilager herausnehmen.
- Feder längs in Schraubstock einspannen, Gummilager durch Linksdrehung abnehmen und Feder langsam entspannen.

Einbau

Vor dem Einbau Gummilager auf Porosität oder Beschädigung prüfen, gegebenenfalls ersetzen. Anlagebereich am Schräglenker reinigen, Wasserablaufbohrung muß frei sein.

- Federspanner ansetzen und Feder langsam spannen.

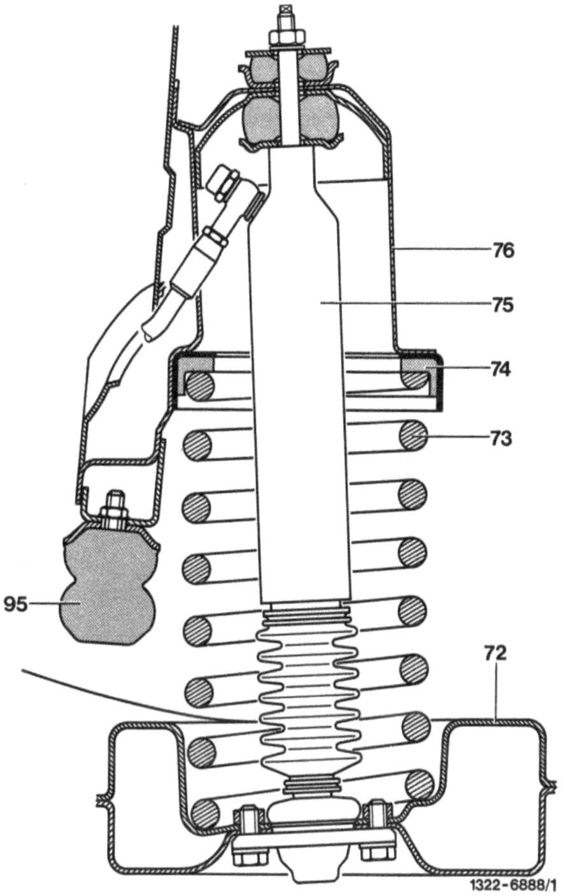

- Gummilager –74– auflegen und Schraubenfeder –73– so einsetzen, daß das Ende der unteren Windung in der Vertiefung am Schräglenker –72– sitzt.
- Feder entspannen, dabei auf richtigen Sitz des Gummilagers im Rahmenboden und im Schräglenker achten.
- Federspanner entfernen.
- Stoßdämpfer einbauen, dabei Stoßdämpfer zuerst unten am Schräglenker und dann am Stoßdämpferdom –76– befestigen.
- Anschlagpuffer –95– auf Beschädigungen prüfen, gegebenenfalls ersetzen. **Achtung:** Bei Fahrzeugen, die für höhere Zuladung und/oder mit härterer Federung ausgerüstet sind, befindet sich zwischen Anschlagpuffer und Rahmenboden eine 8,5 mm dicke Distanzscheibe. In diesem Fall wird der Anschlagpuffer mit einer längeren Schraube befestigt.
- Fahrzeug-Niveau und Scheinwerfer-Einstellung prüfen lassen (Werkstattarbeit).

Stoßdämpfer hinten aus- und einbauen

Stoßdämpfer sind im Reparaturfall, unabhängig vom Fabrikat, einzeln austauschbar. Die Ausführung der Stoßdämpfer (Farbstrich-Kennzeichnung) muß jedoch übereinstimmen.

Achtung: Die Stoßdämpfer sind mit Gas und Öl gefüllt und stehen unter hohem Druck. Deshalb defekte Stoßdämpfer nicht dem Hausmüll mitgeben, sondern als Sondermüll bei den entsprechenden Stellen abgeben.

Ausbau

Achtung: Beim Lösen der oberen Aufhängung darf sich das Stoßdämpferrohr nicht mitdrehen, sonst könnte sich die Befestigung des Arbeitskolbens lösen. Unfallgefahr!

- Rücksitz und Rückenlehne ausbauen, siehe Seite 199.
- Runden Deckel aus der Rückwand herausnehmen.

- Muttern –75a– abschrauben. Wenn sich hierbei das Stoßdämpferrohr mitdreht, dieses mit der Hand im Radlauf festhalten. Beim Lösen der Kontermutter untere Mutter mit Gabelschlüssel gegenhalten. Scheibe –75b– und Gummiring –75c– abnehmen.
- Fahrzeug ca. 50 cm aufbocken, damit genügend Platz vorhanden ist, um den Stoßdämpfer nach unten herauszunehmen.

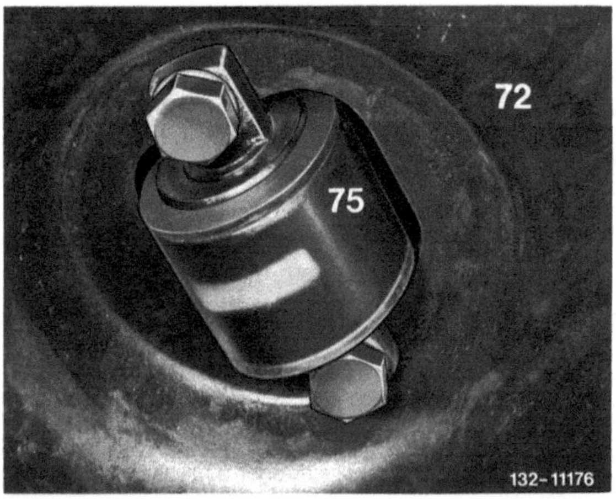

- Sechskantschrauben am Schräglenker –72– abschrauben und Stoßdämpfer nach unten herausnehmen.

Einbau

- Vor dem Einbau Stoßdämpfer prüfen, siehe Seite 138.
- Gummiteile auf Porosität und Beschädigung prüfen, gegebenenfalls ersetzen.

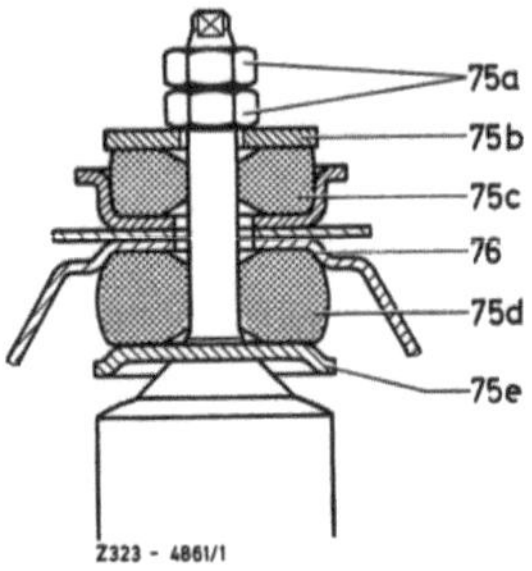

75a – Sechskantmuttern
75b – Scheibe
75c – Gummiring oben
75d – Gummiring unten
75e – Teller
76 – Dom am Rahmenboden der Hinterachse

- Stoßdämpfer entsprechend der Abbildung komplettieren, einsetzen und oben anschrauben. Dabei untere Mutter bis zum Gewindeende aufschrauben und mit oberer Mutter kontern.

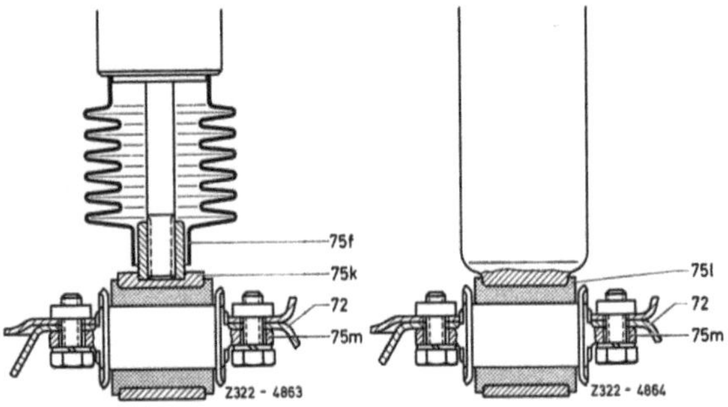

Stoßdämpfer mit Trennkolben/ ohne Trennkolben
72 – Schräglenker
75f – Staubschutz
75k – Aufhängungsauge
75l – Gummilager
75m – Befestigungsbügel

- Stoßdämpfer unten am Schräglenker mit 45 Nm festziehen.
- Fahrzeug ablassen, siehe Seite 244.
- Deckel in Rückwand einsetzen, Rücksitz und Lehne einbauen, siehe Seite 199.

Wartungsarbeiten an der Hinterachse

Ölstand im Ausgleichgetriebe prüfen

Das Öl im Ausgleichgetriebe der Hinterachse muß nicht gewechselt werden.

Die Ölstandskontrolle ist im Rahmen der Wartung alle 20000 km durchzuführen.

- Kurze Probefahrt durchführen, damit das Öl im Ausgleichgetriebe Betriebstemperatur erreicht.
- Fahrzeug waagerecht aufbocken.

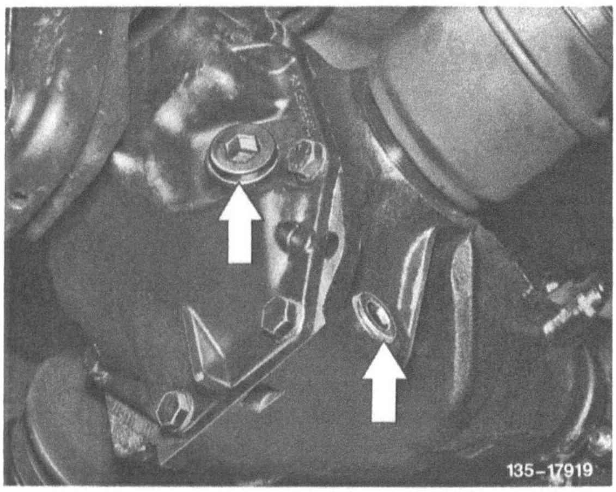

- Öleinfüllschraube –linker Pfeil– mit Innensechskantschlüssel SW 14, zum Beispiel HAZET 2760, herausdrehen. Die Abbildung zeigt das Ausgleichgetriebe ab 2/81; der rechte Pfeil deutet auf die Ablaßschraube.
- Wenn geringfügig Öl austritt, ist der Ölstand in Ordnung. Andernfalls mit Finger prüfen, ob der Ölstand bis zur Unterkante der Öffnung reicht.
- Falls nicht, mit Spritzkanne Öl nachfüllen.

Achtung: Bei größerem Ölverlust Ursache ermitteln und beseitigen.

Öl-Spezifikation: Hypoid-Getriebeöl SAE 90. Dabei nur ein von MERCEDES freigegebenes Öl verwenden (steht auf der Öldose).

Achtung: Getriebeöl ist zähflüssig, deshalb nicht zuviel Öl auf einmal einfüllen. Jeweils Wartepausen einlegen und Gefäß unterstellen, um überlaufendes Öl aufzufangen.

- Öleinfüllschraube mit 50 Nm anschrauben.

Manschetten der Achswellen prüfen

- Fahrzeug aufbocken.
- Auf sichtbare Fettspuren an den Manschetten und in deren Umgebung achten.
- Festen Sitz der Klemmschellen prüfen.
- Gummi der Manschette mit Lampe auf Porosität und Risse untersuchen. Eingerissene Gelenkschutzhüllen umgehend erneuern.
- Sollte die Manschette durch Unterdruck im Gelenk nach innen gezogen oder defekt sein, so ist sie umgehend auszutauschen.

Niveauregulierung/Ölstand prüfen

Der Ölstand ist alle 20000 km zu prüfen. Die Prüfung erfolgt bei stehendem Motor.

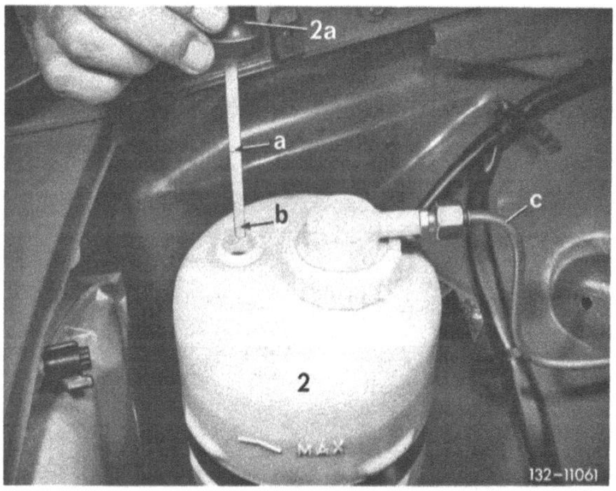

- Ölmeßstab –2a– aus Vorratsbehälter herausziehen, mit nicht fusselndem, sauberem Lappen abwischen und wieder einführen.
- Meßstab erneut herausziehen und Ölstand ablesen.
- In fahrfertigem Zustand, also bei vollgetanktem, unbelastetem Fahrzeug soll der Ölstand zwischen der Max.- und der Min.-Markierung –a/b– liegen. –C– Rückströmleitung.
- Bei belastetem Fahrzeug liegt der Ölspiegel an der Min.-Markierung.
- Gegebenenfalls Hydrauliköl mit Trichter und engmaschigem Sieb einfüllen. Dabei nur ein von MERCEDES freigegebenes Öl verwenden.
- Die Nachfüllmenge zwischen Min.- und Max.-Markierung des Peilstabes beträgt ca. 0,6 l. Gesamtfüllmenge des Hydrauliksystems ca. 3,5 l.

Die Lenkung

Die Lenkung besteht aus dem Lenkrad, der Lenkspindel, dem Lenkgetriebe, dem Lenkgestänge und dem Lenkungsdämpfer. Das Lenkrad ist auf die Lenkspindel aufgeschraubt, die wiederum die Lenkbewegungen auf das Lenkgetriebe überträgt.

Je nach Lenkeinschlag ändert sich die Übersetzung im Lenkgetriebe. Das heißt, je weiter das Lenkrad eingeschlagen wird, desto indirekter wird die Lenkung. Das Lenkrad läßt sich dann leichter drehen, zum Beispiel beim Einparken.

Sobald sich das Lenkrad etwa in Mittelstellung befindet, sorgt eine direktere Getriebeübersetzung für erhöhte Lenkpräzision, insbesondere bei höheren Geschwindigkeiten.

Je nach Modell oder Ausstattung wird die Bedienung der Lenkung durch eine hydraulische Lenkhilfe erleichtert. Die hydraulische Lenkhilfe (Servolenkung) sorgt dafür, daß der Kraftaufwand beim Einschlagen der Lenkung möglichst gering gehalten wird. Die Lenkhilfe besteht aus der Ölpumpe, dem Vorratsbehälter und den Öldruckleitungen. Angetrieben wird die Ölpumpe über einen Keilriemen. Die Pumpe saugt das Hydrauliköl aus dem Vorratsbehälter an und fördert es mit hohem Druck zum Lenkgetriebe. Dort sorgt eine Regeleinheit zusammen mit dem Arbeitskolben für die erforderliche Lenkunterstützung.

Lenkrad aus- und einbauen

Achtung: Die Anweisungen gelten nur für Lenkräder **ohne** Airbag-Einrichtung. Der Ausbau der Airbag-Einrichtung sollte aus Sicherheitsgründen der Werkstatt überlassen werden.

Ausbau bis 8/79

- Polsterplatte –44– nach oben abziehen. Dabei im Bereich der unteren rechten oder linken Ecke im Bereich der Lenkradspeichen beginnen.

- Lenkung so stellen, daß die Kerbe –Pfeil– nach oben zeigt.
- Sechskantmutter –50– abschrauben.
- Lenkrad –16– von der Lenkspindel –6– abziehen.

Einbau

- Lenkrad so auf die Kerbverzahnung der Spindel aufschieben, daß sich die gerade Speiche in waagerechter Stellung befindet. Die geschwungene Speiche muß unten sein. Prüfen, ob sich die Kerbe in der Lenkspindel oben befindet, gegebenenfalls Kerbe nach oben stellen und Lenkrad versetzen.
- Lenkrad mit Sechskantmutter und **80 Nm** anschrauben.
- Polsterplatte am Signalträger anknöpfen, dabei in der linken oder rechten oberen Ecke beginnen.

Ausbau seit 9/79

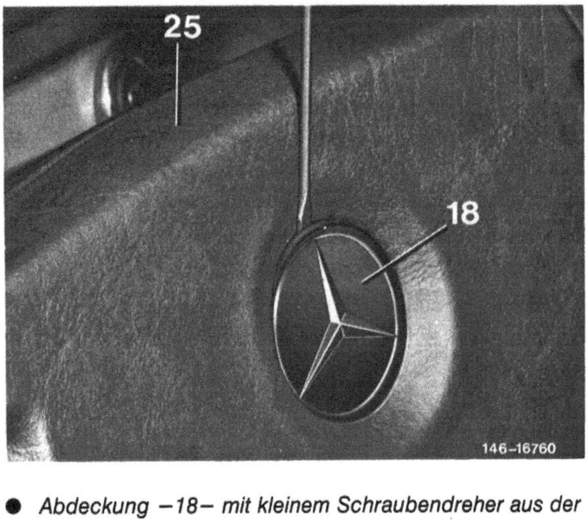

- *Abdeckung –18– mit kleinem Schraubendreher aus der Polsterplatte –25– heraushebeln.*

***Achtung:** Polsterplatte –25– **nicht** abziehen.*

- *Lenkrad drehen bis das Lenkschloß einrastet.*

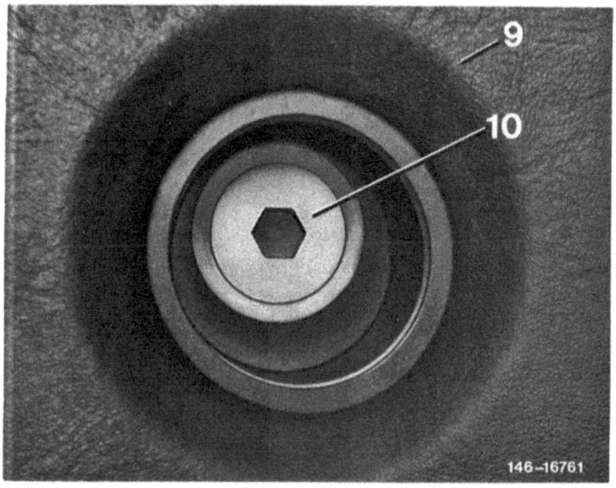

- *Senkschraube –10– mit Innensechskantschlüssel SW 10 herausschrauben.*
- *Lenkrad von der Lenkspindel abziehen, gegebenenfalls mit dem Handballen abschlagen.*

Einbau

- *Prüfen, ob die Kerbe auf der Lenkspindel genau nach oben zeigt, andernfalls Lenkspindel entsprechend verdrehen.*
- *Lenkrad auf Kerbverzahnung der Lenkspindel aufschieben. Dabei muß die geschwungene Speiche unten sein und die obere Speiche muß sich in waagerechter Stellung befinden.*
- *Lenkrad drehen und Lenkschloß einrasten.*
- ***Neue selbstsichernde** Senkschraube hineindrehen und mit **80 Nm** festziehen.*
- *Abdeckung –18– in Polsterplatte eindrücken.*
- Probefahrt durchführen und bei Geradeausfahrt Stellung des Lenkrades überprüfen. Die obere Speiche des Lenkrades muß sich in waagerechter Lage befinden.
- Falls das Lenkrad schräg steht, kann es an der Kerbverzahnung um maximal 2 Zähne versetzt werden.

Achtung: Wenn diese Versetzung des Lenkrades nicht ausreicht, Spur der Vorderräder überprüfen, siehe Seite 156.

- Hupe auf Funktion prüfen.
- Automatische Rückstellung des Blinkerschalters prüfen.

Hinweis: Ein verschmutztes oder klebrig wirkendes Lenkrad kann mit neutralem Haushaltsreiniger und lauwarmem Wasser gereinigt werden, keine Scheuermittel verwenden.

Spurstange aus- und einbauen

Ausbau

- Radschrauben lösen.
- Fahrzeug vorn aufbocken, Rad abnehmen.

- Befestigungsmutter –35– an den Gelenken der Spurstange –10– abschrauben. Dabei mit Innensechskantschlüssel SW 5 am Zapfen des Spurstangengelenks –Pfeil– gegenhalten; 23– Lenkspurhebel. *Falls die Spurstange mit Kronenmuttern befestigt ist, Sicherungssplinte aufbiegen, herausziehen und Kronenmuttern abschrauben.*

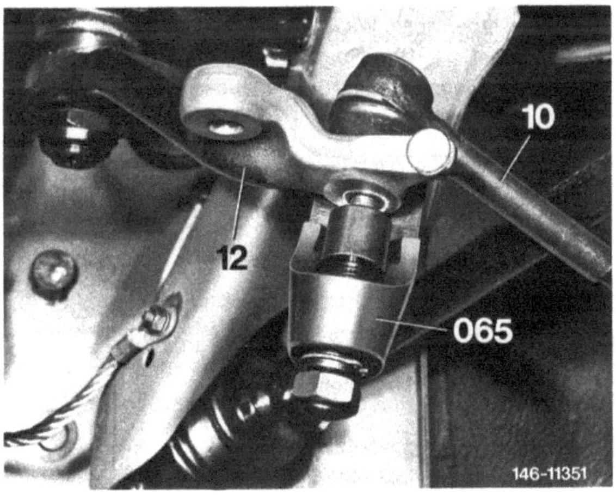

- Spurstangengelenke mit DB-Abzieher 065 oder HAZET 779 von den Lenkhebeln abdrücken.

Achtung: Dabei Gummimanschette nicht beschädigen.

Prüfen

- Spurstangengelenke am Zapfen hin- und herbewegen. Bei zu großer Leichtgängigkeit oder wenn Spiel vorhanden ist, Spurstangenkopf erneuern.
- Staubmanschetten auf Beschädigung und Undichtheit (Austritt der Fettfüllung) prüfen. Wenn die Manschette beschädigt ist, Spurstangenkopf erneuern.

Achtung: Falls die Manschette erst beim Ausbau beschädigt wurde, genügt es, die Manschette zu ersetzen.

Einbau

- Falls erforderlich, Zapfen der Spurstangengelenke sowie Sitze in den Lenkhebeln von Fett reinigen.

Achtung: Links und rechts sind unterschiedliche Spurstangen eingebaut. Bei Spurstangen mit 2 Klemmschellen längeren Gelenkzapfen am Lenkstockhebel, also nicht an der Radseite, einsetzen. Bei Spurstangen mit einer Klemmschelle Gelenkzapfen neben der Klemmschelle am Lenkspurhebel –23 in Abbildung 146-23539–, also an der Radseite montieren.

- Kugelbolzen fest in den Konus des Lenkhebels eindrücken.

- *Kronenmuttern –34– mit* ***35 Nm*** *anschrauben, Splinte reinstecken und umbiegen.* ***Achtung:*** *Gegebenenfalls Kronenmutter etwas weiter anziehen, bis der Splint eingesteckt werden kann. Weitere abgebildete Teile: 2 – Lenkstockhebel, 10 – Spurstange, 11 – Lenkstange, 15 – Lenkungsdämpfer, 32 – Staubkappe, 33 – Kunststoffabdeckung.*
- **Neue** selbstsichernde Muttern anschrauben, dabei Gelenkzapfen mit Innensechskantschlüssel gegenhalten und Muttern mit **35 Nm** festziehen.
- Rad anschrauben.
- Fahrzeug ablassen.
- Radschrauben über Kreuz mit 110 Nm anziehen.
- Spureinstellung überprüfen lassen.

Staubmanschetten für Spurstangen- und Lenkstangengelenke aus- und einbauen

Achtung: Zum leichteren Einbau können 2 Montagehülsen selbst angefertigt werden.

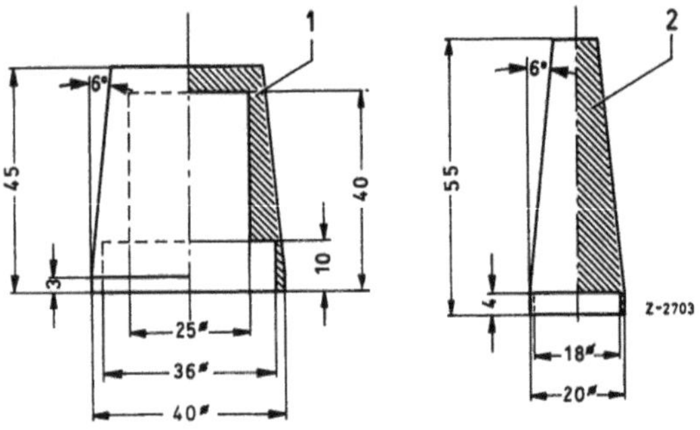

Für die Montage des Draht-Spannringes

Für die Montage des Kunststoffringes

Ausbau

- Spur-, Lenkstange ausbauen.

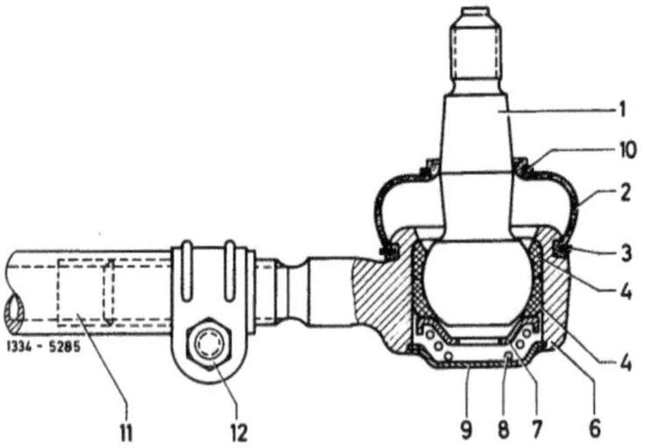

- Draht-Spannring –3– mit Schraubendreher abhebeln.
- Manschette –2– mit Kunststoffring –10– nach oben abziehen. Weitere abgebildete Teile: 1 – Gelenkzapfen, 4 – Kunststoff-Lagerschalen, 6 – Spurstangengelenk, 7 – Druckteller, 8 – Druckfeder, 9 – Verschlußdeckel, 11 – Gelenkstange, 12 – Klemmschraube.

Einbau

- Kugelgelenk mit Mehrzweckfett füllen, zum Beispiel SHELL Retinax A.

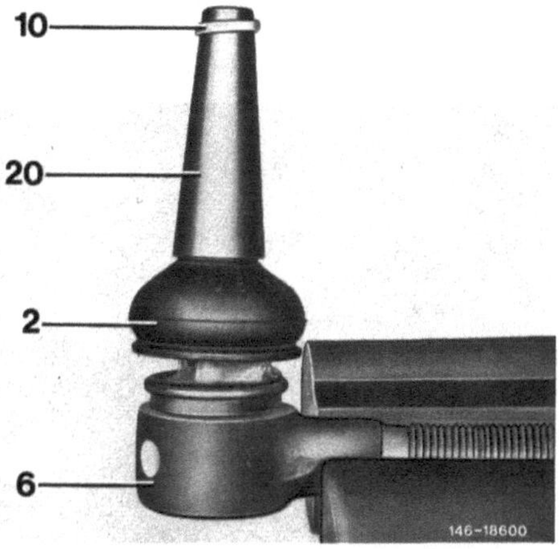

- Gummimanschette –2– über den Gelenkzapfen aufschieben.
- Montagehülse –20– aufsetzen und Kunststoffring –10– über die Montagehülse in die Gummimanschette einsetzen.
- Montagehülse –20– entfernen.

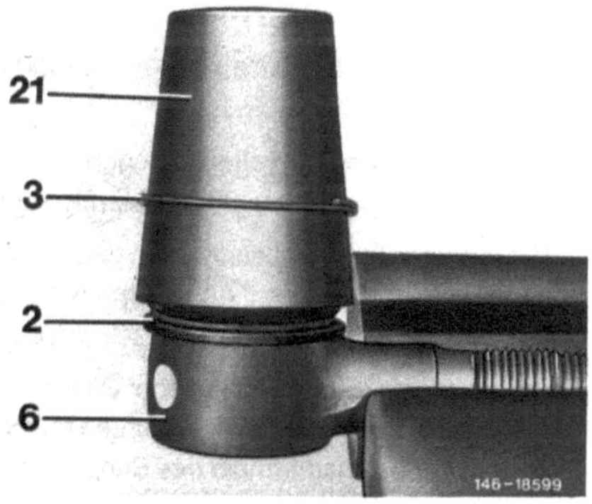

- Montagehülse –21– über die Gummimanschette aufschieben und Draht-Spannring –3– in die Gummimanschette einsetzen.
- Spur-, Lenkstange einbauen.

Spurstangengelenk aus- und einbauen

Achtung: Je nach Ausführung sind die Spurstangengelenke an der Spurstange mit 2 Klemmschellen oder mit 1 Klemmschelle und auf der anderen Seite mit 1 Klemmkonusring und Kontermutter gesichert. Am Lenkstock- beziehungsweise Lenkspurhebel sind die Gelenke mit Kronenmuttern und Splinten oder mit selbstsichernden Sechskantmuttern befestigt. Beim Herausschrauben des Spurstangengelenkes auf Rechts- oder Linksgewinde achten.

Ausbau

- Spurstange ausbauen.

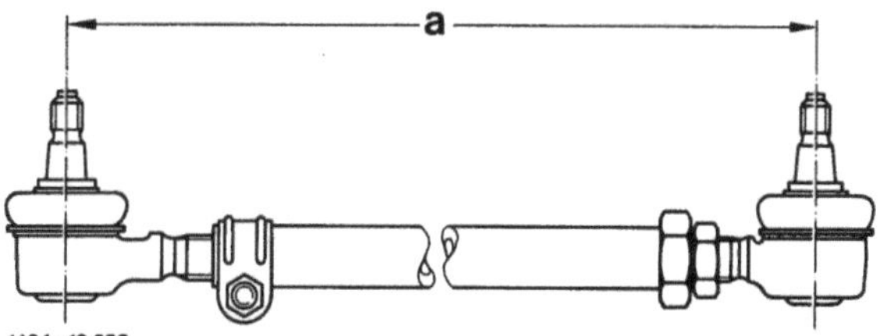

1464 - 10 698

- Klemmschelle abschrauben und äußeres Spurstangengelenk aus der Spurstange herausschrauben.

Hinweis: Zum leichteren Einbau Umdrehungen beim Ausbau des Gelenkes zählen und notieren.

- Kontermutter lösen und anschließend Spannmutter vom Konus der Spurstange abschrauben, beziehungsweise innere Klemmutter abschrauben.
- Inneres Spurstangengelenk aus der Spurstange herausschrauben.

Einbau

- Spurstangengelenke mit notierter Umdrehungszahl einschrauben. Dabei müssen beide Gelenke etwa gleich weit eingeschraubt werden, gegebenenfalls Umdrehungen ausmitteln.
- Maß –a– der Spurstange prüfen, Sollwert 345 ± 2 mm. Gegebenenfalls beide Spurstangenköpfe wechselweise rein- oder rausdrehen.
- Äußeres Gelenk mit Schelle und 20 Nm befestigen.
- Auf der anderen Seite der Spurstange Klemmutter mit 50 Nm anschrauben und mit Kontermutter sichern, beziehungsweise Klemmutter mit 20 Nm festziehen.
- Spurstange einbauen.

Wartungsarbeiten an der Lenkung

Staubkappen für Spurstangen-/ Lenkstangengelenke prüfen

- Fahrzeug vorn aufbocken.
- Staubkappen mit Lampe anstrahlen und auf Beschädigungen überprüfen, dabei auf Fettspuren an den Manschetten und in deren Umgebung achten.
- Bei beschädigter Staubkappe, entsprechendes Gelenk auswechseln. Eingedrungener Schmutz zerstört mit Sicherheit das Gelenk.
- Befestigungsmutter für die Gelenke auf festen Sitz prüfen, dabei Mutter jedoch nicht verdrehen. Lockere Muttern ersetzen.

Lenkungsspiel prüfen

- Lenkrad in Mittelstellung bringen.
- Durch geöffnetes Fenster das Lenkrad hin- und herbewegen. Am Lenkrad darf dabei maximal ein Spiel von a = 25 mm vorhanden sein, ohne daß die Räder sich bewegen.
- Bei größerem Spiel am Lenkrad sind Lenkgestänge, Lenkzwischenhebel, Lenkgetriebe und die Lagerspiele der Vorderachse zu prüfen.

- Spurstangen –10– sowie Lenkstange –11– kräftig von Hand hin- und herbewegen. Die Kugelgelenke dürfen kein Spiel aufweisen, andernfalls Gelenke oder Lenkstange ersetzen. Weitere abgebildete Teile: 2 – Lenkstockhebel, 12–Lenkzwischenhebel, 15–Lenkungsdämpfer, 23–Lenkspurhebel.
- Spurstangen auf Verbiegungen prüfen.

Ölstand für mechanische Lenkung prüfen

- Verschlußschraube aus dem Lenkgetriebe herausschrauben. In Mittelstellung der Lenkung soll der **Ölstand bis an die Unterkante** des Gewindeloches der Verschlußschraube reichen. Gegebenenfalls Lenkgetriebe-Öl (ATF) nach MERCEDES-BENZ-Spezifikation nachfüllen.

Ölstand für Servolenkung prüfen

Der Ölstand für die Lenkhilfe sollte alle 20000 km geprüft werden.

- Der Ölstand kann bei kaltem (Umgebungstemperatur) oder betriebswarmem Öl (ca. 80° C) geprüft werden.
- Verschlußschraube abschrauben und Deckel des Pumpengehäuses abnehmen. **Achtung:** Statt der Verschlußschraube kann auch eine Flügelschraube vorhanden sein.
- Bei warmem Öl (ca. 80° C) soll der Ölstand im Vorratsbehälter bis zur eingegossenen Markierung reichen, beziehungsweise ca. 20 mm unterhalb des Behälterrandes.
- Bei kaltem Öl soll der Ölstand 6 bis 8 mm unterhalb der Markierung am Behälter liegen.
- Falls erforderlich ATF-Schaltgetriebeöl nachfüllen; ATF= Automatic Transmission Fluid. Grundsätzlich nur **neues Öl** nachfüllen, da bereits kleinste Verunreinigungen zu Störungen an der hydraulischen Anlage führen können.
- Die Füllmenge beträgt insgesamt ca. 1,4 Liter.
- Dichtring am Deckel auf Porosität oder Beschädigung prüfen.
- Deckel für Pumpengehäuse auflegen und mit Verschlußschraube beziehungsweise Flügelschraube befestigen.
- Anschließend bei laufendem Motor das Lenkrad mehrmals von Anschlag zu Anschlag bewegen, dadurch entlüftet sich die Anlage.

Befestigungsschrauben an der Lenkung nachziehen

Die Schrauben an der Lenkung sind alle 20000 km auf das richtige Anzugsdrehmoment nachzuziehen.

- Fahrzeug aufbocken, siehe Seite 244.
- Sicherheits-Befestigungsschrauben des Lenkgetriebes am Längsträger des Rahmenbodens: **70 bis 80 Nm**.
- Innensechskantschrauben an der Lenkungskupplung: **25 Nm.**
- Selbstsichernde Befestigungsmutter für Lenkzwischenhebel: **120 Nm.**
- Selbstsichernde Befestigungsmutter an der Lenkwelle: **140 – 180 Nm** (Lenkwelle mit 30 mm ∅); **160 – 200 Nm** (Lenkwelle mit 32 mm ∅ und Servolenkung).
- Selbstsichernde Befestigungsmutter für Lenkungsstoßdämpfer an der Lenkstange: **45 Nm.**
- Kronenmuttern beziehungsweise selbstsichernde Muttern an Lenk- und Spurstangen: **35 Nm.**
- Sechskantschraube an der Klemmschelle der Spurstange: **20 Nm.**
- Kontermutter am Klemmkonusring der Spurstangen auf festen Sitz prüfen. Anzugsdrehmoment: **50 Nm.**

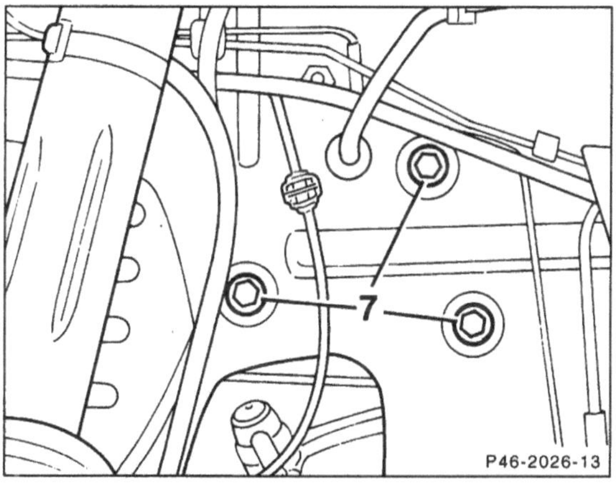

- Sicherheits-Befestigungsschrauben des Lenkgetriebes am Rahmenboden mit **70 Nm** nachziehen.
- Fahrzeug ablassen.
- Befestigungsmutter beziehungsweise Senkschraube für Lenkrad: **80 Nm.**
- Befestigungsmutter für Mantelrohr an Querträger: **25 Nm;** Mantelrohr am unteren Halter: **10 Nm.**

Keilriemen für Servo-Hydraulikpumpe erneuern/spannen

Je nach Fahrzeugausstattung diejenigen Keilriemen ausbauen, die auf der Kurbelwellen-Riemenscheibe vor dem Keilriemen für die Servolenkung montiert sind.

- Befestigungsschrauben –1, 2, 3– lösen.
- Spannrad –4– verdrehen und dadurch Keilriemen entspannen und anschließend abnehmen.

- *Beim* ***Motor 110*** *Schraube –1– an der Stirnseite der Hydraulikpumpe lösen.*

- *Mutter –2– lösen. Spannschraube –3– nach links drehen, dadurch Keilriemen entspannen und anschließend abnehmen.*
- Neuen Keilriemen auflegen und mit Stellrad spannen. Der Riemen soll sich in der Mitte zwischen den Riemenscheiben mit dem Daumen ca. 5 mm eindrücken lassen.
- Befestigungsschrauben beziehungsweise -muttern festziehen.
- Restliche Keilriemen prüfen und einbauen.

Achtung: In der Werkstatt kann die Keilriemenspannung mit einem speziellen Meßgerät genau geprüft und eingestellt werden. Der Sollwert für einen neuen Keilriemen beträgt 50, für einen gelaufenen Riemen 40 bis 45. Die Werte beziehen sich auf das Spezialwerkzeug, siehe auch Seite 224.

Die Fahrzeugvermessung

Optimale Fahreigenschaften und geringster Reifenverschleiß sind nur dann zu erzielen, wenn die Stellung der Räder einwandfrei ist. Bei anomaler Reifenabnutzung sowie mangelhafter Straßenlage – bei schlechter Richtungsstabilität in Geradeausfahrt sowie schlechten Lenkeigenschaften in Kurvenfahrt – sollte die Werkstatt aufgesucht werden, um den Wagen optisch vermessen zu lassen.
Die Fahrzeugvermessung kann ohne eine entsprechende Meßanlage nicht durchgeführt werden.
Ich beschränke mich deshalb hier auf die Beschreibung der für die Vermessung erforderlichen Grundbegriffe.

Die Spur

Als Spur bezeichnet man den seitlichen Abstand der Räder voneinander. In der Regel müssen Vorderräder Vorspur haben, weil sie – veranlaßt durch Sturz und Rollwiderstand – in Geradeausfahrt etwas nach außen laufen, da Spiel in den Radlagern, Radaufhängungen und Spurstangengelenken vorhanden ist. Die Vorspur kompensiert das Bestreben der Vorderräder, nach außen zu laufen. Für die Vorspur werden die Räder so eingestellt, daß sie – in Höhe des Radmittelpunktes gemessen – vorn etwas enger zusammenstehen als hinten.

Nachspur bedeutet, daß die Vorderräder, gemessen in Höhe des Radmittelpunktes, vorn etwas weiter auseinanderstehen als hinten.
Beim MERCEDES werden sowohl die Vorderräder als auch die Hinterräder auf Vorspur eingestellt.

Sturz und Spreizung

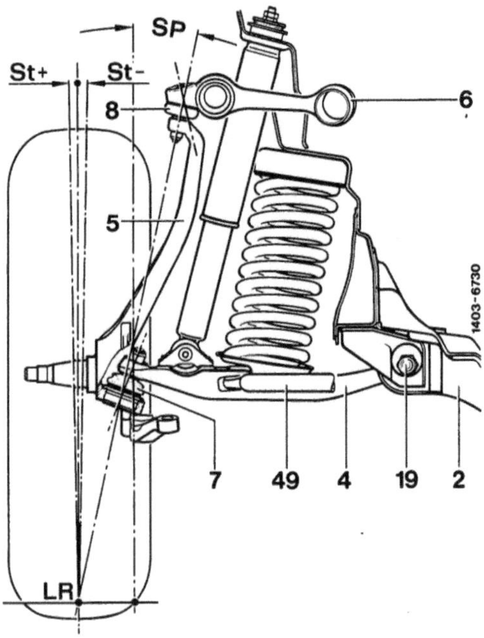

Vorderachse: St – Sturz, SP – Spreizung, LR – Lenkrollradius, 2 – Querträger, 4 – Unterer Querlenker, 5 – Achsschenkel, 6 – Oberer Querlenker, 7 – Traggelenk, 8 – Führungsgelenk, 19 – Exzenterbolzen für Sturzverstellung, 49 – Stützrohr.

Sturz und Spreizung vermindern die Übertragung von Fahrbahnstößen auf die Lenkung und halten bei Kurvenfahrt die Reibung möglichst gering.

Sturz ist der Winkel, um den die Radebene von der Senkrechten abweicht. Die Vorderräder stehen also schräg, bei positivem Sturz beispielsweise im Radaufstandspunkt mehr zusammen als oben. Der Sturz beim MERCEDES ist auf neutral (0°) eingestellt.

Spreizung ist der Winkel zwischen der Schwenkachse des Achsschenkels und der Senkrechten im Reifenaufstandspunkt, in Längsrichtung des Wagens gesehen.

Durch den Sturz- und Spreizwinkel werden die Berührungspunkte der Räder auf der Fahrbahn näher an die Schwenkachse des Achsschenkels herangebracht. Damit wird der sogenannte Lenkrollhalbmesser klein gehalten. Je kleiner der Lenkrollhalbmesser ist, desto leichtgängiger ist die Lenkung. Auch die Fahrbahnstöße wirken sich wesentlich schwächer auf das Lenkgestänge aus. Beim MERCEDES ist der Lenkrollradius null.

Nachlauf

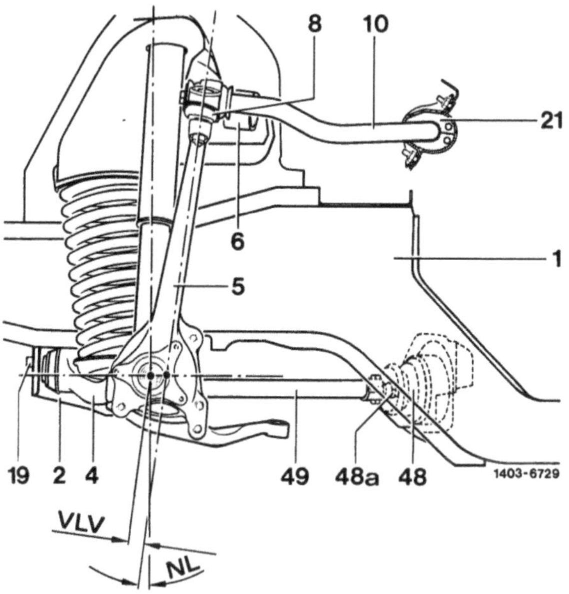

Vorderachse: NL – Nachlauf, VLV – Vorlaufversatz, 1 – Längsträger, 2 – Querträger, 4 – Unterer Querlenker, 5 – Achsschenkel, 6 – Oberer Querlenker, 8 – Führungsgelenk, 10 – Stabilisator, 19 – Exzenterbolzen für Sturzverstellung, 21 – Gummilager für Stabilisator, 48 – Stützgelenk, 48a – Kugelbolzen für Nachlaufverstellung, 49 – Stützrohr.

Nachlauf ist der Winkel zwischen der Schwenkachse des Achsschenkels und der Senkrechten im Reifenaufstandspunkt in Querrichtung des Fahrzeuges gesehen. Der Nachlauf wird zusammen mit dem Sturz über 2 Exzenterschrauben eingestellt.

Der Nachlauf beeinflußt maßgeblich die Geradeausführung der Vorderräder. Zu geringer Nachlauf begünstigt ein Abweichen aus der Fahrtrichtung auf schlechten Straßen und bei Seitenwind und läßt zudem nach der Kurvenfahrt die Lenkung nicht weit genug zur Mittelstellung zurücklaufen.

Das Einstellen

Zur Fahrzeugvermessung wird eine Meßgrube oder eine Meß-Hebebühne benötigt. Bei jeder Vermessung müssen folgende Voraussetzungen erfüllt sein:

- Vorschriftsmäßiger Reifenfülldruck
- Fahrzeug bei Leergewicht in fahrfertigem Zustand: mit vollem Kraftstoffbehälter, Reserverad, Bordwerkzeug
- Fahrzeug vorher kräftig durchgefedert
- Lenkung richtig eingestellt
- Kein unzulässiges Spiel im Lenkgestänge
- Kein unzulässiges Spiel in der Radaufhängung

Einstellwerte für Spur, Sturz und Nachlauf

Die folgenden Werte gelten für alle Modelle, sie sind auf das Leergewicht bezogen.

Vorderachse

Sturz der Vorderräder		$0^\circ \begin{smallmatrix} +10'^{2)} \\ -20' \end{smallmatrix}$
Nachlauf	Messung in Geradeausstellung[1])	8° 45′ ± 30′
	Messung über Radeinschlag	8° 15′ ± 30′
	Zulässiger Unterschied zwischen links und rechts	0° 30′
Vorspur (Räder vorn mit 90–110 N auseinandergedrückt)		0° 25′ ± 10′ bzw. 3 ± 1 mm[2])
Spurdifferenzwinkel bei 20° Einschlag des kurveninneren Rades		–1° 10′ ± 40′[3])
Max. Lenkeinschlag		43° bzw. 44° 20′

[1]) Effektiver Nachlaufwert, Messung mit mechanischem Nachlauf-Meßgerät.
[2]) Bei der Einstellung Sollwert anstreben.
[3]) Wertangabe ohne Vorspur. In der Messung enthaltener Vorspurwert bei der Ermittlung des tatsächlichen Spurdifferenzwinkels (ohne Vorspur) berücksichtigen.

Sturzeinstellung der Vorderräder

Exzenterverstellung an der Lagerung des unteren Querlenkers	
Sturz-Verstellbereich des Exzenterbolzens (theoretisch) bei Soll-Nachlaufwert	von –1° bis +0° 45′

Einfluß der Sturzverstellung auf den Nachlauf

Sturzverstellung am Exzenterbolzen		ergibt Nachlaufänderung	
0° 10′	in Plus-Richtung	ca. 0° 10′	in Plus-Richtung
	in Minus-Richtung		in Minus-Richtung

Nachlaufeinstellung

Nachlaufverstellung an der Lagerung der Bremsabstützung zum Rahmenboden durch Veränderung des Abstandes unterer Querlenker–Stützgelenk	
Nachlauf-Verstellbereich des Kugelbolzens im Stützgelenk zum Stützrohr bei Soll-Sturzwert	von 6° 30′ bis 11°

Einfluß der Nachlaufverstellung auf den Vorderradsturz

Nachlaufverstellung am Kugelbolzen des Stützgelenkes		ergibt Sturzänderung	
0° 30′	in Plus-Richtung	ca. 0° 10′	in Minus-Richtung
	in Minus-Richtung		in Plus-Richtung

Die Bremsanlage

Das hydraulische Fußbremssystem besteht aus dem Hauptbremszylinder, dem Bremskraftverstärker und den Scheibenbremsen für die Vorder- und Hinterräder. Das Bremssystem ist in zwei Kreise aufgeteilt. Ein Bremskreis wirkt auf die vorderen Räder, der andere auf die hinteren. Bei Ausfall eines Bremskreises, zum Beispiel durch Undichtigkeit, kann das Fahrzeug über den anderen Bremskreis zum Stehen gebracht werden. Der Druck für beide Bremskreise wird im Tandem-Hauptbremszylinder über das Bremspedal aufgebaut.

Der Bremsflüssigkeitsbehälter befindet sich über dem Hauptbremszylinder und versorgt das ganze Bremssystem mit Bremsflüssigkeit.

Der Bremskraftverstärker speichert einen Teil des vom Motor erzeugten Ansaug-Unterdruckes (der Dieselmotor besitzt hierzu eine spezielle Unterdruckpumpe). Über entsprechende Ventile wird dann bei Bedarf die Pedalkraft durch den Unterdruck verstärkt.

Die vorderen und hinteren Scheibenbremsen sind mit sogenannten Festbremssätteln ausgestattet. Das heißt, in jedem Bremssattel werden beim Bremsen die Bremsbeläge durch 2 Kolben gegen die Bremsscheibe gedrückt.

Die Fußfeststellbremse wird über Seilzüge betätigt und wirkt auf die Hinterräder. Da sich die Scheibenbremse als Feststellbremse nicht gut eignet, befinden sich an den Hinterrädern zusätzlich 2 Trommelbremsen, die in den Bremsscheiben integriert sind. Die Trommelbremsen werden ausschließlich über den Fußhebel der Feststellbremse betätigt.

Beim Reinigen der Bremsanlage fällt Bremsstaub an. Dieser Staub kann zu gesundheitlichen Schäden führen. Deshalb beim Reinigen der Bremsanlage darauf achten, daß der Bremsstaub nicht eingeatmet wird.

Die Bremsbeläge sind Bestandteil der Allgemeinen Betriebserlaubnis (ABE), außerdem sind sie vom Werk auf das jeweilige Fahrzeugmodell abgestimmt. Es empfiehlt sich deshalb, nur von MERCEDES beziehungsweise vom Kraftfahrtbundesamt freigegebene Bremsbeläge zu verwenden. Diese Bremsbeläge haben eine KBA-Freigabenummer.

Das Arbeiten an der Bremsanlage erfordert peinliche Sauberkeit und exakte Arbeitsweise. Falls die nötige Arbeitserfahrung fehlt, sollten die Arbeiten an der Bremse von einer Fachwerkstatt durchgeführt werden.

Hinweis: Auf stark regennassen Fahrbahnen sollte während des Fahrens die Bremse von Zeit zu Zeit betätigt werden, um die Bremsscheiben von Rückständen zu befreien.

Durch die Zentrifugalkraft wird zwar das Wasser von den Bremsscheiben geschleudert, doch bleibt teilweise ein dünner Film von Silikonen, Gummiabrieb, Fett und Verschmutzungen zurück, der das Ansprechen der Bremse vermindert. Nach dem Einbau von neuen Bremsbelägen müssen diese eingebremst werden. Während einer Fahrtstrecke von rund 200 km sollten unnötige Vollbremsungen unterbleiben.

Achtung: Wird beim Bremsen, hauptsächlich nach Kurvenfahrt, ein unterschiedlicher Pedalweg festgestellt, dann muß die Bremsscheibe auf Seitenschlag am äußeren Durchmesser geprüft werden. Gleichzeitig ist auch das Radlagerspiel zu prüfen und gegebenenfalls einzustellen. Bei zu großem Seitenschlag der Bremsscheibe, diese auf der Radnabe versetzen. Wird dadurch keine ausreichende Verbesserung erzielt, Bremsscheibe erneuern.

Scheibenbremsbeläge vorn und hinten aus- und einbauen

Achtung: Es können Festbremssättel der Firmen BENDIX, GIRLING und TEVES eingebaut sein. Sie unterscheiden sich etwas in der Befestigung der Bremsbeläge.

Ausbau

- Radschrauben lösen.
- Fahrzeug aufbocken, siehe Seite 244.
- Räder an der Vorder- oder Hinterachse abnehmen.

Achtung: Ein Wechsel der Beläge von der Außen- zur Innenseite und umgekehrt oder auch vom rechten zum linken Rad ist nicht zulässig. Der Wechsel kann zu ungleichmäßiger Bremswirkung führen. Grundsätzlich alle Scheibenbremsbeläge einer Achse gleichzeitig erneuern.

- Stecker –3– für Bremsbelagverschleißanzeige, wenn vorhanden, aus der Steckverbindung –4– herausziehen. Die Abbildung zeigt den BENDIX/GIRLING-Bremssattel.
- Sicherungssplinte aus den Haltestiften –2– herausziehen und Haltestifte mit einem Durchschlag –5– herausschlagen.
- Belag-Haltefedern –1– herausnehmen.

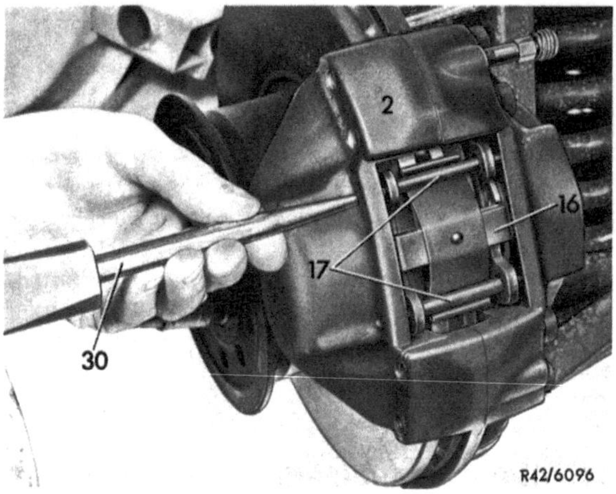

- *Haltestifte –17– mit einem Durchschlag –30– aus dem Festsattel –2– herausschlagen. Die Abbildung zeigt den TEVES-Bremssattel.*
- *Kreuzfeder – 16– herausnehmen.*

- Klipsfühler –2–, falls vorhanden, aus den Bremsbelägen herausziehen. **Achtung:** Wenn die Isolation am Kontaktstift durchgerieben ist, oder der Klipsfühler beziehungsweise die Leitungsisolation beschädigt sind, Klipsfühler erneuern.
- Bremsbeläge –1– mit Zange, Schraubendreher oder Schlagauszieher, herausziehen. Bei festgerosteten Bremsbelägen wird eine spezielle Ausziehvorrichtung (z. b. von HAZET) benötigt.

Einbau

Achtung: Bei ausgebauten Bremsbelägen nicht auf das Bremspedal treten, sonst werden die Kolben aus dem Gehäuse herausgedrückt.

- Führungsfläche bzw. Sitz der Beläge im Gehäuseschacht mit geeigneter Weichmetallbürste und Staubsauger reinigen, oder mit einem Lappen und Spiritus auswischen. Keine mineralölhaltigen Lösungsmittel oder scharfkantigen Werkzeuge verwenden.
- Vor Einbau der Beläge ist die Bremsscheibe durch Abtasten mit den Fingern auf Riefen zu untersuchen. Riefige Bremsscheiben erneuern. Bremsscheiben mit grauer oder blauer Verfärbung vor dem Einbau neuer Beläge reinigen.
- Bremsscheibendicke messen, siehe Seite 172.
- Staubkappe auf Anrisse prüfen. Eine beschädigte Staubkappe umgehend ersetzen lassen, da eingedrungener Schmutz schnell zu Undichtigkeiten des Bremssattels führt. Der Festsattel muß hierzu ausgebaut und zerlegt werden (Werkstattarbeit).

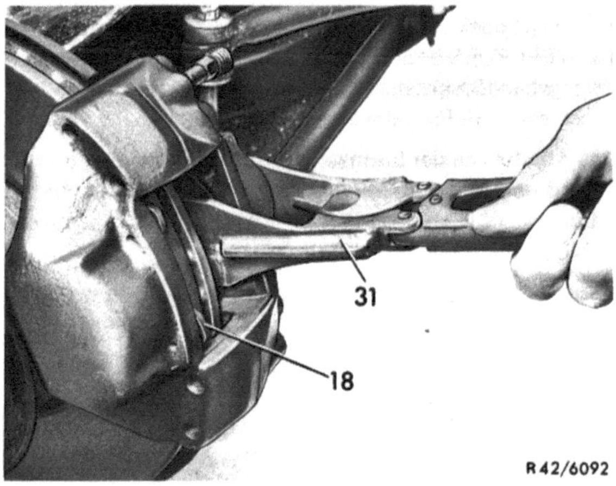

- Mit Kolbenrücksetzzange –31– beide Kolben zurückdrükken. Es geht auch mit einem Hartholzstab (Hammerstiel), dabei jedoch besonders darauf achten, daß die Kolben nicht verkantet und Kolbenfläche sowie Staubkappe nicht beschädigt werden. **Achtung:** Während ein Kolben zurückgedrückt wird, auf der anderen Seite Bremsbelag –18– einsetzen, da sonst der gegenüberliegende Kolben vorgedrückt wird. Hierzu gegebenenfalls alten Bremsbelag verwenden.

Achtung: Beim Zurückdrücken der Kolben wird Bremsflüssigkeit aus den Bremszylindern in den Ausgleichbehälter gedrückt. Flüssigkeit im Behälter beobachten, eventuell Bremsflüssigkeit mit einem Saugheber absaugen.

Zum Absaugen die Entlüfterflasche oder eine Plastikflasche verwenden, die nur mit Bremsflüssigkeit in Berührung kommt. Keine Trinkflaschen verwenden! **Bremsflüssigkeit ist giftig und darf auf gar keinen Fall mit dem Mund über einen Schlauch abgesaugt werden. Saugheber oder Spritze verwenden. Auch nach dem Belagwechsel darf die Max.-Marke am Bremsflüssigkeitsbehälter nicht überschritten werden, da sich die Flüssigkeit bei Erwärmung ausdehnt. Ausgelaufene Bremsflüssigkeit läuft am Hauptbremszylinder runter, zerstört den Lack und führt zur Korrosion.**

Hinweis: Bei hohem Bremsbelagverschleiß Leichtgängigkeit der Kolben prüfen. Bei schwergängigen Kolben Festsattel instandsetzen (Werkstattarbeit).

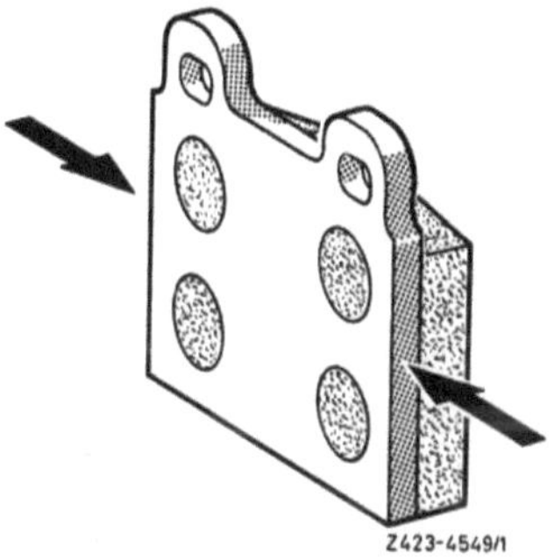

- Um ein Quietschen der Scheibenbremsen zu verhindern, Rückseite der Bremsklötze sowie Seitenteile der Rückenplatte –Pfeile– mit Schmiermittel (z. B. Plastilube, Tunap VC 582/S, Chevron SRJ/2, Liqui Moly LM-36 oder LM-508-ASC) dünn einstreichen. Dabei nur Rückenplatte bestreichen, **die Paste darf keinesfalls auf den eigentlichen Bremsbelag kommen.** Gegebenenfalls sofort abwischen und mit Spiritus reinigen.
- Bremsbeläge in den Bremssattel einsetzen.
- Belaghaltefedern einsetzen, dabei Staubkappe nicht beschädigen. Nicht die Haltefeder zwischen Staubkappe und Bremssattel reindrücken.
- Haltestifte von innen nach außen einschlagen. Dabei Haltestifte mit den Bohrungen für die Sicherungsstifte so ansetzen, daß nach dem Einschlagen die Sicherungsstifte durchgesteckt werden können. Darauf achten, daß sich die Stifte beim Einschlagen nicht drehen.
- Sicherungsstifte in die Bohrungen der Haltestifte stecken. Festen Sitz der Belaghaltefeder prüfen.
- *Kreuzfeder auflegen und Haltestifte einschlagen.*

Achtung: Kreuzfeder beziehungsweise Belaghaltefedern und Haltestifte grundsätzlich erneuern.

- Klipsfühler für Bremsbelagverschleißanzeige, falls vorhanden, in die Bremsbeläge und die Steckverbindung am Bremssattel einsetzen.
- Rad anschrauben, Fahrzeug ablassen und Radschrauben über Kreuz mit 110 Nm festziehen.

Achtung: Bremspedal im Stand mehrmals kräftig niedertreten, bis fester Widerstand spürbar ist.

- Bremsflüssigkeit im Ausgleichbehälter –2– prüfen, gegebenenfalls bis zur „Max."-Marke auffüllen.

Achtung: Bei Fahrzeugen mit Druckdifferenz-Warnanzeige (DDW) kann es vorkommen, daß nach dem Belagwechsel die DDW-Warnlampe aufleuchtet. In diesem Fall Stift –42– am Schalter –41– nach dem Belagwechsel eindrücken. Weitere abgebildete Teile: 1 – Hauptbremszylinder, 3 – Stecker für Bremsflüssigkeitsstand-Warnanzeige, 4 – Verschlußdeckel, 6 – Bremskraftverstärker, 8 – Unterdruckleitung, 10/11 – Bremsleitungen, 45 – Unterdruckleitung für DDW-Schalter, Pfeil – Schalter für Bremsflüssigkeitsstand-Warnanzeige.

- Neue Bremsbeläge vorsichtig einbremsen, dazu Fahrzeug mehrmals aus ca. 80 km/h auf 40 km/h mit geringem Pedaldruck abbremsen. Dazwischen Bremse etwas abkühlen lassen.

Achtung: Bis zu einer Fahrstrecke von ca. 200 km sollten keine Vollbremsungen vorgenommen werden.

Bremsscheibe vorn aus- und einbauen

Ausbau

- Radschrauben lösen.
- Fahrzeug vorn aufbocken.
- Vorderrad abnehmen.

- Befestigungsschrauben –3– herausdrehen und Festsattel –2– vom Achsschenkel –6– abnehmen. Weitere abgebildete Teile: 5 – Abdeckblech, 16 – Bremsschlauch, 20 – selbstsichernde Schrauben, 23 – Lenkspurhebel, 26 – Steckverbindung, 27 – Kabelhalter.

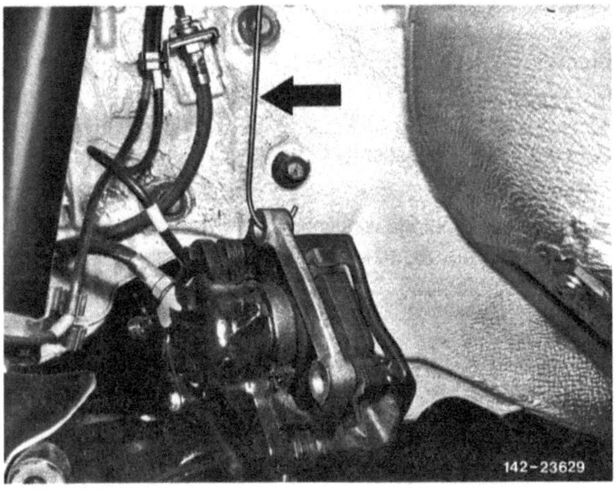

- Bremssattel mit selbstangefertigtem Drahthaken –Pfeil– so am Stabilisator aufhängen, daß der Bremsschlauch sowie das Kabel für die Bremsbelagverschleißanzeige nicht verdreht oder auf Zug beansprucht werden.

Achtung: Bremsschlauch nicht lösen, sonst muß das Bremssystem entlüftet werden.

- Radnabe ausbauen, siehe Seite 142.
- 3 Sechskantschrauben M12x1,5 in die Vorderradnabe (Radanlagefläche) einschrauben.

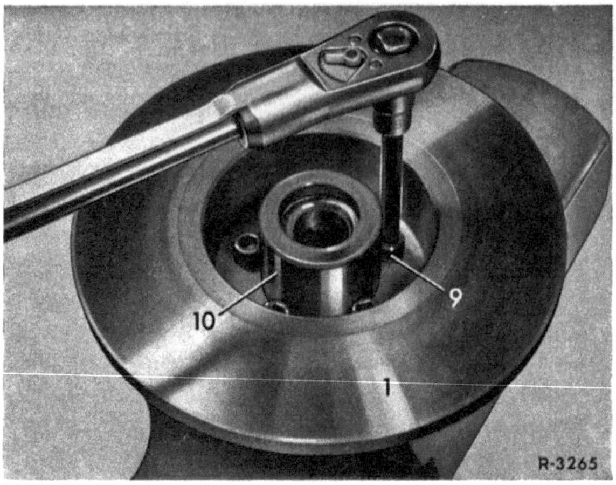

- Vorderradnabe –10– so in den Schraubstock einspannen, daß die Aluminiumbacken des Schraubstockes die eingeschraubten Sechskantschrauben umfassen.
- Befestigungsschrauben –9– mit Innensechskant-Schlüsseleinsatz aus der Radnabe –10– herausdrehen und Bremsscheibe –1– abnehmen.

Einbau

Um ein gleichmäßiges Bremsen beidseitig zu gewährleisten, müssen beide Bremsscheiben die gleiche Oberfläche bezüglich Schliffbild und Rauhtiefe aufweisen. Deshalb **grundsätzlich beide** Bremsscheiben ersetzen.

Die Werkstatt kann die Bremsscheibe auf Schlag prüfen. Maximaler Scheibenschlag (eingebaut) 0,12 mm.

- Falls vorhanden, Rost am Flansch der Bremsscheibe und der Vorderradnabe entfernen.
- Neue Bremsscheiben mit Nitro-Verdünnung vom Schutzlack reinigen.
- Bremsscheibe mit **neuen** selbstsichernden Innensechskantschrauben und **115 Nm** an der Radnabe anschrauben.
- Vorderradnabe mit Bremsscheibe auf den Achsschenkelzapfen drücken, äußeres Radlager einsetzen und Klemmutter anschrauben.
- Radlagerspiel einstellen, siehe Seite 143.
- Bremssattel mit **neuen** selbstsichernden Schrauben und **115 Nm** am Achsschenkel anschrauben.

Achtung: Dabei Bremsschlauch nicht verdrehen oder auf Zug beanspruchen.

- Kontaktfeder für Radioentstörung einsetzen, Nabenkappe mit Fett füllen und aufdrücken, siehe Seite 143.
- Rad montieren, Fahrzeug ablassen und Radschrauben über Kreuz mit 110 Nm festziehen.

Achtung: Bremspedal im Stand mehrmals kräftig niedertreten, damit sich das richtige Spiel zwischen Bremsscheibe und Bremsbelag einstellt.

- Bremsflüssigkeitsstand im Ausgleichbehälter prüfen, siehe Seite 171.

Bremsscheibe hinten aus- und einbauen

Ausbau

- Radschrauben lösen.
- Fahrzeug hinten aufbocken.
- Hinterrad abnehmen.

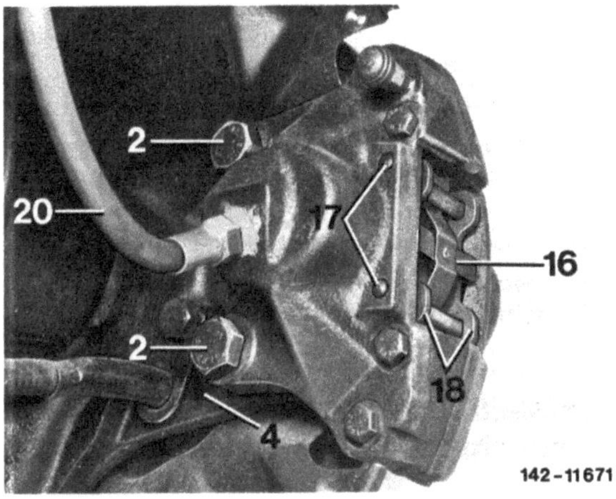

142-11671

- Befestigungsschrauben –2– herausdrehen und Festsattel vom Radträger –4– abnehmen. Weitere abgebildete Teile: 16 – Kreuzfeder, 17 – Haltestifte, 18 – Bremsbeläge, 20 – Bremsschlauch.

135-11928

- Bremssattel mit selbstangefertigtem Drahthaken so am Stabilisator einhängen, daß der Bremsschlauch nicht verdreht oder auf Zug beansprucht wird.

Achtung: Bremsschlauch nicht lösen, sonst muß das Bremssystem entlüftet werden.

142-12460

- Bremsscheibe –12– vom Hinterachswellenflansch –15– abnehmen. –14– Paßstift.

Achtung: Die Feststellbremse muß vollkommen gelöst sein. Festsitzende Bremsscheibe durch leichte Schläge mit einem Kunststoffhammer lösen.

Einbau

Um beidseitig ein gleichmäßiges Bremsen zu gewährleisten, müssen beide Bremsscheiben die gleiche Oberfläche bezüglich Schliffbild und Rauhtiefe aufweisen. Deshalb grundsätzlich beide Bremsscheiben ersetzen.

Die Werkstatt kann die Bremsscheibe auf Schlag prüfen. Maximaler Scheibenschlag (eingebaut) 0,12 mm.

- Falls vorhanden, Rost am Flansch der Bremsscheibe und der Hinterachswelle entfernen.

Achtung: Damit sich die Bremsscheibe beim späteren Ausbau leichter abnehmen läßt, Paßsitz des Hinterachswellenflansches mit Hochtemperaturpaste (z. B. Molykote-U oder -G-Rapid, beziehungsweise Liqui-Moly LM-36 oder LM-508-ASC) bestreichen.

- Neue Bremsscheibe mit Nitro-Verdünnung vom Schutzlack reinigen.
- Bremsscheibe so auf Hinterachswellenflansch aufsetzen, daß der Paßstift in die Bremsscheibe eingreift.
- Bremssattel am Radträger ansetzen, dabei auf Freigängigkeit des Bremsschlauches achten.
- **Neue** selbstsichernde Schrauben reindrehen und mit **90 Nm** anziehen.

Achtung: Wenn sich die Schrauben nur schwer reindrehen lassen, Gewinde am Radträger mit Gewindebohrer M 12 × 1,5 von den Resten des Sicherungsmittels reinigen.

- Rad montieren, Fahrzeug ablassen und Radschrauben über Kreuz mit 110 Nm festziehen.

Achtung: Bremspedal im Stand mehrmals kräftig niedertreten, damit sich das richtige Spiel zwischen Bremsscheibe und Bremsbelag einstellt.

- Bremsflüssigkeitsstand im Ausgleichbehälter prüfen, siehe Seite 171.

Die Bremsflüssigkeit

Beim Umgang mit Bremsflüssigkeit ist zu beachten:

- Bremsflüssigkeit ist giftig. Keinesfalls Bremsflüssigkeit mit dem Mund über einen Schlauch absaugen. Bremsflüssigkeit nur in Behälter füllen, bei denen ein versehentlicher Genuß ausgeschlossen ist.
- Bremsflüssigkeit ist ätzend und darf deshalb nicht mit dem Autolack in Berührung kommen, gegebenenfalls sofort abwischen und mit viel Wasser abwaschen.
- Bremsflüssigkeit ist hygroskopisch, das heißt, sie nimmt aus der Luft Feuchtigkeit auf. Bremsflüssigkeit deshalb nur in geschlossenen Behältern aufbewahren.
- Bremsflüssigkeit, die schon einmal im Bremssystem verwendet wurde, darf nicht wieder verwendet werden. Auch beim Entlüften der Bremsanlage nur neue Bremsflüssigkeit verwenden.
- Spezifikation: **DOT 4.**
- Bremsflüssigkeit darf nicht mit Mineralöl in Berührung kommen. Schon geringe Spuren Mineralöl machen die Bremsflüssigkeit unbrauchbar, beziehungsweise führen zum Ausfall des Bremssystems.

Bremsanlage entlüften

Nach jeder Reparatur an der Bremse, bei der die Anlage geöffnet wurde, kann Luft in die Druckleitungen eingedrungen sein. Dann ist das Bremssystem zu entlüften. Luft ist auch dann in den Leitungen, wenn sich beim Treten auf das Bremspedal der Bremsdruck schwammig anfühlt. In diesem Fall muß die Undichtigkeit beseitigt und die Bremsanlage entlüftet werden.

Die Bremsanlage wird durch Pumpen mit dem Bremspedal entlüftet, dazu ist eine zweite Person notwendig.

Muß die ganze Anlage entlüftet werden, jeden Bremssattel einzeln entlüften. Das ist immer dann der Fall, wenn Luft in jeden einzelnen Bremssattel gedrungen ist. Falls nur ein Bremssattel erneuert bzw. überholt wurde, genügt in der Regel das Entlüften des betreffenden Bremssattels.

Die Reihenfolge der Entlüftung: 1. Bremssattel hinten rechts, 2. Bremssattel hinten links, 3. Bremssattel vorn rechts, 4. Bremssattel vorn links.

- Staubkappe vom Entlüfterventil des Bremszylinders abnehmen. Entlüfterventil reinigen, sauberen Schlauch aufstecken, anderes Schlauchende in eine mit Bremsflüssigkeit halbvoll gefüllte Flasche stecken.
- Von einer Hilfsperson Bremspedal so oft niedertreten lassen („pumpen"), bis sich im Bremssystem Druck aufgebaut hat. Zu spüren am wachsenden Widerstand beim Betätigen des Pedals.
- Ist genügend Druck vorhanden, Bremspedal ganz durchtreten, Fuß auf dem Bremspedal halten.
- Entlüfterventil am Bremssattel etwa eine halbe Umdrehung mit Ringschlüssel öffnen. Ausfließende Bremsflüssigkeit in der Flasche sammeln. Darauf achten, daß sich das Schlauchende in der Flasche ständig unterhalb des Flüssigkeitsspiegels befindet.
- Sobald der Flüssigkeitsdruck nachläßt, sofort Entlüfterventil schließen.
- Pumpvorgang wiederholen, bis sich Druck aufgebaut hat. Bremspedal niedertreten, Fuß auf dem Bremspedal lassen, Entlüfterschraube öffnen, bis der Druck nachläßt, Entlüfterschraube schließen.
- Entlüftungsvorgang an einem Bremszylinder so lange wiederholen, bis sich in der Bremsflüssigkeit, die in die Entlüfterflasche strömt, keine Luftblasen mehr zeigen.
- Nach dem Entlüften Schlauch von Entlüfterschraube abziehen, Staubkappe auf Ventil stecken.
- Die anderen Bremszylinder auf gleiche Weise entlüften.

Achtung: Während des Entlüftens ab und zu den Ausgleichbehälter beobachten. Der Flüssigkeitsspiegel darf nicht zu weit sinken, sonst wird über den Ausgleichbehälter Luft angesaugt. **Immer nur neue Bremsflüssigkeit nachgießen!**

- Nach dem Entlüften ist der Ausgleichbehälter bis zur Markierung „max" aufzufüllen.

Bremsleitungen und Bremsschläuche

Für das Bremsleitungssystem, das zusammen mit den druckfesten Bremsschläuchen für die Räder die Verbindung vom Hauptbremszylinder zu den vier Radbremsen herstellt, werden Rohre verwendet.

Die Rohrverbindungen zu den Bremszylindern und Verteilerstücken sind als sogenannte Kegelkupplungen ausgebildet.

Die Rohrenden sind vorn gestaucht und haben dann eine kegelförmige Anlagefläche für die ebenfalls mit einem kegeligen Grund versehenen Gewindeöffnungen in den Bremszylindern bzw. Verteilerstücken. Bevor die Rohrenden gestaucht werden, wird eine Rohrmutter auf das Rohr gesteckt, die dann später nach dem Einschrauben die kegelige Anlagefläche des Rohres gegen den kegeligen Grund der Gewindeöffnung drückt und damit zuverlässig abdichtet.

Die Bremsschläuche stellen die flexiblen Verbindungen zwischen den starren und beweglichen Fahrzeugteilen her.

Bremsleitung/Bremsschlauch ersetzen

- Fahrzeug aufbocken, siehe Seite 244.
- Bremsleitung an den Überwurfmuttern lösen und abnehmen.
- Leitungsanschluß in Richtung Hauptbremszylinder mit geeignetem Stopfen verschließen.
- Neue Bremsleitung möglichst an gleicher Stelle verlegen.
- Beim Anschließen der Bremsleitung die kegelige Anlagefläche mit einigen Tropfen Bremsflüssigkeit benetzen und mit 10 Nm festziehen.
- Neuen Bremsschlauch so einbauen, daß er ohne Drall durchhängt, und mit 10 Nm festziehen.
- Nur vom Werk freigegebene Bremsschläuche einbauen.
- Nach dem Einbau bei entlastetem Rad prüfen (Wagen angehoben), ob der Schlauch allen Radbewegungen folgt, ohne irgendwo anzuscheuern.

Achtung: Bremsschläuche nicht mit Öl oder Petroleum in Berührung bringen, nicht lackieren oder mit Unterbodenschutz besprühen.

- Bremsanlage entlüften.
- Fahrzeug ablassen.

Bremskraftverstärker prüfen

Der Bremsservo ist auf Funktion zu überprüfen, wenn zur Erzielung ausreichender Bremswirkung die Pedalkraft außergewöhnlich hoch ist.

- Bremspedal bei stehendem Motor mindestens 5mal kräftig durchtreten, dann bei belastetem Bremspedal Motor starten. Das Bremspedal muß jetzt unter dem Fuß spürbar nachgeben.
- Andernfalls Unterdruckschlauch am Bremskraftverstärker abschrauben, Motor starten. Durch Fingerauflegen am Ende des Unterdruckschlauches prüfen, ob Unterdruck erzeugt wird.
- Ist kein Unterdruck vorhanden: Unterdruckschlauch auf Undichtigkeiten und Beschädigungen prüfen, ggf. ersetzen. Sämtliche Schellen fest anziehen.
- Ist Unterdruck vorhanden: Unterdruck messen lassen, gegebenenfalls Bremsservo ersetzen (Werkstattarbeit.)

Die Feststellbremse

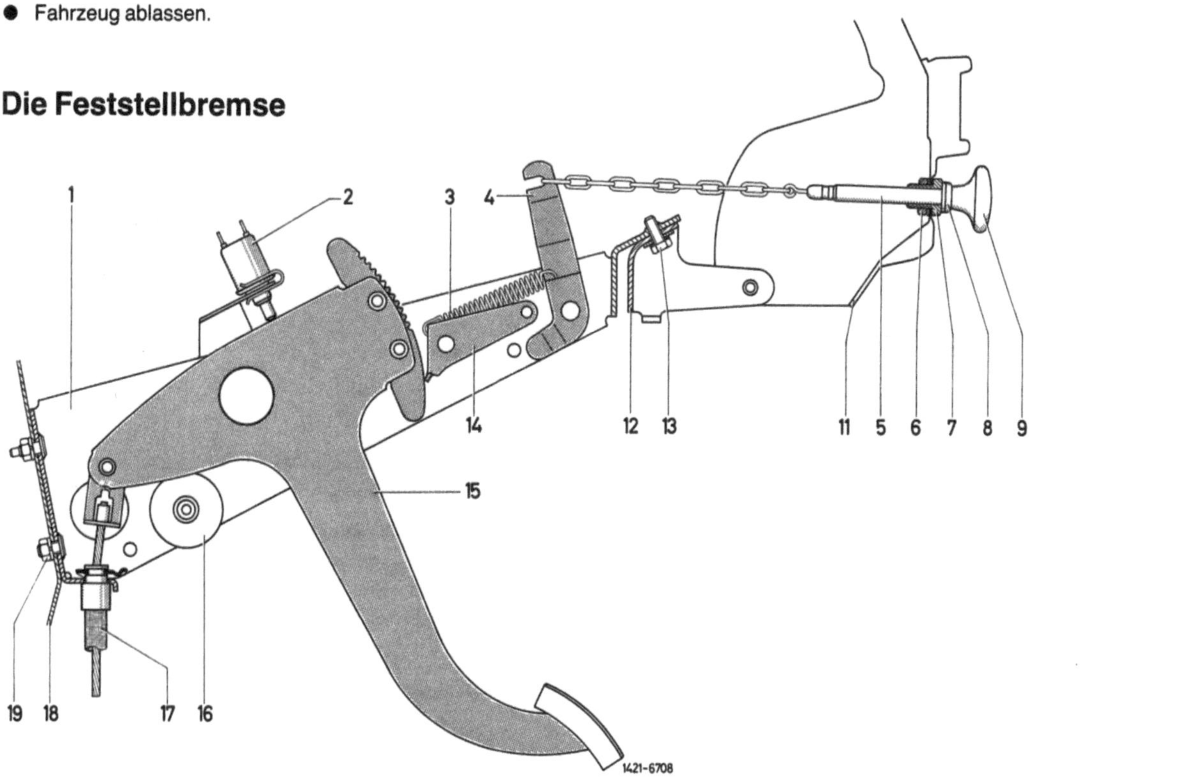

1 Pedalträger
2 Schalter für Warnleuchte
3 Rückzugfeder
4 Entriegel-Hebel
5 Zugstange mit Kette
6 Mutter
7 Rosette
8 Anschlagpuffer
9 Entriegel-Knopf
11 Armaturentafel
12 Halter
13 Sechskantschraube mit Scheibe
14 Sperrklinke
15 Pedal
16 Anschlaggummi
17 Vorderer Bremsseilzug
18 Vorbau
19 Sechskantmutter mit Scheibe und Federring

Vorderen Bremsseilzug aus- und einbauen

Ausbau

- Fahrzeug aufbocken, siehe Seite 244.

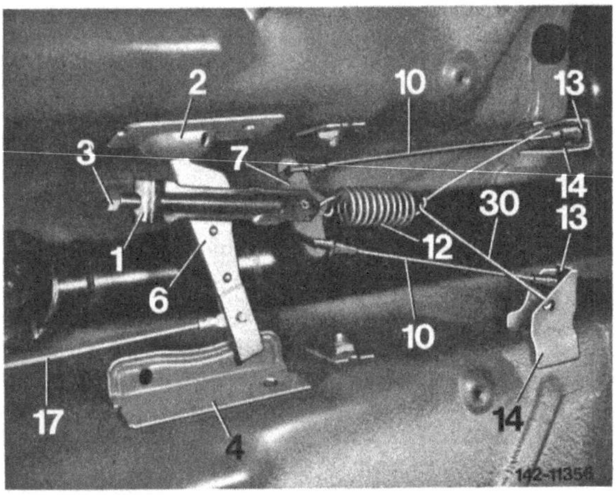

- Bei Fahrzeugen mit Wärmeabschirmblech unter dem Zwischenhebel –6– hintere Abgasanlage mit Werkstattwagenheber und Holzzwischenlage unterstützen, Gummiringe aushängen und Abgasanlage hinten etwas absenken.
- Abschirmblech abschrauben.
- Rückzugfeder –12– mit Zange am Feder-Haltebügel –30– aushängen.
- Einstellschraube –3– des Stellbügels –1– ganz zurückdrehen. Zwischenhebel –6– am Lager des Rahmenbodens –2– aushängen und vom Stellbügel abnehmen.
- Bremsseilzug –17– am Zwischenhebel –6– lösen. Dazu Splint aus dem Bundbolzen herausziehen und Bundbolzen abnehmen. Weitere abgebildete Teile: 4 – Führung für Zwischenhebel, 7 – Ausgleichhebel, 10 – Hinterer Bremsseilzug, 13 – Federklammer, 14 – Halter für hinteren Seilzug.
- Federklammer –20– aus der Seilführung herausziehen.
- Abdeckung unter Armaturentafel ausbauen, siehe Seite 198.

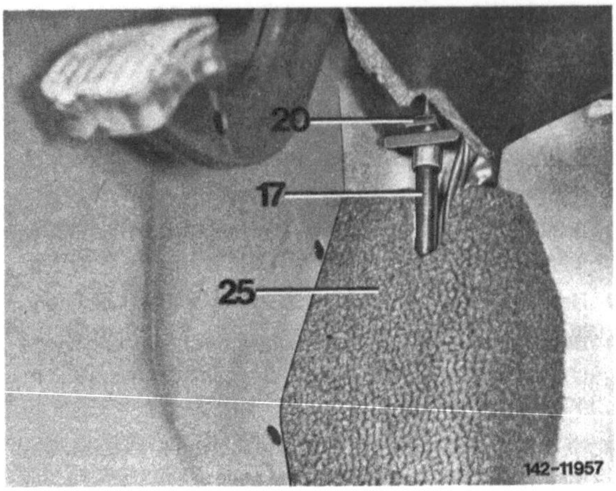

- Fußstütze –25– herausnehmen.
- Bremsseilzug –17– aus der Lasche des Pedals aushängen.
- Federklammer –20– aus der Seilführung herausziehen und Seilzug abnehmen.
- Bremsseilzug nach unten aus dem Rahmenboden herausziehen.

Einbau

- Bremsseilzug von innen nach außen durch den Rahmenboden und die Gummitülle einführen. Dabei auf festen Sitz der Gummitülle achten.
- Seilzug in die Lasche des Pedals einhängen und mit Federklammer sichern.
- Seilzug in den Halter einsetzen und mit Federklammer sichern.
- Vorderen Seilzug in den Zwischenhebel einhängen.
- Zwischenhebel in den Stellbügel einführen und danach im Lager am Rahmenboden einhängen.
- Rückzugfeder in den Feder-Haltebügel einhängen.
- Feststellbremse einstellen.
- Falls ausgebaut, Abschirmblech anschrauben und hintere Abgasanlage einhängen.
- Abdeckung unter Armaturentafel einbauen, siehe Seite 198.
- Fahrzeug ablassen, siehe Seite 244.

Hinteren Bremsseilzug aus- und einbauen

Ausbau

- Fahrzeug aufbocken, siehe Seite 244.
- Bremsbacken für Feststellbremse ausbauen.

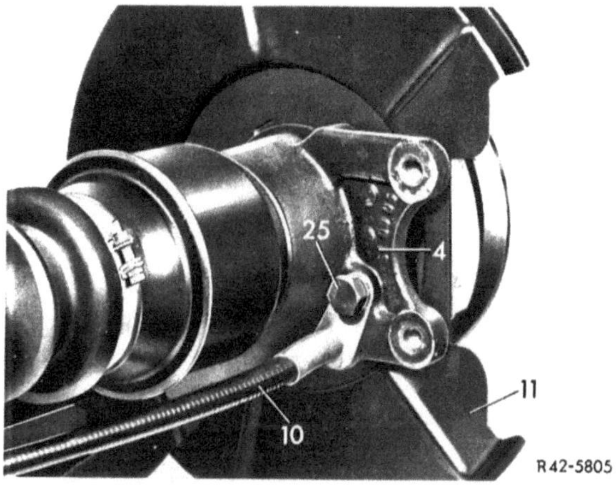

- Halteschraube –25– aus dem Radträger –4– herausdrehen und Bremsseilzug –10– abnehmen.

- Bei Fahrzeugen mit Wärmeabschirmblech unter dem Zwischenhebel –6– hintere Abgasanlage mit Werkstattwagenheber und Holzzwischenlage unterstützen, Gummiringe aushängen und Abgasanlage hinten etwas absenken.
- Abschirmblech abschrauben.
- Rückzugfeder –12– mit Zange am Feder-Haltebügel –30– aushängen.
- Einstellschraube –3– des Stellbügels –1– ganz zurückdrehen. Zwischenhebel –6– am Lager des Rahmenbodens –2– aushängen und vom Stellbügel abnehmen.
- Bremsseilzug –10– am Ausgleichhebel –7– aushängen.
- Federklammer –13– herausnehmen, Seilzug –10– aus dem Halter –14– abnehmen. Weitere abgebildete Teile: 4 – Führung für Zwischenhebel, 7 – Ausgleichhebel, 17 – Vorderer Bremsseilzug.

Einbau

Achtung: Gummitüllen am Seilzugmantel nicht beschädigen, da sonst Schmutz in die Seilführung eindringt.

- Neuen Seilzug genauso wie den bisher eingebauten Zug verlegen, dabei auf festen Sitz der Gummitülle im Halter des Schräglenkers achten.
- Seilzug mit Federklammer am Seilzug-Halter sichern.
- Seilzug in den Ausgleichhebel einhängen.
- Rückzugfeder in den Feder-Haltebügel einhängen.
- Seilzug mit Halter am Radträger anschrauben.
- Bremsbacken einbauen.
- Feststellbremse einstellen.
- Falls ausgebaut, Abschirmblech anschrauben und hintere Abgasanlage einhängen.
- Fahrzeug ablassen, siehe Seite 244.

Bremsbacken für Feststellbremse aus- und einbauen

Ausbau

- Bremsscheibe hinten ausbauen.

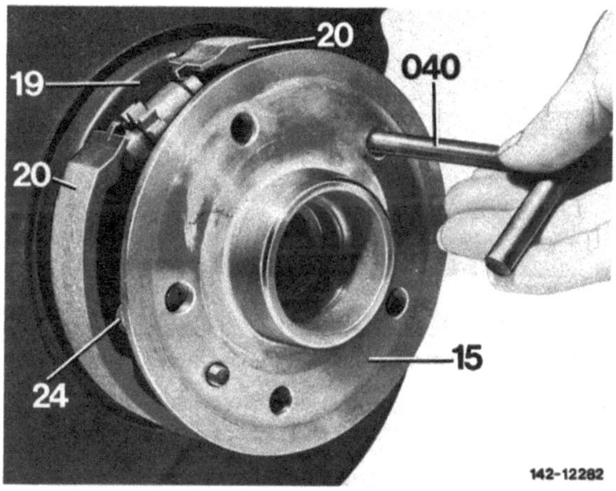

- Hinterachswellenflansch –15– so drehen, daß sich ein Gewindeloch über der Feder –24– befindet.
- Andrückfeder mit Werkzeug 040 etwas zusammendrükken, um ca. 90° (¼ Umdrehung) drehen und Feder aus dem Abdeckring –19– aushängen. Weitere abgebildete Teile: 20 – Bremsbacken.
- Das Hilfswerkzeug kann zum Beispiel folgendermaßen angefertigt werden: An eine Stange mit entsprechendem Durchmesser auf der einen Seite einen T-Griff anschweißen und auf der anderen Seite einen Schlitz, ca. 4 mm tief und ca. 2,5 mm breit, einfeilen.
- Andrückfeder für anderen Bremsbacken auf dieselbe Weise ausbauen.

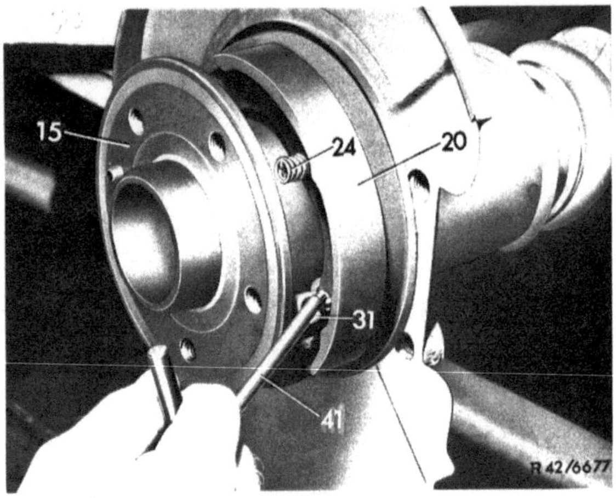

- Rückzugfeder –31– aus den Bremsbacken aushängen.

- Beide Bremsbacken –20– auseinanderziehen und über Hinterachswellenflansch –15– abnehmen.
- Rückzugfeder –29– aus den Bremsbacken aushängen und Nachstellvorrichtung –21, 22, 23– herausnehmen.

Schnitt E-E

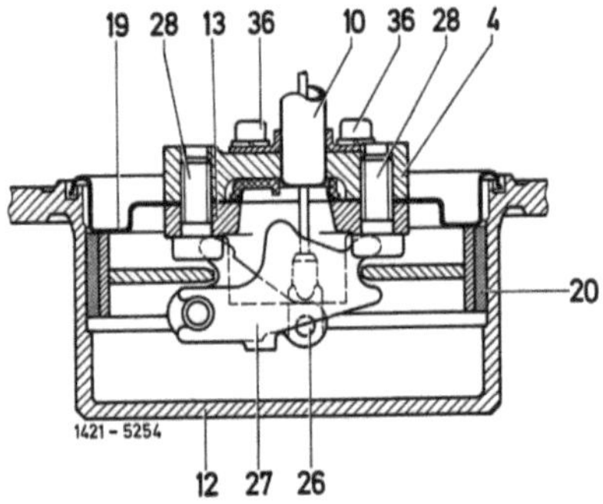

- Bolzen –26– am Spreizschloß –27– herausdrücken und Bremsseilzug –10– vom Spreizschloß abnehmen. Weitere abgebildete Teile:
  4 – Radträger, 12 – Bremsscheibe, 13 – Bremsträger, 19 – Abdeckring, 20 – Bremsbacken, 28 – Innensechskantschraube 36 – Innensechskantschraube mit Federring.

Einbau

- Sämtliche Lager- und Gleitflächen am Spreizschloß mit Hochtemperaturpaste (z. B. Liqui Moly LM-36 oder LM-508-ASC, Molykote-Paste-U oder G-Rapid) schmieren.
- Bremsseilzug mit Bolzen am Spreizschloß befestigen. Danach Spreizschloß in Richtung Abdeckring –19– drücken.
- 2 Innensechskantschrauben für die Befestigung des Bremsträgers –13– auf festen Sitz prüfen. Anzugsdrehmoment 50 Nm.

Schnitt A - B

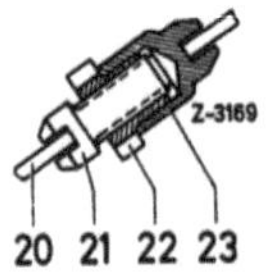

- Nachstellvorrichtung zerlegen. Gewinde des Druckstückes –21– sowie zylindrischen Teil des Stellrades –22– mit Hochtemperaturpaste schmieren.
- Druckstück –21– in das Stellrad –22– einschrauben und in die Druckhülse –23– einsetzen. Dabei Druckstück ganz einschrauben.
- Nachstellvorrichtung so zwischen die beiden Bremsbacken einsetzen, daß das Stellrad –22– nach vorn zeigt.
- Rückzugfeder –29– in die Bremsbacken einhängen.
- Bremsbacken auseinanderziehen und über den Hinterachswellenflansch einsetzen und in das Spreizschloß einhängen.
- Andrückfeder mit Hilfswerkzeug durch ein Gewindeloch in die Bremsbacke einsetzen, etwas zusammendrücken, um 90° drehen und dadurch in den Abdeckring einhängen. Anschließend Feder auf richtigen Sitz prüfen.
- Andrückfeder für anderen Bremsbacken einhängen.

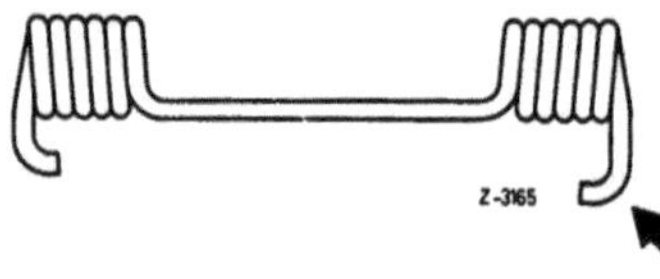

- Rückzugfeder mit der kleinen Öse in den Bremsbacken einhängen. Große Öse –Pfeil– mit Schraubendreher in anderen Bremsbacken einhängen.
- Hintere Bremsscheibe einbauen.
- Feststellbremse einstellen.

Feststellbremse einstellen

Die Feststellbremse muß eingestellt werden, wenn sich das Pedal mehr als 4 Rasten hineintreten läßt und keine Bremswirkung spürbar wird.

- An den beiden Hinterrädern je eine Radschraube herausschrauben.
- Fahrzeug hinten aufbocken.
- Falls ein Seilzug ausgewechselt wurde, Einstellschraube hinten am Fahrzeugboden (Bremsausgleich) ganz herausdrehen und dadurch Bremseilzüge entspannen. Wenn die Feststellbremse nur nachgestellt wird, Einstellschraube nicht verdrehen.

- Rad so drehen, daß das Schraubenloch ca. 45° nach hinten oben zeigt, siehe Abbildung.

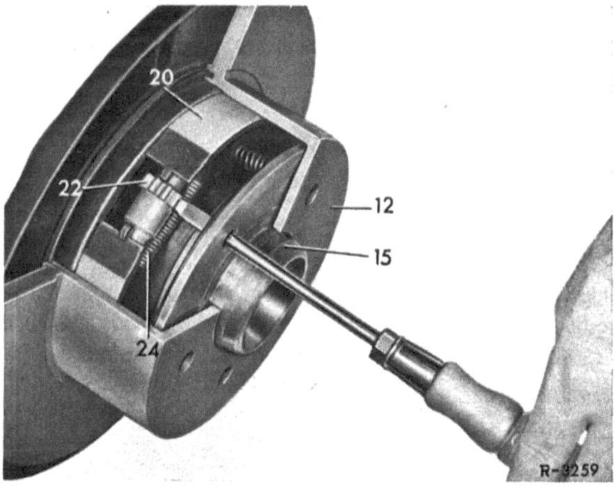

- Mit Schraubendreher, Größe 4,5 mm, durch das Gewindeloch das Stellrad –22– der Nachstellvorrichtung verdrehen, bis sich das Rad von Hand nicht mehr drehen läßt (bei gelöster Feststellbremse). Während des Nachstellens also immer das Rad von Hand drehen; das Stellrad der Nachstellvorrichtung hat 15 Zähne.
  Drehrichtung: linkes Rad – von unten nach oben; rechtes Rad – von oben nach unten.
- Anschließend Stellrad wieder 2–3 Zähne zurückdrehen, bis sich das Rad drehen läßt, ohne daß die Bremsbacken schleifen.
- Jetzt das Stellrad –22– genauso am anderen Rad einstellen.
- Wenn gelöst, Einstellschraube am Bremsausgleich so weit hineindrehen, bis die Bremsseile gerade gespannt sind. **Achtung:** Die Nase an der Einstellschraube muß immer senkrecht stehen.
- Fußfeststellbremse mehrmals kräftig betätigen.
- Danach prüfen, ob sich bei gelöstem Pedal das Hinterrad vollkommen frei drehen läßt. Wenn das Pedal nun um 1 Raste hineingetreten wird, muß eine leichte Bremswirkung spürbar werden. Andernfalls Einstellung wiederholen.
- Radschrauben reindrehen, Fahrzeug ablassen und Schrauben über Kreuz mit 110 Nm festziehen.

Die ABS-Anlage

Auf Wunsch kann der MERCEDES mit ABS (Anti-Blockier-System) ausgestattet werden. Ein nachträglicher Einbau des ABS ist nicht möglich.

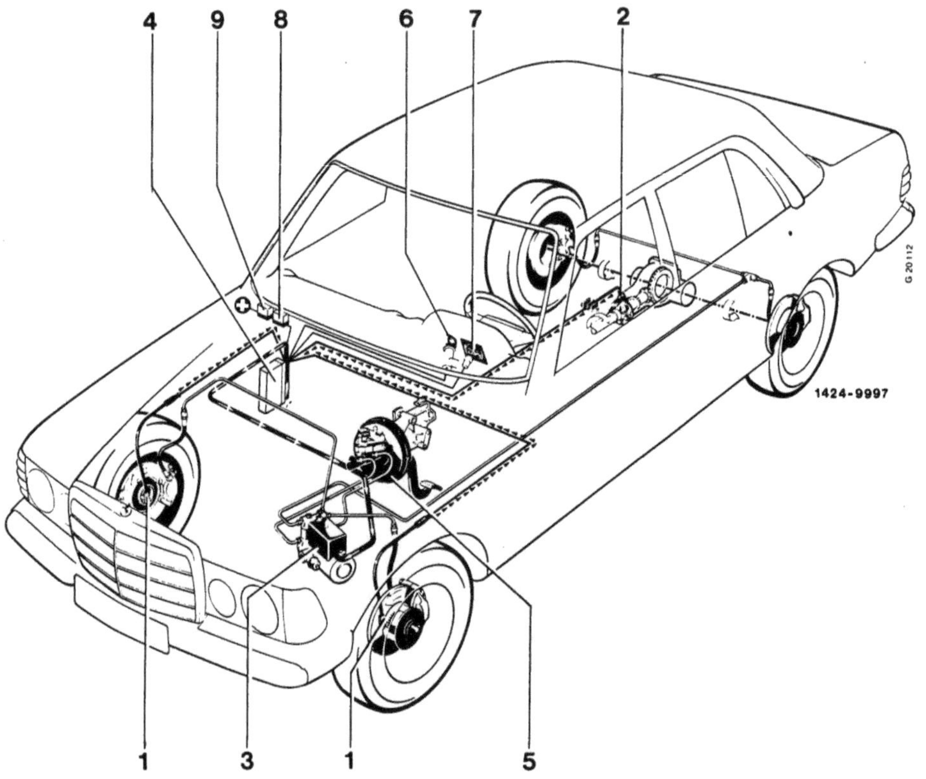

Das Antiblockiersystem besteht aus folgenden Bauteilen:
1 – Drehzahlfühler für die Vorderräder
2 – Drehzahlfühler für die Hinterachse
3 – Hydraulikeinheit
4 – Elektronisches Steuergerät
5 – Bremskraftverstärker
6 – Lenkschloß
7 – ABS-Kontrolleuchte
8 – Überspannschutz
9 – Relais

Das Antiblockiersystem (ABS) verhindert, daß bei scharfem Bremsen die Räder blockieren. Dadurch verkürzt sich der Bremsweg, weil der Kraftschluß zwischen Rädern und Fahrbahn größer ist, wenn sich die Räder eben noch drehen. Außerdem bleibt das Fahrzeug bei einer Vollbremsung lenkbar.

Das ABS ist funktionsbereit, sobald die Zündung eingeschaltet ist und die Geschwindigkeit 5–7 km/h erreicht. Es regelt alle Bremsvorgänge im Blockierbereich, sobald die Geschwindigkeit von 12 km/h einmal überschritten wurde.

Durch die Drehzahlfühler, zwei für die Vorderräder und einer für die Hinterachse, wird die Radgeschwindigkeit gemessen. Aus den Signalen der einzelnen Drehzahlfühler errechnet das elektronische Steuergerät eine Durchschnittsgeschwindigkeit, die in etwa der Fahrzeuggeschwindigkeit entspricht. Durch Vergleich der Radgeschwindigkeit für ein einzelnes Rad und der Durchschnittsgeschwindigkeit aller Räder erkennt das Steuergerät den Schlupfzustand des einzelnen Rades und kann dadurch feststellen, wenn sich ein Rad kurz vor dem Blockieren befindet.

Sobald ein Rad zum Blockieren neigt, der Bremsflüssigkeitsdruck im Bremssattel ist dann zu hoch im Verhältnis zur Haftfähigkeit der Reifen auf der Straße, hält das Hydrauliksystem aufgrund von Signalen des Steuergerätes den Flüssigkeitsdruck konstant. Das heißt, der Druck im Bremssattel erhöht sich nicht, auch wenn stärker auf das Bremspedal getreten wird. Besteht weiterhin Blockierneigung, wird der Flüssigkeitsdruck durch Öffnen eines Auslaßventils abgesenkt. Jedoch nur so weit, bis das Rad wieder geringfügig beschleunigt, dann wird der Druck wieder konstant gehalten.

Beschleunigt das Rad über einen bestimmten Wert hinaus, wird der Druck durch das Hydrauliksystem wieder erhöht, jedoch nicht über das Maß des allgemeinen Bremsdrucks hinaus.

Dieser Vorgang wiederholt sich bei scharfem Bremsen für jedes einzelne Rad so lange, bis das Bremspedal zurückgenommen wird, beziehungsweise bis kurz vor Stillstand (5–7 km/h) des Fahrzeuges.

Eine Sicherheitsschaltung im elektronischen Steuergerät sorgt dafür, daß sich das ABS bei einem Defekt (z. B. Kabelbruch) oder bei zu niedriger Betriebsspannung (Batteriespannung unter 10,5 Volt) selbst abschaltet. In diesem Fall leuchtet die ABS-Kontrolleuchte am Armaturenbrett während der Fahrt auf. Die herkömmliche Bremsanlage bleibt dabei in Betrieb. Das Fahrzeug verhält sich beim Bremsen dann so als ob kein ABS eingebaut wäre.

Die Hydraulikeinheit besteht aus der Rückförderpumpe sowie aus 3 Magnetventilen, je eines für die beiden Vorderradbremsen und eines für die Hinterradbremse.

Druckaufbau: Das Einlaßventil im Magnetventil ist geöffnet. Der Flüssigkeitsdruck im Bremssattel kann bis zu dem Wert ansteigen, der durch den Hauptbremszylinder hervorgerufen wird.

Druck konstant halten: Auslaß- und Einlaßventil im Magnetventil sind geschlossen. Der Flüssigkeitsdruck im Bremssattel verändert sich nicht, auch wenn sich der Druck zwischen Hauptbremszylinder und Magnetventil erhöht.

Druckabbau: Das Auslaßventil im Magnetventil ist geöffnet. Bremsflüssigkeit strömt über einen Speicher in die Rückförderpumpe, die die Flüssigkeit gegen den vorhandenen Druck in den Hauptbremszylinder zurückpumpt.

Das ist erforderlich, damit nicht die ganze Bremsflüssigkeit aus dem Hauptbremszylinder herausgedrückt werden kann. Die Pumpentätigkeit ist am deutlichen Pulsieren des Bremspedals spürbar. Die Pumpengeräusche werden durch je einen Dämpfer pro Bremskreis gedämpft.

Leuchtet während der Fahrt die ABS-Kontrollampe auf, dann weist dies darauf hin, daß sich das ABS abgeschaltet hat.

- Fahrzeug kurz anhalten, Motor abstellen und wieder starten.
- Batteriespannung prüfen. Wenn die Spannung unter 10,5 Volt liegt, Batterie laden.

Achtung: Wenn die ABS-Kontrolleuchte am Anfang einer Fahrt aufleuchtet und nach einiger Zeit wieder erlöscht, deutet das darauf hin, daß die Batteriespannung zunächst zu gering war, bis sie sich während der Fahrt durch Ladung über den Generator wieder erhöht hat.

- Fahrzeug aufbocken, Vorderräder abnehmen, elektrische Leitungen auf äußere Beschädigungen (durchgescheuert) prüfen.
- Weitere Prüfungen des ABS sollten der Werkstatt vorbehalten bleiben.

Wartungsarbeiten an der Bremsanlage

Bremsflüssigkeitsstand/Warnleuchte prüfen

Der Vorratsbehälter –2– für die Bremsflüssigkeit befindet sich im Motorraum. Er hat zwei Kammern, je eine für jeden Bremskreis. Der Schraubverschluß –4– hat eine Belüftungsbohrung, die nicht verstopft sein darf.

Der Vorratsbehälter ist durchscheinend, so daß der Bremsflüssigkeitsstand jederzeit von außen überwacht werden kann.

Der Flüssigkeitsstand soll, bei geschlossenem Deckel, nicht höher als die Max.-Markierung und nicht unterhalb der Min-Marke liegen.

- Nur Bremsflüssigkeit nach DOT 4 einfüllen.

- Durch Abnutzung der Scheibenbremsen entsteht ein geringfügiges Absinken der Bremsflüssigkeit. Das ist normal.
- Sinkt die Bremsflüssigkeit jedoch innerhalb kurzer Zeit stark ab, ist das ein Zeichen für Bremsflüssigkeitsverlust.
- Die Leckstelle muß dann sofort ausfindig gemacht werden. In der Regel liegt es an verschlissenen Manschetten in den Radbremszylindern. Sicherheitshalber sollte die Überprüfung der Anlage von einer Fachwerkstatt durchgeführt werden.

Warnleuchte prüfen

- Zündung einschalten, Feststellbremse lösen.
- Warnkontakt –Pfeil– mit dem Finger nach unten drücken.
- Ein Helfer kontrolliert, ob die Warnleuchte aufleuchtet. Falls nicht, elektrische Zuleitung gemäß Stromlaufplan prüfen.
- Die Kontakteinsätze können nicht ausgebaut werden. Gegebenenfalls Vorratsbehälter ersetzen.

Weitere abgebildete Teile:

1 – Hauptbremszylinder
3 – Stecker für Bremsflüssigkeitsstand-Warnanzeige
6 – Bremskraftverstärker
8 – Unterdruckleitung
10 – Bremsleitung
11 – Bremsleitung
41 – Schalter für DDW*
42 – Stift
45 – Unterdruckleitung für DDW*

*) DDW=Differenzdruck-Warnanzeige. Die DDW leuchtet auf, wenn zwischen den beiden Bremskreisen eine Druckdifferenz von mehr als 12,5+2,5 bar vorhanden ist.

Bremsbelagdicke prüfen

Bei abgefahrenen **vorderen** Bremsbelägen leuchtet in der Armaturentafel eine Warnleuchte auf. In diesem Fall die vorderen Bremsbeläge umgehend ersetzen.

- Radschrauben lösen.
- Fahrzeug aufbocken, Räder abnehmen.
- Mit Schieblehre Belagdicke – also ohne metallne Rückenplatte – prüfen.

Dicke	vorn	hinten
Bremsbelag neu	13 mm	10,5 mm
Verschleißgrenze	2 mm	2 mm
Metallne Rückenplatte	4,5 mm	5 mm

- Ist die Verschleißgrenze erreicht, Bremsbeläge auswechseln. Grundsätzlich alle Beläge einer Achse erneuern.

Achtung: Wenn die Bremsbeläge bis auf die Belagrückenplatten abgenutzt sind, kann es zu Schäden am Bremssattel kommen, weil der Steg zwischen Dichtringnut und Staubkappe ausbricht und der Bremssattel dadurch undicht wird. Deshalb bei zu stark abgefahrenen Belägen Dichtigkeitsprüfung (Hoch- und Niederdruckprüfung/ 90 beziehungsweise 3 bar) durchführen lassen (Werkstattarbeit).

Hinweis: Nach einer Faustregel entspricht 1 mm Bremsbelag einer Fahrleistung von mindestens 1000 km. Diese Faustregel gilt unter ungünstigen Bedingungen. Im Normalfall halten die Beläge viel länger. Bei einer Belagdicke der Scheibenbremsbeläge von 4 mm (ohne Rückenplatte) beträgt die Restnutzbarkeit der Bremsbeläge also noch mindestens 2000 km.

Bremsscheibendicke prüfen

- Radschrauben lösen.
- Fahrzeug aufbocken.
- Rad abnehmen.

- Bremsscheibendicke messen. Die Werkstätten benutzen dazu eine spezielle Lehre –035–, da sich durch Abnutzung der Bremsscheibe ein Rand bildet. Man kann die Bremsscheibendicke auch mit einer normalen Schieblehre messen, allerdings muß dann auf jeder Seite der Bremsscheibe eine 3 mm starke Unterlage zwischengelegt werden (oder 2 Zehn-Pfennig-Stücke). Um die exakte Bremsscheibendicke zu haben, müssen von dem Maß dann die 6 mm für die Unterlage abgezogen werden.

Bremsscheibendicke	vorn	hinten
Neu	12,6 mm	10,0 mm
Mindestdicke	11,1 mm	8,6 mm
Verschleißgrenze	10,6 mm	8,3 mm

- Bei Erreichen der Mindestdicke können noch einmal neue Bremsbeläge eingebaut werden.
- Wird die Verschleißgrenze erreicht, Bremsscheibe erneuern.
- Bei größeren Rissen oder bei Riefen, die tiefer als 0,5 mm sind, Bremsscheibe erneuern.

Sichtprüfung der Bremsleitungen

Die Bremsleitungen sollen etwa alle 20000 km auf einwandfreien Zustand geprüft werden.

- Fahrzeug aufbocken, siehe Seite 244.
- Bremsleitungen mit Kaltreiniger reinigen.

Achtung: Die Bremsleitungen sind zum Schutz gegen Korrosion mit einer Kunststoffschicht überzogen. Wird diese Schutzschicht beschädigt, kann es zur Korrosion der Leitungen kommen. Aus diesem Grund dürfen Bremsleitungen nicht mit Drahtbürste, Schmirgelleinen oder Schraubendreher gereinigt werden.

- Bremsleitungen vom Hauptbremszylinder zu den einzelnen Radbremszylindern mit Lampe überprüfen. Der Hauptbremszylinder sitzt im Motorraum unter dem Vorratsbehälter für Bremsflüssigkeit.
- Bremsleitungen dürfen weder geknickt noch gequetscht sein. Auch dürfen sie keine Rostnarben oder Scheuerstellen aufweisen. Andernfalls Leitung bis zur nächsten Trennstelle ersetzen.
- Bremsschläuche verbinden die Bremsleitungen mit den Radbremszylindern an den beweglichen Teilen des Fahrzeugs. Sie bestehen aus hochdruckfestem Material, können aber mit der Zeit porös werden, aufquellen oder durch scharfe Gegenstände angeschnitten werden. In einem solchen Fall sind sie sofort zu ersetzen.
- Bremsschläuche mit der Hand hin- und herbiegen, um Beschädigungen festzustellen. Schläuche dürfen nicht verdreht sein, farbige Kennlinie beachten!
- Lenkrad nach links und rechts bis zum Anschlag drehen. Die Bremsschläuche dürfen dabei in keiner Stellung Fahrzeugteile berühren.
- Anschlußstellen von Bremsleitungen und -schläuchen dürfen nicht durch ausgetretene Flüssigkeit feucht sein.

Achtung: Wenn der Vorratsbehälter und die Dichtungen durch ausgetretene Bremsflüssigkeit feucht sind, so ist das nicht unbedingt ein Hinweis auf einen defekten Hauptbremszylinder. Vielmehr dürfte die Bremsflüssigkeit durch die Belüftungsbohrung im Deckel oder durch die Deckeldichtung ausgetreten sein.

Bremsflüssigkeit wechseln

Die Bremsflüssigkeit nimmt durch die Poren der Bremsschläuche sowie durch die Entlüftungsöffnung des Vorratsbehälters Luftfeuchtigkeit auf. Dadurch sinkt im Laufe der Betriebszeit der Siedepunkt der Bremsflüssigkeit. Bei starker Beanspruchung der Bremse kann es deshalb zu Dampfblasenbildung in den Bremsleitungen kommen, wodurch die Funktion der Bremsanlage stark beeinträchtigt wird.

Die Bremsflüssigkeit soll einmal jährlich, möglichst im Frühjahr, erneuert werden.

- Vorsichtsmaßregeln beim Umgang mit Bremsflüssigkeit beachten, siehe Seite 164.
- Mit einer Absaugflasche aus dem Bremsflüssigkeitsbehälter Bremsflüssigkeit bis zu einem Stand von ca. 10 mm absaugen.

Achtung: Vorratsbehälter nicht ganz entleeren, damit keine Luft in das Bremssystem gelangt.

- Vorratsbehälter bis zur „Maximum"-Marke mit **neuer** Bremsflüssigkeit füllen.
- Am rechten hinteren Bremssattel sauberen Schlauch auf Entlüfterventil aufschieben, geeignetes Gefäß unterstellen.
- Entlüfterventil öffnen und mit ca. 10 Pumpenstößen am Bremspedal alte Bremsflüssigkeit herauspumpen. Darauf achten, daß sich das Ende des Entlüfterschlauches immer unterhalb des Flüssigkeitsspiegels befindet.
- Entlüfterventil schließen, Vorratsbehälter mit **neuer** Bremsflüssigkeit auffüllen.
- Auf die gleiche Weise alte Bremsflüssigkeit aus den anderen Bremssätteln herauspumpen.

Achtung: Die abfließende Bremsflüssigkeit muß in jedem Fall klar und blasenfrei sein.

Feststellbremse prüfen

Die Feststellbremse wirkt über 2 Trommelbremsen auf die Hinterräder.

- Fahrzeug hinten aufbocken.
- Feststellbremse bis zur 2. Raste hineintreten. Beide Räder von Hand durchdrehen. An den Hinterrädern muß nun eine Bremswirkung spürbar sein.
- Pedal 3–5 Rasten hineintreten, die Hinterräder müssen jetzt blockieren.
- Andernfalls Feststellbremse einstellen.
- Fahrzeug ablassen.

Störungsdiagnose Bremse

Störung	Ursache	Abhilfe
Leerweg des Bremspedals zu groß	Bremsbeläge teilweise oder völlig abgenutzt	■ Beläge erneuern
	Ein Bremskreis ausgefallen	■ Bremskreise auf Flüssigkeitsverlust prüfen
Bremspedal läßt sich weit und federnd durchtreten	Luft im Bremssystem	■ Bremse entlüften
	Zu wenig Bremsflüssigkeit im Ausgleichbehälter	■ Neue Bremsflüssigkeit nachfüllen, Bremse entlüften
	Bremsbeläge stark abgenutzt, Rückenplatte liegt an Kreuzfeder an	■ Bremsbeläge ersetzen. Nur Original-MERCEDES-Bremsbeläge verwenden
	Dampfblasenbildung. Tritt meist nach starker Beanspruchung auf, z. B. Paßabfahrt	■ Bremsflüssigkeit wechseln Bremse entlüften
Bremswirkung läßt nach, und Bremspedal läßt sich durchtreten	Undichte Leitung	■ Leitungsanschlüsse nachziehen oder Leitung erneuern
	Beschädigte Manschette im Hauptbremszylinder	■ Manschette erneuern. Ggf. Hauptbremszylinder ersetzen
	Gummidichtring beschädigt	■ Bremssattel überholen
Schlechte Bremswirkung trotz hohen Fußdrucks	Bremsbeläge verschmiert	■ Bremsbeläge erneuern
	Ungeeigneter Bremsbelag	■ Beläge erneuern. Original-MERCEDES-Beläge verwenden
	Bremskraftverstärker defekt, Unterdruckschlauch undicht	■ Bremsservo prüfen
	Dichtringe zwischen Bremskraftverstärker und Hauptbremszylinder undicht	■ Dichtringe ersetzen
	Bremsscheiben verschmutzt, verschlissen	■ Bremsscheiben reinigen, ersetzen
	Bremsbeläge abgenutzt	■ Bremsbeläge erneuern
Bremse zieht einseitig	Unvorschriftsmäßiger Reifendruck, Bereifung ungleichmäßig abgefahren	■ Reifendruck prüfen und berichtigen. Abgefahrene Reifen ersetzen
	Bremsbeläge verschmiert	■ Bremsbeläge erneuern
	Verschiedene Bremsbelagsorten auf einer Achse	■ Beläge erneuern. Original-MERCEDES-Beläge verwenden
	Schlechtes Tragbild der Bremsbeläge	■ Bremsbeläge austauschen
	Bremskolben schwergängig	■ Kolben auf Leichtgängigkeit prüfen
	Verschmutzte Bremssattelschächte	■ Sitz- und Führungsflächen der Bremsbeläge im Bremssattel reinigen
	Korrosion in den Bremssattelzylindern	■ Bremssattel erneuern
	Bremsbelag ungleichmäßig verschlissen	■ Bremsbeläge erneuern (beide Räder)
Bremsen erhitzen sich während der Fahrt	Ausgleichsbohrung im Hauptbremszylinder verstopft	■ Hauptbremszylinder reinigen und Innenteile erneuern lassen
	Bremskolben schwergängig, Bremse schleift	■ Bremssattel erneuern

Störung	Ursache	Abhilfe
Bremsen rattern	Ungeeigneter Bremsbelag	■ Beläge erneuern Original-MERCEDES-Beläge verwenden
	Bremsscheibe stellenweise korridiert	■ Scheibe mit Schleifklötzen sorgfältig glätten
	Bremsscheibe hat Seitenschlag	■ Scheibe nacharbeiten oder ersetzen
	Bremssattel locker	■ Bremssattel festschrauben, neue Schrauben verwenden
Bremsbeläge lösen sich nicht von der Bremsscheibe, Räder lassen sich schwer von Hand drehen	Korrosion in den Bremssattelzylindern	■ Bremssattel überholen, eventuell austauschen
Bremse quietscht	Oft auf atmosphärische Einflüsse (Luftfeuchtigkeit) zurückzuführen	■ Keine Abhilfe erforderlich, und zwar dann, wenn Quietschen nach längerem Stillstand des Wagens bei hoher Luftfeuchtigkeit auftrat, aber nach den ersten Bremsungen sich nicht wiederholt
	Ungeeigneter Bremsbelag	■ Beläge erneuern Original-MERCEDES-Beläge verwenden
	Bremsscheibe läuft nicht parallel zum Bremssattel	■ Anlagefläche des Bremssattels prüfen
	Verschmutzte Schächte im Bremssattel	■ Bremssattelschächte reinigen
Ungleichmäßiger Belag-Verschleiß	Ungeeigneter Bremsbelag	■ Belag erneuern Original-MERCEDES-Beläge verwenden
	Bremssattel verschmutzt	■ Bremssattelschächte reinigen
	Kolben nicht leichtgängig	■ Kolbenstellung (Kolbenring) prüfen
	Bremssystem undicht	■ Bremssystem auf Dichtigkeit prüfen
Keilförmiger Bremsbelag-Verschleiß	Bremsscheibe läuft nicht parallel zum Bremssattel	■ Anlagefläche des Bremssattels prüfen
	Korrosion in den Bremssätteln	■ Verschmutzung beseitigen
	Kolben arbeitet nicht richtig	■ Kolbenstellung (Kolbenring) prüfen
Bremse pulsiert	ABS in Funktion	■ Normal, keine Abhilfe
	Seitenschlag oder Dickentoleranz der Bremsscheibe zu groß	■ Schlag und Toleranz prüfen. Scheibe nacharbeiten oder ersetzen
	Bremsscheibe läuft nicht parallel zum Bremssattel	■ Anlagefläche des Bremssattels prüfen
Bremspedal fällt langsam durch bei leichtem Betätigen	Hauptbremszylinder defekt	■ Hauptbremszylinder erneuern

Räder und Reifen

Der MERCEDES Typ 123 kann mit unterschiedlichen Rädern und Reifen bestückt sein. Es sind jedoch nur Scheibenräder mit einer Einpreßtiefe von 30 mm bei einem Felgendurchmesser von 14 Zoll und 35 mm bei 15-Zoll-Rädern zulässig. Die Einpreßtiefe ist das Maß von der Felgenmitte bis zur Anlagefläche der Radschüssel an die Bremsscheibe.

Räder- und Reifenmaße

Ausführung	Typ	Scheibenrad	Sommerreifen	Winterreifen
Limousine und Coupé Standard	**200, 230** bis 6.80 **250** (129 PS) bis 8.79	5½ J × 14 H 2	175 R 14 88 S	175 R 14 88 Q M+S
	250 (140 PS) bis 8. 81		175 R 14 88 H	
	230 C **250** (140 PS) ab 9. 81 **280, 280 C** **280 E, 280 CE**	6 J × 14 H 2	195/70 R 14 90 H[1])	195/70 R 14 90 Q M+S[1]) oder 195/70 R 14 90 T M+S
	200 D, 220 D **240 D, 300 D**	5½J × 14 H2	175 R 14 88 S	175 R 14 88 Q M+S
	200 seit 7. 80	5½ J × 14 H 2	175 R 14 88 S	175 R 14 88 Q M+S
	230 E seit 7. 80		175 R 14 88 H	
	230 CE	6 J × 14 H 2	195/70 R 14 90 H	195/70 R 14 90 Q M+S oder 195/70 R 14 90 T M+S
T-Modell Standard zulässige Hinterachslast 1150/1155 kg bzw. 1195/1200 kg	**200 T** **230 T** **240 TD** **300 TD** **300 TD Turbodiesel**	6 J × 14 H 2	195/70 R 14 90 S[2])	195/70 R 14 90 Q M+S[2]) oder 195/70 R 14 90 T M+S
	230 TE **250 T** **280 TE**		195/70 R 14 90 H[2])	
T-Modell mit höherer Zuladung oder härterer Federung. Hinterachslast bis 1295/1300 kg	**200 T, 230 T** **230 TE, 250 T** **240 TD, 300 TD** **300 TD** Turbodiesel	5½ J × 15 H 2	185 R 15 93 H	185 R 15 93 Q M+S
Sonderausstattung	**250** bis 8. 81 **230 E**	6 J × 14 H 2[3])	195/70 R 14 90 H[1])	195/70 R 14 90 Q M+S[1]) oder 195/70 R 14 90 T M+S
	200, 230 bis 6.80 **200** seit 7. 80 **200 D, 220 D, 240 D, 300 D**		195/70 R 14 90 S[1])	

[1]) Reifen der Fertigung bis 1979 haben die Tragfähigkeits-Kennzahl 89. [2]) Bei Fahrzeugen mit zulässiger Hinterachslast 1150/1155 kg sind auch Reifen mit Tragfähigkeits-Kennzahl 89 gültig. [3]) Die serienmäßigen Scheibenräder 5½ J × 14 H 2 dürfen nicht verwendet werden.

Achtung: Die technische Entwicklung geht ständig weiter. Es kann sein, daß inzwischen andere Reifenfülldrücke beziehungsweise andere Reifen-Felgen-Kombinationen zugelassen sind. Es empfiehlt sich deshalb, die aktuellen Daten bei der Fachwerkstatt zu erfragen.

Scheibenrad-Bezeichnungen

Beispiel:

6 = Maulweite der Felge in Zoll
J = Kennbuchstabe für Höhe und Kontur des Felgenhorns
X = Kennzeichen für einteilige Tiefbettfelge
15 = Felgen-Durchmesser in Zoll
H2 = Felgenprofil an Außen- und Innenseite mit Hump-Schulter
ET30 = Einpreßtiefe 30 mm

Reifenbezeichnungen

Beispiel:

1 – Reifenbezeichnung

195 = Reifenbreite in mm
/70 = Verhältnis Höhe : Breite (die Höhe des Reifenquerschnitts beträgt 70 % von der Breite).

Fehlt eine besondere Angabe des Querschnittverhältnisses (z. B. 175 SR 14), so handelt es sich um das „normale" Höhen-Breiten-Verhältnis. Es beträgt bei Gürtelreifen 82 %.

H = Geschwindigkeitsklasse, H: bis 210 km/h, V: über 210 km/h (wird bei neueren Reifen nicht immer angegeben, ausgenommen VR-Reifen).
R = Radial-Bauart (= Gürtelreifen).
14 = Felgendurchmesser in Zoll.
89 = Tragfähigkeits-Kennzahl.

Achtung: Steht zwischen den Angaben 14 und 89 die Bezeichnung M + S, dann handelt es sich um einen Reifen mit Winterprofil.

H = Kennbuchstabe für zulässige Höchstgeschwindigkeit.

Der Geschwindigkeits-Kennbuchstabe steht normalerweise hinter der Tragfähigkeits-Kennzahl und gilt sowohl für Sommer- als auch für Winterreifen.

Geschwindigkeits-Kennbuchstabe

Kennbuchstabe	Zulässige Höchstgeschwindigkeit
M	130 km/h
N	140 km/h
P	150 km/h
Q	160 km/h
R	170 km/h
S	180 km/h
T	190 km/h
U	200 km/h
H	210 km/h
V	über 210 km/h

2 – Reifen-Zusatzbezeichnungen

RADIAL = Gürtelreifen
tubeless = schlauchloser Reifen
tube type = Schlauchreifen

3 – Angabe des Herstellungslandes
4 – Landes-Kennzahl

1 – Deutschland, 2 – Frankreich, 3 – Italien

5 – Europa-Kennziffer

E – Europa

6 – Herstellungsdatum

Herstellungsdatum = 37. Produktionswoche 1979

Achtung: Die Ziffern 7 bis 13 betreffen Kennzeichnungs-Vorschriften der Reifen für die USA.

7 – Zulassungs-Kennziffer

DOT = Department of Transportation (US-Verkehrsministerium)
XT = Hersteller-Code
J9 = Reifengröße
XKNC = Reifenausführung

8 – Reifenunterbau
9 – Maximale Radlast/maximaler Fülldruck
10 – Kennzeichnung für Profilabnützung
11 – Kennzeichnung für Rutschfestigkeit
12 – Kennzeichnung für Temperaturbeanspruchung
13 – Der Reifen besitzt einen Reifen-Abnützungsanzeiger (TWI = tread wear indicator). Dabei handelt es sich um 1,6 mm hohe Höcker am Profilgrund, die bei Erreichen der Abnützungsgrenze als Querstreifen in der Reifenlauffläche sichtbar werden.

Austauschen der Räder

Es ist nicht zweckmäßig, bei einem Austausch der Räder die Drehrichtung der Reifen zu ändern, da sich die Reifen nur unter vorübergehend stärkerem Verschleiß der veränderten Drehrichtung anpassen.

Zum Festziehen der Radschrauben sollte immer ein Drehmomentschlüssel verwendet werden. Dadurch wird sichergestellt, daß die Radschrauben gleichmäßig fest angezogen sind.

- Vor der Demontage Rad mit Kreide zur Radnabe markieren, damit es in gleicher Stellung wieder montiert werden kann.

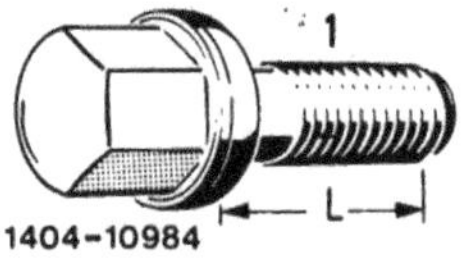

1404-10984

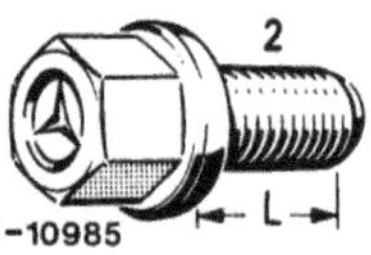

1404-10985

Achtung: Schrauben –1– (Länge L = 29,5 mm) nur für Leichtmetall-Scheibenräder, Schrauben –2– (Länge L = 21 mm) nur für Stahl-Scheibenräder verwenden. Die Original-Schrauben haben einen MERCEDES-Stern an der Stirnseite des Schraubenkopfes eingeprägt, es sollten nur diese Schrauben verwendet werden. Werden Leichtmetallfelgen nachträglich montiert und als Ersatzrad ein Stahl-Scheibenrad mitgeführt, empfiehlt es sich, für das Ersatzrad die entsprechenden Schrauben zum Bordwerkzeug zu legen.

- Leichtmetallfelgen sind durch einen Klarlacküberzug gegen Korrosion geschützt. Beim Radwechsel darauf achten, daß die Schutzschicht nicht beschädigt wird, andernfalls mit Klarlack ausbessern.
- Zum Schutz gegen Festrosten ist der Zentriersitz des Scheibenrades an den Radnaben vorn und hinten bei jeder Montage des jeweiligen Rades mit Wälzlagerfett leicht einzufetten.
- Verschmutzte Schrauben reinigen. Schrauben erneuern, wenn das Gewinde beschädigt ist oder der Kugelbund des Schraubenkopfes korrodiert ist.

Achtung: Die Anlageflächen zwischen Vorderradnabe oder Hinterachswellenflansch sowie Scheibenrad und Schraubenkopf müssen sorgfältig mit einer Drahtbürste oder mit Schmirgelleinen gereinigt werden.

- Gewinde an der Vorderradnabe oder am Hinterachswellenflansch auf Leichtgängigkeit prüfen. Gegebenenfalls Gewinde vorsichtig nachschneiden.

- Radschrauben **ohne** Schmiermittel (Öl, Fett) einsetzen und über Kreuz in mehreren Durchgängen festziehen.

Achtung: Durch einseitiges oder unterschiedlich starkes Anziehen der Radschrauben können das Rad und/oder die Radnabe verspannt werden. **Das Anzugsdrehmoment beträgt für alle Radschrauben 110 Nm.** Bei neuen Scheibenrädern Radschrauben nach einer Fahrstrecke von 100 bis 500 km mit vorgeschriebenem Anzugsdrehmoment nachziehen.

Reifen einfahren

Neue Reifen haben vom Produktionsprozeß her eine besonders glatte Oberfläche. Deshalb müssen neue Reifen eingefahren werden. Bei diesem Einfahren rauht sich durch die beginnende Abnutzung die glatte Oberfläche auf.

Während der ersten 300 km sollte man mit neuen Reifen speziell auf Nässe besonders vorsichtig fahren.

Reifen lagern

- Reifen sollten kühl, dunkel, trocken und möglichst auch zugfrei untergebracht werden. Auch mit Fett und Öl dürfen sie nicht in Berührung kommen.
- Reifen liegend oder aufgehängt in der Garage oder im Keller lagern.
- Bevor die Räder abmontiert werden, vorgeschriebenen Reifenfülldruck um etwa 30–50 kPa (0,3–0,5 bar) erhöhen.
- Für Winterreifen eigene Felgen verwenden. Denn die Reifen jeweils auf dieselben Felgen umzumontieren, lohnt sich aus Kostengründen nicht.

Auswuchten der Räder

Die serienmäßigen Räder werden im Werk ausgewuchtet. Das Auswuchten ist notwendig, um unterschiedliche Gewichtsverteilung und Materialungenauigkeiten auszugleichen.

Im Fahrbetrieb macht sich die Unwucht durch Trampel- und Flattererscheinungen bemerkbar. Das Lenkrad beginnt dann bei höherem Tempo zu zittern.

In der Regel tritt dieses Zittern nur in einem bestimmten Geschwindigkeitsbereich auf und verschwindet wieder bei niedrigerer und höherer Geschwindigkeit.

Solche Unwuchterscheinungen können mit der Zeit zu Schäden an Achsgelenken, Lenkgetriebe und Stoßdämpfern führen.

Räder grundsätzlich alle 20000 km und nach jeder Reifenreparatur auswuchten lassen, da sich durch Abnutzung und Reparatur die Gewichts- und Materialverteilung am Reifen ändert.

Gleitschutzketten

Die Verwendung von Gleitschutzketten ist nur an der Antriebsachse (Hinterachse) erlaubt. Vor der Montage Radblenden abnehmen.

Mit Gleitschutzketten darf nicht schneller als 50 km/h gefahren werden. Auf schnee- und eisfreien Straßen sind die Gleitschutzketten abzunehmen.

Es sollten nur von MERCEDES-BENZ freigegebene Gleitschutzketten verwendet werden.

Reifenfülldruck in kPa (bar)

Modell	Fahrt bis 160 km/h vorn	Fahrt bis 160 km/h hinten	Fahrt über 160 km/h vorn	Fahrt über 160 km/h hinten
Limousine	200(2,0)	220(2,2)	230(2,3)	250(2,5)
HL* bis 1200 kg	250(2,5)	300(3,0)	250(2,5)	300(3,0)
Limousine lang	220(2,2)	260(2,6)	220(2,2)	260(2,6)
T-Modell				
Normale Zuladung	200(2,0)	220(2,2)	230(2,3)	250(2,5)
HL* bis 1155 kg	200(2,0)	250(2,5)	230(2,3)	280(2,8)
HL* bis 1200 kg	200(2,0)	270(2,7)	230(2,3)	300(3,0)
HL* bis 1300 kg	230(2,3)	320(3,2)	230(2,3)	320(3,2)

*) HL = Zulässige Hinterachslast; steht in den Fahrzeugpapieren und auf dem Typschild am vorderen Querträger.

- Reifenfülldruck für das **Reserverad** bei der Limousine: 250 kPa (2,5 bar). Bei den anderen Modellen Reserverad mit maximalem Fülldruck der Hinterradreifen aufpumpen.
- Sämtliche Überdruckangaben beziehen sich auf kalte Reifen. Der sich bei längerer Fahrt einstellende, um ca. 20 bis 40 kPa (0,2 bis 0,4 bar) höhere Überdruck darf nicht reduziert werden.
- Winterreifen werden in der Regel mit einem um 20 kPa (0,2 bar), teilweise auch 30 kPa (0,3 bar) höheren Überdruck gefahren. Die Luftdruckempfehlungen des jeweiligen Reifenherstellers bei Winterreifen sind zu beachten.
- Bei sportlicher Fahrweise empfiehlt es sich, den Reifenüberdruck an Vorder- und Hinterrädern um 20 kPa (0,2 bar) zu erhöhen. Bei dieser Erhöhung ist vom Basis-Überdruck auszugehen, wie er für die verschiedenen Belastungszustände vorgeschrieben ist.

Wartungsarbeiten an den Reifen

Reifenfülldruck prüfen

- Reifenfülldruck nur am kalten Reifen prüfen.
- Reifenfülldruck einmal im Monat sowie im Rahmen der Wartung prüfen.
- Zusätzlich sollte der Fülldruck vor längeren Autobahnfahrten kontrolliert werden, da hierbei die Temperaturbelastung für den Reifen am größten ist.

Reifenprofil prüfen

Die Reifen ausgewuchteter Räder nutzen sich bei gewissenhaftem Einhalten des vorgeschriebenen Fülldrucks und bei fehlerfreier Radeinstellung und Stoßdämpferfunktion auf der gesamten Lauffläche annähernd gleichmäßig ab. Im übrigen läßt sich keine generelle Aussage über die Lebensdauer bestimmter Reifenfabrikate machen, denn die Lebensdauer hängt von unterschiedlichen Faktoren ab:

- Fahrbahnoberfläche
- Reifenfülldruck
- Fahrweise
- Witterung

Vor allem sportliche Fahrweise, scharfes Anfahren und starkes Bremsen fördern den schnellen Reifenverschleiß.

Achtung: Die Rechtsprechung verlangt, daß Reifen lediglich bis zu einer Profiltiefe von 1,6 mm abgefahren werden dürfen, und zwar müssen die Profilrillen auf der gesamten Lauffläche noch mindestens 1,6 mm Tiefe aufweisen. Es empfiehlt sich jedoch, sicherheitshalber die Reifen bereits bei einer Mindestprofiltiefe von 2 mm auszutauschen.

Nähert sich die Profiltiefe der gesetzlich zulässigen Mindestprofiltiefe, das heißt, weist der mehrmals am Reifenumfang angeordnete 1,6 mm hohe Verschleißanzeiger an diesen Stellen kein Profil mehr auf, müssen die Reifen gewechselt werden.

Achtung: M + S-Reifen haben auf Matsch und Schnee nur ausreichende Wirkung, wenn ihr Profil noch mindestens 4 mm tief ist.

Achtung: Reifen auf Schnittstellen untersuchen und mit kleinem Schraubendreher Tiefe der Schnitte feststellen. Wenn die Schnitte bis zur Karkasse reichen, korrodiert durch eindringendes Wasser der Stahlgürtel. Dadurch löst sich unter Umständen die Lauffläche von der Karkasse, der Reifen platzt. Deshalb: bei tiefen Einschnitten im Profil Reifen aus Sicherheitsgründen austauschen.

Ventil prüfen

- Schutzkappe vom Ventil abschrauben.
- Etwas Speichel auf das Ventil geben. Wenn sich eine Blase bildet, Ventil mit umgedrehter Schutzkappe festdrehen.

Achtung: Zum Anziehen des Ventils kann nur eine Metallschutzkappe verwendet werden. Metallschutzkappen sind an der Tankstelle erhältlich.

- Ventil erneut prüfen. Falls sich wieder Blasen bilden oder sich das Ventil nicht weiter anziehen läßt, Ventileinsatz erneuern.
- Grundsätzlich Schutzkappe wieder befestigen.

Fehlerhafte Reifenabnutzung

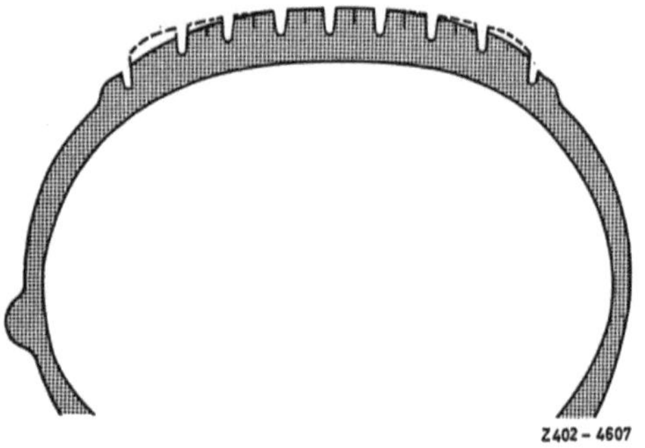

- An den Vorderrädern ist eine etwas größere Abnutzung der Reifenschultern gegenüber der Laufflächenmitte normal, wobei aufgrund der Straßenneigung die Abnutzung der zur Straßenmitte zeigenden Reifenschulter (linkes Rad: außen, rechtes Rad: innen) deutlicher ausgeprägt sein kann.
- Ungleichmäßiger Reifenverschleiß ist zumeist die Folge zu geringen oder zu hohen Reifenfülldrucks und kann auf Fehler in der Radeinstellung oder Radauswuchtung sowie auf mangelhafte Stoßdämpfer oder Felgen zurückzuführen sein.

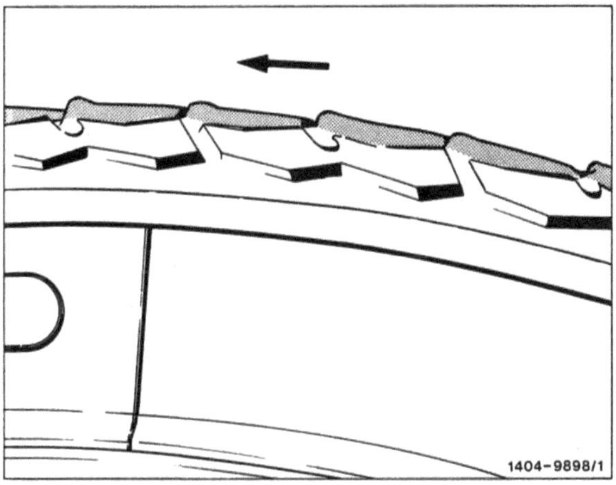

■ Sägezahnförmige Abnutzung des Profils ist in der Regel auf eine Überbelastung des Fahrzeuges zurückzuführen.

■ In erster Linie ist auf vorschriftsmäßigen Reifenfülldruck zu achten, wobei spätestens alle vier Wochen eine Prüfung vorgenommen werden sollte.

■ Reifenfülldruck nur bei kühlen Reifen prüfen. Der Reifenfülldruck steigt nämlich mit zunehmender Erhitzung bei schneller Fahrt an. Dennoch ist es völlig falsch, aus erhitzten Reifen Luft abzulassen.

■ Bei zu hohem Reifenfülldruck wird die Laufflächenmitte mehr abgenutzt, da der Reifen an der Lauffläche durch den hohen Innendruck mehr gewölbt ist.

■ Bei zu niedrigem Reifenfülldruck liegt die Lauffläche an den Reifenschultern stärker auf, und die Laufflächenmitte wölbt sich nach innen durch – dadurch stärkerer Reifenverschleiß der Reifenschultern.

■ Falsche Radeinstellung und Unwucht ergeben jeweils typische Reifenverschleißbilder, auf die in der Störungsdiagnose hingewiesen wird.

Störungsdiagnose Reifen

Abnutzung	Ursache
Stärkerer Reifenverschleiß auf beiden Seiten der Lauffläche	Zu niedriger Reifenfülldruck
Stärkerer Reifenverschleiß in der Mitte der Lauffläche, über den gesamten Umfang	Zu hoher Reifenfülldruck
Auswaschungen der Profilseite	Statische und dynamische Unwucht des Rades. Eventuell zu großer Seitenschlag der Felge, zu großes Spiel in den Traggelenken
Auswaschungen in der Mitte des Reifenprofils	Statische Unwucht des Rades. Eventuell Folge von zu großem Höhenschlag
Starke Abnutzung an einzelnen Stellen in der Mitte der Lauffläche	Blockierspuren von Vollbremsungen
Schuppenförmige oder sägezahnähnliche Abnutzung des Profils. In krassen Fällen mit Gewebebrüchen verbunden, die nach einiger Zeit nach außen sichtbar werden	Überbelastung des Wagens. Innenseite der Reifen auf Gewebebrüche untersuchen!
Gummizungen an den seitlichen Profilkanten	Fehlerhafte Radeinstellung. Reifen radiert. Bei Hinterrädern auch Zustand der Stoßdämpfer prüfen!
Gratbildung an einer Profilseite des Vorderrades	Falsche Spureinstellung. Reifen radiert. Häufiges Fahren auf stark gewölbter Fahrbahn. Schnelle Kurvenfahrt
Stärkerer Reifenverschleiß an den Innen- oder an den Außenschultern der Reifen	Zu geringe beziehungsweise zu große Vorspur
Stoßbrüche im Reifenunterbau. Anfangs nur im Inneren des Reifens sichtbar	Überfahren von kantigen Steinen, Schienenstößen und ähnlichem bei hohen Geschwindigkeiten
Einseitig abgefahrene Laufflächen	Sturzeinstellung überprüfen

Die Karosserie

Die Karosserie des MERCEDES ist selbsttragend. Bodengruppe, Seitenteile, Dach und hintere Kotflügel sind miteinander verschweißt. Größere Karosserieschäden lassen sich deshalb nur von einer Fachwerkstatt beheben.

Motorhaube, Kofferraumdeckel, Türen und die vorderen Kotflügel sind angeschraubt und lassen sich leicht auswechseln. Beim Einbau sind dann unbedingt die richtigen Luftspaltmaße einzuhalten, sonst klappert beispielsweise die Tür oder es können erhöhte Windgeräusche während der Fahrt auftreten. Der Luftspalt muß auf jeden Fall parallel verlaufen, das heißt, der Abstand zwischen den Karosserieteilen muß auf der gesamten Länge des Spaltes gleich groß sein. Abweichungen bis zu 0,5 mm sind zulässig. Die Maße in der Abbildung sind in Millimeter angegeben, mit einer Toleranz von ± 0,5 mm.

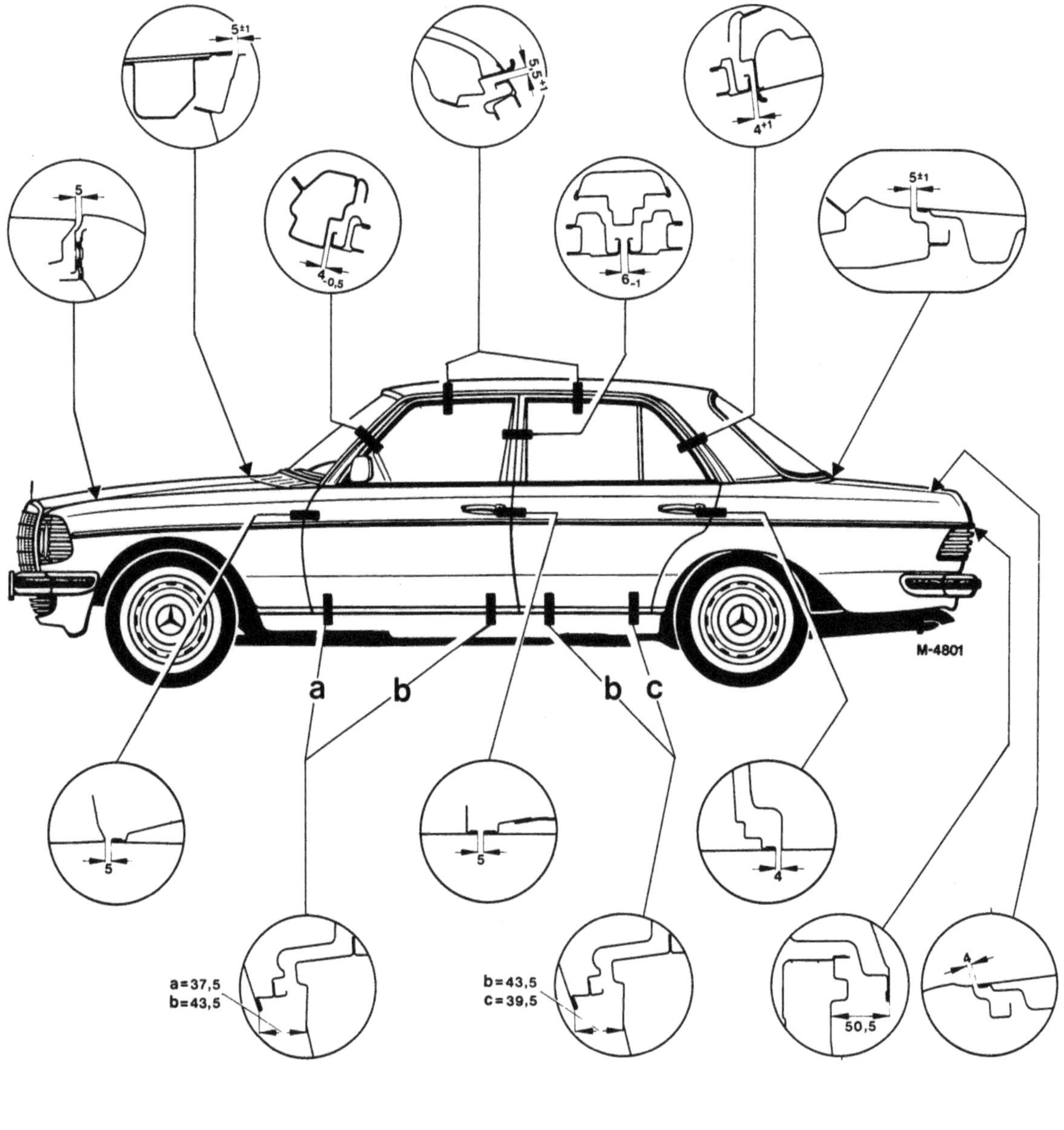

Stoßfänger vorn aus- und einbauen

Ausbau

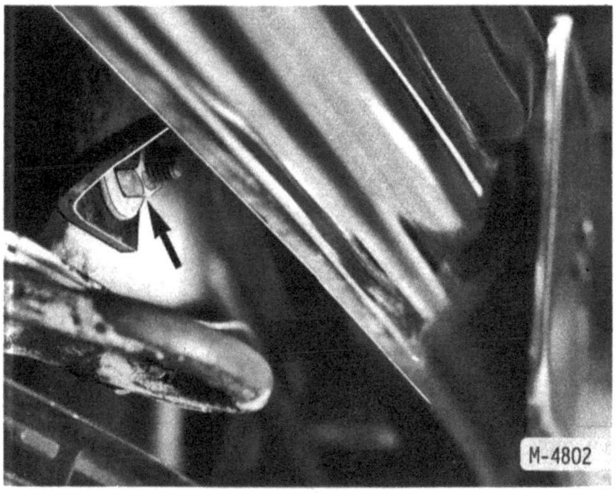

- Mutter –Pfeil– am Halter auf der rechten und linken Seite herausdrehen.
- Stoßfänger mit Halter nach vorn herausziehen.

Einbau

- Seitliche Gummiabdeckungen mit Seifenwasser benetzen, damit der Stoßfänger beim Einführen in die Abdeckung besser gleitet.

- Stoßfänger mit Helfer waagerecht ansetzen und in die Führungshalter seitlich an den Kotflügeln einschieben.
- Muttern für Stoßfängerhalter anschrauben und festziehen.

Seitliche Gummiabdeckung aus- und einbauen

Ausbau

- Stoßfänger ausbauen.
- **Bis 9/76:** 3 Schrauben im Scheinwerferausschnitt herausdrehen, vorher Scheinwerfer ausbauen, siehe Seite 230.

- **Seit 10/76:** Befestigungsklammer –Pfeil– mit Schraubendreher abdrücken und 2 Blechschrauben von unten herausdrehen. Der Scheinwerfer braucht nicht ausgebaut zu werden.
- Je nach Ausführung, Schraube unterhalb des Scheinwerferausschnitts herausdrehen.

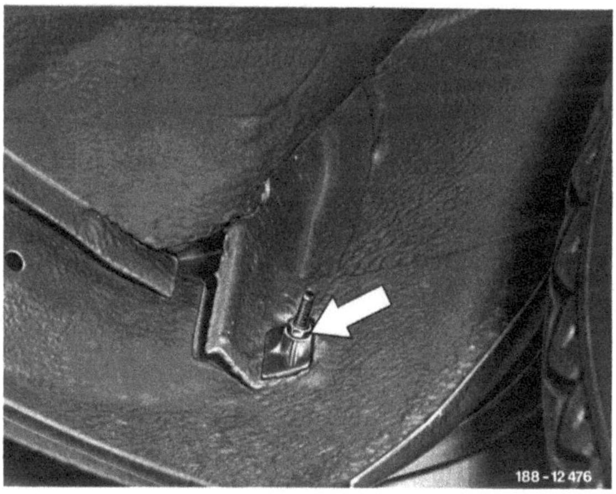

- Befestigungsmutter –Pfeil– am Radlauf herausdrehen.
- Gummiabdeckung nach vorn herausziehen.

Einbau

- Gummiabdeckung einsetzen anschrauben.
- Falls ausgebaut, Blechklammer aufdrücken oder Scheinwerfer einbauen, siehe Seite 230.
- Stoßfänger einbauen.

Stoßfänger hinten aus- und einbauen

Ausbau

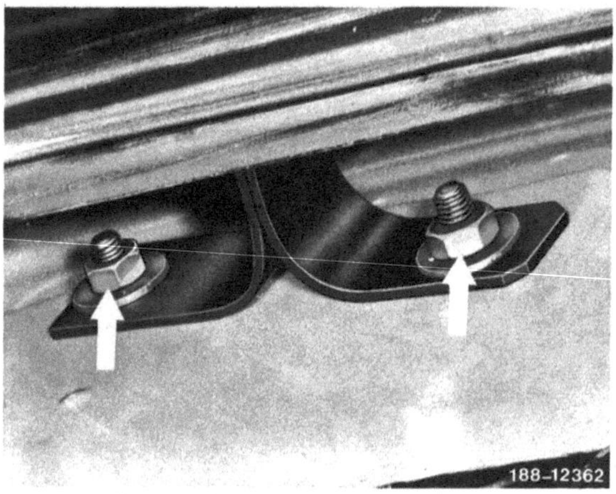

- Befestigungsmuttern –Pfeile– links und rechts am Halter herausdrehen.
- **T-Modell:** Streuscheibe für Rückfahrscheinwerfer und Nebelschlußleuchte abschrauben, dazu 2 Kreuzschlitzschrauben herausdrehen. Jeweiligen Reflektor aus dem Lampengehäuse herausziehen, die beiden elektrischen Kabel abziehen und Reflektor zur Seite legen.
- Stoßfänger mit Halter nach hinten herausziehen.

Einbau

- Seitliche Gummiabdeckungen mit Seifenwasser benetzen, damit der Stoßfänger beim Einführen in die Abdeckung besser gleitet.
- Stoßfänger mit Helfer waagerecht ansetzen und in die Führungshalter seitlich an den Kotflügeln einschieben.
- Muttern für Stoßfängerhalter anschrauben und festziehen.
- **T-Modell:** Rückfahrscheinwerfer und Nebelschlußleuchte anschließen und in das Lampengehäuse einsetzen. Streuscheiben anschrauben.

Kotflügel aus- und einbauen

Achtung: Fahrzeuge seit 12/81 sind mit Innenkotflügeln aus Kunststoff ausgerüstet, dadurch erleichtert sich der Aus- und Einbau. Bis 11/81 sind die Kotflügel mit PVC-Unterbodenschutz gespritzt. In diesem Fall muß der Kotflügel an den Trennstellen beim Ausbau mit einem Heißluftfön (600° C) erwärmt werden, damit der Unterbodenschutz weich wird und der Kotflügel gelöst werden kann.

Ausbau

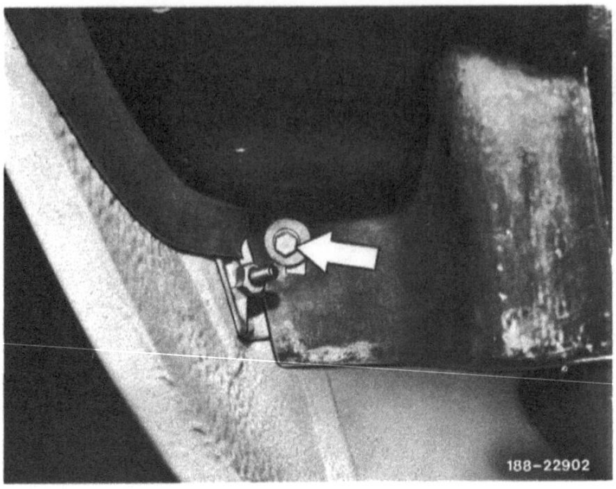

- Befestigungsschraube –Pfeil– für Innenkotflügel herausdrehen.
- Stoßfänger vorn ausbauen.
- Scheinwerfer ausbauen, siehe Seite 230.
- Seitliche Gummiabdeckung ausbauen.

- 2 Schrauben –Pfeile– unten an der Stirnseite herausdrehen.

188-12370

- 2 Schrauben –Pfeile– für Luftdurchlaßgitter herausdrehen und entsprechende Gitterhälfte nach unten schwenken und zur Fahrzeugmitte hin herausziehen.

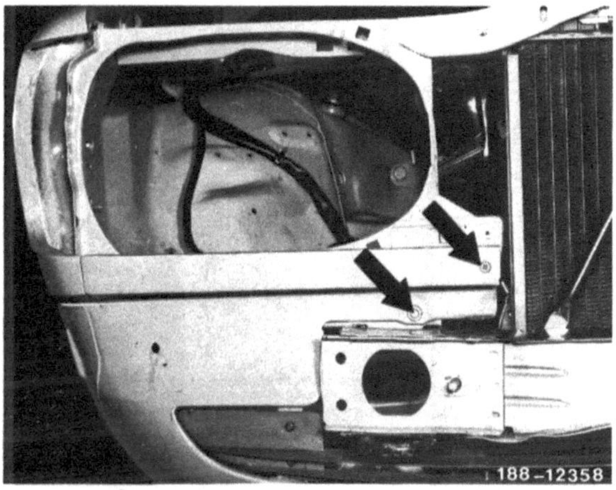

188-12358

- An der Stirnseite 2 Schrauben –Pfeile– oben herausdrehen.
- Eine Schraube seitlich außen, im Scheinwerfergehäuse, herausdrehen.

188-12356

- 6 Schrauben –Pfeile– am Falz herausdrehen. Anschlaggummi für Motorhaube abschrauben.

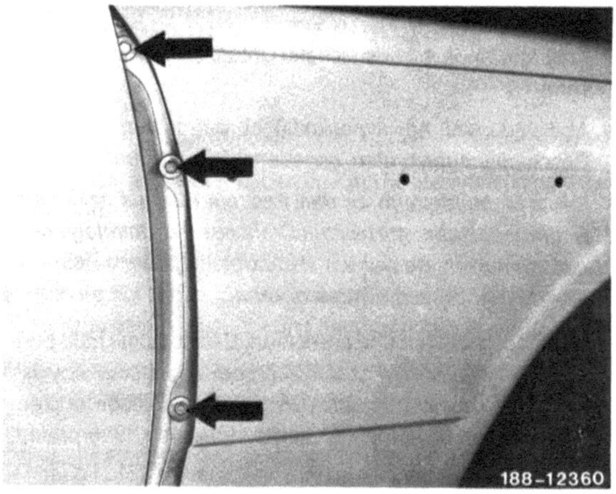

188-12360

- Tür öffnen und 3 Schrauben –Pfeile– an der Vorderwandsäule mit Gelenkschlüssel vorsichtig herausdrehen. **Achtung:** Dabei Tür im Arbeitsbereich mit Klebeband abkleben, damit der Lack nicht beschädigt wird.

188-12350

- 2 Schrauben unten am Längsträger herausdrehen.
- Kotflügel mit einem Kunststoff- oder Holzkeil vom Längsträger lösen.

Achtung: *Bei Fahrzeugen bis 11/81 sind folgende Arbeiten zusätzlich auszuführen:*

- *Schottwand ausbauen.*
- *Anlagefläche des Kotflügels im Scheinwerfergehäuse mit einem Heißluftfön (600° C) leicht erwärmen und Kotflügel in diesem Bereich lösen.* ***Achtung:*** *Werden zum Erwärmen andere Geräte, zum Beispiel ein Schweißbrenner, benützt, müssen die elektrischen Leitungen im Motorraum mit einer Wärmeschutzdecke abgedeckt werden.*
- *Gesamten Falz des Kotflügels im Bereich der Schraubenbohrungen vom Motorraum aus langsam und gleichmäßig erwärmen.*
- *Mit einem scharfen Messer das weichgewordene PVC vom Radlauf aus bis auf das Blech durchschneiden. Dabei PVC am Falz entlang von der vorderen Ecke bis zum Ende der Beschichtung vollständig durchtrennen.*
- Kotflügel abheben, dabei vorn beginnen und nach vorn herausziehen.

Einbau

- Kotflügel innen mit ausreichend Unterbodenschutz bestreichen.
- Abdichtgummi am Innenkotflügel auf festen Sitz und Beschädigungen prüfen, gegebenenfalls erneuern.
- *Neue Dichtunterlage an den Falz am Radlauf ankleben. Schraubenlöcher mit heißem Draht aus der Unterlage herausschmelzen, da sich sonst die Unterlage beim Reindrehen der Schrauben mitdrehen kann.*
- Kotflügel ansetzen und ausrichten. Der Kotflügel muß bündig mit der Vordertür abschließen beziehungsweise maximal 1 mm überstehen. Luftspalt zwischen Kotflügel und geschlossener Motorhaube sowie Vordertür überprüfen, siehe Seite 182.
- Sämtliche Befestigungsschrauben reindrehen und zugweise festziehen.
- Lage des Kotflügels nochmals überprüfen.
- *Anschlußstellen des Kotflügels mit Unterbodenschutz überspritzen.*
- Scheinwerfer einbauen, siehe Seite 230.
- Motorhaube an den beiden Anschlagpuffern so einstellen, daß sie mit der Innenkante des Kotflügels fluchtet.
- *Schottwand einbauen und abdichten.*

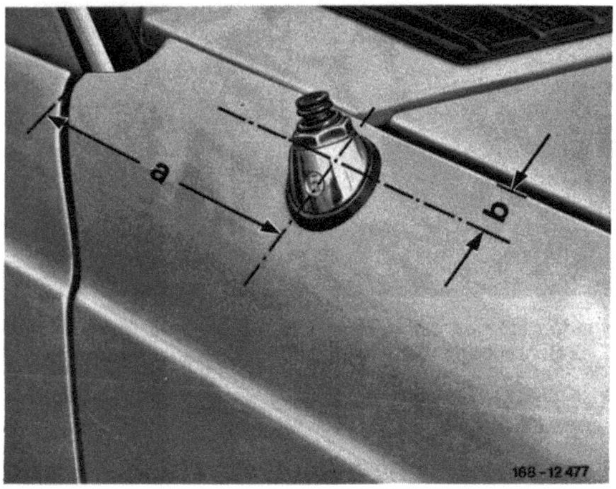

- Falls erforderlich, Bohrung für Antenne am rechten vorderen Kotflügel nach den angegebenen Maßen bohren; a – 138 mm, b – 24 mm. Dabei Hinweise für das nachträgliche Bohren an Karosserieteilen beachten, siehe Seite 215.
- Luftdurchlaßgitter an der Außenseite einhängen und mit 2 Schrauben anschrauben.
- Seitliche Gummiabdeckung einbauen.
- Stoßfänger vorn einbauen.
- Scheinwerfer einstellen lassen.

Kühlergrill aus- und einbauen

Ausbau

- Motorhaube öffnen und Entriegelungsgriff für Motorhaube abnehmen. Dazu Sicherungsklammer –Pfeil– mit Schraubendreher abdrücken und Bolzen herausziehen.

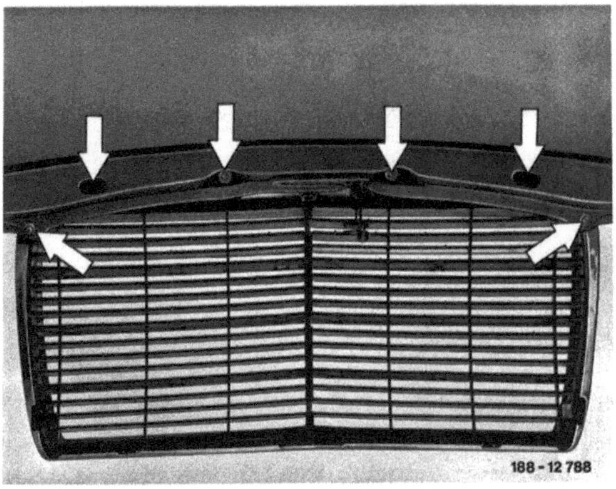

- 6 Schrauben –Pfeile– herausdrehen und Kühlerverkleidung abnehmen.
- 2 Gummipuffer abschrauben.
- Mit Schraubendreher Halteklammern für Kühlerschutzgitter links und rechts abdrücken. **Achtung:** Die Klammern sind vorgespannt und springen leicht weg.
- Kreuzschlitzschraube unten in der Mitte der Kühlerverkleidung herausdrehen.
- 2 Haltenasen oben in der Mitte des Kühlerschutzgitters von vorn herausdrücken.
- Schutzgitter nach unten aus der Kühlerverkleidung herausziehen.

Einbau

- Kühlerschutzgitter von unten in die Kühlerverkleidung einsetzen und oben mit den 2 Nasen einrasten.
- Kühlergrill unten in der Mitte anschrauben.
- Seitliche Halteklammern eindrücken. 2 Gummipuffer anschrauben.
- Kühlerverkleidung ansetzen und festschrauben, dabei darauf achten, daß die Unterlage an der Motorhaube angeklebt ist.
- Entriegelungshebel ansetzen, Bolzen durchstecken und mit Sicherungsklammer sichern.

Mercedes-Stern aus- und einbauen

Ausbau

- Federbügel von unten mit einer Rohrzange kräftig nach unten ziehen, ca. 90° (¼ Umdrehung) nach links drehen.

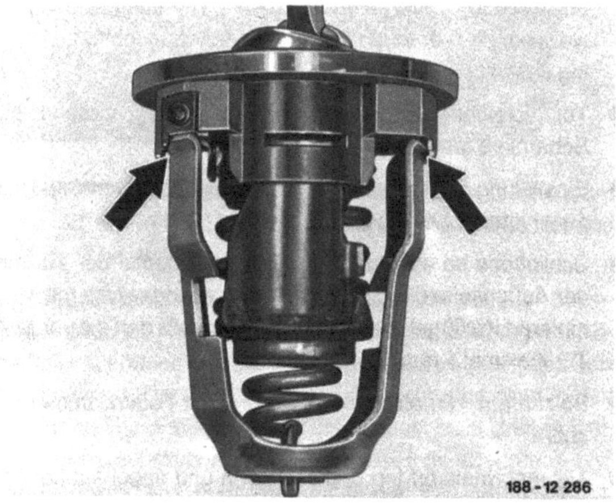

- Die Enden des Bügels in die vorgesehenen Nuten einrasten –Pfeile–.
- Anschließend MERCEDES-Stern nach oben aus der Kühlerverkleidung herausziehen.

Einbau

- MERCEDES-Stern von oben einsetzen und Federbügel mit Zange um 90° nach rechts drehen.

Haubenzug aus- und einbauen

Ausbau

- Abdeckung unter Armaturentafel ausbauen, siehe Seite 196.
- Im Innenraum 2 Schrauben am Griff für Haubenzug herausdrehen.
- Haubenzug am Griff aushängen.
- Schnur am Haubenzug anbinden. Dadurch kann der neue Seilzug beim Einbau leichter durchgezogen werden.
- Seilzug aus dem Halter am Radlauf herausziehen und unter der Kühlerversteifung ausclipsen.

- Kontermutter lösen und Bolzen aus dem Unterteil des Haubenschlosses herausdrücken.
- Haubenzug nach vorn herausziehen.

Einbau

- Haubenzug am Schloß einhängen und mit Kontermutter am Widerlager anschrauben.
- Haubenzug unter der Kühlerversteifung einclipsen und durch den Halter am Radlauf mit einer Schnur in den Innenraum durchziehen.
- Seilzug in den Griff einhängen. Griff mit 2 Schrauben befestigen.
- Abdeckung unter Armaturentafel einbauen, siehe Seite 196.

Tür aus- und einbauen

Achtung: Bei Fahrzeugen mit Zentralverriegelung, elektrischem Fensterheber oder elektrisch verstellbarem Außenspiegel zusätzlich Türinnenverkleidung ausbauen, elektrische Leitungen lösen und durch die Öffnung an der Stirnseite der Tür herausziehen.

Ausbau

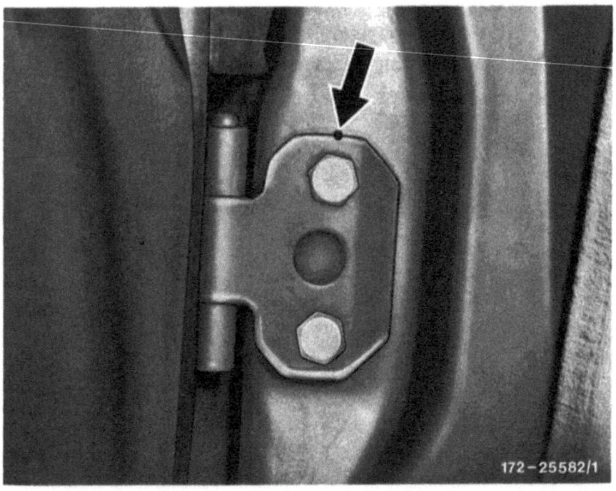

172-25582/1

- Lage der Türscharniere an den Anlageflächen markieren, zum Beispiel oben und unten ankörnen oder mit Reißnadel umfahren. Dadurch braucht die alte Tür beim Einbau nicht ausgerichtet zu werden.

172-24305

- Bolzensicherung –Pfeil– mit Schraubendreher abhebeln, Bolzen nach oben herausziehen.
- Tür nach unten abstützen.

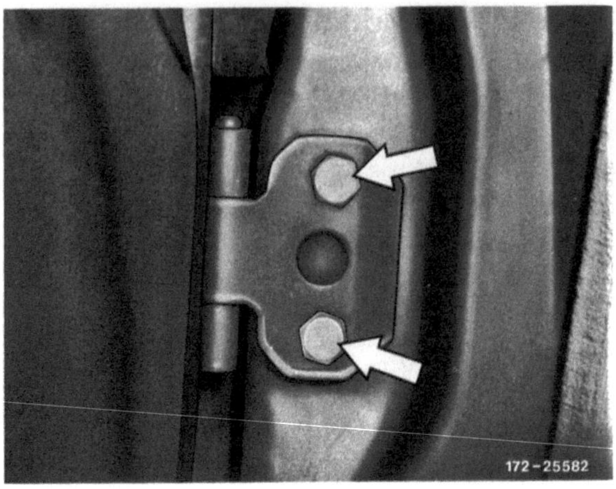

172-25582

- Je 2 Befestigungsschrauben –Pfeile– herausdrehen und Tür nach hinten abnehmen.

Einbau

- Tür ansetzen und Befestigungsschrauben leicht anziehen.
- Tür so ausrichten, daß die Scharniere mit den angebrachten Markierungen übereinstimmen.
- Befestigungsschrauben festziehen, Bolzen am Türhalter einsetzen und sichern.
- Wird eine neue Tür eingebaut, Tür folgendermaßen einstellen:

Einstellen

- Befestigungsschrauben an den Scharnieren nur leicht anziehen. Bolzen am Türhalter abgenommen.
- Tür schließen und an der Scharnierseite so ausrichten, daß die Außenseite der Tür mit der Kontur des Kotflügels fluchtet. Die Tür darf maximal 1 mm tiefer liegen.
- Tür so ausrichten, daß die richtigen Luftspaltmaße zu den umliegenden Teilen vorhanden sind. Der Luftspalt muß jeweils parallel verlaufen, gegebenenfalls Luftspalt gleichmäßig ausmitteln. Luftspaltmaße, siehe Seite 182.
- Tür vorsichtig öffnen und Befestigungsschrauben für Scharniere festziehen.
- Einstellung der hinteren Tür prüfen. Die Oberfläche muß mit dem hinteren Kotflügel fluchten.
- Schließöse so einstellen, daß die Außenseite der Tür mit der Außenseite der hinteren Tür beziehungsweise mit dem hinteren Kotflügel fluchtet. Gegebenenfalls darf die vordere Tür maximal 1 mm überstehen.
- Bolzen am Türhalter einsetzen und mit Federklammer sichern.
- Tür mehrmals öffnen und schließen und dabei auf Leichtgängigkeit kontrollieren.

Türgriff aus- und einbauen

Ausbau

- Abdeckung an der Stirnseite des Türrahmens abdrücken und 2 Kreuzschlitzschrauben herausdrehen.
- Türgriff nach vorn, in Fahrtrichtung, drücken.
- ***Bis 8/81:** Griffbügel ziehen und gesamten Türgriff herausnehmen.*

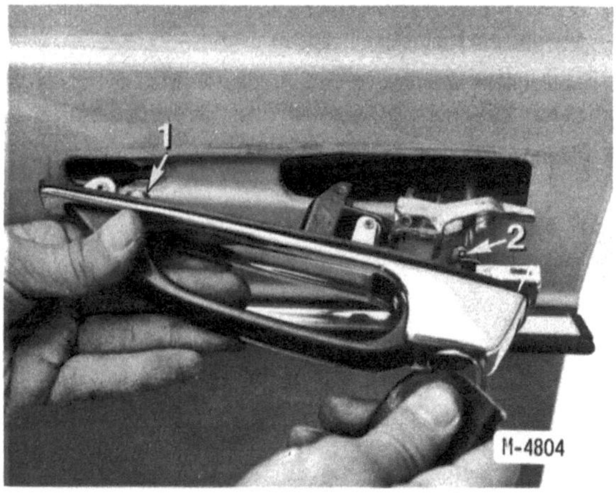

- **Seit 9/81:** Türschlüssel in den Schließzylinder stecken, um ca. 50° drehen und in dieser Stellung halten. Anschließend Türgriff herausziehen.

Achtung: Läßt sich der Türgriff nicht nach vorn schieben beziehungsweise vorn nicht herausnehmen, Türverkleidung und Abdichtfolie ausbauen und Schraube –1– lösen oder ganz herausschrauben. Darauf achten, daß die Schraube nicht in den Türrahmen fällt. Falls sich der Türschlüssel nicht drehen läßt, Befestigungsschrauben des Türschlosses herausdrehen und Türgriff etwas aus dem Ausschnitt der Tür herausziehen. Spannstift –2– mit Durchschlag aus der Drehstange heraustreiben und Türgriff abnehmen.

Einbau

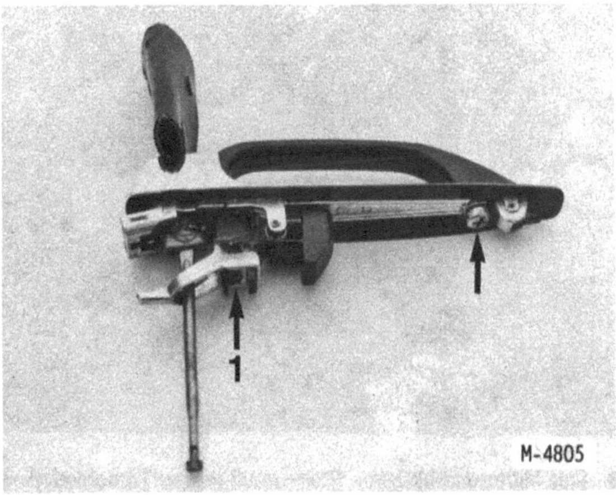

- Vordere Befestigungsschraube –rechter Pfeil– bis etwa auf Blechstärke reindrehen.

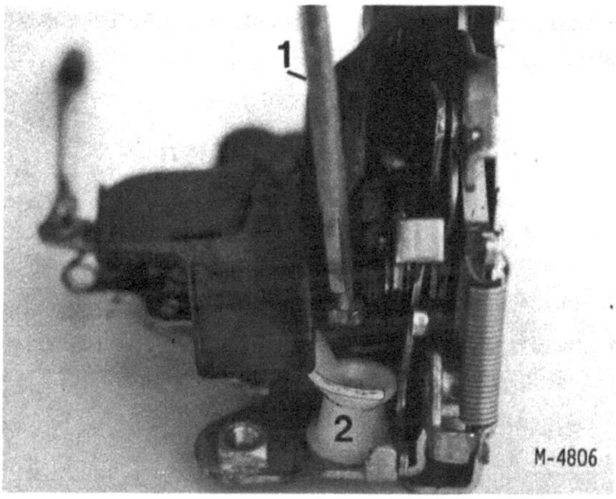

- Türgriff in die Türöffnung einführen, Griffbügel ziehen und Griff so einsetzen, daß die Drehstange –1– in die Drehnuß –2– des Türschlosses eingreift. Dabei gegebenenfalls Türschlüssel um ca. 50° nach hinten drehen.
- Türgriff nach hinten drücken. Falls das nicht möglich ist, Türgriff wieder herausnehmen und vordere Befestigungsschraube etwas herausdrehen.
- Türgriff festschrauben und Funktion von Griff und Schloß prüfen. Gegebenenfalls Türinnenverkleidung sowie Abdichtfolie ausbauen und Stellung des Mitnehmerbolzens prüfen.

- Der Mitnehmerbolzen –Pfeil– muß in das Türschloß eingreifen, dabei soll das Spiel zwischen dem Bolzen und der Aussparung am Schloß ca. 1 mm betragen. Gegebenenfalls Spiel durch Verdrehen der Innensechskantschraube –1 in Abbildung M-4805– einstellen.
- Abdeckung in die Öffnung an der Stirnseite der Tür eindrükken.

Türschloß aus- und einbauen

Ausbau

- Türinnenverkleidung ausbauen.
- Abdichtfolie im oberen Bereich vorsichtig abziehen.
- Zugstange für Türinnenbetätigung am Halteclip abdrücken und am Türschloß aushängen.
- Türgriff ausbauen.

- 4 Schrauben für Türschloß herausdrehen.

- Türschloß nach unten absenken, dann nach vorn um die hintere Fensterhebeschiene herumschwenken und durch die untere Öffnung im Türinnenblech herausnehmen.

Einbau

- Türschloß mit Verriegelungsgestänge einsetzen.
- Türschloß mit 8 Nm anschrauben. **Achtung:** Zuerst die beiden Schrauben an der Stirnseite festziehen.
- Türgriff einbauen.
- Zugstange für Türinnenbetätigung am Türschloß einhängen und am Halteclip einclipsen.
- Abdichtfolie faltenfrei ankleben, sonst kann es im Fahrzeug ziehen. Beschädigte Folie mit Tesaband ausbessern.
- Türinnenverkleidung einbauen.

Türinnenverkleidung aus- und einbauen

Ausbau

- Verriegelungsknopf herausdrehen.
- Verkleidung für Türschloß mit 2 Schrauben abschrauben und abnehmen.
- Fenster ganz nach unten kurbeln.
- Fensterkurbel ausbauen. **Achtung:** Es gibt 2 verschiedene Ausführungen.

- Mit kleinem Schraubendreher Sicherungshaken an der Abdeckung eindrücken, Abdeckung in Pfeilrichtung nach unten schieben und abnehmen.

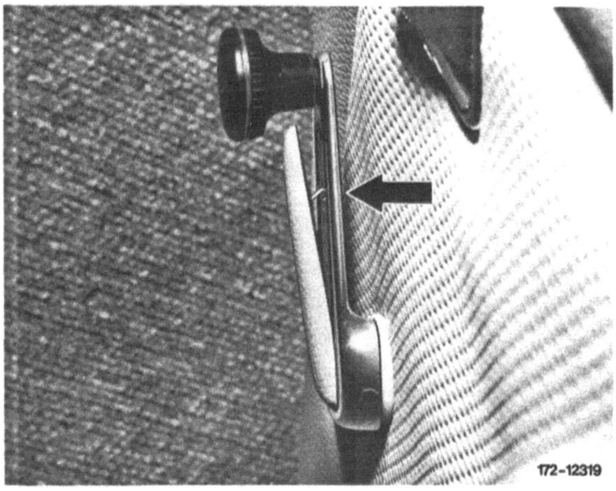

- *Schutzpolster mit kleinem Schraubendreher vorn von der Fensterkurbel abdrücken, zum Knopf ziehen und aus dem Langloch bei der Achse aushängen.*
- Fensterkurbel von der Kurbelachse abziehen, Distanzscheibe abnehmen.

- Blende für Türinnenbetätigung mit schmalem Schraubendreher abdrücken.
- Griff für Innenbetätigung ziehen und Schraube in der Mitte der Schale herausdrehen.

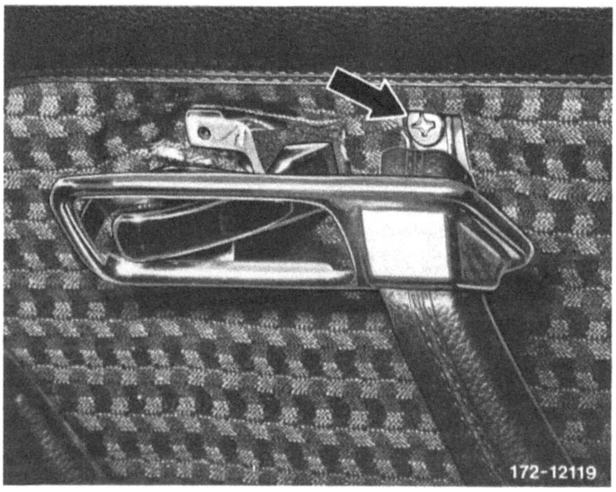

- Schale von der Tür wegziehen und Schraube –Pfeil– am Haltegriff oben herausdrehen.
- 2 Schrauben unten an der Armlehne herausdrehen und Armlehne mit Griffschale abnehmen.
- Türinnenverkleidung ringsum etwas vom Türblech wegziehen und ausclipsen.

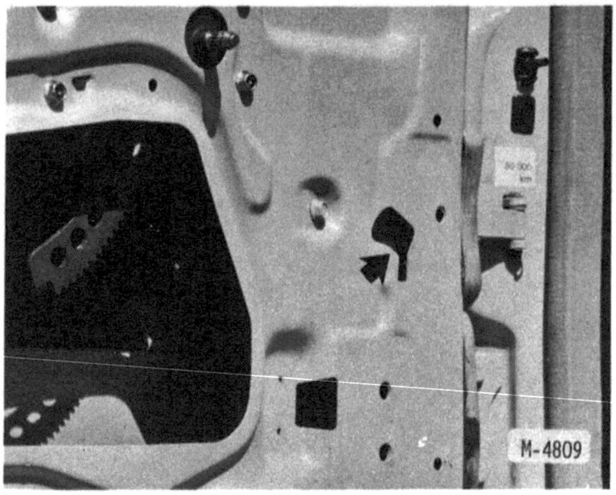

- Türinnenverkleidung nach oben so weit anheben, bis der Haken aus dem Türinnenblech –Pfeil– herausgezogen werden kann.
- Verkleidung über die Verriegelungsstange anheben und herausnehmen.
- Falls erforderlich, Abdichtfolie vorsichtig abziehen. **Achtung:** Die Folie reißt leicht ein.

Einbau

Vor dem Einbau auf richtigen Sitz der Abdichtfolie achten, sonst kann es im Fahrzeug ziehen. Kleinere Beschädigungen der Folie mit Tesaband ausbessern, bei größeren Rissen Folie erneuern.

- Türinnenverkleidung über die Verriegelungsstange ansetzen, Haken in das Türinnenblech einführen und Verkleidung vorsichtig nach unten drücken.
- Türinnenverkleidung ringsum in das Türblech einclipsen.
- Armlehne ansetzen und mit 3 Schrauben anschrauben.
- Türinnengriff ziehen und Griffschale anschrauben. Verkleidung für Griffschale einhängen.
- Distanzscheibe für Fensterkurbel mit dem größeren Durchmesser zur Türinnenverkleidung aufsetzen.
- Fensterkurbel auf die Kurbelachse aufschieben. Bei geöffnetem Fenster zeigt die Kurbel schräg nach vorn oben.

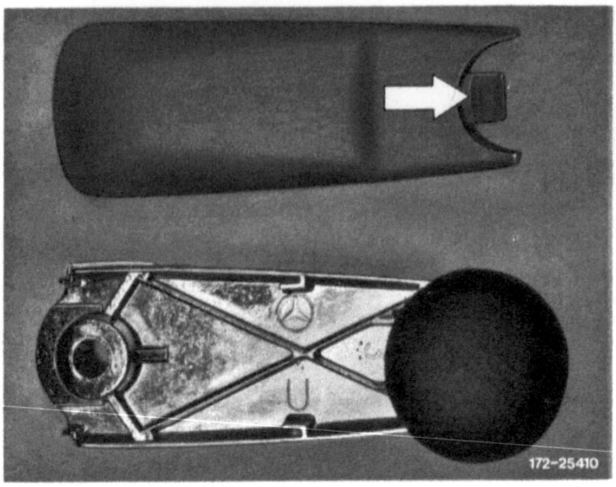

- Abdeckung für die Fensterkurbel von hinten aufschieben, dabei darauf achten, daß die Nase der Abdeckung in die Nut an der Kurbelachse eingreift. Abdeckung so weit nach vorn schieben, bis der Sicherungshaken –Pfeil– einrastet. *Gegebenenfalls Schutzpolster ansetzen, im Langloch verschieben und in der Nähe des Knopfes einclipsen.*
- Fenster hochkurbeln.
- Verkleidung für Türschloß mit 2 Schrauben festschrauben.

Fensterheber aus- und einbauen

Ausbau

- Türinnenverkleidung ausbauen.
- Abdichtfolie vorsichtig abziehen. **Achtung:** Die Folie reißt leicht ein.

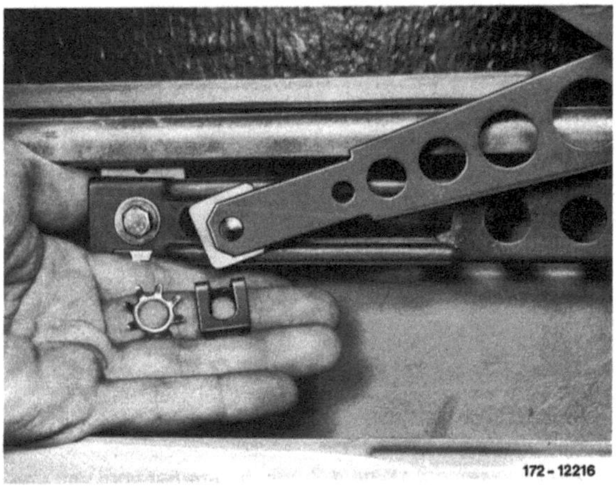

- Fenster nach unten kurbeln *beziehungsweise herunterfahren* und die Sicherungen vorn und hinten an den Hebearmen abnehmen.
- *Bei elektrischem Fensterheber, Massekabel an der Batterie abklemmen.*
- *Kabel für elektrischen Fensterheber abklemmen.*

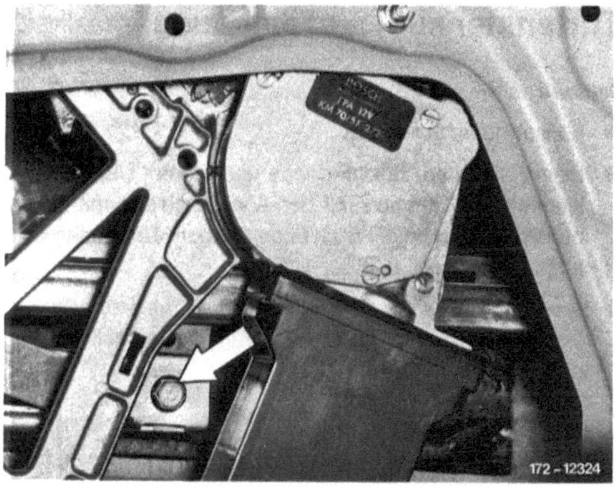

- *Schraube –Pfeil– an der Fensterhebeschiene vorn herausdrehen.*

- *Hintere Schraube –Pfeil– an der Fensterhebeschiene herausdrehen.*
- Fenster nach oben kurbeln *beziehungsweise nach oben drücken* und mit einem Kunststoff- oder Holzkeil sichern, damit es nicht herabfallen kann.

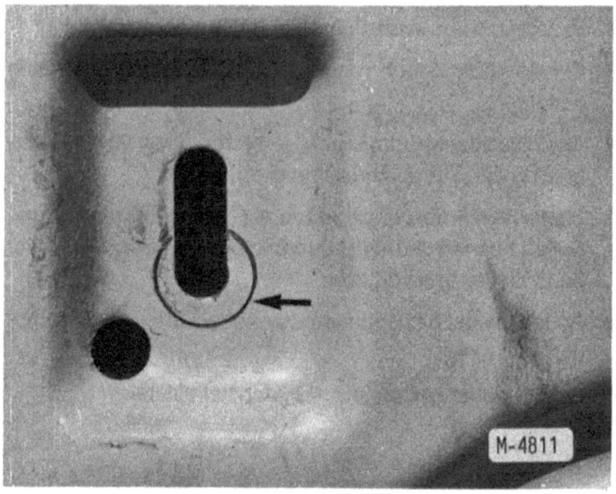

Achtung: Vor dem Abschrauben der hinteren beiden Befestigungsschrauben für den Fensterheber Lage der Schrauben markieren. Dazu Schraubenkopf mit Filzstift umkreisen –Pfeil–. Dadurch erleichtert sich das Einstellen des Fensters beim Einbau.

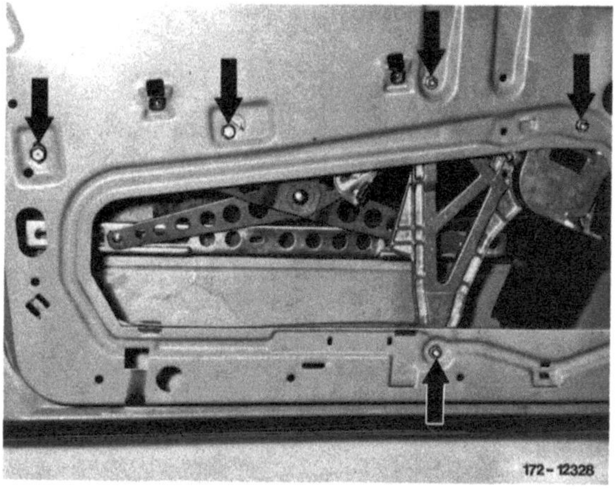

- *3 Befestigungsmuttern –Pfeile rechts– vorn am Fensterheber und 2 Schrauben –Pfeile links– hinten am Fensterheber herausschrauben.*

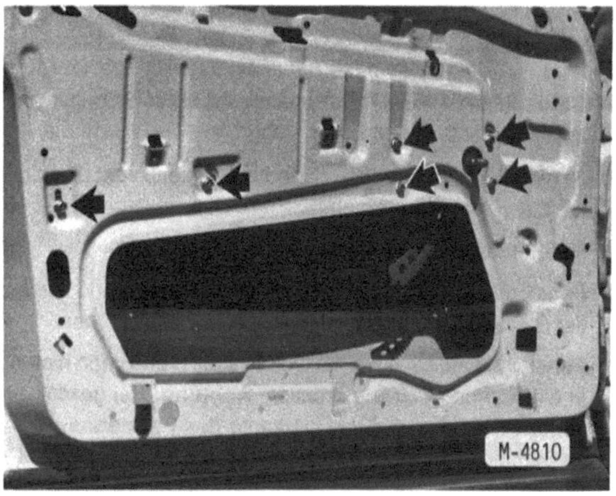

- **Manueller Fensterheber:** Schrauben –Pfeile– herausdrehen.
- Fensterheber aus der Führungsschiene herausziehen und nach unten herausnehmen. *Elektrischen Fensterheber komplett mit Motor herausnehmen.*

Einbau

- Fensterheber von unten in die Tür einsetzen und anschrauben. Dabei hintere Schrauben noch nicht festziehen.
- Fensterscheibe vorsichtig ablassen und mit dem Gleitbakken in die Fensterhebeschiene einführen.
- Fensterhebearme in die Hebeschiene einsetzen und anschrauben, nicht festziehen. Die Schrauben werden erst angezogen, nachdem das Türfenster eingestellt ist.
- Elektrische Leitungen anklemmen, dabei gleichfarbige Kabel zusammen anschließen. Batterie-Massekabel anklemmen.
- Türfenster einstellen.
- Abdichtfolie faltenfrei ankleben.

Achtung: Die Folie darf nicht beschädigt sein und muß einwandfrei abdichten, sonst kann es im Fahrzeug ziehen.

- Türinnenverkleidung einbauen.

Türfenster einstellen

- Türinnenverkleidung ausbauen.
- Abdichtfolie im unteren Bereich vorsichtig abziehen. **Achtung:** Die Folie reißt leicht ein.

- 2 Schrauben –Pfeile– für Fensterheber hinten lösen, nicht abschrauben.
- Je eine Schraube an der Fensterhebeschiene vorn und hinten lösen, nicht abschrauben.
- Fenster ganz nach unten stellen.
- Fensterhebeschiene ganz nach hinten drücken und in dieser Stellung die Schrauben an der Schiene festziehen.
- Fenster bis auf ca. 5 cm nach oben stellen und nach hinten in die Führungsschiene drücken. **Achtung:** Bei geschlossener Scheibe muß die Hinterkante des Fensters auf der gesamten Länge in der Führungsschiene anliegen.
- Scheibe hinten nach unten drücken und in dieser Stellung hintere Schraube am Fensterheber festziehen. Danach zweite Schraube für Fensterheber festziehen.
- Fenster rauf- und runterkurbeln und dabei Leichtgängigkeit prüfen.
- Abdichtfolie faltenfrei ankleben.

Achtung: Die Folie darf nicht beschädigt sein und muß einwandfrei abdichten, sonst kann es im Fahrzeug ziehen.

- Türinnenverkleidung einbauen.

Türfenster aus- und einbauen

Ausbau

- Fensterheber ausbauen.
- Innere Fenster-Abdichtschiene ausbauen. Dazu Halteklammern zusammen mit der Abdichtschiene mit einem breitem Kunststoffkeil nach oben aus dem Türrahmen herausdrücken.
- An der Fahrertür Außenspiegel ausbauen, an der Beifahrertür Abdeckplatte innen abdrücken und anschließend Abdeckdreieck außen abschrauben.

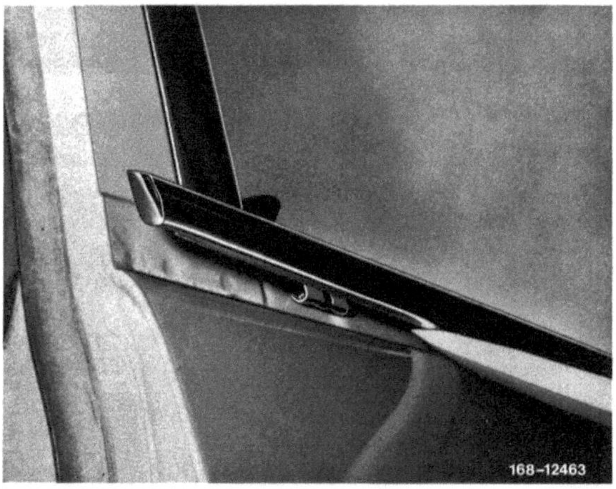

- Zierleiste mit den Fingern oder mit Kunststoffkeil aus den Steckklammern herausziehen.
- Klammern für Abdichtschiene außen nach oben herausdrücken, dabei hinten beginnen. Abdichtschiene abnehmen.
- Schrauben an der Fensterhebeschiene vorn und hinten herausdrehen.
- Fenster hinten anheben, nach vorn kippen und nach oben herausziehen.

Einbau

- Fensterscheibe in die Führungsschiene einsetzen.
- Fensterhebeschiene von unten in die Fensterhalteschiene einfahren.
- Abdichtschienen vorn bündig ansetzen und mit Halteklammern in den Türrahmen eindrücken.
- Zierleiste einclipsen, dabei zuerst die Steckhülsen von den Stiften trennen und in die Bohrungen eindrücken. Anschließend Zierleiste aufdrücken.
- Außenspiegel beziehungsweise Abdeckdreieck anschrauben.
- Fensterheber einbauen und Türfenster einstellen.

Zierleiste auswechseln

Die Zierleisten sind mit Kunststoff-Spreizklammern an den Karosserieteilen befestigt.

Ausbau

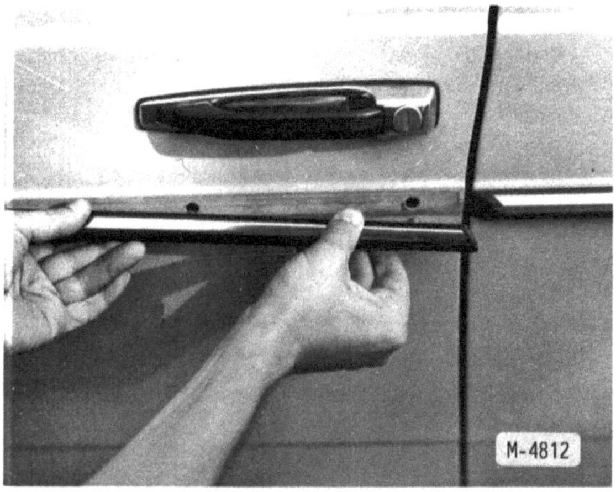

- Zierleisten von Hand abziehen oder mit breitem Kunststoffkeil abhebeln. **Achtung:** Je nach Einbauort sind ein oder beide Enden von innen angeschraubt.

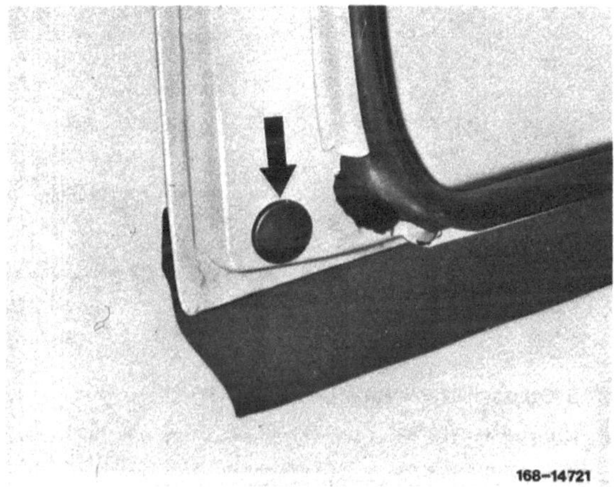

- Beispiel Fahrertür unten: Abdeckkappe –Pfeil– innen an der Tür heraushebeln. Dahinterliegende Kunststoffmutter herausdrehen.

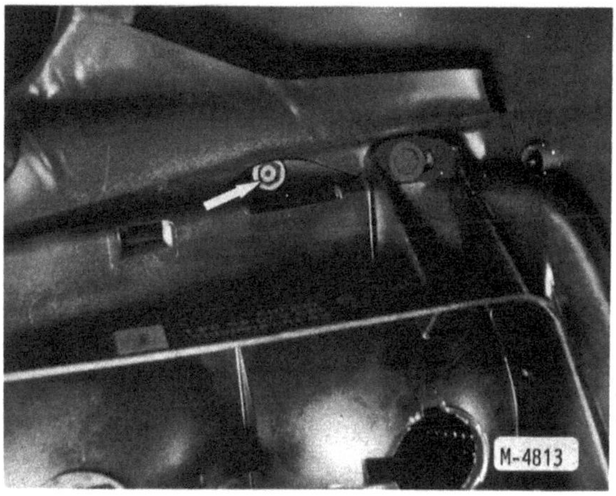

- Beispiel Kotflügel hinten links: Befestigungsschraube –Pfeil– vom Kofferraum aus herausdrehen.

Einbau

- In der Regel werden beim Abdrücken der Zierleiste die Kunststoffhülsen zusammen mit den Spreizstiften mit abgezogen. Deshalb zuerst Hülsen von den Stiften abhebeln und in die Bohrungen des jeweiligen Karosserieteils stekken.
- Verbogene Zierleisten vor dem Einbau geraderichten.
- Anschließend Zierleiste mit den Spreizstiften entsprechend den Bohrungen ausrichten und einclipsen. Gegebenenfalls Spreizstifte mit dem Handballen einschlagen.
- Falls ausgebaut, Halteschraube reindrehen.

Außenspiegel aus- und einbauen

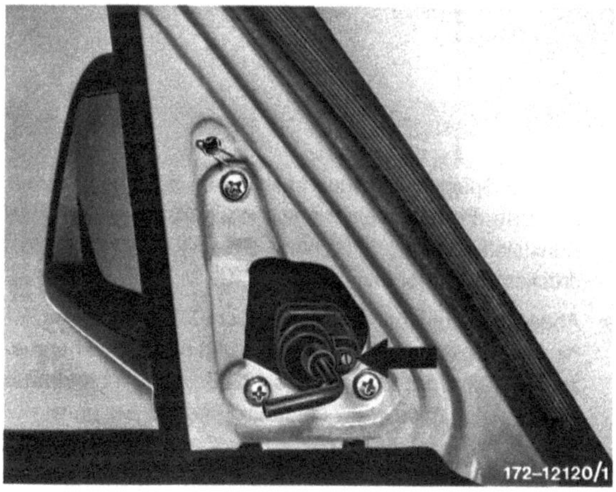

Achtung: Wenn sich der Spiegel von selbst verstellt, Griffstück sowie Abdeckung ausbauen und Schraube –Pfeil– am Verstellteil anziehen.

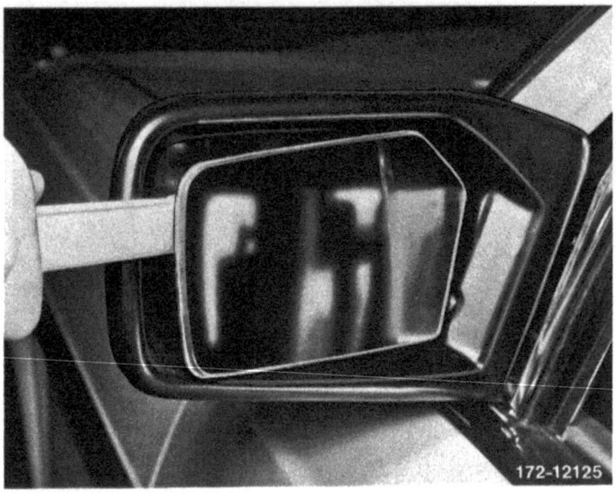

- Soll nur das Spiegelglas ausgewechselt werden, Spiegelglas mit Kunststoffkeil nach hinten abhebeln und zur Außenseite hin abnehmen.
- Falls ausgebaut, Spiegelglas am Verstellhebel rechts einhängen und Kugelkopf in die Aufnahme drücken.

Ausbau

- Griff für Spiegelverstellung nach hinten abziehen. Vorher mit dem Finger oder mit schmalem Schraubendreher Kunststoffsicherung in Richtung Spiegel –Pfeil– herausdrücken und abnehmen.
- Abdeckung oben mit den Fingern vom Türrahmen wegziehen, ausclipsen, unten aushängen und nach oben herausziehen. **Achtung:** Wird dabei ein breiter Schraubendreher verwendet, Papierpolster unter die Klinge legen, damit der Lack nicht beschädigt wird.
- 3 Befestigungsschrauben für Spiegelfuß herausdrehen. Dabei Spiegel außen festhalten, damit er nicht herunterfallen kann.
- Spiegel abnehmen.

Einbau

- Spiegel ansetzen und festschrauben.
- Verkleidung über Verstellhebel einsetzen, unten einhängen und oben einclipsen. **Achtung:** Vorher dünne Federklammer vom Stift des Dreieckes abziehen und in die Bohrung der Tür eindrücken. Sonst läßt sich das Dreieck nicht einclipsen.
- Griffstück aufschieben, Kunststoffsicherung ansetzen und in das Griffstück einführen.

Abdeckung unter Armaturentafel aus- und einbauen

Ausbau

- ***Bis 8/79:*** *Je eine Schraube an der Vorderwandsäule sowie an der unteren Heizungsaustrittsöffnung herausdrehen.*
- *Abdeckung nach unten aus der Armaturentafel herausziehen und abnehmen.*
- **Seit 9/79:** 3 Abdeckkappen mit schmalem Schraubendreher heraushebeln.

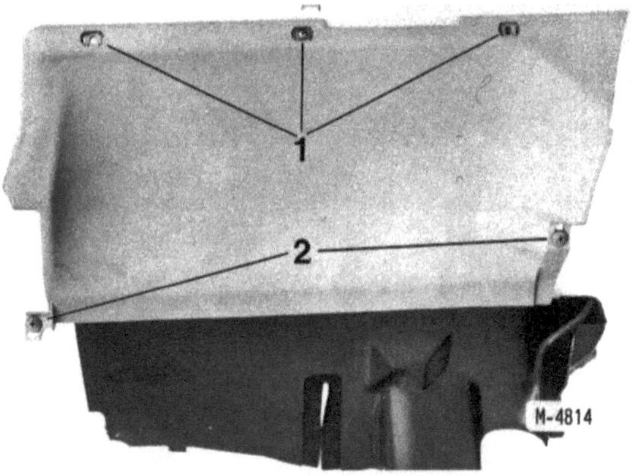

- 3 Kreuzschlitzschrauben –1– herausdrehen.
- Kunststoffclips –2– um 90° drehen, dadurch lösen und herausnehmen.
- Abdeckung herausnehmen.

Einbau

- Abdeckung einsetzen und anschrauben. Abdeckclips eindrücken.
- Kunststoffclips einsetzen, um 90° drehen und dadurch arretieren.
- *Abdeckung vorn einhängen und links und rechts anschrauben.*

Mittelkonsole aus- und einbauen

Ausbau

- Beide Fußmatten und Schaumstoffteile herausnehmen.
- Abdeckung für Schalthebel ausbauen.

- Knöpfe für Gebläse und Heizung abziehen.
- 3 Muttern, SW 24, herausdrehen.

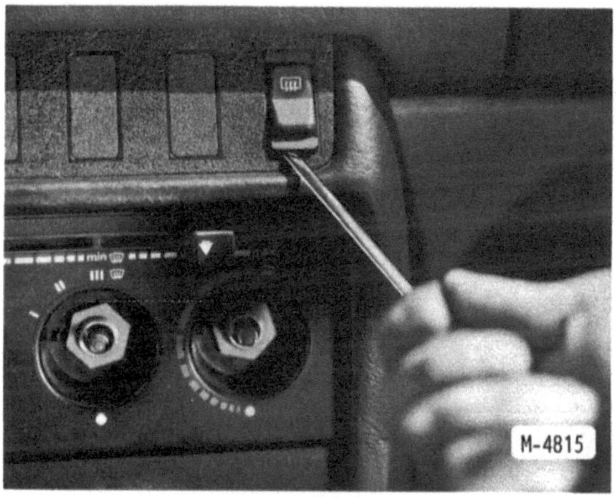

- Schalter für heizbare Heckscheibe mit kleinem Schraubendreher heraushebeln. Beide Schrauben links und rechts an der Abdeckung herausdrehen.

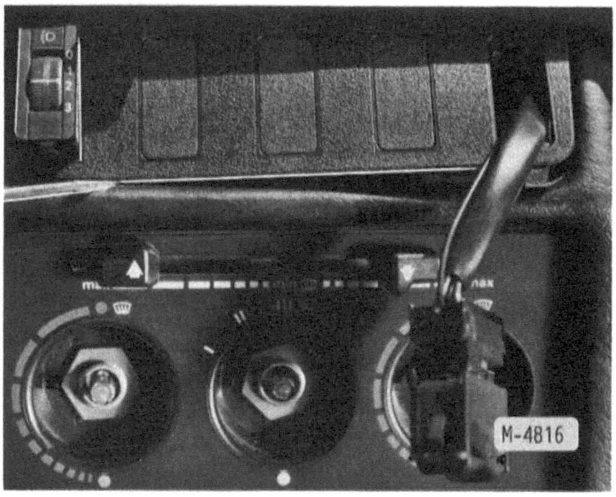

- Schalterblende nach oben schieben, unten vorziehen und aushängen.
- Untere Abdeckblende ausclipsen beziehungsweise Radio ausbauen, siehe Seite 235.
- Knöpfe von den Luftklappen-Bedienungshebeln abziehen.
- Blende für Heizungsbedienung abziehen. Von der Rückseite Lichtleitkabel abnehmen.

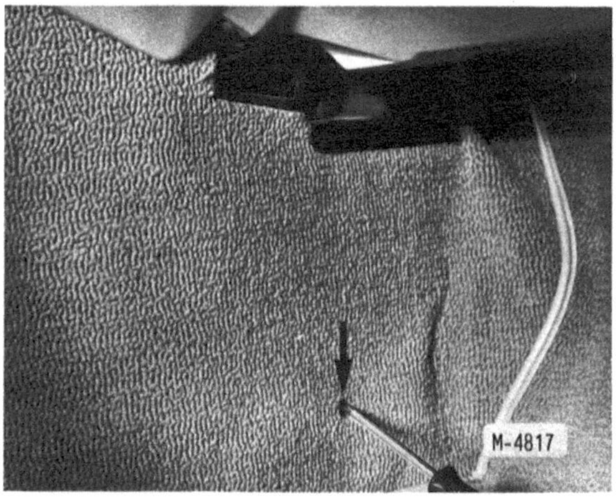

- Schrauben –Pfeil– links und rechts am Tunnel herausdrehen.

- Schrauben –Pfeil– links und rechts hinten an der Sitzführungsschiene herausdrehen.
- Schraube in der Ablageschale herausdrehen und mit Unterlegscheibe abnehmen. Vorher Einlage herausnehmen, falls vorhanden.

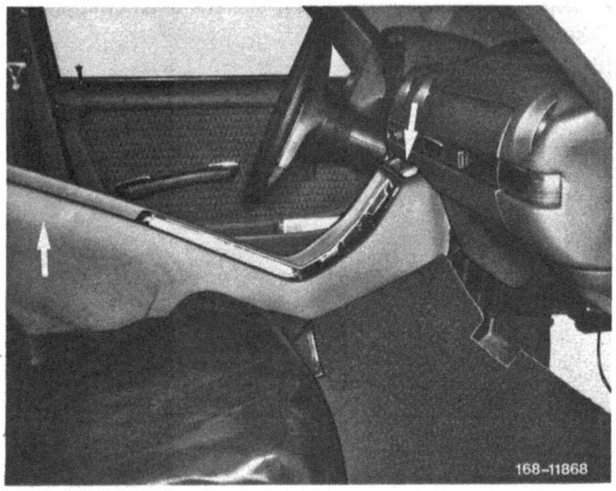

- Mittelkonsole hinten anheben und aus der Armaturentafel herausziehen. Dabei die Mittelkonsole vorn auseinanderspreizen.

Einbau

- Mittelkonsole von hinten einsetzen und links und rechts vorn und hinten anschrauben.
- Schraube mit Unterlegscheibe in die Ablageschale einsetzen und festziehen.
- Kabel an der Rückseite der Blende für die Heizungsbedienung aufstecken und Blende einsetzen.
- Knöpfe für die Luftklappen-Bedienungshebel aufstecken; links zeigt der Pfeil nach oben, rechts nach unten.
- Untere Abdeckblende einclipsen beziehungsweise Radio einbauen, siehe Seite 235.
- Schalterblende oben einsetzen und unten reindrücken.
- Beide Schrauben links und rechts an der Abdeckung herausdrehen.
  Schalter für heizbare Heckscheibe mit dem zugehörigen Stecker verbinden und in die Abdeckung einstecken.
- Heizungsschalter mit 3 Muttern SW 24 anschrauben.
- Knöpfe für Gebläse und Heizung aufstecken.
- Abdeckung für Schalthebel einbauen.
- Beide Fußmatten und Schaumstoffteile in den Fußraum legen.

Abdeckung für Schalthebel aus- und einbauen

Ausbau

- Aschenbecher bis zum Anschlag öffnen, Sperrfeder in der Mitte niederdrücken und Einsatz herausziehen. An der Rückseite 2 Stecker abziehen.

- Schrauben –Pfeile– in der Öffnung für den Aschenbecher herausdrehen.
- 2 Schrauben vorn an der Abdeckung herausdrehen.
- Manschette für Schalthebel an der Abdeckung aushängen und nach oben schieben.

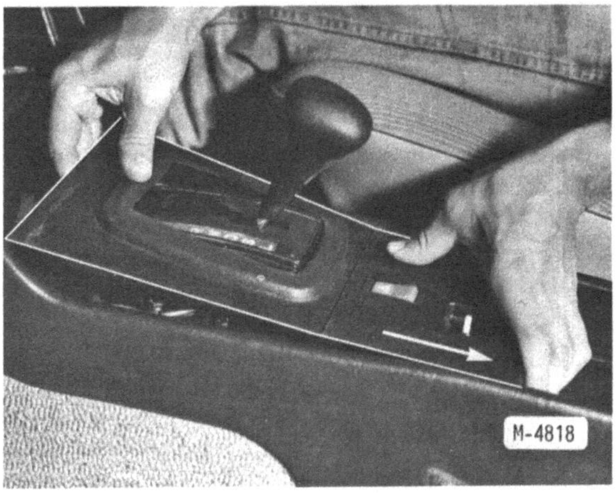

- Abdeckung vorn etwas anheben und den Warnblinkschalter von unten nach oben aus der Abdeckung herausdrücken. Stecker für Warnblinkschalter abziehen.
- Abdeckung nach hinten aus der Mittelkonsole herausziehen.

Einbau

- Abdeckung so ansetzen, daß die Haltenocken in die entsprechenden Öffnungen an der Mittelkonsole eingreifen. Abdeckung von hinten nach vorn schieben und einrasten.
- Manschette für Schalthebel herunterziehen und an der Abdeckung einhängen.
- Abdeckung vorn anschrauben.
- Stecker für Warnblinkschalter anschließen und Schalter in die Abdeckung einrasten.
- Abdeckung im Aschergehäuse anschrauben, Einsatz für Aschenbecher einschieben und einrasten. Vorher elektrische Leitungen anschließen.
- Falls herausgenommen, Teppichbelag in die Ablageschale legen.

Vordersitz aus- und einbauen

Ausbau

- Sitz ganz nach vorn schieben und, falls vorhanden, Höhenverstellung ganz nach oben stellen.

- Gleitschiene abschrauben und nach hinten aus dem Sitzbeschlag herausziehen.

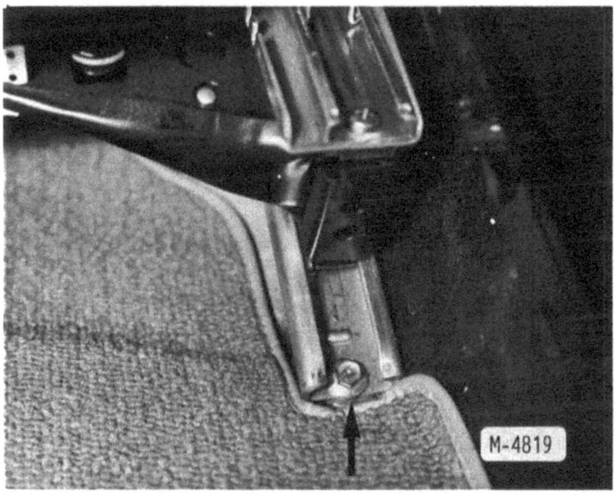

- Hinten 2 Schrauben –Pfeil– herausdrehen.

- Falls keine Höhenverstellung vorhanden ist, zusätzliche Schraube –Pfeil– herausdrehen.
- Sitz ganz nach hinten und Höhenverstellung ganz nach unten stellen.
- Befestigungsschrauben vorn an den beiden Sitzführungsschienen herausdrehen.
- Sitz herausheben.

Einbau

- Sitz vorn mit der Führungsschiene ansetzen und festschrauben.
- Sitz ganz nach vorn und Höhenverstellung ganz nach oben stellen. Sitz hinten anschrauben. Gegebenenfalls zusätzliche Schraube seitlich am Längsträger reindrehen.
- Gleitschiene von hinten durch die Öffnung am Ruhesitzbeschlag hindurchstecken und hinten anschrauben. Abdeckkappe auf Schraubenkopf drücken.

Rücksitz aus- und einbauen

Ausbau

- Arretierungshebel –Pfeil– links und rechts nach hinten drücken und Rücksitzbank vorn anheben.
- Rücksitzbank nach oben herausziehen.

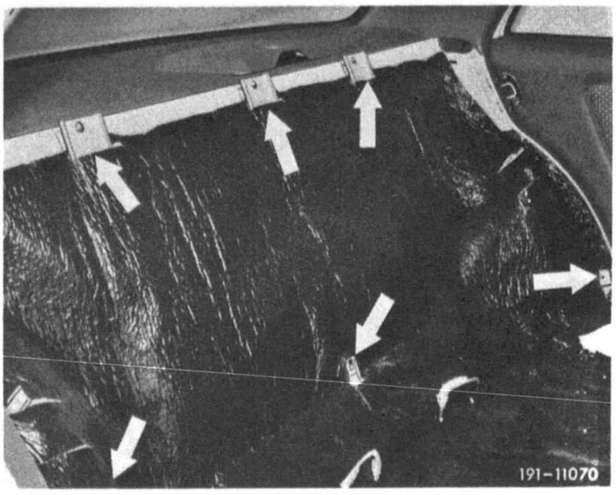

- Befestigungsschrauben –Pfeile unten– unten an der Rücksitzlehne herausdrehen.
- Mittelarmlehne herausziehen, dahinterliegende Schraube herausdrehen.
- Lehne nach oben aus den Haltelaschen –Pfeile oben– drücken und herausnehmen.

Einbau

- Rücksitzlehne in die oberen 3 Haltelaschen einhängen, Sicherheitsgurte über die Lehne legen.
- Lehne unten anschrauben. Mittelarmlehne einsetzen.
- Rücksitzbank einsetzen, bis zum Anschlag nach hinten schieben und vorn in die Arretierung drücken. Vorher Bekkengurt über die Sitzbank legen.

Die Zentralverriegelung

Auf Wunsch ist der MERCEDES mit einer Zentralverriegelung erhältlich. Es handelt sich dabei um eine Einstellen-Anlage, die durch den Schließzylinder oder den Verriegelungsknopf von der Fahrertür aus betätigt werden kann. Wird beispielsweise die Beifahrertür aufgeschlossen, bleiben die anderen Türen und die Tankklappe verschlossen.

Schemazeichnung der Zentralverriegelung

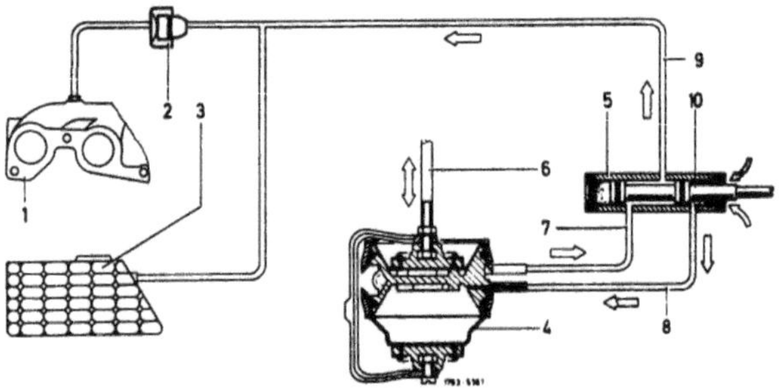

1 – Saugrohr des Motors
2 – Rückschlagventil
3 – Unterdruckvorratsbehälter
4 – Arbeitselement
5 – Unterdruckschalter
6 – Betätigungsstange
7 – Entlüftungsleitung
8 – Belüftungsleitung
9 – Unterdruckleitung
10 – Steuerschieber

Die Zentralverriegelung arbeitet mit Unterdruck, der vom laufenden Motor erzeugt wird. Ein Unterdruckvorratsbehälter sorgt dafür, daß die Zentralverriegelung auch nach dem Abstellen des Motors betätigt werden kann (etwa 8- bis 10mal).

Wird an der Fahrertür der Türverriegelungsknopf betätigt oder die Tür von außen mit dem Schlüssel auf- beziehungsweise zugeschlossen, so bewegt sich der Steuerschieber im Unterdruckschalter entsprechend mit. Dadurch wird jeweils eine Kammer mit Unterdruck beaufschlagt, die andere dagegen belüftet. Über Unterdruckleitungen wird der Unterdruck entsprechend der Schlüsselstellung auf die einzelnen Arbeitselemente übertragen. Die Arbeitselemente besitzen jeweils eine Membran und eine Steuerstange, die in die Verriegelungseinrichtung der Tür oder Klappe eingreift. Je nachdem auf welcher Seite der Membran Unterdruck anliegt, wird die Steuerstange nach oben oder unten bewegt und dadurch die Tür oder Klappe ver- beziehungsweise entriegelt. In der Abbildung ist die Zentralverriegelung in verriegeltem Zustand gezeigt.

Zu jeder Zeit können die einzelnen Schlösser auch mechanisch ver- oder entriegelt werden. Das gilt bei eingeschalteter Zentralverriegelung ebenso wie bei fehlendem Unterdruck, etwa durch Undichtigkeiten.

Wartungsarbeiten an der Karosserie

Karosserieteile schmieren

Motorhaube, Türscharniere und Außenspiegel (bis 12/83) sind alle 20000 km im Rahmen der Wartung zu schmieren. Seit 1/84 werden wartungsfreie Außenspiegel eingebaut, bei denen dieser Wartungspunkt entfällt. Den wartungsfreien Spiegel erkennt man an der geänderten Lagerung.

- Spiegel durch einen leichten Stoß mit dem Handballen von hinten nach vorn ausrasten.
- Lager der Rastbolzen –b– einölen und Spiegel mehrmals hin- und herbewegen.
- Rastbügel und Rastbolzen an den Lagerstellen –a– mit Mehrzweckfett einfetten.

- Türscharniere –Pfeile– mit Mehrzweck- oder Abschmierfett und geeigneter Fettpresse schmieren. Die Abbildung zeigt die Fahrertür.
- Türschlösser an den Schließzapfen, Schließösen und Anlageflächen der Drehfallen fetten, zum Beispiel mit „Optimol-Optitemp TT 1".

- **T-Modell:** Scharnier für Rückwandtür und Gasdruckfeder-Befestigung an der Rückwandtür mit Ölspritzkanne und Motoröl schmieren.

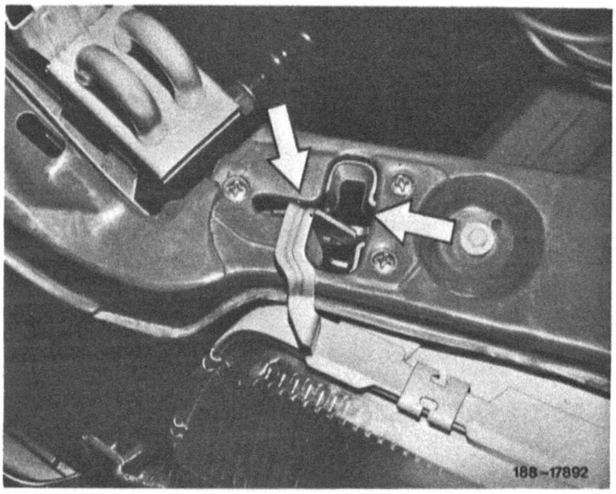

- Haubenschloß im vorderen Querträger mit Mehrzweckfett einfetten.

Folgende Teile mit Motoröl und Ölspritzkanne ölen:

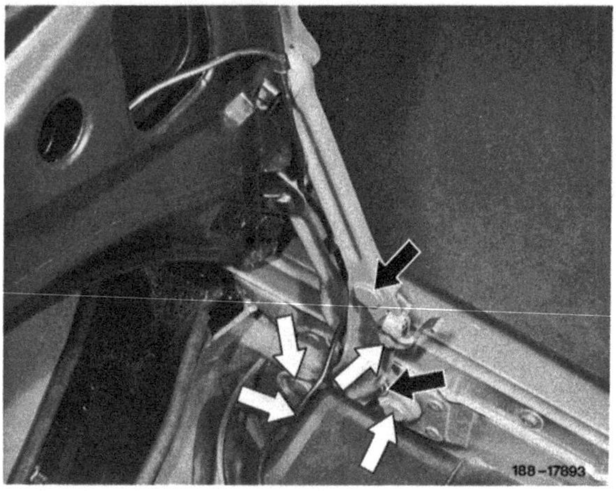

■ Haubenstütze und Scharnierlager.

■ Scharnier am Sicherungshaken der Motorhaube.

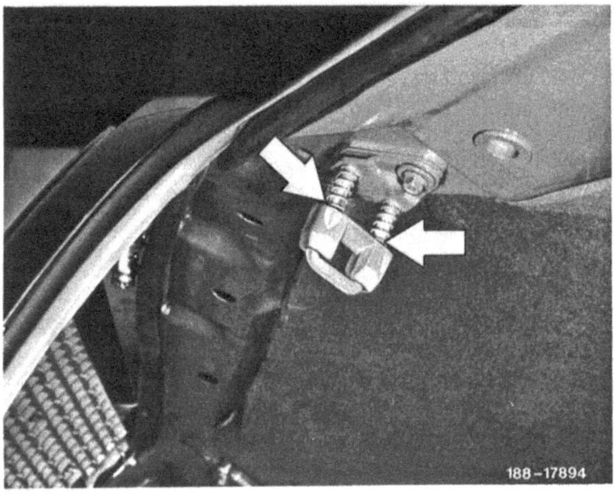

■ Motorhaubenverschluß an der Motorhaube.

■ Bowdenzug.

Sichtprüfung des Sicherheitsgurtes

Achtung: Geräusche, die beim Aufrollen des Gurtbandes entstehen, sind funktionsbedingt. Bei störenden Geräuschen kann nur der Sicherheitsgurt ausgetauscht werden. Auf keinen Fall darf zur Behebung von Geräuschen Öl oder Fett verwendet werden. Der Aufrollautomat darf nicht zerlegt werden, da hierbei die vorgespannte Feder herausspringen kann. Unfallgefahr!

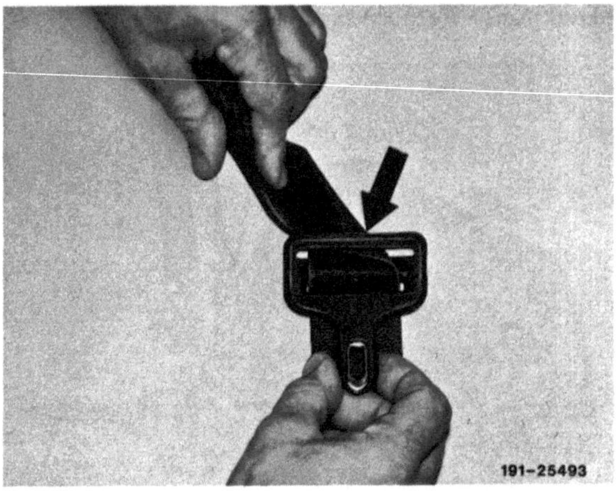

- Sicherheitsgurt ganz herausziehen und Gurtband auf durchtrennte Fasern prüfen. Beschädigungen können zum Beispiel durch Einklemmen des Gurtes oder durch brennende Zigaretten entstehen. In diesem Fall Gurt austauschen.
- Sind Scheuerstellen vorhanden, ohne daß Fasern durchtrennt sind, braucht der Gurt nicht ausgewechselt zu werden.
- Schwergängigen Gurt auf Verdrehungen prüfen, gegebenenfalls Verkleidung an der Mittelsäule ausbauen.
- Wenn die Aufrollautomatik nicht mehr funktioniert, Gurt auswechseln.
- Gurtbänder nur mit Seife und Wasser reinigen, keinesfalls Lösungsmittel oder chemische Reinigungsmittel verwenden.

Wasserabläufe reinigen

Die Wasserabläufe sind einmal im Jahr zu reinigen.

- Verstopfte Wasserablaufschläuche lassen sich am besten mit einer alten, flexiblen Tachowelle reinigen. Tachowelle gegebenenfalls in eine elektronisch gesteuerte Bohrmaschine einspannen und mit langsamen Umdrehungen „durchbohren".

Die Wasserablaufschläuche befinden sich an folgenden Stellen:

- Tankeinfüllmulde oben.

- Tankeinfüllmulde unten.

- Am hinteren Kotflügel.

- Unten an der Ersatzradmulde.

- Am Längsträger.

- Schiebedach vorn.

Die Lackierung

Ausbeul- und Lackierarbeiten an der Autokarosserie setzen Erfahrung über den Werkstoff und dessen Bearbeitung voraus. Derartiges Fachwissen wird in der Regel erst durch eine langjährige Praxis erworben. Aus diesem Grund wird hier nur das Ausbessern von kleineren Karosserie- und Lackschäden erläutert.

Zum Nachlackieren wird unbedingt dieselbe Lackfarbe benötigt, denn selbst kleinste Farbunterschiede fallen nach Abschluß der Arbeiten sofort ins Auge. Der jeweilige Farbton wird vom Hersteller auf einem innen an der Karosserie angeklebten Kennschild angegeben. Darauf stehen die Farbbezeichnung und die Farb-Kennummer.

Treten dennoch Differenzen zwischen dem Originallack und dem Reparaturlack auf, dann liegt das daran, daß Fahrzeug-Lackierungen sich durch Alterung, ultraviolette Sonnenbestrahlung, extreme Temperaturdifferenzen, Witterungsbedingungen und chemische Einflüsse wie beispielsweise Industrieabgase mit der Zeit verändern. Außerdem können Oberflächenschäden, Farbveränderungen und Ausbleichen des Lakkes eintreten, wenn Reinigung und Lackpflege mit ungeeigneten Mitteln durchgeführt wurden.

Die Metallic-Lackierung besteht aus 2 Schichten, dem Metallic-Grundlack und der farblosen Decklackierung. Beim Lackieren wird der Klarlack über den feuchten Grundlack gespritzt. Die Gefahr von Farbdifferenzen bei der nachträglichen Metallic-Lackierung ist besonders groß, da hier schon unterschiedliche Viskosität des Reparaturlackes gegenüber dem Originallack zu Farbverschiebungen führt. In der Praxis läßt sich daher mit einer Spraydose kaum eine ausreichende Farbübereinstimmung erzielen.

Steinschlagschäden ausbessern

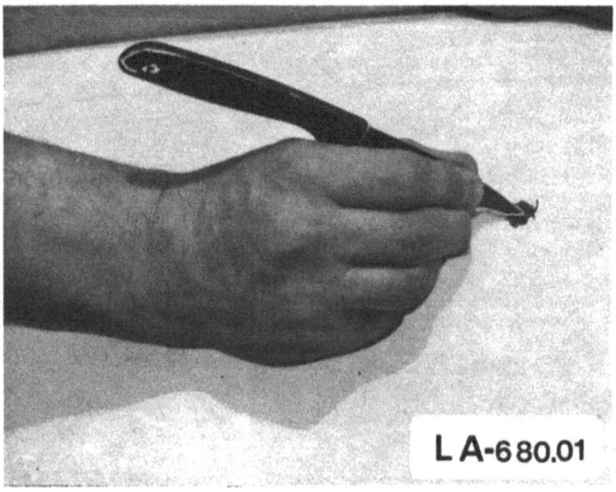

LA-680.01

- Steinschlagschäden oder kleine Rostpickel an der Karosserie mit einem „Rostradierer" beziehungsweise einem Messer oder einem kleinen Schraubendreher auskratzen, bis das blanke Blech erscheint. Wichtig ist, daß keine auch noch so kleine Roststelle mehr sichtbar ist. Bei „Rostradierern" handelt es sich um kleine Kunststoffhülsen, die zum Auskratzen des Rostes kurze Drahtborsten besitzen. Im Handel sind auch elektrisch betriebene Schleifmaschinen mit einer auswechselbaren Korrundsteinspitze.
- Auf die blanke Metallfläche mit einem Pinsel etwas Lackgrundierung auftragen. Da das Grundiermittel meist in Sprühdosen erhältlich ist, vorher etwas Grundiermittel in den Deckel der Dose sprühen.

Achtung: Die blanken Stellen müssen vorher gereinigt werden und einwandfrei trocken und fettfrei sein.

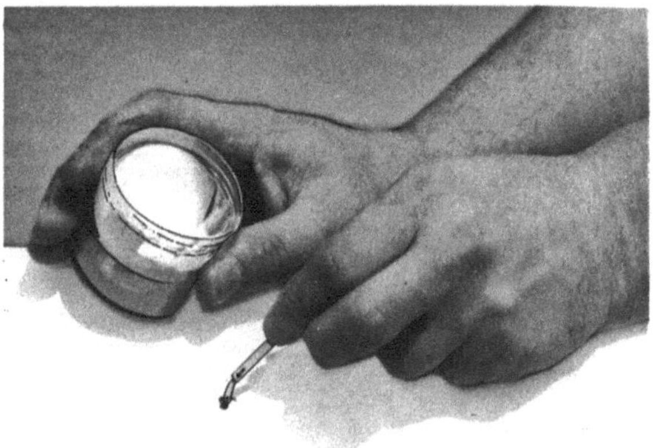

LA-680.02

- Nachdem die Grundierung trocken ist, Stelle mit Tupflack ausbessern. Bei den Tupflackdosen ist der Pinsel bereits im Deckel integriert. Falls nur eine Spraydose mit der entsprechenden Farbe zur Verfügung steht, etwas Farbe in den Deckel der Dose sprühen und anschließend Lack mit einem normalen Wasserfarbenpinsel auftragen. Dabei in einem Arbeitsgang immer nur eine dünne Lackschicht anbringen, damit der Lack nicht herunterlaufen kann. Anschließend Farbe gut trocknen lassen. Vorgang so oft wiederholen, bis der Krater ausgefüllt ist und die ausgebesserte Stelle gegenüber der umgebenden Lackfläche keine Vertiefung mehr bildet.

Karosserie ausbessern

Ausbeulen

Zum Ausbeulen sind ein Ausbeulhammer sowie ein passender Handamboß erforderlich. Roststellen und alte Lackreste sind nach dem Ausbeulen sorgsam von der Reparaturstelle zu entfernen. Entweder mit Sandpapier grober Körnung (120), das über einen Schleifblock gespannt wird, oder mit passenden Schleifblättern auf der Schwabbelscheibe beziehungsweise mit einer Karosseriefeile.

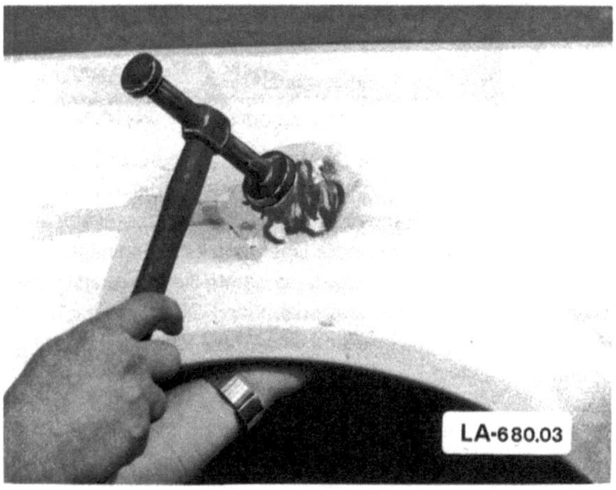

LA-680.03

- Kleinere Dellen mit einem Ausbeulhammer zurückschlagen. Dabei auf der anderen Seite mit einem Handamboß gegenhalten. Nicht zu stark hämmern, sonst dehnt sich das Blech zu stark und man bekommt es nicht mehr glatt. Vom Rand ausgehend gleichmäßig zur Mitte hin arbeiten.
- Die ausgebeulte Fläche immer wieder mit der Hand prüfen, bis man die gewünschte Form gefunden hat. Kleinere Unebenheiten werden später ausgespachtelt.
- Rostansatz und alte Lackreste im näheren Umkreis der ausgebeulten Fläche mit grobem Sandpapier entfernen.

Rostschäden ausbessern

Hier wird das Ausbessern von Rostlöchern mit Glasfasermatten beschrieben.

- Durchgerostete Stellen in der Karosserie mit der Schleifscheibe bearbeiten, Ränder mit der Blechschere begradigen und leicht nach innen biegen.
- Provisorische Unterlage aus Holz oder dickem Karton herstellen und von hinten gegen das Rostloch spannen. Die Unterlagenform sollte der Karosseriewölbung entsprechen. **Achtung:** Ohne Unterlage läßt sich die Glasfasermatte nur schwer in die richtige Form bringen.
- Da die Unterlage später wieder entfernt wird, muß sie mit einem speziellen Trennmittel präpariert werden. Sie darf sich auf keinen Fall mit dem Polyesterharz verbinden.
- Das Glasfasergewebe in 3 Lagen auflegen, dabei soll die erste Lage die Blechränder nur geringfügig überlappen und die letzte Lage etwa 3 cm überstehen.
- Polyesterharz mit Härter entsprechend der Gebrauchsanweisung vermischen. Dabei ist unbedingt auf die Einhaltung des genauen Mischverhältnisses zu achten, sonst trocknet das angereicherte Harz zu schnell oder zu langsam. Als Gefäß eignet sich ein Gipserbecher. **Achtung:** Nicht zuviel Harz auf einmal anrühren, sonst trocknet es bereits im Bearbeitungsgefäß.
- Zunächst Unterlage mit Polyesterharz einpinseln, dann die erste Lage Glasfasergewebe auflegen und Harz mit einem Pinsel auftupfen.
- Eventuelle Lufteinschlüsse, als helle Stellen erkennbar, mit einem Scheibenroller kreuz und quer sorgfältig ausrollen, bevor die nächste Gewebeschicht aufgetragen und mit einem Pinsel angetupft wird.
- Polyesterharz etwa 24 Stunden aushärten lassen, Unterlage abnehmen. Überstehende Glasfaserteile mit einer Feile entfernen.

Lackierung vorbereiten

Spachteln

Man unterscheidet 2 Spachtelarten: Zweikomponentenspachtel und Füllspachtel. Zweikomponentenspachtel wird kurz vor der Verarbeitung mit Härter vermischt. Er härtet schnell aus und muß rasch verarbeitet werden. Man benutzt ihn, um größere Unebenheiten im Blech auszugleichen. Füllspachtel ist ein Ziehspachtel, mit dem feinere Unebenheiten geglättet werden. Man kann ihn in mehreren Lagen auftragen. Beide Spachtelarten gibt es in Tuben und Dosen.

- Auf die ausgebeulte oder mit Glasfasermatten ausgebesserte Stelle Zweikomponentenspachtel auftragen und antrocknen lassen.
- Nach dem Trocknen Unebenheiten mit Schleifscheibe oder Schwingschleifer abschleifen. Dabei sollte ein Schleifpapier mit der Körnung „180" verwendet werden.

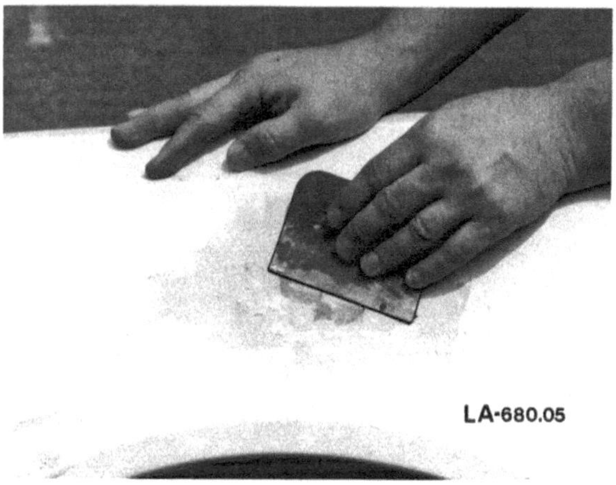

LA-680.05

- Mit breitem, elastischem Japanspachtel die Reparaturstelle mit feinem Füllspachtel überziehen und mindestens 2 Stunden lang aushärten lassen.

Schleifen

Schleifpapier ist in verschiedenen Körnungen erhältlich. Je kleiner die Zahl, um so grober der Schliff. Zum Schleifen von Zweikomponentenspachtel empfiehlt sich Körnung 180 bis 240; Füllspachtel und alter Lack werden mit Körnung 320 bis 360 naß geschliffen. Für den letzten Naßschlifff vor der Lackierung empfiehlt sich 600er Schleifpapier.

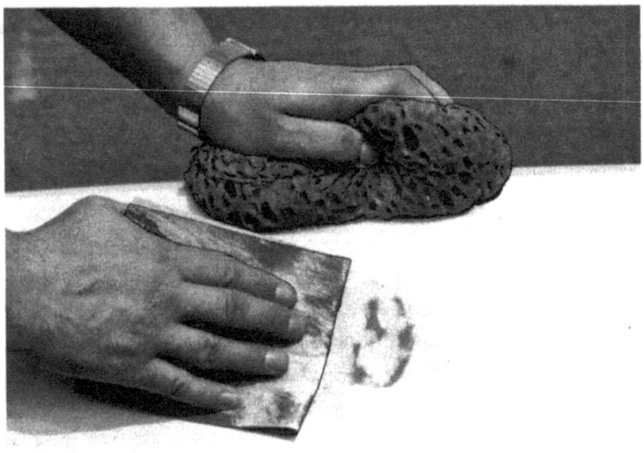

LA-680.06

- Fertige Spachtelstelle mit 180er Papier grob überschleifen, dabei zwischendurch mit einem Schwamm anfeuchten. Für den folgenden nassen Feinschliff eignet sich am besten spezielles Naßschleifpapier mit 320er Körnung, dabei wird auch der angrenzende und zu überspritzende Lack mit angeschliffen.

Reinigen

Vor dem Spritzen muß die geschliffene Lackoberfläche von Fett- und Silikonresten befreit werden. Am besten eignet sich dazu Silikonentferner.

- Nach dem Schleifen Reparaturstelle sorgfältig reinigen und alle angrenzenden Fahrzeugflächen mit Zeitungspapier und Tesakrepp ganz exakt abkleben. Bei Lackierungen an den Kotflügeln ebenfalls die Reifen und die Stoßdämpfer sorgfältig abkleben.

LA-680.07

Achtung: Reparaturstelle immer so abkleben, daß die gespritzte Fläche bis zur nächsten Zierleiste oder Karosseriekante reicht, da am Rand der Abklebung ein Farbgrat entsteht. Falls ein annähernd fließender Übergang zum Originallack unumgänglich ist, im 1. Spritzgang gesamte Reparaturstelle und etwa eine Hand breit der angrenzenden Fläche spritzen. Im 2. Spritzgang zwei Hand breit und im 3. Spritzgang drei Hand breit überlappen lassen.

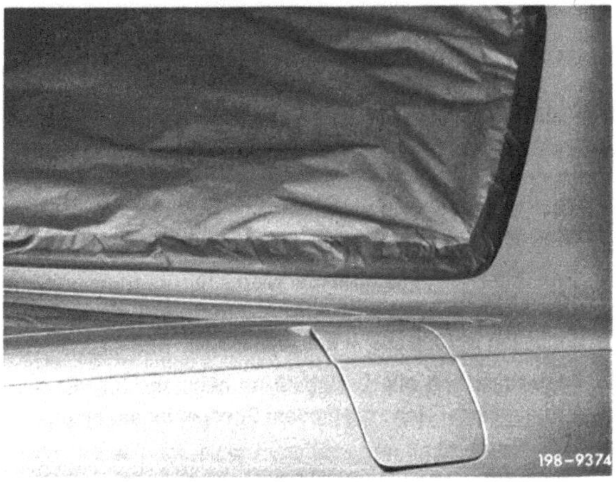

198-9374

- Bei Lackierungen im Bereich der Windschutz- oder Heckscheibe, Perlonschnur mit 4 – 5 mm Ø unter die Gummilippe einlegen. Fenster mitsamt Gummilippe anschließend so abkleben, daß die Anlagefläche der Gummilippe an der Karosserie mitlackiert werden kann. Dieser Hinweis gilt nicht für Fahrzeuge mit geklebten Scheiben.
- Fußboden zur Staubbindung anfeuchten.
- „Füller" auf die Reparaturstelle spritzen, damit eventuell entstandene Haarrisse und Poren verschlossen werden. Nach dem Trocknen mit 600er Papier naß schleifen. Dazu Schwamm immer wieder in Wasser tauchen und während des Schleifens langsam ausdrücken.

Lackieren

Bei der Autolackierung werden 3 Grundlacke verwendet: Nitro-, Kunstharz- und Acryllack. Alle drei Lacke sind unterschiedlich aufgebaut und vertragen sich nicht unbedingt miteinander. So kann Acryllack beispielsweise alten Kunstharzlack auflösen.

Damit beim Lackieren keine Probleme auftreten, sollte der zuvor aufgetragene „Füller" vom gleichen Hersteller stammen wie der Spraydosenlack. Der Lack wirft dann keine Blasen und schrumpft nicht.

Achtung: Es empfiehlt sich den Lackiervorgang zunächst an einem geeigneten Blech, zum Beispiel einem alten Kotflügel, zu üben.

- Zum Lackieren muß das zu lackierende Teil trocken und staubfrei sein. Wenn möglich, mit Preßluft abblasen.
- Fußboden zur Staubbindung mit Wasser anfeuchten.
- Spraydose vor Gebrauch wenigstens 5 Minuten lang intensiv schütteln, sonst bilden sich auf dem Blech Lacknasen.

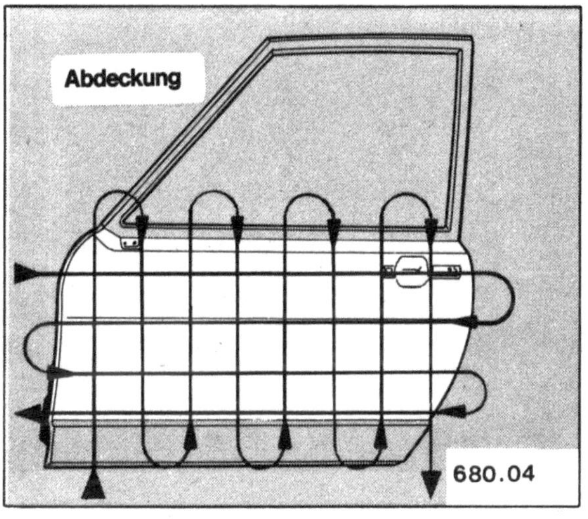

- Ebene Flächen, ob senkrecht oder waagerecht, werden im „Kreuzgang" gespritzt: Man beginnt außerhalb der Fläche und schwenkt den Spritzstrahl außerhalb in die andere Richtung.
- Spraydose mit gleichbleibender Geschwindigkeit und gleichmäßigem Abstand über die Oberfläche führen. Der richtige Abstand liegt zwischen 25 und 35 cm.

Achtung: Wird aus nächster Nähe gesprüht oder ist die Sprühbewegung zu langsam beziehungsweise von wechselnder Geschwindigkeit, treten sogenannte Lacknasen auf. Das heißt, der Lack läuft an einigen Stellen herunter, weil dort zuviel Farbe auf einmal aufgespritzt wurde. Ebenso verhält es sich, wenn die Richtungsänderungen beim Sprühvorgang nicht über der abgedeckten Fläche durchgeführt werden.

- Um mit der Spraydose eine ausreichende Farbdeckung zu erreichen, sind mehrere Spritzvorgänge nötig. Das Ende eines Arbeitsganges ist dann erreicht, wenn die Oberfläche durchgehend glänzt und keine einzelnen Pünktchen erkennbar sind.

Achtung: Der Spritzvorgang ist mit kleineren Pausen, zum Abdunsten des Lösungsmittels, so oft zu wiederholen, bis der Lack eine ausreichende Deckung erreicht hat. Ist dies der Fall, Düse der Spraydose freisprühen. Dazu Dose auf den Kopf stellen und solang sprühen bis keine Farbe mehr kommt.

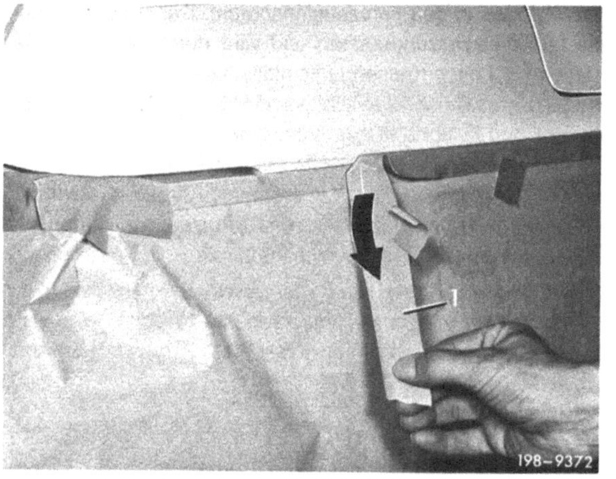

- Nach Abschluß der Lackierarbeiten Klebeband –1– von der frisch lackierten Fläche weg abziehen. Dadurch kann der nasse Lack am Übergang verlaufen.
- Gespritzte Fläche trocknen lassen. Der Trocknungsvorgang läßt sich mit einer Heizsonne oder einer starken Fotolampe beschleunigen. **Achtung:** Kein Gebläse-Heizgerät verwenden, dadurch würden aufgewirbelte Staubpartikel gegen den frischen Lack geblasen.
- Nach dem Aushärten der Farbe, nach etwa 3 Wochen, Sprühnebel, sofern vorhanden, auf den angrenzenden Flächen, mit Schleifpolierpaste und einem Wattebausch vorsichtig abtragen.
- Anschließend Lack konservieren.

Die Heizung

Die Frischluft für die Heizung wird über die Lufteinlaßgitter unterhalb der Windschutzscheibe angesaugt und gelangt über das Gebläse in den Fahrzeuginnenraum. Dabei durchströmt die Luft den Heizungskasten und wird durch verschiedene Klappen auf die einzelnen Lufteintrittsdüsen verteilt. Wird die Heizung auf „warm" gestellt, öffnen die Heizungsventile im Motorraum den Zulauf zum Wärmetauscher. Der Wärmetauscher befindet sich im Heizungskasten und wird durch das heiße Kühlmittel erwärmt. Die vorbeistreichende Frischluft erwärmt sich nun an den heißen Lamellen des Wärmetauschers und gelangt dann in den Fahrzeuginnenraum.

Die eintretende Luftmenge wird über einen Schieberegler oberhalb der 3 Drehknöpfe mehr nach oben oder nach unten verteilt. Seit 8/80 befinden sich an dieser Stelle 2 Regler, mit denen die Luftverteilung gesteuert wird.

Die Heizleistung wird mit je einem Drehregler für die linke und rechte Wagenhälfte getrennt eingestellt.

Zur Verstärkung der Heizleistung dient ein dreistufiges Heizgebläse. Damit das Gebläse in den einzelnen Stufen mit unterschiedlicher Geschwindigkeit läuft, werden Widerstände (2 x 0,8 Ω) vorgeschaltet. Je nach Schalterstellung fließt der Strom über beide Widerstände (Gesamtwiderstand 1,6 Ω), über einen Widerstand oder direkt zum Heizgebläse. Durch den vorgeschalteten Widerstand verringert sich der Stromfluß zum Gebläsemotor und das Gebläse läuft entsprechend langsamer. Für die höchste Geschwindigkeitsstufe (Stufe 3) werden die Vorwiderstände ausgeschaltet.

Lufteintrittsgitter aus- und einbauen

Ausbau

- Soll das linke Gitter ausgebaut werden, vorher Scheibenwischerarm ausbauen, siehe Seite 238.

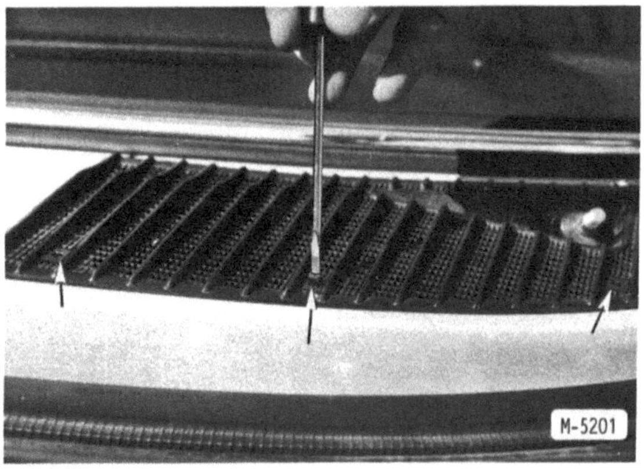

- Stifte der 4 Spreizklammern –Pfeile– mit schmalem Schraubendreher nach innen durchschlagen.
- Anschließend Spreizklammern aus dem Gitter herausheben und Gitter nach vorn herausziehen.

Einbau

- Gitter einsetzen und Spreizklammern in die Öffnungen eindrücken.
- Kunststoffstifte mit Schraubendreher bündig in die Spreizklammern eintreiben.
- Falls ausgebaut, Scheibenwischerarm anschrauben, siehe Seite 238.

Heizgebläse aus- und einbauen

Ausbau

- Abdeckung unter der Armaturentafel auf der rechten Seite ausbauen, siehe Seite 196.
- Stecker vom Gebläsemotor abziehen.

- Schraube –Pfeil– an der Kontaktplatte herausdrehen.

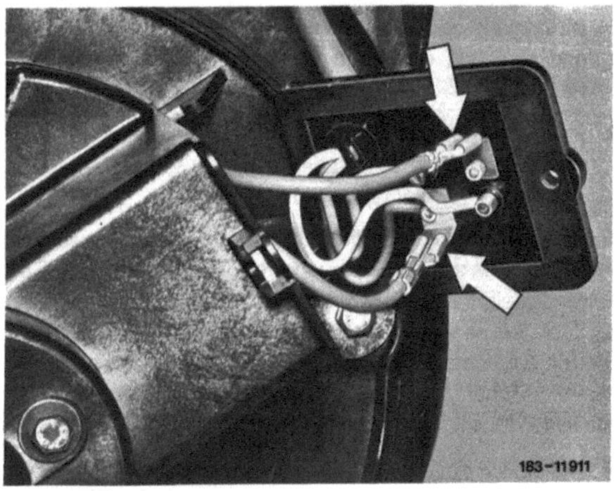

- Kontaktplatte anheben und die beiden Anschlußkabel für den Vorwiderstand abziehen.

- Schrauben –Pfeile– am Flansch des Gebläsemotors herausdrehen.

- Gebläsemotor aus dem Gehäuse herausheben.

Einbau

- Gebläsemotor einsetzen und anschrauben.
- Vorwiderstand anschließen, Kontaktplatte anschrauben und Stecker aufschieben.
- Untere Abdeckung einbauen, siehe Seite 196.

Heizungszüge aus- und einbauen/ einstellen

Achtung: Der linke Drehschalter im Innenraum ist mit dem rechten Drehschieber am Wasserhahn im Motorraum verbunden und umgekehrt.

Ausbau

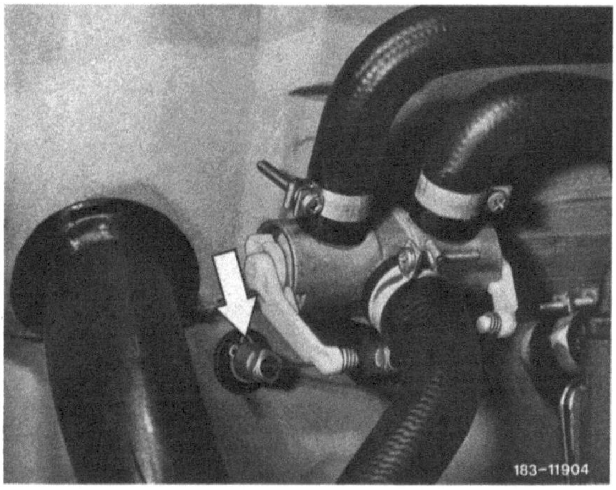

- Im Motorraum Sicherungsring –Pfeil– vom Heizungszug abdrücken und Seilzug am Wasserhahn aushängen.
- Abdeckung unter der Armaturentafel auf der rechten Seite ausbauen, siehe Seite 196.
- Mittelkonsole ausbauen, siehe Seite 197.

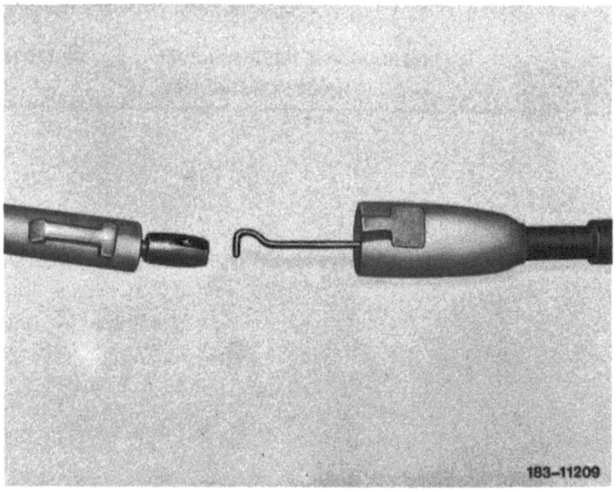

- Heizungszug am Bedienungsgerät aushängen und aus der Stirnwand herausziehen.

Einbau

- Heizungszug durch die Stirnwand einführen und am Bedienungsgerät einhängen.
- Mittelkonsole einbauen, siehe Seite 197.
- Abdeckung unter der Armaturentafel einbauen, siehe Seite 196.

Einstellen

- Heizungsschalter im Innenraum schließen, also auf „0" stellen.
- Drehschieber am Wasserhahn im Motorraum schließen, also nach hinten drücken.

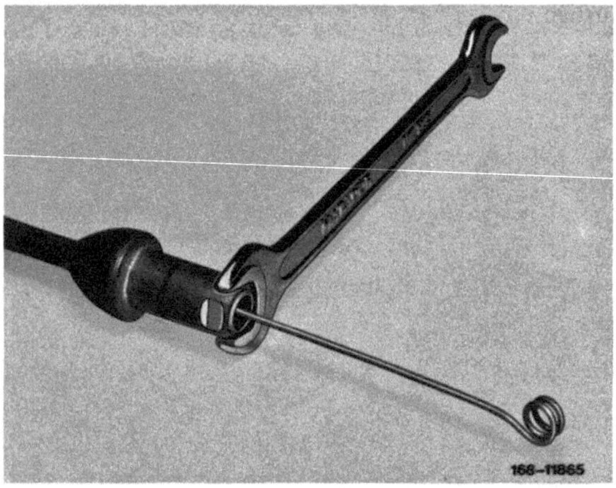

- Seilzug mit Maulschlüssel am Vierkant so einstellen, daß die Drahtspirale am Drehschieber eingehängt werden kann. Durch Rechtsdrehen des Vierkants wird der Drahtzug verlängert.
- Heizungszug am Wasserhahn einhängen, Sicherungsring aufdrücken.
- Heizungsschalter von Anschlag zu Anschlag drehen und prüfen, ob sich der Wasserhahn entsprechend verstellt.

Keilriemen für Kältekompressor spannen

In der Werkstatt wird die Keilriemenspannung mit einem Spezialwerkzeug gemessen und eingestellt. Steht dieses Werkzeug nicht zur Verfügung, Keilriemen soweit spannen, daß er mit dem Daumen zwischen den Riemenscheiben ca. 5 mm niedergedrückt werden kann.

- Schraube –1– lösen, nicht abschrauben.
- Zum Spannen des Keilriemens die Spannschraube –2– entsprechend verdrehen. Spannung mit dem Daumen prüfen.
- Anschließend Schraube –1– festziehen.
- Falls das Spezialwerkzeug verwendet wird, neuen Keilriemen mit dem Wert 50, gelaufenen Riemen mit 40 bis 45 spannen, siehe auch Seite 224.

Störungsdiagnose Heizung

Störung	Ursache	Abhilfe
Heizgebläse läuft nicht	Sicherung für Gebläsemotor defekt	Sicherung gemäß Schaltplan prüfen, gegebenenfalls ersetzen
	Gebläseschalter defekt	Prüfen, ob an den Vorwiderständen Spannung anliegt. Wenn nicht, Gebläseschalter ausbauen und prüfen
	Elektromotor defekt	Prüfen, ob bei eingeschalteter Zündung und betätigtem Gebläseschalter am Stecker des Gebläsemotors Spannung anliegt. Wenn ja, Motor auswechseln
Heizgebläse läuft nur in einer Geschwindigkeitsstellung nicht	Vorwiderstand defekt	Vorwiderstände prüfen
Heizung läßt sich durch die Heizungs-Drehregler nicht ausschalten	Drehschalter defekt	Drehschalter mit Unterdruckmeßgerät prüfen
	Seilzüge zum Heizungsventil beschädigt oder verstellt	Seilzüge einstellen
	Heizungsventil klemmt	Ventil gangbar machen, ggf. ersetzen
Heizleistung zu gering	Kühlmittelstand zu niedrig	Kühlmittelstand prüfen, gegebenenfalls Kühlmittel auffüllen
	Kühlmittelregler defekt	Kühlmittelregler prüfen, gegebenenfalls ersetzen
	Heizventil öffnet nicht	Heizventil prüfen, gangbar machen
Geräusche im Bereich des Heizgebläses	Eingedrungener Schmutz, Laub	Gebläse ausbauen, reinigen, Luftkanal mit Preßluft ausblasen
	Lüfterrad hat Unwucht, Lager defekt	Gebläsemotor ausbauen und auf leichten Lauf prüfen

Die elektrische Anlage

Bei der Überprüfung der elektrischen Anlage stößt der Heimwerker in den technischen Unterlagen immer wieder auf die Begriffe Spannung, Stromstärke und Widerstand.

Die Spannung wird in Volt (V) gemessen, die Stromstärke in Ampère (A) und der Widerstand in Ohm (Ω). Mit dem Begriff Spannung ist beim Auto in der Regel die Batteriespannung gemeint. Es handelt sich dabei um eine Gleichspannung von ca. 12 Volt. Die Höhe der Batteriespannung hängt vom Ladezustand der Batterie und von der Außentemperatur ab. Sie kann etwa 10 bis 13 Volt betragen. Demgegenüber wird die Bordspannung vom Drehstromgenerator (Lichtmaschine) erzeugt, die bei mittleren Drehzahlen ca. 14 Volt beträgt.

Der Begriff Stromstärke taucht im Bereich der Automobil-Elektrik relativ selten auf. Die Stromstärke ist beispielsweise auf der Rückseite von Sicherungen angegeben und weist auf den maximalen Strom hin, der fließen kann, ohne daß die Sicherung durchbrennt und damit den Stromkreis unterbricht.

Überall wo ein Strom fließt, muß er einen Widerstand überbrükken. Der Widerstand ist unter anderem von folgenden Faktoren abhängig: Leitungsquerschnitt, Leitungsmaterial, Stromaufnahme usw. Ist der Widerstand mitunter zu groß, können Funktionsstörungen auftreten. Beispielsweise darf der Widerstand in Zündleitungen und Zündverteiler nicht zu hoch sein, sonst fehlt ein ausreichend starker Zündfunke an den Zündkerzen, der das Kraftstoff-Luftgemisch entzündet und damit den Motor zum Laufen bringt.

Meßgeräte

Zum Messen der Bord-Elektrik gibt es im Handel sogenannte Mehrfach-Meßgeräte. Sie vereinen in einem Gerät das Voltmeter, um Spannungen zu messen, das Ampèremeter, um die Stromstärke zu messen und das Ohmmeter, um den Widerstand zu messen. Mit einem Dreh- oder Tastschalter wird an dem Meßgerät der gewünschte Meßbereich (V,A, Ω) eingeschaltet. Die im Handel befindlichen Meßgeräte unterscheiden sich hauptsächlich im Meßbereich und in der Meßgenauigkeit. Durch den Meßbereich wird festgelegt, in welchem Bereich Spannungen oder Widerstände liegen müssen, damit sie überhaupt vom Gerät erfaßt werden können. Die Meßgenauigkeit wird in erster Linie vom Herstellungsaufwand bestimmt, der sich natürlich in den Kosten niederschlägt. Je größer die Genauigkeit, desto höher der Kaufpreis.

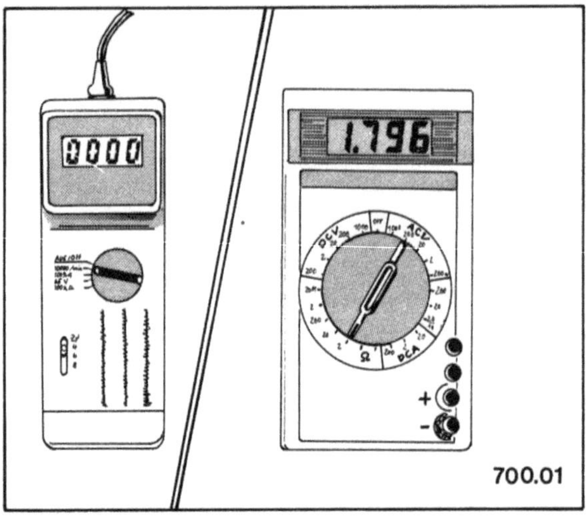

700.01

Für den Heimwerker gibt es Vielfach-Meßgeräte, die speziell für Prüfarbeiten am Auto abgestimmt sind. Mit solch einem Gerät kann man die Motordrehzahl und den Zünd-Schließwinkel messen und außerdem Spannungen bis zu 20 Volt. Bei Widerstandsmessungen beschränkt sich das Gerät in der Regel auf den Kilo-Ohm-Bereich, also etwa 1 – 1000 kΩ. Falls es eine Stromstärken-Messung zuläßt, dann nur im Bereich der Anlasserstromstärke.

Darüber hinaus werden Meßgeräte zur Überprüfung von elektrischen und elektronischen Bauteilen angeboten. Bei diesen Geräten fehlt naturgemäß die Meßmöglichkeit von Motordrehzahl und Zünd-Schließwinkel. Große Vorteile bietet ein solches Gerät jedoch auf dem Gebiet des Meßbereiches; denn dieser erlaubt eine umfassende Messung von kleinen Widerständen in Ohm (Ω) bis zu großen Widerständen im Mega-Ohm-Bereich (MΩ). Spannungen können bis auf Stellen hinter dem Komma genau gemessen werden, was vor allem bei elektronischen Bauteilen erforderlich ist.

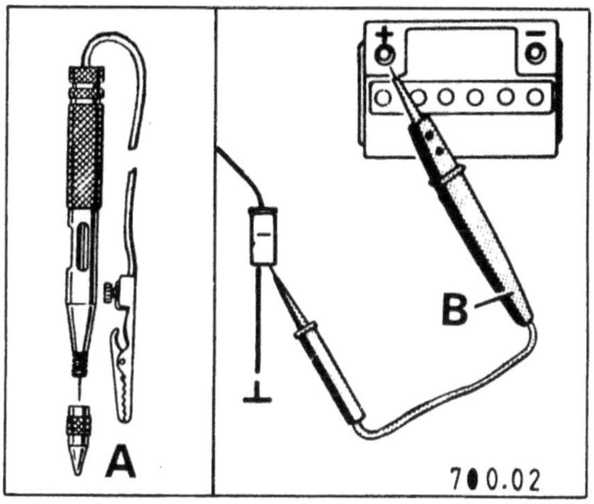

Wenn nur geprüft werden soll, ob überhaupt Spannung anliegt, eignet sich hierzu eine einfache Prüflampe –A–. Dies gilt allerdings nur für Stromkreise, in denen sich keine elektronischen Bauteile befinden. Denn elektronische Steuergeräte reagieren äußerst empfindlich auf zu hohe Ströme. Unter Umständen können elektronische Bauteile bereits durch das Anschließen einer Prüflampe zerstört werden. Für Fahrzeuge mit elektronischen Bauteilen, wie zum Beispiel die Transistorzündung oder die elektronisch gesteuerte Einspritzanlage, ist deshalb ein hochohmiger Spannungsprüfer –B– erforderlich. Er hat praktisch dieselben Funktionen wie die Prüflampe, ohne daß die elektronischen Bauteile geschädigt werden.

Meßtechnik

Spannung messen

Spannung kann schon mit einer einfachen Prüflampe oder einem Spannungsprüfer nachgewiesen werden. Allerdings erkennt man dann nur, ob überhaupt Spannung anliegt. Um die Höhe der anliegenden Spannung zu prüfen, muß ein Voltmeter (Spannungs-Meßgerät) angeschlossen werden. Das Voltmeter ist immer in einem Vielfachmeßgerät integriert.

Zunächst ist beim Voltmeter der Meßbereich einzustellen, in dem sich die zu messende Spannung voraussichtlich befindet. Spannungen am Fahrzeug sind in der Regel nicht höher als ca. 14 Volt. Eine Ausnahme bildet die Zündanlage; hier kann die Zündspannung bis zu 30000 Volt betragen, was sich nur mit einem speziellen Meßgerät oder einem Oszilloskop messen läßt.

Während man bei Meßgeräten, die speziell auf das Auto abgestimmt sind, am Wählschalter nur das Voltmeter einschalten muß, sind bei einem allgemeinen Vielfachmeßgerät erst eine Reihe von Entscheidungen zu fällen. Zunächst wird mit dem Wählschalter der Bereich Gleichspannung (DCV im Gegensatz zu ACV=Wechselspannung) eingestellt. Dann wird der Meßbereich gewählt. Da beim Auto außer an der Zündanlage (bis 30000 Volt) keine höheren Spannungen als ca. 14 Volt auftreten, sollte die Obergrenze des einzustellenden Meßbereiches etwas höher liegen (ca. 15 bis 20 Volt). Falls sicher ist, daß die gemessene Spannung wesentlich niedriger ist, zum Beispiel im Bereich von 2 Volt, kann der Meßbereich heruntergeschaltet werden, um eine größere Anzeigegenauigkeit zu erreichen. Liegen höhere Spannungen an, als sie vom Meßbereich des Gerätes erfaßt werden, kann das Meßgerät zerstört werden.

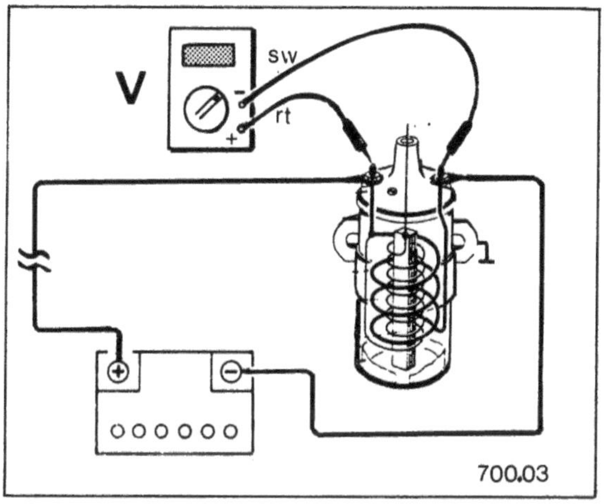

Die Kabel des Meßgerätes entsprechend der Zeichnung parallel zum Verbraucher anschließen. Dabei wird das rote Kabel an die vom Batterie-Pluspol kommende Leitung angelegt, das schwarze Kabel an die Masse-Leitung oder an Fahrzeugmasse, wie zum Beispiel den Motorblock.

Prüfbeispiel: Wenn der Motor nicht richtig anspringt, weil der Anlasser zu langsam dreht, ist es zweckmäßig, die Batteriespannung zu prüfen, während der Anlasser betätigt wird. Dazu das Voltmeter mit dem roten Kabel (+) an den Batterie-Pluspol und mit dem schwarzen Kabel an Fahrzeugmasse (–) anklemmen. Anschließend durch einen Helfer den Anlasser betätigen lassen und den Spannungswert ablesen. Liegt die Spannung unter ca. 7 Volt, muß die Batterie überprüft und eventuell vor den nächsten Startversuchen geladen werden.

Stromstärke messen

Am Auto ist es relativ selten erforderlich, die Stromstärke zu messen. Benötigt wird hierzu ein Ampèremeter, welches ebenfalls in einem Vielfachmeßgerät integriert ist.

Ebenso wie beim Voltmeter wird vor der Strommessung das Meßgerät auf den Meßbereich eingestellt, in dem sich die zu messende Stromstärke voraussichtlich befindet. Falls das nicht bekannt ist, höchsten Meßbereich einstellen und, falls keine Anzeige erfolgt, nacheinander in die nächstniedrigeren Meßbereiche schalten.

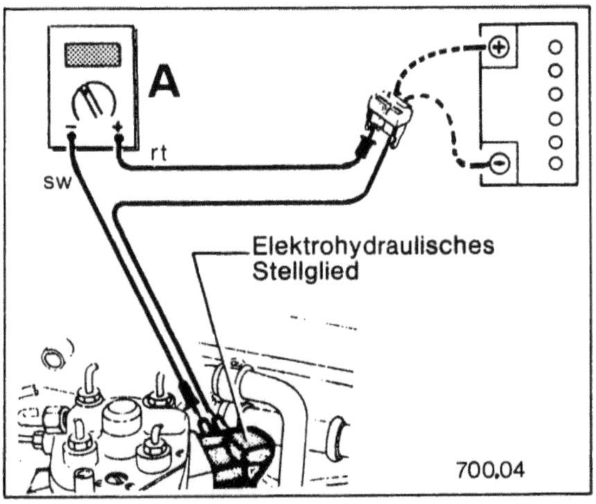

Für die Messung der Stromstärke muß der Stromkreis, wie in der Zeichnung gezeigt, aufgetrennt werden und das Meßgerät (Ampèremeter) wird dazwischengeschaltet. Dazu wird beispielsweise der Stecker abgezogen und das rote Kabel (+) des Ampèremeters an die stromführende Leitung angeschlossen (Klemme 30, Klemme 15). Das schwarze Kabel (−) wird an den Kontakt angelegt, an dem normalerweise die unterbrochene Leitung angeschlossen ist. Die Massekontakte zwischen Verbraucher und Stecker müssen dann mit einem Hilfskabel verbunden werden.

Beispiel: „Batterie entlädt sich selbständig", siehe Seite 216.

Achtung: Keinesfalls sollte mit einem normalen Ampèremeter die Stromstärke in der Leitung zum Anlasser (ca. 150 A) oder zu den Glühkerzen beim Dieselmotor (bis 60 A) gemessen werden. Durch die hierbei auftretenden hohen Ströme kann das Meßgerät zerstört werden. Die Werkstatt benutzt für diese Messungen ein Ampèremeter mit Gleichstromzange. Dabei wird eine Stromzange über das isolierte Stromkabel geklemmt und der Stromwert durch Induktion gemessen.

Widerstand messen

Vor der Prüfung des Widerstandes ist grundsätzlich sicherzustellen, daß an den Kontakten, an die das Ohmmeter angeschlossen wird, keine Spannung anliegt. Also immer vorher Stecker abziehen, Zündung ausschalten, Leitung beziehungsweise Aggregat ausbauen oder Batterie abklemmen. Andernfalls kann das Meßgerät beschädigt werden.

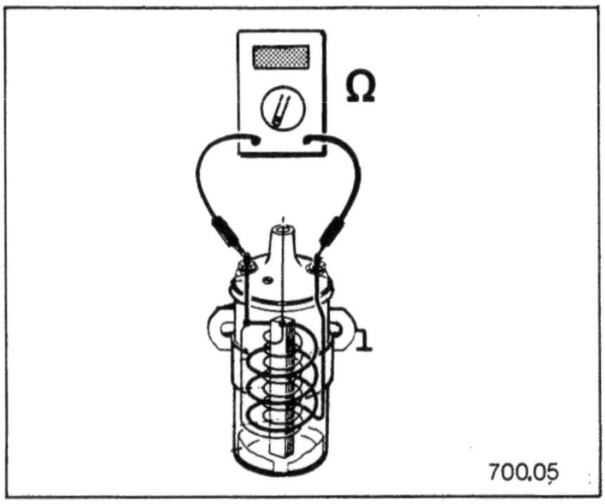

Das Ohmmeter wird an die 2 Anschlüsse eines Verbrauchers oder an die 2 Enden einer elektrischen Leitung angeschlossen. Dabei spielt es keine Rolle, welches Kabel (+/−) des Meßgerätes an welchen Kontakt angeklemmt wird.

Die Widerstandsmessung am Auto erstreckt sich weitgehend auf 2 Bereiche:

1. Kontrolle eines sich im Stromkreis befindenden Widerstandes mit festem oder variablem Wert. **Beispiel:** Widerstand des Temperaturfühlers prüfen. Dazu Stecker am Temperaturfühler abziehen und Ohmmeter zwischen Stecker und Fühler anschließen. Ohmmeter in den Meßbereich schalten, in dem sich der Meßwert voraussichtlich befindet und angezeigten Meßwert mit dem in der Tabelle angegebenen Sollwert vergleichen.

2. „Durchgangs"-Prüfung einer elektrischen Leitung, eines Schalters oder einer Heizwendel. Dabei wird geprüft, ob eine elektrische Leitung im Fahrzeug unterbrochen ist und deshalb das angeschlossene elektrische Gerät nicht funktionieren kann. Zur Messung wird das Ohmmeter an die beiden Enden der betreffenden elektrischen Leitung angeschlossen. Beträgt der Widerstand 0 Ω, dann ist „Durchgang" vorhanden, das heißt die elektrische Leitung ist in Ordnung. Bei unterbrochener Leitung zeigt das Meßgerät ∞ (unendlich) Ω an.

Hinweise für den nachträglichen Einbau von Zubehör

Beim Bohren oder Schälen von Löchern in die Karosserie müssen die Lochränder anschließend entgratet und lackiert werden. Die beim Bohren zwangsläufig anfallenden Späne sind restlos aus der Karosserie zu entfernen.

Bei allen Einbauarbeiten, die das elektrische Leitungssystem berühren, ist, um der Gefahr von Kurzschlüssen im elektrischen Leitungssystem vorzubeugen, grundsätzlich das Massekabel von der Fahrzeugbatterie abzuklemmen und zur Seite zu hängen.

Kabel, die beim Einbau von Zubehör zusätzlich zu dem serienmäßig eingebauten Kabelsatz im Fahrzeug verlegt werden müssen, sind nach Möglichkeit immer entlang der einzelnen Kabelstränge unter Verwendung der vorhandenen Kabelschellen und Gummitüllen zu verlegen.

Falls erforderlich, sind die neu verlegten Kabel, um entstehenden Geräuschen während der Fahrt vorzubeugen und Scheuern von Kabeln zu vermeiden, mit Isolierband, plastischer Masse, Kabelbändern und dergleichen zusätzlich festzulegen. Hierbei ist besonders darauf zu achten, daß zwischen den Bremsleitungen und den festverlegten Kabeln ein Mindestabstand von 10 mm sowie zwischen den Bremsleitungen und den Kabeln, die mit dem Motor oder anderen Teilen des Fahrzeuges schwingen, ein Mindestabstand von 25 mm vorliegt.

Sofern zusätzliche elektrische Verbraucher eingebaut werden, ist in jedem Fall zu überprüfen, ob die erhöhte Belastung noch von der vorhandenen Drehstromlichtmaschine mit übernommen werden kann. Falls erforderlich, sollte ein Generator mit größerer Leistung vorgesehen werden.

Batterie aus- und einbauen

Die Batterie befindet auf der rechten Seite im Motorraum.

Ausbau

- Motorhaube senkrecht stellen siehe Seite 13.

- Batteriekabel abklemmen, zuerst Massekabel –A–, dann Pluskabel –B–.
- Beide Halteplatten am Batteriefuß abschrauben –C– und herausnehmen.
- Batterie herausheben.

Einbau

- Batterie einsetzen.
- Halteplatten ansetzen und festschrauben.
- Pluskabel (rot) am Pluspol (+), dann Massekabel (schwarz) am Minuspol (–) anklemmen. **Achtung:** Durch eine falsch angeschlossene Batterie können erhebliche Schäden am Generator und an der elektrischen Anlage entstehen.
- Motorhaube schließen, siehe Seite 13.

Batterie laden

- Batterie niemals kurzschließen. Bei Kurzschluß erhitzt sich die Batterie und kann platzen. Nicht mit offener Flamme in Batterie leuchten. Batteriesäure ist ätzend und darf nicht in die Augen, auf die Haut oder die Kleidung gelangen, gegebenenfalls mit viel Wasser abspülen.
- Plus- und Massekabel von Batterie abklemmen, Massekabel zuerst.
- Vor dem Laden Säurestand prüfen, gegebenenfalls destilliertes Wasser nachfüllen.
- Gefrorene Batterie vor dem Laden auftauen. Eine geladene Batterie friert bei ca. –65° C, eine halbentladene bei ca. –30° C und eine entladene bei ca. –12° C.
- Stopfen aus der Batterie herausschrauben und leicht auf die Öffnungen legen. Dadurch werden Säurespritzer auf dem Lack vermieden, während die beim Laden entstehenden Gase entweichen können.
- Batterie nur in gut belüftetem Raum laden. Beim Laden der eingebauten Batterie Motorhaube geöffnet lassen.
- Bei der Normalladung beträgt der Ladestrom ca. 10 % der Kapazität. (Bei einer 45-Ah-Batterie also etwa 4,5 A.)
- Pluspol der Batterie mit Pluspol, Minuspol der Batterie mit Minuspol des Ladegerätes verbinden.
- Die Säuretemperatur darf während des Ladens 55° C nicht überschreiten, gegebenenfalls Ladung unterbrechen oder Ladestrom herabsetzen.
- So lange laden, bis alle Zellen lebhaft gasen und bei drei im Abstand von je einer Stunde aufeinanderfolgenden Messungen das spezifische Gewicht der Säure und die Spannung nicht mehr angestiegen sind.
- Die Batterie darf auch mit einem Schnell-Ladegerät geladen werden.

Achtung: Das Schnelladen einer Batterie sollte nicht zur Gewohnheit werden! Batterien, die lange unbenutzt gestanden haben oder neu sind, dürfen nicht schnellgeladen werden.

- Nach der Ladung Säurestand prüfen, gegebenenfalls destilliertes Wasser nachfüllen.
- Säuredichte prüfen. Liegt der Wert in einer Zelle deutlich unterhalb der anderen Werte (z. B. 5 Zellen zeigen 1,26 und 1 Zelle 1,18), so ist die Batterie defekt und sollte erneuert werden.
- Batterie ca. 20 Minuten ausgasen lassen, dann Verschlußstopfen aufschrauben.

Achtung: Der Motor darf nicht bei abgeklemmter Batterie laufen, da sonst die elektrische Anlage beschädigt wird.

Batterie entlädt sich selbständig

Wenn der Verdacht auf Kriechströme besteht, Bordnetz nach folgender Anleitung prüfen:

- Zur Prüfung geladene Batterie verwenden.

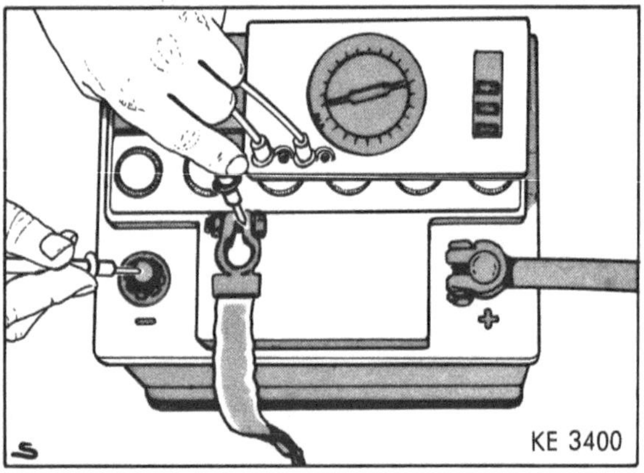

- Am Ampèremeter (Meßbereich von 0–5 mA bis 0–5 A) den höchsten Meßbereich einstellen. Massekabel von der Batterie abklemmen. Ampèremeter zwischen Batterie-Minuspol und Massekabel schalten. Ampèremeter-Plus-Anschluß an Massekabel und Ampèremeter-Minus-Anschluß an Batterie-Minuspol.

Achtung: Die Prüfung kann auch mit einer Prüflampe durchgeführt werden. Leuchtet die Lampe zwischen Masseband und Minuspol der Batterie jedoch nicht auf, ist auf jeden Fall ein Ampèremeter zu verwenden.

- Alle Verbraucher ausschalten, vorhandene Zeituhr abklemmen, Türen schließen.
- Vom Ampèrebereich solange auf den Milliampèrebereich zurückschalten, bis eine ablesbare Anzeige erfolgt (1–3 mA sind zulässig).
- Durch Herausnehmen der Sicherungen nacheinander die verschiedenen Stromkreise unterbrechen. Wenn bei einem der unterbrochenen Stromkreise die Anzeige auf Null zurückgeht, ist hier die Fehlerquelle zu suchen. Fehler können sein: korrodierte und verschmutzte Kontakte, durchgescheuerte Leitungen, interner Schluß in Aggregaten.
- Wird in den abgesicherten Stromkreisen kein Fehler gefunden, so sind die Leitungen an den nicht abgesicherten Aggregaten abzuziehen. Dieses sind: Generator, Anlasser, Zündanlage.
- Masseband an Batterie anklemmen.

W Wartungsarbeiten an der Batterie

Batterie prüfen

Säurestand prüfen

Achtung: Nicht mit offener Flamme in die Batterie leuchten. Explosionsgefahr!

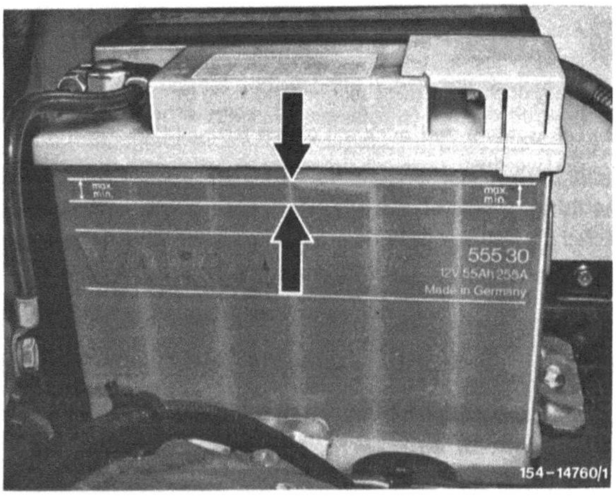

- Der Flüssigkeitsspiegel soll zwischen der Min.- und der Max.-Markierung –Pfeile– liegen.
- Ist der Flüssigkeitsstand von außen nicht erkennbar, Verschlußstopfen für die einzelnen Zellen abschrauben. Der Flüssigkeitsstand soll ca. 6 mm über den Platten einschließlich der Separatoren liegen. Ist eine Säurestandsmarkierung vorhanden, dann ist der Säurestand danach einzurichten.
- Falls erforderlich, Flüssigkeitsstand bis zur Sollhöhe auffüllen. **Achtung: Zum Nachfüllen nur destilliertes Wasser verwenden.**

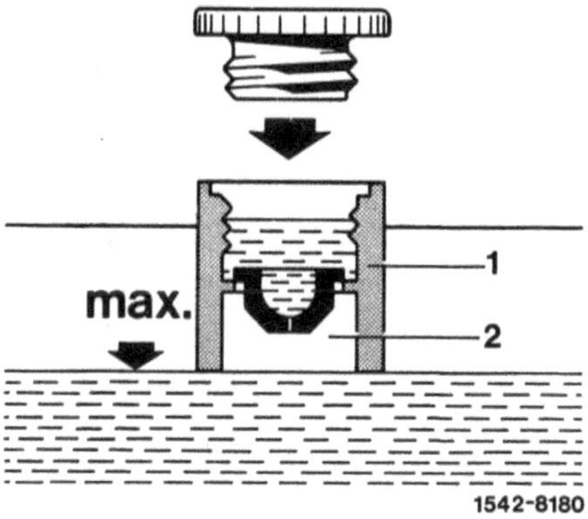

- Wenn der Flüssigkeitsstand bzw. die Separatoren in den einzelnen Zellen bei abgeschraubten Verschlußstopfen nicht sichtbar sind, Batteriewasser solange einfüllen, bis das Wasser im Überlaufschutz nicht mehr abläuft. 1–Entlüftungskanal, 2–Luftpolster.
- Batterien mit zu hohem Flüssigkeitsstand können bei starker Ladung (längere Fahrten am Tage) überkochen. Zu niedriger Säurestand verkürzt die Lebensdauer der Batterie.

Säuredichte prüfen

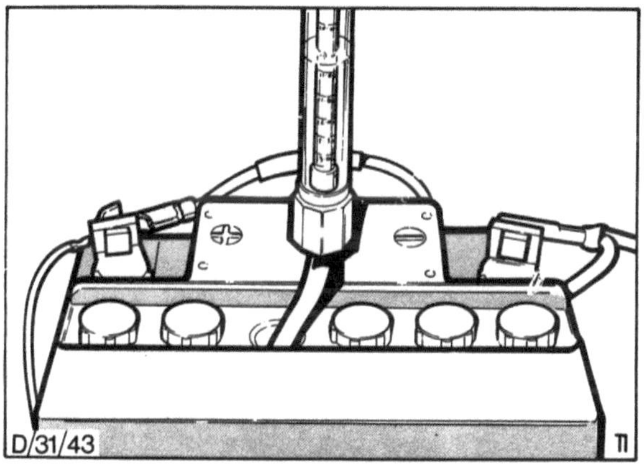

- Die Säuredichte ergibt in Verbindung mit der Spannungsmessung genauen Aufschluß über den Ladezustand der Batterie. Zur Prüfung dient ein Säureheber, der recht preiswert in Fachgeschäften angeboten wird. Je größer das spezifische Gewicht (Säuredichte) der angesaugten Batteriesäure ist, desto mehr taucht der Schwimmer auf. An der Skala kann man die Säuredichte in spezifischem Gewicht (g/ml) oder Baumégrad (+°Bé) ablesen. Folgende Werte müssen erreicht werden:

Ladezustand	norm. Klimazonen		Tropen	
	+ °Bé	g/ml	+ °Bé	g/ml
entladen	16	1,12	11	1,08
halb entladen	24	1,20	18	1,16
gut geladen	32	1,28	27	1,23

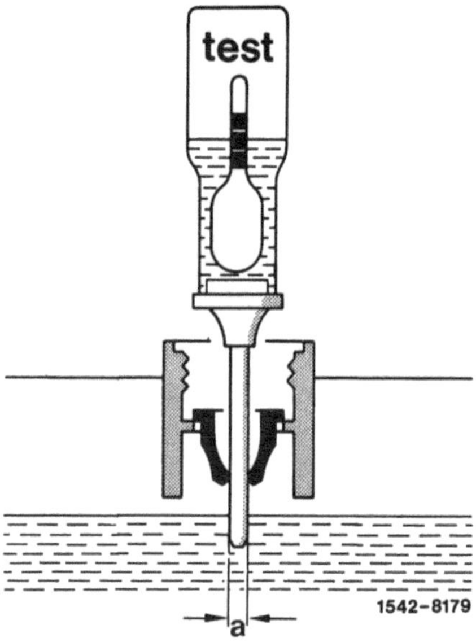

Achtung: Bei Batterien mit Überfüllschutz Säureheber durch die 3-fach geschlitzte Membran stecken und Flüssigkeitsmenge entnehmen.

Batterie-Pole reinigen

Bei der regelmäßigen Durchsicht des Wagens sind auch die Batterie-Pole und Anschlußklammern zu reinigen und mit Säureschutzfett einzureiben.

Batterie-Konservierung

Eine unbenutzte Batterie entlädt sich mit der Zeit von selbst. Wenn das Fahrzeug für längere Zeit stillgelegt wird, sind folgende Maßnahmen zu treffen:

- Ladezustand der Batterie prüfen, gegebenenfalls Batterie laden.
- Massekabel von der Batterie abklemmen, damit sie nicht durch Dauerverbraucher, z. B. Zeituhr, entladen werden kann.
- Batterie nach 3 Monaten nachladen. **Achtung:** Ladezustand je nach Alter der Batterie in kürzeren Abständen prüfen. Batterie nicht in entladenem Zustand stehen lassen, sonst können bleibende Schäden an den Platten auftreten.

Störungstabelle Batterie

Störung	Ursache	Abhilfe
Säurestand zu niedrig	● Überladung, Verdunstung (besonders im Sommer)	Destilliertes Wasser bis zur vorgeschriebenen Höhe nachfüllen (bei geladener Batterie)
Säure tritt aus den Verschlußstopfen aus	● Ladespannung zu hoch	Spannungsregler prüfen, ggf. austauschen
	● Säurestand zu hoch	Überschüssige Säure mit Säureheber absaugen
Säuredichte zu niedrig	● Säuredichte in einer Zelle deutlich niedriger als in den übrigen Zellen	Kurzschluß in einer Zelle. Batterie erneuern
	● Säuredichte in zwei benachbarten Zellen deutlich niedriger als in den übrigen Zellen	Trennwand undicht, dadurch entsteht eine leitende Verbindung zwischen den Zellen, wodurch die Zellen entladen werden. Batterie erneuern
	● Batterie entladen	Batterie laden
	● Generator nicht in Ordnung	Generator prüfen, ggf. reparieren oder austauschen
	● Kurzschluß im Leitungsnetz	Elektrische Anlage überprüfen
	● Säure infolge Wartungsfehler verwässert	Säureausgleich durchführen
Abgebende Leistung ist zu gering, Spannung fällt stark ab	● Batterie entladen	Batterie nachladen
	● Ladespannung zu niedrig	Spannungsregler prüfen, ggf. austauschen
	● Anschlußklemmen lose oder oxydiert	Anschlußklemmen reinigen und besonders Unterseite mit Säureschutzfett einfetten, Befestigungsschrauben anziehen
	● Masseverbindung Batterie – Motor – Karosserie ist schlecht	Masseverbindung überprüfen, ggf. metallische Verbindungen herstellen oder Schraubverbindungen festziehen
	● Zu große Selbstentladung der Batterie durch Verunreinigung der Batteriesäure	Batterie austauschen
	● Evtl. Batterie sulfatiert (grauweißer Belag auf den Plus- und Minusplatten)	Batterie mit kleinem Strom laden, damit sich der Belag langsam zurückbildet. Falls nach wiederholter Ladung und Entladung abgegebene Leistung immer noch zu gering, Batterie austauschen
Nicht ausreichende Ladung	● Fehler am Generator, Spannungsregler oder Leitungsanschlüssen	Generator und Spannungsregler überprüfen, instandsetzen bzw. austauschen; Leitungen einwandfrei befestigen
	● Keilriemen locker	Keilriemen spannen oder austauschen
	● Zu viele Verbraucher angeschlossen	Größere Batterie einbauen, evtl. auch größeren Generator verwenden
Dauernde Überladung	● Fehler am Spannungsregler, evtl. auch am Generator	Spannungsregler austauschen bzw. Generator überprüfen

Sicherungen auswechseln

Um Kurzschluß- und Überlastungsschäden an den Leitungen und Verbrauchern der elektrischen Anlage zu verhindern, sind die einzelnen Stromkreise durch Schmelzsicherungen geschützt.

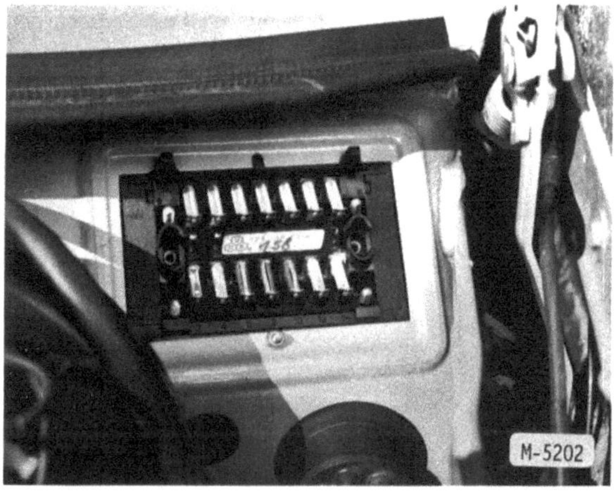

Die Sicherungen sind hauptsächlich in einem Sicherungskasten untergebracht, der sich links hinten im Motorraum befindet.

- Vor dem Auswechseln einer Sicherung immer zuerst den betroffenen Verbraucher ausschalten.
- Deckel des Sicherungskastens abnehmen, dazu die beiden Halteschrauben losdrehen.
- Eine durchgebrannte Sicherung erkennt man am durchgeschmolzenen Metallstreifen.
- Defekte Sicherung vorsichtig aus den Federklemmen herausnehmen, dabei untere Federklemme etwas nach unten biegen.
- Neue Sicherung **gleicher Sicherungsstärke** mit dem Metallstreifen nach oben zwischen die Federklemmen einsetzen, dabei nicht auf den Metallstreifen drücken und die Federklemmen nicht verbiegen.

Achtung: Die Sicherung muß fest zwischen den Klemmen sitzen, eventuell Klemmen nachbiegen. Außerdem dürfen die Klemmen an den Kontaktstellen nicht korrodiert sein.

- Brennt eine neu eingesetzte Sicherung nach kurzer Zeit wieder durch, muß der entsprechende Stromkreis überprüft werden.
- Auf keinen Fall Sicherung durch Draht oder ähnliche Hilfsmittel ersetzen, weil dadurch ernste Schäden an der elektrischen Anlage auftreten können.
- Es ist empfehlenswert, stets einige Ersatz-Sicherungen im Wagen mitzuführen. Zur Aufbewahrung befinden sich seitlich im Sicherungskasten entsprechende Hülsen.
- Deckel für Sicherungskasten ansetzen und festschrauben.

Sicherungsbelegung

Die Sicherungsbelegung ist abhängig von der Ausstattung und vom Baujahr des Fahrzeuges. Die aktuelle Belegung der Sicherungen befindet sich im Deckel des Sicherungskastens.

Nr.	Amp	Verbraucher
1	8	Standlicht rechts, Schlußlicht rechts, Scheinwerferreinigungsanlage*
2	16	Innenleuchte, Kofferraumleuchte, Zeituhr, Motorantenne*
3	8	Standlicht links, Schlußlicht links
4	8	Handschuhkastenleuchte, Zigarettenanzünder, Elektrischer Fensterheber*, Radio* (besitzt zusätzlich eine fliegende Sicherung mit 2 A)
5	8	Zusatzlüfter*
6	16	Scheibenwischer
7	8	Fernlicht rechts
8	8	Heizbare Heckscheibe
9	8	Fernlicht links, Fernlichtkontrolleuchte
10	16	Heizgebläse
11	8	Abblendlicht rechts
12	8	Bremslicht, Kontrolleuchten, Klimaanlage*
13	8	Abblendlicht links
14	8	Hupe, Rückfahrscheinwerfer, Startautomatik, Thermozeitschalter, Leerlaufabschaltventil
a	16	Elektrischer Fensterheber*
b	16	Elektrischer Fensterheber*
c	16	Elektrischer Zusatzlüfter*
d	16	Elektrisches Schiebedach*

* Sonderausstattung

Relais prüfen

Am einfachsten läßt sich die Funktionsfähigkeit eines Relais prüfen, wenn man es gegen ein intaktes auswechselt. So wird es in der Regel in der Werkstatt gemacht. Da dem Heimwerker jedoch in den seltensten Fällen ein neues Relais sofort zur Verfügung steht, empfiehlt sich folgender Arbeitsschritt bei den sogenannten Arbeitsrelais, wie sie unter anderem zum Schalten von Nebel- und Hauptscheinwerfern verwendet werden.

Die Relais befinden sich größtenteils hinter dem Schalttafeleinsatz oder in einem Zusatz-Relaiskasten auf der linken Seite im Motorraum. 1 – Zeitrelais für heizbare Heckscheibe, 2 – - Relais für Scheibenwischer-Intervallautomatik, 3 + 4 – Relais für elektrische Fensterheber. Seit 9/81 sitzt das Warnblinkrelais nicht mehr direkt am Warnblinkschalter, sondern unter der Schalthebelabdeckung zwischen Aschenbecher und Schalthebel.

- Relais aus der Halterung herausziehen.
- Zuerst mit Spannungsprüfer feststellen, ob an Klemme 30 im Relaishalter Spannung anliegt. Dazu Spannungsprüfer an Masse anschließen und die andere Kontaktspitze in Klemme 30 einführen. Wenn die Leuchtdiode des Spannungsprüfers aufleuchtet, ist Spannung vorhanden. Zeigt der Spannungsprüfer keine Spannung an, Unterbrechung vom Batterie-Pluspol zu Klemme 30 anhand des Schaltplanes aufspüren.
- Leitungsbrücke aus einem Stück isoliertem Draht herstellen, die Enden müssen blank sein.
- Mit dieser Brücke im Relaishalter die Klemme 30 (Batterie +, führt immer Spannung) mit dem Ausgang des Relais-Schließers Klemme 87 verbinden. Wo sich die Klemmen im Relaishalter befinden, ist auf dem Relais beziehungsweise am Steckkontakt aufgeführt.
- Wenn bei eingesetzter Brücke zum Beispiel das Fernlicht aufleuchtet, kann man davon ausgehen, daß das Relais defekt ist.
- Wenn das Fernlicht nicht aufleuchtet, Unterbrechung in der Leitungsführung von Klemme 87 zum Hauptscheinwerfer anhand des Schaltplanes aufspüren und beheben.
- Falls erforderlich, neues Relais einsetzen.

Der Generator

Der MERCEDES ist mit einem Drehstromgenerator ausgerüstet. Je nach Modell und Ausstattung kann ein Generator mit einer Leistung von 35 A bis 80 A eingebaut sein.

Der Generator wird von der Kurbelwelle über den Keilriemen angetrieben. Dabei dreht sich der Läufer mit der Erregerwicklung innerhalb der feststehenden Ständerwicklung mit ca. doppelter Motordrehzahl.

Über Kohlebürsten und Schleifringe fließt der Erregerstrom durch die Erregerwicklung. Dabei bildet sich ein Magnetfeld.

Die Lage des magnetischen Feldes zur Ständerwicklung ändert sich ständig, entsprechend der Umdrehung des Läufers. Dadurch wird in der Ständerwicklung ein Drehstrom erzeugt.

Da die Batterie aber nur mit Gleichstrom geladen werden kann, wird der Drehstrom durch Gleichrichter in der Diodenplatte in Gleichstrom umgewandelt. Der Spannungsregler verändert den Ladestrom durch Ein- und Ausschalten des Erregerstromes, entsprechend dem Ladezustand der Batterie. Gleichzeitig hält der Regler die Betriebsspannung konstant bei ca. 14 Volt, unabhängig von der Drehzahl.

Achtung: Im Gegensatz zum Gleichstromgenerator darf der Drehstromgenerator niemals ohne Batterie betrieben werden. Motor nicht ohne Batterie laufen lassen.

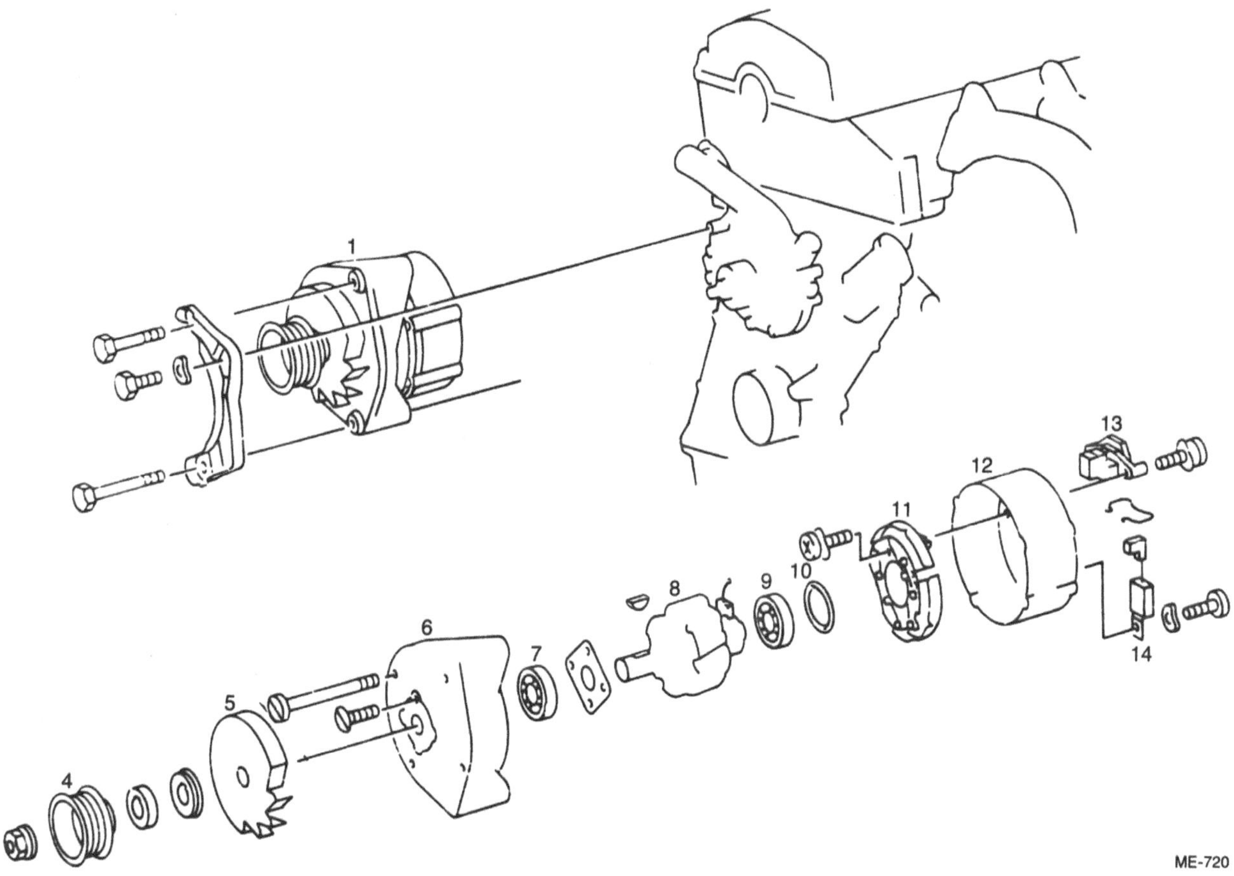

1 – Generator
4 – Riemenscheibe
5 – Lüfterrad
6 – Gehäuse vorn
7 – Antriebslager
8 – Läufer
9 – Rillenkugellager hinten
10 – Dichtring
11 – Diodenplatte
12 – Gehäuse hinten
13 – Spannungsregler
14 – Entstörungskondensator

Generator aus- und einbauen

Ausbau

- Batterie-Massekabel abklemmen.
- Mehrfachstecker von der Rückseite des Drehstromgenerators abziehen. Vorher Drahtklammer mit Schraubendreher ausrasten und zur Seite klappen.
- Keilriemen entspannen und abnehmen.

- Generator am Halter mit 2 Schrauben –1– und –Pfeil oben– abschrauben und herausnehmen.

Achtung: Falls die obere Befestigungsschraube –Pfeil– klemmt, Generator mit Halter abschrauben –2–.

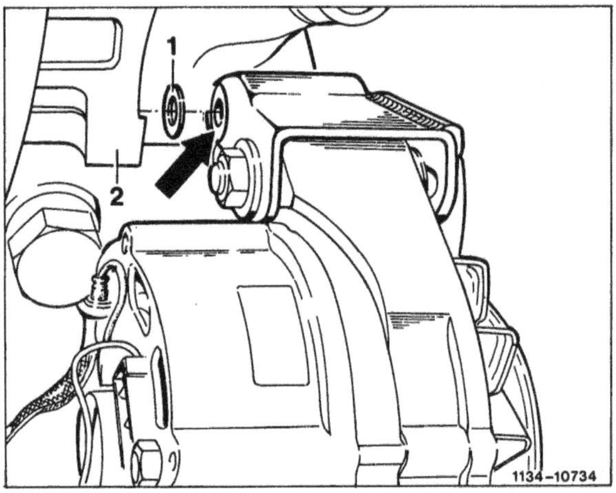

Achtung: Zwischen Halter und Zylinderkopf –2– kann eine Scheibe –1– mit 0,85 mm Dicke eingebaut sein. Beim Ausbau Scheibe nicht verlieren. Beim Einbau muß die Scheibe in der Ansenkung –Pfeil– des Halters anliegen.

Einbau

- Generator einsetzen und mit 2 Schrauben anschrauben, dabei obere Schraube –Pfeil– am Zylinderkopf mit 45 Nm festziehen.
- Keilriemen auflegen und spannen.
- Mehrfachstecker aufschieben und mit Drahtklammer sichern.
- Massekabel an Batterie anschließen.

Keilriemen für Generator aus- und einbauen

Ausbau

- Keilriemen entspannen und abnehmen. Je nach Motor und Ausstattung müssen vorher die Keilriemen für andere Zusatzaggregate wie beispielsweise Kältekompressor ausgebaut werden.

Motor 102

- Muttern –1– und –2– lösen.

- Schraube –3– lösen. Spannschraube –4– nach links drehen, dadurch Generator zum Motor schwenken und Keilriemen entspannen.

Motor 123

- Schraube –1– und Mutter –2– an der Rückseite des Generators lösen.
- An der Vorderseite des Generators gezahnte Spannschraube nach links drehen und Keilriemen entspannen.

Motor 110 mit 55-A-Generator

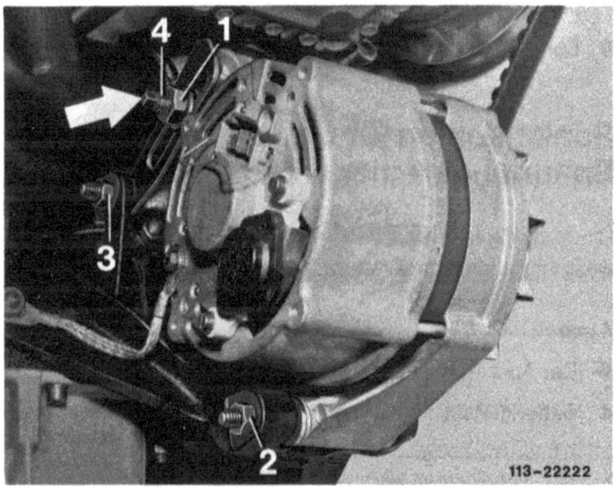

- Muttern –1, 2, 3– lösen.
- An der Vorderseite des Generators gezahnte Spannschraube nach links drehen und Keilriemen entspannen. **Achtung:** Bei Motoren mit Klimaanlage Spannschraube –4– am 6-mm-Vierkant –Pfeil– nach rechts drehen (von hinten gesehen).

Motor 110 mit 80-A-Generator

- Mutter –1– lösen. Seit 7/84 Schraube –2– von der Rückseite des Generators aus lösen.

- Schraube –3– lösen. Bis 7/84 Schraube –2– von der Motorunterseite aus lösen. Dazu gegebenenfalls Fahrzeug aufbocken, siehe Seite 244.
- Spannschraube –4– nach links drehen und dadurch Keilriemen entspannen.

Benzinmotor 115 und Dieselmotor 615, 616, 617

- Mutter –1– und Schrauben –2, 3– lösen.

- Mutter –5– lösen und dadurch Keilriemen entspannen.
- Keilriemen abnehmen.

Einbau

- Vor dem Einbau Keilriemen überprüfen. Sind die Flanken ausgefranst, Risse oder Bruchstellen vorhanden, Keilriemen auf jeden Fall ersetzen. Bei Fahrzeugen mit Doppelriementrieb (300 Turbodiesel) grundsätzlich beide Keilriemen des Doppelriementriebes erneuern. Dabei nur 2 Riemen gleichen Fabrikats einbauen.
- Keilriemen auflegen.

Spannen

- Durch Rechtsdrehen der Spannschraube Generator vom Motor wegschwenken und dadurch Keilriemen spannen.

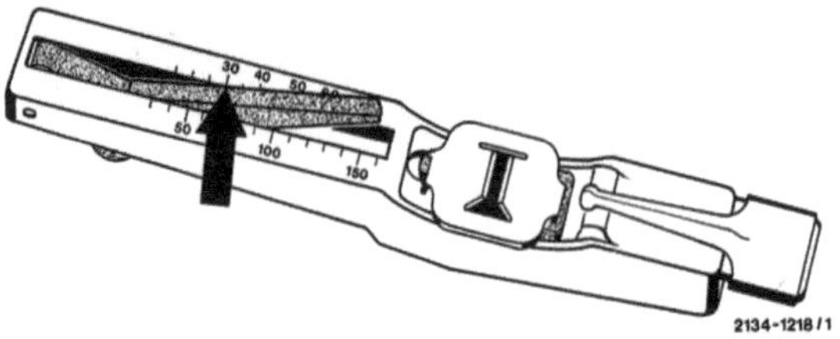

- Die Werkstatt prüft die Keilriemenspannung mit einem Spezialwerkzeug. Ein neuer Riemen wird auf den Wert 30 gespannt, während die Spannung bei einem gelaufenen Riemen auf der Skala des Meßgerätes 20 bis 25 betragen soll. **Achtung:** Beim Dieselmotor seit 2.79 (außer Turbodiesel) beträgt der Spannungswert für einen neuen Riemen 50, für einen gelaufenen Riemen 40 bis 45.
- Steht dieses Werkzeug nicht zur Verfügung, Keilriemen mit dem Daumen zwischen den Riemenscheiben eindrücken. Dabei soll sich der Riemen ca. 5 mm eindrücken lassen, sonst Spannung korrigieren. Beim Dieselmotor nach der Einstellung Spannschraube ca. 1/4 bis 1/2 Umdrehung weiterdrehen. Anschließend Spannung alsbald mit Meßgerät prüfen lassen.
- Befestigungsschrauben und Muttern festziehen.

Schleifkohlen für Generator/ Spannungsregler ersetzen/prüfen

Die Schleifkohlen sind nach einer Laufzeit von 60000 km jeweils im Rahmen der Wartung zu überprüfen.

Ausbau

- Der Ausbau ist bei eingebautem Generator möglich.
- Batterie-Massekabel abklemmen.

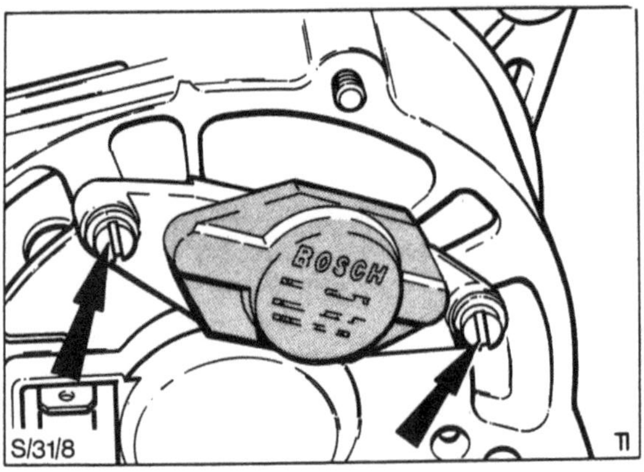

- Spannungsregler an der Rückseite des Generators abschrauben und vorsichtig herausziehen.

- Schleifkohlen ersetzen, wenn die Länge 5 mm oder weniger beträgt. Dazu Anschlußlitze auslöten.

Einbau

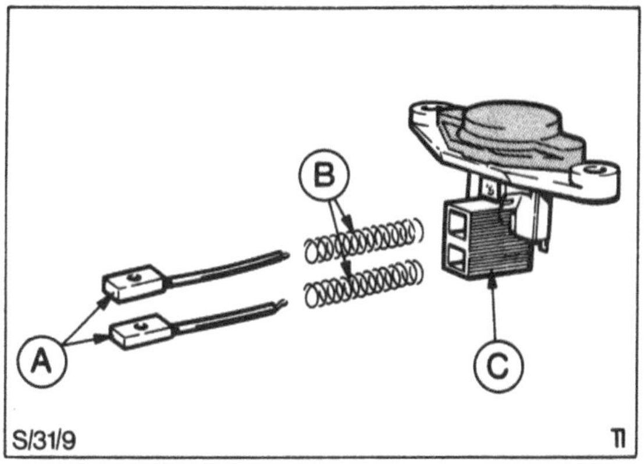

- Neue Kohlebürsten –A– und Federn –B– in den Bürstenhalter –C– einsetzen und Anschlüsse verlöten.
- Damit beim Anlöten der neuen Bürsten kein Lötzinn in der Litze hochsteigen kann, Anschlußlitze der Bürsten mit einer Flachzange fassen. **Achtung:** Durch hochsteigendes Lötzinn würde die Litze steif und die Kohlebürste unbrauchbar werden.
- Der Isolierschlauch über der Litze muß neben der Lötstelle mit der vorhandenen Öse festgeklemmt werden.
- Nach dem Einbau neue Kohlebürsten auf leichten Lauf in den Bürstenhaltern prüfen.
- Spannungsregler einsetzen und festschrauben.
- Batterie-Massekabel anklemmen.

Störungsdiagnose Generator

Störung	Ursache	Abhilfe
Ladekontrollampe brennt nicht bei eingeschalteter Zündung	● Lampe durchgebrannt	Ersetzen
	● Masseband an Generator locker oder korrodiert	Masseband auf einwandfreien Kontakt prüfen, Schraube festziehen
	● Batterie leer	Laden
	● Unterbrechung in der Leitungsführung zwischen Generator, Zündschloß und Kontrollampe	Mit Voltmeter nach Schaltplan untersuchen
	● Steckverbindungen zwischen Diodenplatte und Generator nicht gesteckt	Kontrollieren, gegebenenfalls Stecker ersetzen
	● Schleifkohlen liegen nicht auf dem Schleifring auf	Freigängigkeit der Schleifkohlen und Mindestlänge (5 mm) prüfen
	● Erregerwicklung im Generator durchgebrannt	Läufer austauschen
Ladekontrollampe verlöscht nicht bei Drehzahlsteigerung	● Regler defekt	Regler prüfen Regler austauschen
	● Leitung zwischen Drehstromgenerator und Kontrollampe hat Masseanschluß	Leitungsstrang ersetzen
Ladekontrollampe brennt bei ausgeschalteter Zündung	● Plusdiode hat Kurzschluß	Dioden prüfen Diodenplatte austauschen

Der Anlasser

Zum Starten des Verbrennungsmotors ist ein kleiner elektrischer Motor, der Anlasser, erforderlich. Damit der Motor überhaupt anspringen kann, muß der Anlasser den Verbrennungsmotor auf eine Drehzahl von mindestens 300 Umdrehungen in der Minute beschleunigen. Das funktioniert aber nur, wenn der Anlasser einwandfrei arbeitet und die Batterie hinreichend geladen ist.

Der Anlasser besteht aus einem Antriebs-, Pol- und Kollektorgehäuse. In dem Pol- und Kollektorgehäuse sind der Anker und der Kollektor gelagert sowie der Bürstenhalter. Im Bürstenhalter befinden sich Kohlebürsten, die ein Verschleißteil darstellen und sich zwar langsam, aber stetig abnutzen. Bei starker Abnutzung der Kohlebürsten kann der Anlasser nicht mehr einwandfrei arbeiten.

In dem vorderen Antriebsgehäuse ist der Ritzelantrieb untergebracht. Wenn über den Zündanlaßschalter der Anlasser Spannung erhält, wird über den Magnetschalter, der auf dem Anlassergehäuse sitzt, das Ritzel auf einem Steilgewinde gegen den Zahnkranz des Schwungrades geschoben. Sobald das Ritzel bis zum Anschlag auf der Spindel vorgelaufen ist, ist es kraftschlüssig mit dem Schwungrad verbunden. Nun kann der Anlasser den Motor auf die erforderliche Anlaßdrehzahl bringen. Wenn der Verbrennungsmotor angelaufen ist, wird das Ritzel vom Motor her beschleunigt, es läuft also kurzzeitig schneller als der Motor und spurt aus, wodurch die Verbindung zum Verbrennungsmotor aufgehoben ist.

Da zum Starten des Verbrennungsmotors eine hohe Stromaufnahme erforderlich ist, ist im Rahmen der Wartung auf eine einwandfreie Kabelverbindung zu achten. Korrodierte Anschlüsse säubern und mit Polschutzfett einstreichen.

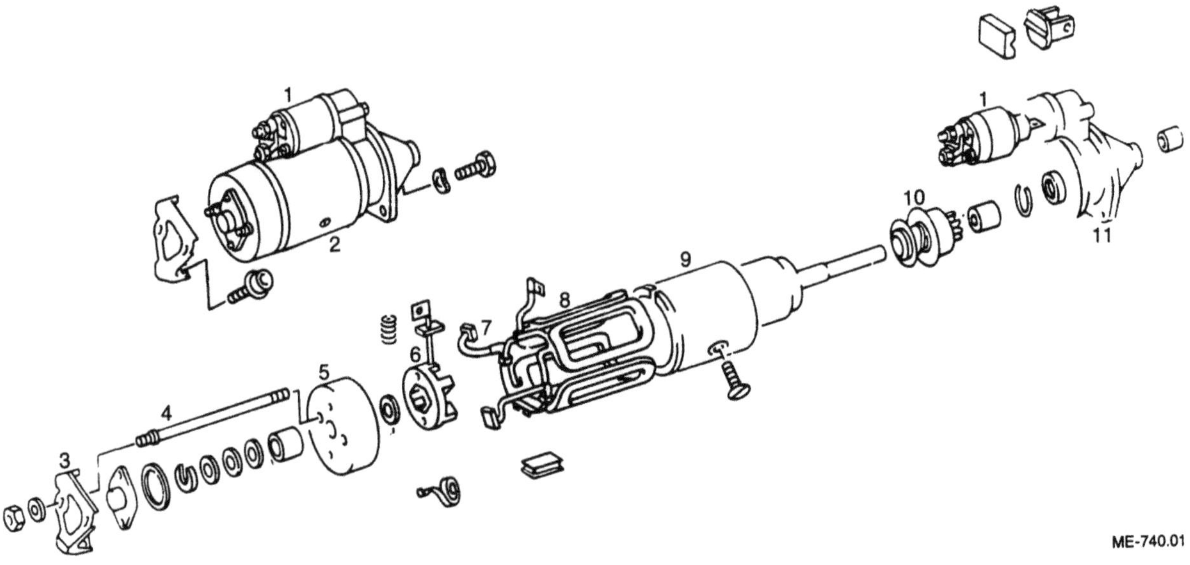

ME-740.01

1 – Magnetschalter
2 – Anlasser
3 – Halter
4 – Stiftschraube
5 – Kollektorgehäuse
6 – Bürstenhalter
7 – Kohlebürsten
8 – Erregerwicklung
9 – Polgehäuse
10 – Ritzel
11 – Antriebsgehäuse

Anlasser aus- und einbauen

Ausbau

- Massekabel von Batterie abklemmen.
- Luftfilter ausbauen, siehe Seite 105.

115-27088

- Kunststoff-Abdeckkappe am Magnetschalter des Anlassers abhebeln und elektrische Leitungen –Pfeil– abklemmen. Beim **230E** elektrische Leitungen für Anlasser an der Batterie und am Leitungsverbinder abklemmen. Saugrohrabstützung oben und unten abschrauben.
- Fahrzeug aufbocken.

115-27089

- Befestigungsschrauben –Pfeile– für Anlasser von unten herausdrehen.
- Anlasser am Getriebe abnehmen und nach oben herausheben.
- **230E:** Halter für Anlasser am Motorblock abschrauben, Anlasser zum Motorblock schwenken und mit angeschlossenen Kabeln nach unten ablassen. Vorher Lenkung ganz nach rechts einschlagen. Elektrische Leitungen am Anlasser abklemmen.

Motor 115

R-3736

- *Muttern –5, 7– und Schrauben –4– abschrauben und Halter –8– abnehmen.*
- *Befestigungsschrauben am Starterflansch herausdrehen und Anlasser so weit herausziehen, bis der Halter –9– abgeschraubt werden kann.*
- *Vorderräder nach rechts einschlagen und Starter zwischen dem Lenkzwischenhebel und dem Vorderachsträger herausnehmen. Weitere abgebildete Teile: 1 – Klemme 30, 2 – Klemme 50, 3 – Magnetschalter,*

Einbau

- Anlasser von oben einführen, am Getriebe einsetzen und von unten festschrauben. **230E:** Elektrische Leitungen am Anlasser anklemmen und Anlasser von unten einführen und festschrauben.
- ***Motor 115:*** *Halter –9– anschrauben, dabei Muttern nur beiziehen, nicht festziehen.*
- *Anlasser einsetzen. Halter –8– einsetzen und Schrauben sowie Muttern beiziehen. Darauf achten, daß die Stiftschrauben –7– mit je einer Unterlegscheibe von 4 mm Dicke eingesetzt werden.*
- *Sämtliche Befestigungsmuttern und Schrauben gleichmäßig festziehen.*
- Fahrzeug ablassen.
- Elektrische Leitungen an Anlasser anklemmen, Abdeckkappe aufdrücken. **230E:** Leitungen an der Batterie und am Leitungsverbinder anklemmmen. Saugrohrabstützung anschrauben.
- Luftfilter einbauen, siehe Seite 105.
- Massekabel an Batterie anklemmen.

Störungsdiagnose Anlasser

Wenn ein Anlasser nicht durchdreht, ist zunächst zu prüfen, ob an der Klemme 50 des Magnetschalters die zum Einziehen benötigte Spannung von mindestens 8 Volt vorhanden ist. Liegt die Spannung unter dem genannten Wert, dann müssen die Leitungen, die zum Anlasserstromkreis gehören, nach dem Stromlaufplan überprüft werden. Ob der Anlasser bei voller Batteriespannung einzieht, kann folgendermaßen geprüft werden.

- Keinen Gang einlegen, Zündung eingeschaltet.
- Mit einer Leitung (Querschnitt mindestens 4 mm^2) die Klemmen 30 und 50 am Anlasser überbrücken, siehe auch Stromlaufplan.

Spurt der Anlasser dabei einwandfrei ein, so liegt der Fehler in der Leitungsführung zum Anlasser. Wenn der Anlasser nicht einspurt, muß er im ausgebauten Zustand überprüft werden.

Prüfvoraussetzung: Leitungsanschlüsse müssen festsitzen und dürfen nicht oxydiert sein.

Störung	Ursache	Abhilfe
Anlasser dreht sich nicht beim Betätigen des Zündanlaßschalters	● Batterie entladen	Batterie laden
	● Klemmen 30 und 50 am Anlasser überbrücken: Anlasser läuft an. Leitung 50 zum Zündanlaßschalter unterbrochen, Anlaßschalter defekt	Unterbrechung beseitigen, defekte Teile ersetzen
	● Kabel oder Masseanschluß ist unterbrochen, Batterie entladen	Batteriekabel und Anschlüsse prüfen. Spannung der Batterie messen, nötigenfalls laden
	● Ungenügender Stromdurchgang infolge lockerer oder oxydierter Anschlüsse	Batteriepole und -klemmen reinigen. Stromsichere Verbindungen zwischen Batterie, Anlasser und Masse herstellen
	● Spannung am Anschluß für Feldwicklung am Magnetschalter messen. Spannung nicht vorhanden	Magnetschalter ersetzen
	● Keine Spannung an Klemme 50 (Magnetschalter)	Leitung unterbrochen Zündanlaßschalter defekt
Anlasser dreht sich zu langsam und zieht den Motor nicht durch	● Batterie entladen	Batterie laden
	● Kein Winteröl bzw. Mehrbereichsöl im Motor	Mehrbereichsöl einfüllen
	● Ungenügender Stromdurchgang infolge lockerer oder oxydierter Anschlüsse	Batteriepole und -klemmen und Anschlüsse am Anlasser reinigen, Anschlüsse festziehen
	● Kohlebürsten liegen nicht auf dem Kollektor auf, klemmen in ihren Führungen, sind abgenutzt, gebrochen, verölt oder verschmutzt	Kohlebürsten überprüfen, reinigen bzw. auswechseln. Führungen prüfen
	● Ungenügender Abstand zwischen Kohlebürsten und Kollektor	Kohlebürsten ersetzen und Führungen für Kohlebürsten reinigen
	● Kollektor riefig oder verbrannt und verschmutzt	Kollektor abdrehen oder Anker ersetzen
	● Spannung an Klemme 50 fehlt (mind. 8 Volt)	Zündanlaßschalter oder Magnetschalter überprüfen
	● Lager ausgeschlagen	Lager prüfen, ggf. auswechseln
	● Magnetschalter defekt	Schalter auswechseln
Anlasser spurt ein und zieht an, Motor dreht sich nicht oder nur ruckweise	● Ritzelgetriebe defekt	Ritzelgetriebe ersetzen
	● Ritzel verschmutzt	Ritzel reinigen
	● Zahnkranz am Schwungrad defekt	Zahnkranz nacharbeiten, falls erforderlich, Schwungrad erneuern
Ritzelgetriebe spurt nicht aus	● Ritzelgetriebe oder Steilgewinde verschmutzt bzw. beschädigt	Ritzelgetriebe reinigen, ggf. ersetzen
	● Magnetschalter defekt	Magnetschalter ersetzen
	● Rückzugfeder schwach oder gebrochen	Rückzugfeder erneuern
Anlasser läuft weiter, nachdem der Zündschlüssel losgelassen wurde	● Magnetschalter hängt, schaltet nicht ab	Zündung sofort ausschalten, Magnetschalter ersetzen
	● Zündschloß schaltet nicht ab	Sofort Batterie abklemmen, Zündschloß ersetzen

Die Beleuchtungsanlage

Zur Beleuchtungsanlage zählen: Hauptscheinwerfer, Nebellampen, Heckleuchten, Bremsleuchten, Rückfahrscheinwerfer, Kennzeichenleuchten, Blinkleuchten, Innenleuchte und Instrumentenbeleuchtung.

Vor dem Auswechseln der Glühlampe Schalter des betreffenden Verbrauchers ausschalten. **Achtung: Glaskolben nicht mit bloßen Fingern anfassen.** Der Fingerabdruck würde verdunsten und sich – aufgrund der Wärme – auf dem Reflektor niederschlagen und diesen erblinden lassen. Grundsätzlich Glühlampe nur durch eine gleiche Ausführung ersetzen. Versehentlich entstandene Berührungsflecken mit sauberem, nicht faserndem Tuch und Alkohol oder Spiritus entfernen.

Glühlampen auswechseln

Scheinwerfer

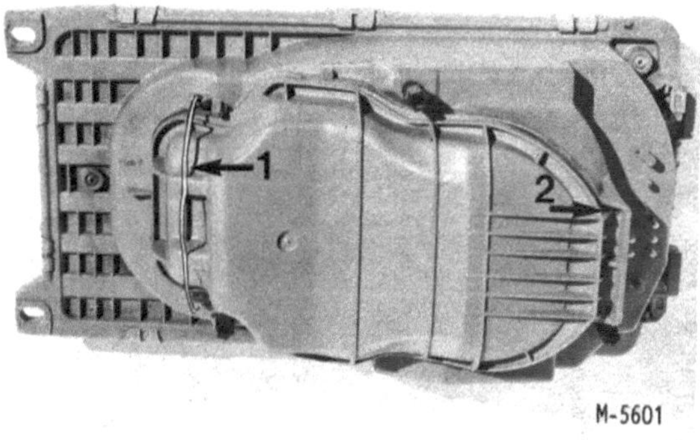

- Drahtbügel –1– wegklappen, Kunststoffabdeckung wegklappen und auf der anderen Seite –2– aushängen.

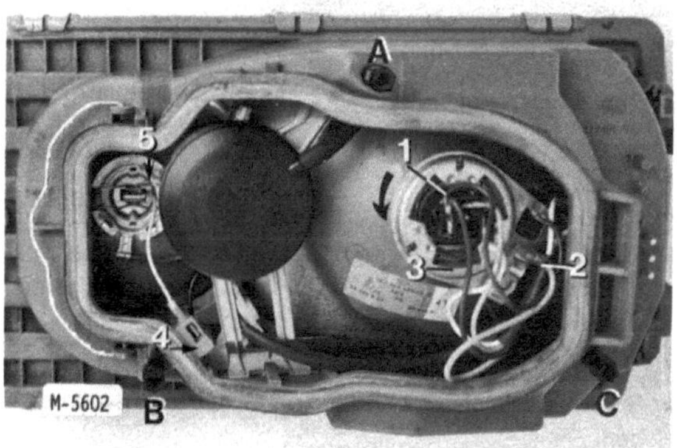

- Stecker –1– von der H4-Lampe abziehen, Haltering –2– in Pfeilrichtung drehen und Glühlampe herausnehmen.
- Glühlampe so einsetzen, daß die Nasen in die entsprechenden Aussparungen am Gehäuse passen. Haltering aufsetzen, nach rechts drehen und einrasten.

Standlicht

- Fassung –3– herausziehen, Glühlampe etwas nach links drehen und aus der Fassung herausnehmen.
- Glühlampe in Fassung eindrücken, nach rechts drehen und einrasten. Fassung in die Öffnung stecken.

Nebelscheinwerfer

- Stecker –4– abziehen, Drahtklammern –5– zuerst zum Scheinwerfer drücken, dann zusammendrücken und wegklappen. H3-Glühlampe herausnehmen.
- Glühlampe einsetzen, Drahtbügel umklappen und in die Befestigungshaken einrasten. Stecker aufschieben.
- Kunststoffabdeckung einsetzen und mit 2 Drahtbügeln befestigen. **Achtung:** Vorher Dichtung auf Porosität oder Beschädigung prüfen, gegebenenfalls ersetzen.

Blinkleuchte

- Blinkleuchte ausbauen.
- Stecker abziehen.
- Lampenfassung ca. 60° nach links drehen und herausnehmen.
- Glühlampe etwas eindrücken, nach links drehen und herausnehmen.
- Glühlampe in die Fassung eindrücken, nach rechts drehen und einrasten.
- Fassung in die Blinkleuchte einsetzen und bis zum Anschlag nach rechts drehen. Stecker aufschieben.
- Blinkleuchte einbauen.

Heckleuchten

- Rändelmuttern –Pfeile– abschrauben und Lampenträger –1– abnehmen.
- Defekte Lampe eindrücken, nach links drehen und herausnehmen.

Kennzeichenleuchte

- Kennzeichenleuchte mit 2 Schrauben abschrauben und abziehen.
- Glühlampe aus der Fassung herausziehen.
- Neue Glühlampe in Fassung einsetzen.
- Dichtung auf Porosität oder Beschädigung prüfen, gegebenenfalls ersetzen.
- Kennzeichenleuchte einsetzen und mit 2 Schrauben befestigen, dabei auf richtigen Sitz der Dichtung achten.

Scheinwerfer/Blinkleuchte aus- und einbauen

Achtung: Bei Ersatzteil-Scheinwerfern kann die innere, obere Halteklammer etwas weiter zur Fahrzeugmitte hin angeordnet sein als bei dem im Fahrzeug eingebauten Scheinwerfer. In diesem Fall Halteklammer so versetzen, daß sie sich an derselben Stelle wie beim ausgebauten Scheinwerfer befindet. Sonst kann der Lack im Bereich der Halteklammer beschädigt werden.

Ausbau

- Motorhaube öffnen.

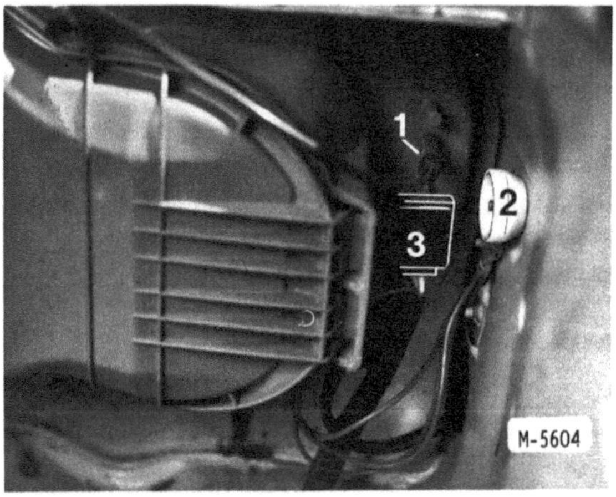

- Rändelmutter –2– für Blinkleuchte abschrauben, Blinkleuchte nach vorn drücken und herausnehmen.
- Mehrfachstecker für Blinkleuchte abziehen.
- Elektrische Leitungen –3– für Scheinwerfer und Unterdruckleitung –1– für Höhenverstellung abziehen.

- 2 Schrauben –1– außen herausdrehen.
- Falls vorhanden, 2 zusätzliche Schrauben –2– herausdrehen.
- Führungszapfen –Pfeil– des Scheinwerfers am Kotflügel aushängen und Scheinwerfer herausnehmen.

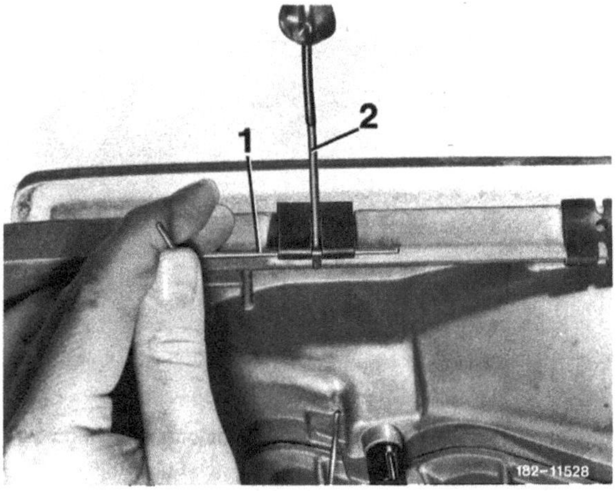

- Falls das Scheinwerferglas ausgebaut werden soll, Befestigungsklammern abdrücken. Dazu Stahldraht mit 1,5 mm Ø in die Klammer einführen und Klammer mit schmalem Schraubendreher abdrücken.
- Gummiabdichtung abziehen.

Einbau

- Falls ausgebaut, Scheinwerferglas am Gehäuse ansetzen, gleichmäßig aufdrücken und mit Halteklammern sichern. Vorher Dichtung auf Porosität prüfen, gegebenenfalls ersetzen.
- Stecker und Unterdruckleitung am Scheinwerfer aufschieben.
- Scheinwerfer von der Fahrzeugmitte zur Außenseite hin einsetzen und Schrauben beiziehen.
- Scheinwerfer nach der Karosserie ausrichten, Schrauben festziehen.

- Stecker für Scheinwerfer aufschieben.
- Stecker an der Blinkleuchte aufschieben.
- Blinkleuchte von vorn in die Öffnung schieben und mit Rändelmutter festschrauben. Dabei müssen die beiden Zapfen der Blinkleuchte in die Führungen am Scheinwerfer eingreifen.

Scheinwerfer einstellen

Für die Verkehrssicherheit ist die richtige Einstellung der Scheinwerfer von großer Bedeutung. Die exakte Einstellung der Scheinwerfer ist nur mit einem Spezialeinstellgerät möglich. Es wird deshalb nur gezeigt, wo der Scheinwerfer eingestellt werden kann und welche Bedingungen zum richtigen Einstellen der Scheinwerfer erfüllt sein müssen.

- Reifen müssen den vorgeschriebenen Reifenfülldruck haben.
- Das unbeladene Fahrzeug muß mit 75 kg (eine Person) auf dem Fahrersitz belastet sein.
- Kraftstofftank füllen.
- Fahrzeug auf ebene Fläche stellen.
- Vorderwagen mehrmals kräftig nach unten drücken, damit die Federung der Vorderradaufhängung sich setzt.
- Leuchtweitenregulierung auf „0" stellen, Motor starten und kurz laufen lassen. Dabei mehrmals Gas geben, damit genügend Unterdruck aufgebaut wird. Motor abstellen.
- Die Scheinwerfer dürfen nur bei Abblendlicht eingestellt werden. Das Neigungsmaß beträgt für Normalscheinwerfer **12 cm auf 10 m Entfernung**. Bei Nebelscheinwerfern beträgt es 20 cm auf 10 m Entfernung.

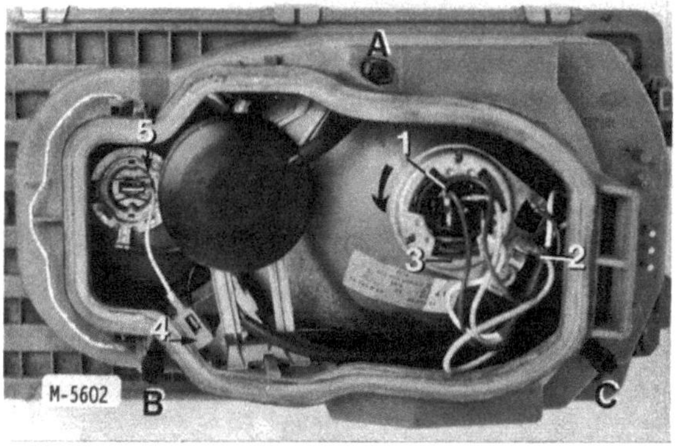

- Die Einstellschrauben sind vom Motorraum her zu erreichen. A – Einstellung Scheinwerfer hoch und tief; B – Einstellung Scheinwerfer links und rechts; C – Einstellung Nebelscheinwerfer hoch und tief.

Heckleuchte aus- und einbauen

Ausbau

- Stecker unten am Lampenträger abziehen.
- Rändelmuttern herausdrehen und Lampenträger abnehmen.

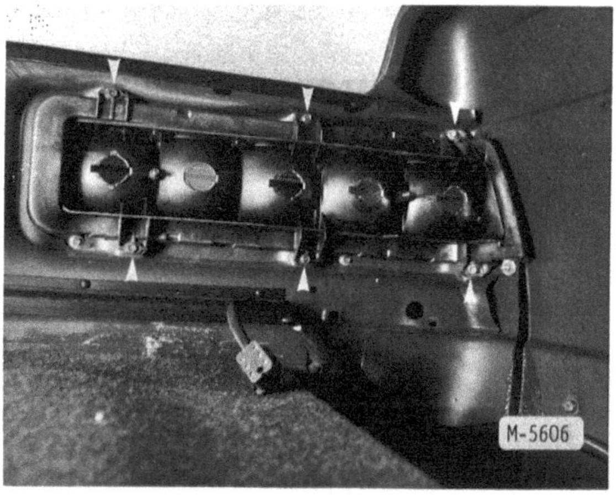

- 6 Befestigungsmuttern –Pfeile– abschrauben.
- Reflektor nach innen und Glas für Heckleuchte mit Dichtung nach außen abnehmen.

Einbau

- Dichtung auf Porosität oder Beschädigung prüfen, gegebenenfalls ersetzen.
- Glas für Heckleuchte mit Dichtung von außen in die Karosserie einsetzen.
- Reflektor aufdrücken und mit 6 Befestigungsmuttern gleichmäßig anschrauben.
- Lampenträger ansetzen und mit Rändelmuttern anschrauben.
- Stecker aufschieben.

Die Armaturen

Beim MERCEDES Typ 123 sind die Armaturen in einem Schalttafeleinsatz zusammengefaßt. Nach Ausbau des Schalttafeleinsatzes können die Armaturen beziehungsweise Glühlampen ausgebaut werden.

Schalttafeleinsatz aus- und einbauen

Ausbau

- Batterie-Massekabel abklemmen.
- Untere Abdeckung ausbauen, siehe Seite 196.
- Von unten hinter Schalttafeleinsatz greifen, Überwurfmutter für Tachowelle abschrauben und Welle herausziehen.

- Schalttafeleinsatz von hinten herausdrücken. Dabei Armaturentafel oben etwas anheben. Der Schalttafeleinsatz wird durch die Saugwirkung eines ringsum verlegten Profilgummis in der Armaturentafel gehalten.
- Kapillarleitung für Öldruckanzeige abschrauben, dabei mit Gabelschlüssel gegenhalten. Anschlüsse mit einem Lappen abwischen.
- 15fach-Stecker sowie, falls vorhanden, elektrische Leitungen für Zeituhr und Vorglühkontrolle abziehen und Schalttafeleinsatz herausnehmen.

Belegung des 15fach-Steckers am Schalttafeleinsatz

1544-11068

Nr.	Bezeichnung
1	Fernlichtkontrollampe
2	Temperaturfühler Kühlmittel
3	Tauchrohrgeber für Kraftstoffanzeige
4	Tauchrohrgeber für Kraftstoffreserveanzeige
5	Sicherung 12, Klemme 15
6	Klemme 15 ungesichert
7	Ladekontrollampe Klemme 61
8	Kontrolleuchte Bremsbelagverschleißanzeige
9	Lichtwarnsummer
10	Bremsflüssigkeitskontrolle, Kontrolleuchte Feststellbremse
11	Instrumentenbeleuchtung Klemme K
12	Klemme 58d
13	Blinkerkontrolle rechts
14	Blinkerkontrolle links
15	Masse

Einbau

- Tachowelle etwas herausziehen, in den Geschwindigkeitsmesser einsetzen und mit Überwurfmutter festschrauben.
- Öldruckleitung anschrauben, 15fach-Stecker aufschieben. Elektrische Leitungen für Zeituhr und Vorglühkontrolle anschließen.
- Schalttafeleinsatz an der Öffnung ansetzen und gleichmäßig hineindrücken. Einsatz nicht verkanten.
- Batterie-Massekabel anklemmen.

Geschwindigkeitsmesser/Anzeigeinstrumente aus- und einbauen

Ausbau

- Schalttafeleinsatz ausbauen

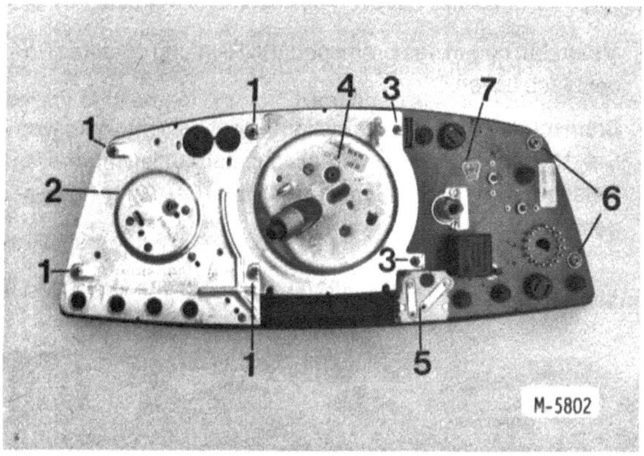

- Schrauben –1– herausdrehen und Zeituhr –2– herausnehmen.
- Schrauben –3– herausdrehen, Tachometer –4– etwas nach links drehen und herausnehmen.
- Regulierwiderstand –5– herausziehen.
- Schrauben –6– herausdrehen und Anzeigeinstrument –7– mit Blinkerkontrolleuchte rechts herausnehmen.

Einbau

- Anzeige-Instrument einsetzen und anschrauben. Blinkerkontrolleuchte rechts einsetzen und Kabel einclipsen.
- Regulierwiderstand einsetzen.

- Tachometer so einsetzen, daß der Rückstellhebel –1– des Tageskilometerzählers über der Aufnahmebohrung –2– für die Achse –3– des Regulierwiderstandes liegt.
- Zeituhr einsetzen und zusammen mit Tachometer anschrauben.
- Schalttafeleinsatz einbauen.

Blinker-/Wischerschalter aus- und einbauen/Rückstellung prüfen

Achtung: Für den Ausbau des Blinker-/Wischerschalters braucht das Lenkrad nicht ausgebaut zu werden. In den Abbildungen wurde das Lenkrad nur zur Verdeutlichung abgenommen.

Ausbau

- Gummimanschette herausziehen.

- Befestigungsschrauben –1– herausdrehen und Schalter etwas herausziehen.

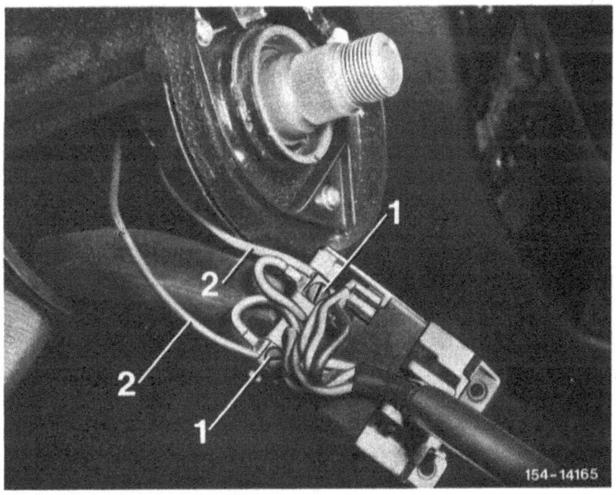

- Schrauben –1– lösen und Kabel –2– für die Schleifkohlen der Hupe herausziehen.
- Abdeckung unter der Armaturentafel ausbauen, siehe Seite 196.
- 14fach-Stecker abziehen und Blinkerschalter herausnehmen.

Rückstellung prüfen

Die Prüfung ist nur erforderlich, wenn sich der Blinkerschalter im Fahrbetrieb nicht mehr oder nicht immer automatisch zurückgestellt hat.

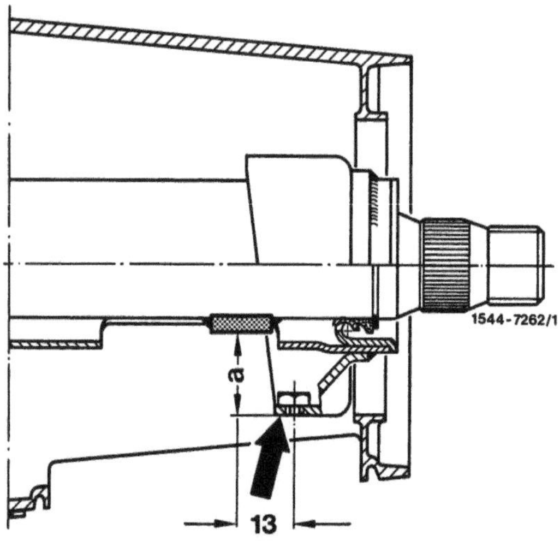

- Mit Tiefenlehre Maß „a" im Abstand von ca. 13 mm von der Mitte der Gewindebohrung messen. Sollwert: a = 20,2 + 0,4/ – 0,2 mm.
- Wird der Sollwert nicht erreicht, Lenkrad ausbauen, siehe Seite 150.
- Kunststoffverkleidung mit 2 Schrauben abschrauben und nach hinten abziehen.
- Anlagefläche –Pfeil– des Kombischalters am Mantelrohr von Lackresten reinigen. Anlagefläche vorsichtig mit einer Feile bearbeiten, bis der erforderliche Abstand vorhanden ist, gegebenenfalls Grat beseitigen.
- Rückstellzunge am Schalter prüfen. Falls Verschleißspuren vorhanden sind, Radien des Rückstellnockens an der Lenkspindel prüfen, gegebenenfalls scharfkantigen Rückstellnocken nacharbeiten. Dazu Kanten des Rückstellnockens mit einem handelsüblichen Schleifstift (∅ ca. 6 mm) abrunden bis auf einen Radius von ca. 0,8 mm.
- Lenksäulenverkleidung mit 2 Schrauben anschrauben.

Einbau

- Kabel für Schleifkohlen am Blinkerschalter anschließen.
- Blinkerschalter in Mittelstellung bringen und am Mantelrohr anschrauben.
- Gummiabdeckung eindrücken.
- 14fach-Stecker anschließen und untere Abdeckung einbauen.
- Falls ausgebaut, Lenkrad einbauen.
- Blinker-/Wischerschalter auf Funktion prüfen.

Bremslichtschalter prüfen/einstellen

Der Bremslichtschalter befindet sich am Lagerbock des Bremspedals.

- Untere Abdeckung ausbauen, siehe Seite 196.

Prüfen

- Meterstab neben das Bremspedal in Richtung vorderes Bodenblech halten.
- Bremspedal nach vorn drücken, nach einem Weg von 5 – 15 mm müssen die Bremsleuchten aufleuchten. Der Betätigungsknopf des Schalters ist dann 6 – 8 mm herausgetreten.

Einstellen

- Befestigungsmuttern –3– des Schalters –4– lösen, Schalter im Halter etwas verschieben und Muttern wieder festziehen. Wenn das Bremslicht zu spät aufleuchtet, Schalter nach hinten schieben, leuchtet es zu früh oder dauernd, Schalter nach vorn bewegen. Anschließend Prüfung erneut durchführen, gegebenenfalls Stellung des Schalters nochmals korrigieren. Weitere abgebildete Teile: 1 – Bremspedal, 2 – Rückzugfeder, 6 – Betätigungsknopf, 7 – Verbindungsstange Geberzylinder, 8 – Halteschraube.
- Untere Abdeckung einbauen.

Radio aus- und einbauen

Verschiedene Radiomodelle sind mit einer Einschubhalterung ausgestattet. Die Einschubhalterung erlaubt den schnellen Ein- und Ausbau des Radios. Allerdings gelingt das nur mit einem Spezialwerkzeug, welches beim Kauf des Radios beigelegt oder im Fachhandel erhältlich ist. Ob ein Radio mit Einschubhalterung eingebaut ist, erkennt man in der Regel an den 2 beziehungsweise 4 Bohrungen in der Frontplatte. Bei Radios mit Einschubhalterung braucht zum Ausbau der Aschenbecher nicht ausgebaut zu werden.

Ausbau

- Batterie-Massekabel abklemmen.
- Aschenbecher öffnen, Sperrfeder in der Mitte niederdrükken und Aschenbecher herausnehmen.
- Mehrfachstecker am Aschenbecher abziehen.

- Durch die Öffnung hinter das Radio greifen und Radio nach vorn herausdrücken. **Achtung:** Je nach Fabrikat sind die Radios unterschiedlich gesichert. Gegebenenfalls müssen die Bedienungsknöpfe abgezogen und die Blende abgeschraubt werden.

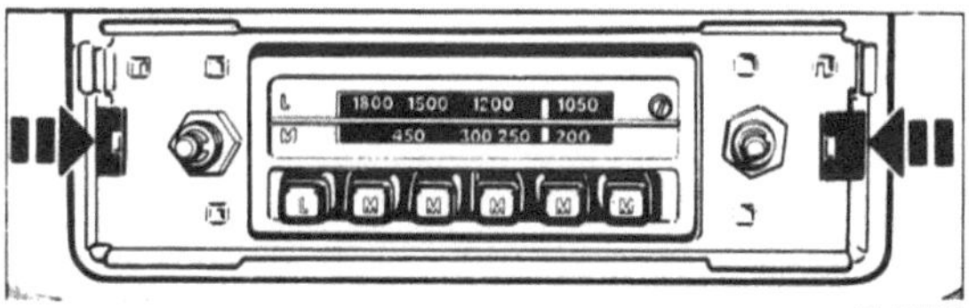

M-5804

- Falls Haltefedern vorhanden sind, diese mit einem schmalen Schraubendreher zur Mitte hin drücken und dadurch ausrasten. In einem anderen Fall links und rechts je eine Spannschraube herausdrehen und dadurch zwei Halteplatten lösen, ähnlich wie bei einer elektrischen Steckdose.

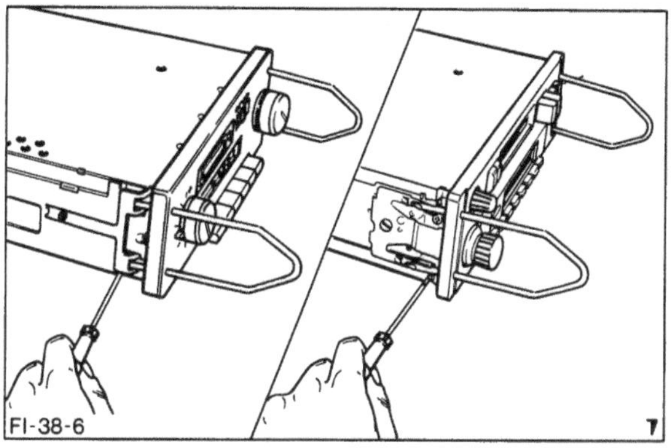

- Bei einem Radio mit Einschubhalterung Ausziehwerkzeuge in die Bohrungen einsetzen. Radio mit den Ausziehern gleichmäßig herausziehen, dazu Auszieher nach außen drücken und dadurch Haltelaschen ausrasten. Zum Abnehmen der Auszieher Halteclipse mit kleinem Schraubendreher vorsichtig zusammendrücken.
- An der Rückseite des Radios Kabel mit Tesaband kennzeichnen und abziehen.

Einbau

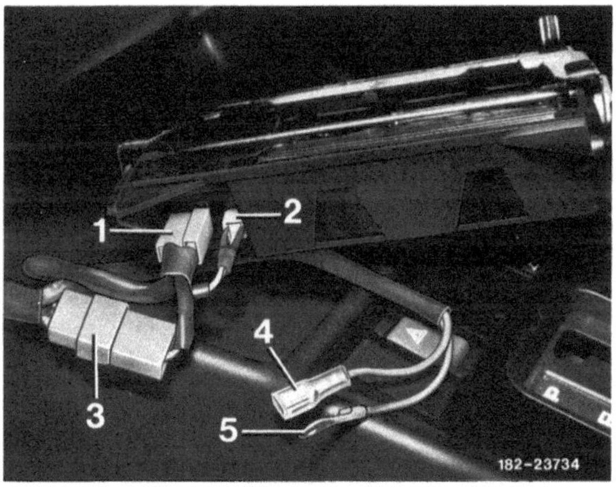

- Bei nachträglichem Einbau eines Radios erfolgt der elektrische Anschluß durch einen Zusatzleitungssatz über den Zigarettenanzünder. 1 – Stecker für Zigarettenanzünder, 2 – Beleuchtung, 3 – Verbindungsstecker für Radioleitungssatz, 4 – Klemme 15 R (Plus) für Radio, 5 – Klemme 31 (Minus) für Radio.
- Antennenkabel sowie Steuerleitung für Motorantenne sind serienmäßig nicht vorhanden und müssen nachträglich verlegt werden.
- Stecker entsprechend der angebrachten Markierung beziehungsweise entsprechend der Herstelleranweisung hinten am Radio anschließen.
- Radio in die Öffnung der Konsole drücken und einrasten, beziehungsweise Halteschrauben reindrehen.
- Falls ausgebaut, Blende anschrauben und Bedienungsknöpfe aufstecken.
- Mehrfachstecker am Aschenbecher aufschieben und Ascher einsetzen.

- Batterie-Massekabel anklemmen.
- Radio auf Antenne abstimmen. Dazu schwachen Mittelwellensender einstellen und an der Antennenabgleichschraube (vorn in der Blende des Radios) mit kleinem Schraubendreher auf besten Empfang einstellen.

Antenne aus- und einbauen

Je nach Modell ist die Antenne am vorderen rechten Kotflügel oder am hinteren linken Kotflügel eingebaut. Beschrieben wird der Ausbau am hinteren Kotflügel. Die Maße für die Antennenbohrung am vorderen Kotflügel siehe Seite 186.

Ausbau

- Kofferraumdeckel öffnen, linke Seitenverkleidung ausclipsen und herausnehmen.
- Antennenkabel und, falls vorhanden, elektrische Steuerleitung von der Antenne abklemmen.
- Masseband abschrauben.
- Antenne unten am Halter abschrauben und nach innen herausnehmen.

Einbau

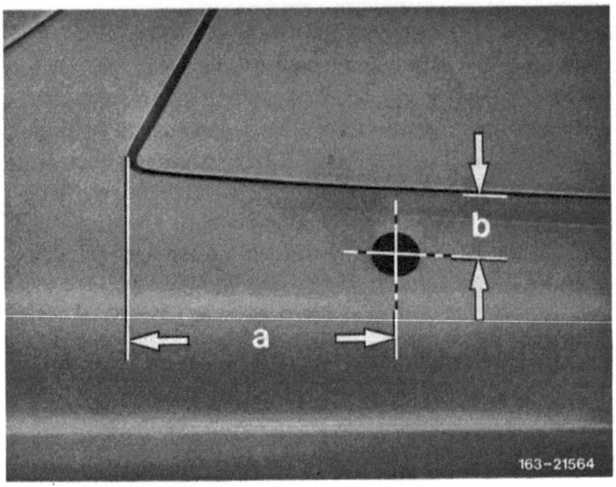

- Bei nachträglichem Einbau am hinteren linken Kotflügel Antennenbohrung nach den angegebenen Maßen bohren. Antennenloch ∅ 22 mm, a = 140 mm, b = 40 mm. Hinweise für nachträglichen Einbau von Zubehör beachten, siehe Seite 215.
- Wird die vorhandene Antenne wieder eingebaut, Gummitülle auf Porosität oder Beschädigung prüfen, gegebenenfalls austauschen.
- Gummitülle in die Antennenbohrung einsetzen.
- Antenne von unten einführen und Kugelkopf der Antenne in die Tülle stecken.
- Antenne am Halter anschrauben.
- Masseband anschrauben.
- Antennenkabel anklemmen.
- Bei der Motorantenne elektrische Steuerleitung anklemmen.
- Linke Seitenverkleidung ansetzen und einclipsen.

Die Scheibenwischeranlage

Scheibenwischergummi ersetzen

Ausbau

- Wischerblatt hochklappen und einrasten.

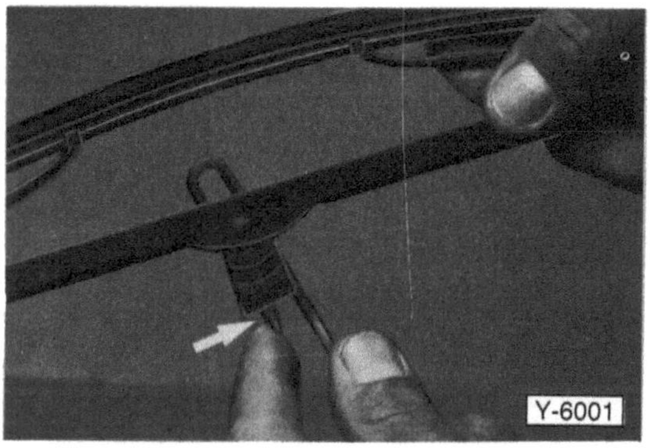

- Federklammer niederdrücken und Wischerblatt nach unten aus dem Haken am Wischerarm schieben.
- Wischerblatt nach oben schieben und vom Haken des Wischerarmes abnehmen.

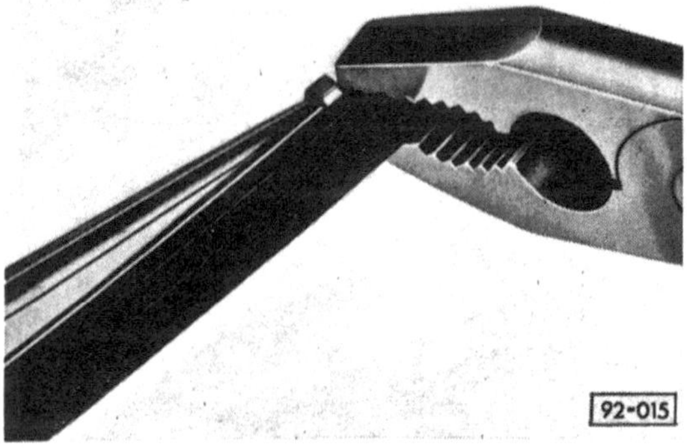

- An der geschlossenen Seite des Wischgummis beide Stahlschienen mit Kombizange zusammendrücken, seitlich aus der oberen Klammer herausnehmen und Gummi komplett mit Schienen aus den restlichen Klammern des Wischerblattes herausziehen.

Einbau

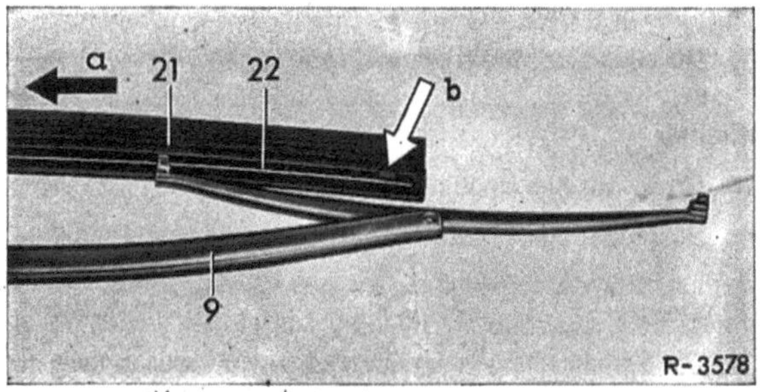

- Neues Wischgummi –21– ohne Halteschienen in die eine Klammer des Wischerblattes lose einlegen.
- Beide Schienen –22– so in den Wischgummi einführen, daß die Aussparungen der Schienen zum Gummi zeigen und in die Gumminasen der Rille einrasten.
- Beide Stahlschienen und Gummi mit Kombizange zusammendrücken und so in die andere Klammer einsetzen, daß die Klammernasen beidseitig in die Haltenuten des Wischgummis einrasten –Pfeil B–.
- Wischerblatt über den Wischerarm schieben und Federklammer in den Haken des Wischerarms einclipsen.
- Wischerarm zurückklappen. Darauf achten, daß das Wischgummi überall an der Scheibe anliegt.

Scheibenwaschdüse aus- und einbauen/einstellen

Ausbau

- Motorhaube öffnen.
- Zulaufschlauch zur Düse abziehen.
- Düse herausdrücken und nach oben abnehmen.

Einbau

- Düse von oben eindrücken, bis sie einrastet.
- Schlauch aufschieben.

Einstellen

- Die Spritzrichtungen der Düse können gegebenenfalls mit einer Nadel korrigiert werden.

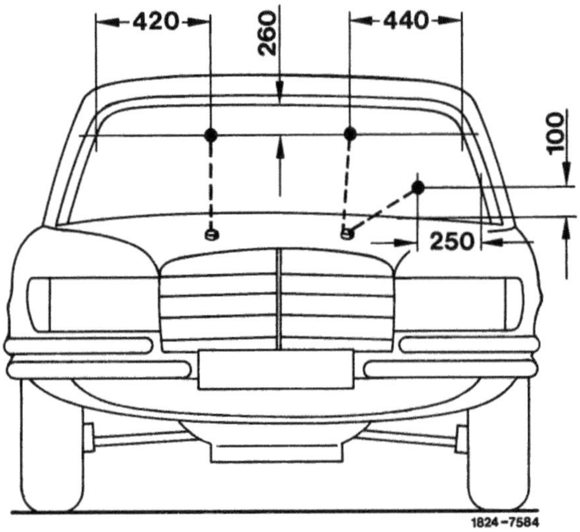

- Maße für Spritzstrahleinstellung in mm.

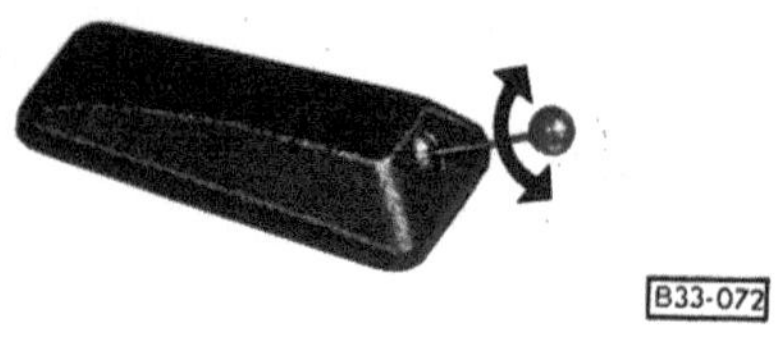

- Die Düse kann mit Preßluft gereinigt und mit einer Nadel eingestellt werden.

Scheinwerfer-Waschanlage einstellen

Sobald bei eingeschalteten Scheinwerfern der Scheibenwischer betätigt wird, laufen ebenfalls die Wischer für die Scheinwerfer mit. Gleichzeitig spritzt die Scheinwerfer-Waschpumpe bei jeder Wischerbewegung kurz gegen die Scheinwerfergläser.

- Düse an jedem Wischerarm so verstellen, daß der Spritzstrahl an der gekennzeichneten Stelle –Kreuz– auf den Scheinwerfer trifft. Dazu Nadel vorsichtig in die Düsenöffnung einführen und Spritzrichtung einstellen.

Wischermotor aus- und einbauen

Ausbau

- Wischerarm –1– von der Windschutzscheibe wegschwenken und dadurch Arretierung für Kunststoffabdeckung –2– lösen. Abdeckung etwas hochheben, Wischerarm wieder zurückschwenken und Abdeckung ganz hochklappen.
- Befestigungsmutter –3– abschrauben und Wischerarm von der Lagerachse abziehen.
- Motorhaube öffnen und senkrecht stellen, siehe Seite 13.
- Massekabel von der Batterie abklemmen.
- An der linken Wischerachse Abdeckkappe mit Schraubendreher abhebeln und darunterliegende Mutter abschrauben.

- Ziergitter –4– ausbauen, siehe Seite 208.

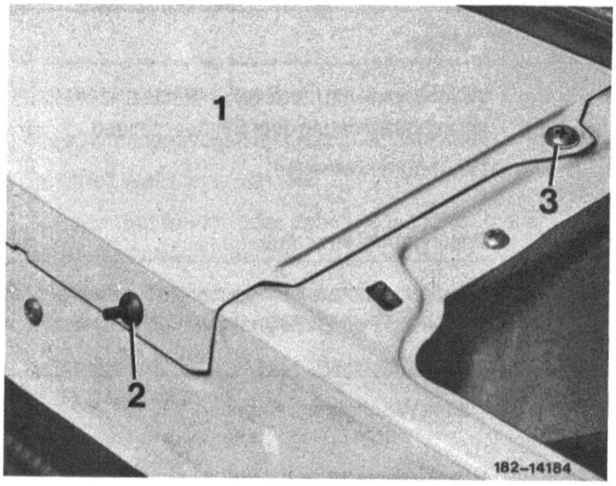

- Mittlere Abdeckung –1– abnehmen. Dazu Haltestifte an den 4 Spreiznieten –2– nach innen durchschlagen. Links und rechts je eine Kreuzschlitzschraube –3– herausdrehen.
- Wasserablauf von der rechten Lagerachse abnehmen.

- Verbindungsstangen rechts –1– und links –2– von der Motorkurbel –3– abziehen.
- Mehrfachstecker vom Motorraum her abziehen. Steckerkupplung vom Frischluftraum her ausclipsen und durch die Stirnwand durchziehen.
- Wischermotor abschrauben –Pfeile– und zur rechten Seite hin herausnehmen.
- Falls die Kurbelstange –3– abgeschraubt wird, vorher Stellung zur Motorachse mit Filzstift markieren.

Einbau

- Wischermotor einsetzen und anschrauben.
- Steckverbindung einclipsen und zusammenstecken.
- Verbindungsstangen aufdrücken.
- Wischerarme probehalber aufstecken und Funktion der Wischeranlage prüfen. Dazu Batterie-Massekabel anklemmen. Anschließend Wischerarme wieder abnehmen.
- Wasserablauf an der rechten Lagerachse aufstecken.
- Mittlere Abdeckung anschrauben und mit 4 Spreiznieten befestigen. Dazu Spreizklammern einclipsen und Stifte bündig einschlagen.
- Ziergitter einbauen und auf der linken Seite mit Mutter an der Wischerachse anschrauben. Abdeckkappe aufstecken.
- Motorhaube schließen, siehe Seite 13.
- Wischerarme auf die Wischerachsen setzen und mit je einer Mutter anschrauben.
- Abdeckung am Wischerarm runterklappen, dazu gegebenenfalls Wischerarm etwas anheben.

Störungsdiagnose Scheibenwischergummi

Wischbild	Ursache	Abhilfe
Schlieren	● Wischgummi verschmutzt	Wischgummi mit harter Nylonbürste und einer Waschmittellösung oder Spiritus reinigen
	● Ausgefranste Wischlippe, Gummi ausgerissen oder abgenutzt	Wischgummi erneuern
	● Wischgummi gealtert, rissige Oberfläche	Wischgummi erneuern
Im Wischfeld verbleibende Wasserreste ziehen sich sofort zu Perlen zusammen	● Windschutzscheibe durch Lackpolitur, Öl oder Dieselrückstände verschmutzt	Windschutzscheibe mit sauberem Putzlappen und einem Fett-Öl-Silikonentferner reinigen
Wischerblatt wischt einseitig gut – einseitig schlecht, rattert	● Wischgummi einseitig verformt, „kippt nicht mehr"	Neues Wischgummi einbauen
	● Wischerarm verdreht, Blatt steht schief auf der Scheibe	Wischerarm vorsichtig verdrehen, bis richtige, senkrechte Stellung erreicht ist
Nicht gewischte Flächen	● Wischgummi aus der Fassung herausgerissen	Wischgummi vorsichtig in die Fassung einsetzen
	● Wischerblatt liegt nicht mehr gleichmäßig an der Scheibe an, da Federschienen oder Bleche verbogen	Wischerblatt ersetzen. Dieser Fehler tritt vor allem bei unsachgemäßem Montieren eines Ersatzblattes auf
	● Anpreßdruck durch Wischerarm zu gering	Wischerarmgelenke und Feder leicht einölen oder neuen Arm einbauen

■ Wischbild mit einwandfreien Wischblättern

■ Wischbild mit abgenütztem Wischgummi oder verschmutzter Windschutzscheibe.

Die Wagenpflege

Fahrzeug waschen

- Verschmutzten Wagen möglichst bald waschen.
- Reichlich Wasser verwenden.
- Weichen Schwamm oder sehr weiche Waschbürste mit Schlauchanschluß benutzen.
- Lackierung nicht scharf abspritzen, sondern nur abbrausen und Schmutz aufweichen lassen.
- Aufgeweichten Schmutz von oben nach unten mit reichlich Wasser abwaschen.
- Schwamm oft ausspülen.
- Zum Abtrocknen sauberes Leder verwenden.
- Nur gute Markenwaschmittel verwenden (falls überhaupt). Gründliches Nachspülen mit klarem Wasser, um die Reste des Waschmittels zu entfernen.
- Bei regelmäßiger Benutzung von Waschmitteln muß öfter konserviert werden.
- Wagen niemals in der Sonne waschen oder trocknen. Wasserflecken auf der Lackierung sind sonst unvermeidlich.
- Durch Streusalze besonders gefährdet sind alle innenliegenden Falze, Flansche und Fugen an Türen und Hauben. Diese Stellen müssen deshalb bei jedem Wagenwaschen – auch nach der Wäsche in automatischen Waschstraßen – mit einem Schwamm gründlich gereinigt und anschließend abgespült und abgeledert werden.

Durch Waschen allein lassen sich Teerspritzer, Ölspuren, Insekten und andere Verschmutzungen nicht immer entfernen. Grundsätzlich sollten derartige Verunreinigungen so bald wie möglich beseitigt werden, da sie sonst bleibende Lackschäden verursachen können.

Lackierung pflegen

Konservieren

So oft wie möglich soll die sauber gewaschene und getrocknete Lackierung mit einem Konservierungsmittel behandelt werden, um die Oberfläche durch eine porenschließende und wasserabweisende Wachsschicht gegen Witterungseinflüsse zu schützen.

Das Konservieren muß wiederholt werden, wenn Wasser nicht mehr vom Lack abperlt, sondern großflächig verläuft. Regelmäßiges Konservieren bewirkt, daß der ursprüngliche Glanz der Lackierung sehr lange erhalten bleibt.

Eine weitere Möglichkeit, den Lack zu konservieren, bieten Wasch-Konservierer. Ein Meßbecher davon wird dem Waschwasser beigegeben (nachdem der Wagen zuerst mit reinem Wasser vom gröbsten Schmutz befreit wurde). Danach muß nur noch die Karosserie abgeledert werden. Wasch-Konservierer schützen die Lackierung jedoch nur ausreichend, wenn sie bei **jeder** Wagenwäsche verwendet werden und der zeitliche Abstand zwischen zwei Wäschen nicht mehr als zwei bis drei Wochen beträgt.

Nach dem Anwenden von Waschmitteln (Schaumwäsche) ist eine Nachbehandlung mit einem Konservierungsmittel besonders zu empfehlen (Gebrauchsanweisung beachten).

Achtung: Das Konservieren soll nicht in der prallen Sonne erfolgen.

Polieren

Das Polieren der Lackierung ist nur dann erforderlich, wenn der Lack infolge mangelhafter Pflege unter der Einwirkung von Straßenstaub, industriellen Abgasen, Sonne und Regen unansehnlich geworden ist und sich durch eine Behandlung mit Konservierungsmitteln kein Glanz mehr erzielen läßt.
Zu warnen ist vor stark schleifenden oder chemisch stark angreifenden Poliermitteln, auch wenn der erste Versuch damit noch so sehr zu überzeugen scheint.

Vor jedem Polieren muß der Wagen sauber gewaschen und sorgfältig abgetrocknet werden. Im übrigen ist nach der Gebrauchsanweisung für das jeweilige Poliermittel zu verfahren. Die Bearbeitung soll in nicht zu großen Flächen erfolgen, um ein vorzeitiges Eintrocknen der Politur zu vermeiden. Bei manchen Poliermitteln muß anschließend noch konserviert werden. Nicht in der prallen Sonne polieren! Matt lackierte Teile dürfen nicht mit Konservierungs- oder Poliermitteln behandelt werden.

Leichtmetallteile an der Karosserie brauchen nicht besonders gepflegt zu werden.

Teerflecke

Teerflecke fressen sich innerhalb kurzer Zeit in den Lack ein und können dann nicht mehr vollkommen entfernt werden. Frische Teerflecke können mit einem in Waschbenzin getränkten weichen Lappen entfernt werden. Notfalls kann auch Tankstellenbenzin, Petroleum oder Terpentinöl verwendet werden. Sehr gut gegen Teerflecke eignet sich auch ein Lackkonservierer. Bei Verwendung dieses Mittels kann auf ein Nachwaschen verzichtet werden.

Insektenbefall

Die Reste von Insektenleichen tragen Stoffe in sich, die den Lackfilm beschädigen können, wenn sie nicht innerhalb kurzer Zeit entfernt werden. Einmal festgeklebt, lassen sie sich durch Wasser und Schwamm allein nicht entfernen, sondern müssen mit schwacher, lauwarmer Seifen- oder Waschmittel-Lösung abgewaschen werden. Es gibt auch spezielle Insekten-Entferner.

Zement-, Kalk- und andere Baumaterial-Spritzer

Spritzer jeglichen Baumaterials mit einer lauwarmen Lösung neutraler Waschmittel abwaschen. Nur leicht reiben, da sonst die Lackierung zerkratzt werden kann. Nach dem Waschen sorgfältig mit klarem Wasser nachspülen.

Konservieren

Zur Verhinderung von Korrosion am Vorderwagen (z. B. Seitenteile, Längsträger oder Abschlußblech) und des Antriebsaggregates muß der Motorraum einschließlich der im Motorraum befindlichen Teile der Bremsanlage sowie der Vorderachselemente und der Lenkung mit einem hochwertigen Konservierungswachs eingesprüht werden. Vor allen Dingen natürlich nach einer Motorwäsche. **Achtung:** Vor der Motorwäsche Generator und Bremsflüssigkeitsbehälter mit Plastikhüllen abdecken. Die Lager des Generators sind zwar wassergeschützt, jedoch besteht bei einer Reinigung, zum Beispiel mit einem Dampfstrahlgerät, die Gefahr, daß die Lager durch fettlösende Zusätze ausgelaugt werden. Negative Erscheinungen, wie zum Beispiel Lagerlaufgeräusche oder sogar Ausfälle durch defekte Lager könnten die Folge sein.

Nach der Inbetriebnahme des Fahrzeugs kann es kurzzeitig zur Geruchsbelästigung kommen, da das Wachs an thermisch stark belasteten Teilen verbrennt. Nach dem Wachsauftrag alle Gelenke (Kraftstoffanlage) und Scharniere mit einer MoS_2-Paste schmieren.

Unterbodenschutz/ Hohlraumkonservierung

Die gesamte Bodenanlage einschließlich der hinteren Radkästen ist mit PVC-Unterbodenschutz beschichtet. Die besonders stark gefährdeten Bereiche in den vorderen Radläufen sind zum Teil mit Kunststoffschalen gegen Steinschlag geschützt. Sämtliche Hohlräume des MERCEDES werden mit Spezialwachs besprüht. Vor der kalten Jahreszeit und nach einer Unterbodenwäsche sollte der Unterbodenschutz kontrolliert und mit einem Unterbodenschutzwachs nachkonserviert werden.

Nach der kalten Jahreszeit empfiehlt sich eine Fahrzeugunterwäsche, um mit Salz angereicherten Schmutz zu beseitigen.

Viele Hohlräume, in denen sich Feuchtigkeit (Regenwasser, Kondenswasser) ansammeln kann, sind mit Belüftungs- und Wasserablauflöchern versehen, damit die Hohlräume austrocknen können. Im Bereich des Fahrzeug-Unterbaues sind diese Löcher dem Straßenschmutz stark ausgesetzt und können sich daher – in Abhängigkeit von den Einsatzbedingungen des Fahrzeugs – leicht zusetzen. Die Folge davon ist, daß in den Hohlräumen vorhandenes Wasser nicht ablaufen kann und die Hohlräume nicht austrocknen. Das gleiche gilt sinngemäß auch für die Schleuderbereiche des Unterbaues, in denen sich Staub, Lehm und Sand ablagern können. Das Entfernen des angesammelten Schmutzes, der während der Winterzeit auch noch mit Salz angereichert sein kann, ist besonders wichtig. Wird der angesammelte Schmutz nicht restlos beseitigt, so besteht die Gefahr, daß diese Stellen ebenfalls nicht austrocknen. In allen Fällen kann dies zu einer von innen nach außen vordringenden Rostbildung führen, die auf die Dauer durch den aufgebrachten Korrosionsschutz nicht ganz verhindert werden kann.

Kunststoffteile pflegen

Sollte normales Waschen nicht ausreichen, dürfen diese Teile nur mit speziellen Kunststoffreinigungs- und Pflegemitteln behandelt werden.

Reinigen der Scheiben

Fensterscheiben mit sauberem, weichem Lappen abreiben. Bei starker Verschmutzung helfen Spiritus oder Salmiakgeist und lauwarmes Wasser. Beim Reinigen der Windschutzscheibe Scheibenwischerarm nach vorn klappen.

In manchen Lackpflegemitteln sind Silikone enthalten, welche die konservierende Wirkung unterstützen sollen. Gelangen Spuren davon auf die Windschutzscheibe, bilden sich bei Regen Schlieren und Trübungen im Scheibenwischerfeld, die die Sicht und damit die Fahrsicherheit beeinträchtigen können. Mit einem auch gegen Silikone wirksamen Scheibenreiniger lassen sich diese Schlieren wieder beseitigen. Pastenförmige Mittel haben bei einer stark silikonverschmutzten Scheibe im allgemeinen eine bessere Wirkung als flüssige Mittel, die dem Scheibenwaschwasser zugegeben werden.

Bei der Reinigung der Windschutzscheibe sind auch die Wischerblätter zu säubern.

Achtung: Bei Verwendung silikonhaltiger Mittel dürfen die zur Reinigung der Lackierung verwendeten Waschbürsten, Schwämme, Lederlappen und Tücher nicht für die Scheiben verwendet werden. Beim Einsprühen der Lackierung mit silikonhaltigen Pflegemitteln sollten die Scheiben mit Pappe oder anderem Material abgedeckt werden.

Gummidichtungen pflegen

Sämtliche Gummidichtungen sollen von Zeit zu Zeit leicht mit Talkum eingepudert werden, um die gewünschte Geschmeidigkeit zu erhalten und an den Fensterabdichtungen ein gutes Gleiten zu erreichen.

Quietschende oder knarrende Geräusche, die an Gummidichtungen entstehen, können durch Einpudern der Dicht- und Gleitflächen mit Talkum oder Bestreichen mit Glyzerin behoben werden. Auch das Einreiben der betreffenden Fläche mit Schmierseife beseitigt die Geräusche.

Polsterbezüge pflegen

Textilbezüge

Polsterbezüge mit Staubsauger absaugen oder mit einer nicht zu weichen Bürste ausbürsten.

Fett- und Ölflecke mit Fleckenwasser behandeln. Das Reinigungsmittel darf aber nicht unmittelbar auf den Stoff gegossen werden, da sich sonst unweigerlich Ränder bilden. Fleck durch kreisförmiges Reiben von außen nach innen bearbeiten.
Andere Verschmutzungen lassen sich meistens mit lauwarmem Seifenwasser entfernen.

Kunstlederbezüge

Kunstlederbezüge besitzen eine schmutzabweisende Oberfläche. Besondere Pflegemittel sind hier nicht erforderlich.
Bei normalen Verschmutzungen genügen folgende Reinigungsarten:

- Seifenlauge, hergestellt aus Wasser und einem handelsüblichen Feinwaschmittel.
- Reinigungslösung, hergestellt aus Wasser und einem handelsüblichen Kunstlederreiniger.

Eine weiche Bürste erleichtert das Entfernen des Schmutzes aus genarbten Oberflächen.

Grobe Verschmutzungen sollten sofort entfernt werden; die zur Reinigung geeigneten Mittel können nachstehender Tabelle entnommen werden. Es ist zu beachten, daß die Reinigungsmittel, vor allem Waschbenzin, Spiritus und Verdünner, nicht aufgegossen, sondern nur mit einem angefeuchteten Lappen aufgetragen werden. So wird ein Eindringen in die Nähte oder Polsterung vermieden. Längere Einwirkzeit der Reinigungsflüssigkeit ist zu vermeiden, weil der schmutzabweisende Schutzfilm des Kunstleders dadurch zerstört werden kann.

Nach jeder Reinigung muß das Kunstleder, und dabei besonders in den Nahtfurchen, mit einem weichen Lappen gut trockengerieben werden.

Verschmutzung	Entfernung	
	frische Flecken	ältere Flecken
Öl oder Fett	Mit trockenem, weichem Tuch abnehmen; das Tuch oftmals wenden. Nicht durch Hin- und Herreiben den Fleck vergrößern. Einen eventuell in der Narbung verbleibenden Schein mit einem mit Waschbenzin befeuchteten Lappen vorsichtig abtupfen. Danach gut trockenreiben mit sauberem, weichem Tuch.	Mit einem mit Waschbenzin oder Spiritus leicht angefeuchteten, sauberen weichen Lappen vorsichtig ab- und anschließend gut trockenreiben. Lappen oftmals wenden, um ein Verschmieren des Fleckes zu vermeiden.
Schuhcreme	Genau wie bei Öl oder Fett Als Reinigungsmittel kann neben Waschbenzin oder Spiritus auch Terpentinöl verwendet werden.	
Kunstharz- und Nitro-Farben sowie Ölfarben	Mit trockenem, weichem Tuch abnehmen wie bei Öl und Fett. Verbleibende Reste mit einem wasserbefeuchteten Lappen oder mit einem Stück Gummi kräftig abreiben.	Mit einem mit Nitro-Verdünnung bzw. mit Terpentinöl oder Benzin angefeuchteten weichen Lappen vorsichtig ab- und anschließend gut trockenreiben. Nitro-Verdünnung für Flecke von Kunstharz- und Nitro-Lacken, Terpentinöl oder Benzin für Ölfarbe.
Blut	Mit einem mit kaltem oder besser lauwarmem Wasser angefeuchteten Lappen abtupfen, ohne den Fleck durch Hin- und Herreiben zu vergrößern.	
Rost	Mit einem weichen Tuch, das mit angesäuertem Wasser (1 Teil Salzsäure und 9 Teile Wasser) angefeuchtet ist, vorsichtig abtupfen, nicht breitreiben. Das angesäuerte Wasser darf nicht in Spalten, Ecken oder Nähte dringen, da sonst Anrostungen unvermeidlich sind. Nach der Behandlung gut mit einem mit klarem Wasser angefeuchteten Lappen nachwaschen, damit keine Rückstände von angesäuertem Wasser zurückbleiben. Die benutzten Lappen sind zu vernichten.	

Fahrzeug aufbocken

Für viele Wartungs- und Reparaturarbeiten muß das Fahrzeug aufgebockt beziehungsweise hochgehoben werden. In der Werkstatt wird der Wagen in der Regel mit der Hebebühne angehoben, man kann ihn jedoch auch mit dem Fahrzeug- oder Werkstatt-Wagenheber anheben. Grundsätzlich darf das Fahrzeug nur an den abgebildeten Aufnahmepunkten angehoben werden.

Bei Arbeiten unter dem Fahrzeug muß dieses, falls es nicht auf einer Hebebühne steht, auf vier stabilen Unterstellböcken stehen. **Auf keinen Fall sollten Arbeiten unter dem Fahrzeug ausgeführt werden, wenn dieses nicht ausreichend gesichert ist.**

- Hebewerkzeuge zum Anheben des Fahrzeuges dürfen nur an den nachstehend gezeigten Stellen angesetzt werden, da sonst bleibende Verformungen am Fahrzeug nicht auszuschließen sind.

Z-1287

- Die Räder, die beim Anheben auf dem Boden stehen bleiben, mit Keilen gegen Vor- oder Zurückrollen sichern. Nicht auf die Feststellbremse verlassen, diese muß bei einigen Reparaturen gelöst werden.
- Fahrzeug nur auf ebener, fester Fläche aufbocken.

Achtung: Soll das Fahrzeug auf weichem Untergrund hochgebockt werden, müssen breite Bretter unter Wagenheber sowie Unterstellböcke gelegt werden, damit sich das Gewicht auf eine größere Fläche verteilt.

- Durch eine geeignete Gummi- oder Holzzwischenlage werden beim Anheben Beschädigungen an der Karosserie vermieden.
- Fahrzeug mit Unterstellböcken so abstützen, daß jeweils ein Bein seitlich nach außen zeigt.
- Das Fahrzeug darf nur in unbeladenem Zustand angehoben werden.

Achtung: Keinesfalls darf der Wagen an Motor- oder Getriebeteilen angehoben oder abgestützt werden.

Anheb- und Aufbockpunkte

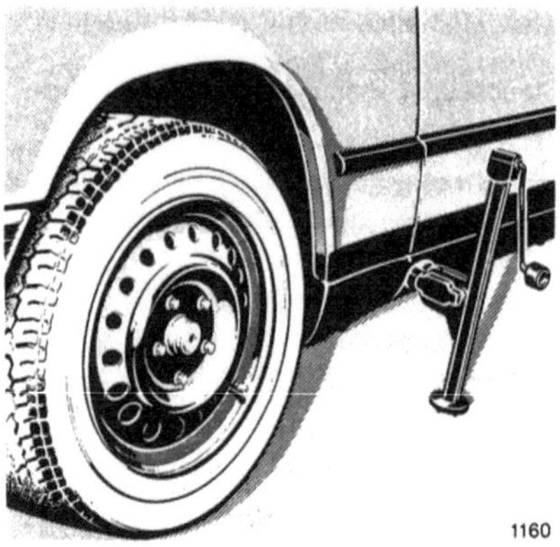

1160

Bordwagenheber

- Gummitülle an der jeweiligen Aufnahmebohrung für den Wagenheber herausziehen.
- Aufnahmebolzen des Wagenhebers vollständig in das Einsteck-Rohr des Längsträgers einführen.
- Wagenheber lotrecht ansetzen – auch im Gefälle.

140-17348

Werkstattwagenheber

- Vorn am Rahmen-Querträger der Vorderachse anheben.

- Hinten am Hinterachs-Mittelstück anheben.

Achtung: Fahrzeug nicht am Schräglenker anheben.

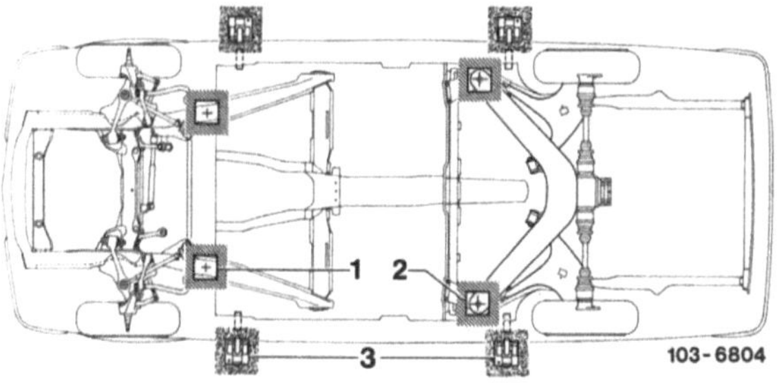

Hebebühne

- Die Aufnahmepunkte vorn –1– an den inneren Rahmen-Längsträgern.
- Die Aufnahmepunkte hinten –2– an den vorderen Lagerungen des Hinterachsträgers. **Achtung:** Die Abstützplatten nicht in der Mitte belasten.
- Die Aufnahmepunkte hinten und vorn –3– befinden sich unterhalb der Einsteckrohre für den Bordwagenheber.

Das Werkzeug

Der Aufwand an Werkzeug richtet sich ganz nach dem Umfang der Arbeiten, die man am MERCEDES ausführen will. Neben einer Grundausstattung ist in jedem Fall ein Drehmomentschlüssel empfehlenswert.

Das Spezialwerkzeug

Gutes und stabiles Werkzeug wird von der Firma HAZET (42804 Remscheid, Postfach 100461) angeboten. In den Tabellen sind die Spezialwerkzeuge mit der HAZET-Bestellnummer aufgeführt. Vertrieben wird das Werkzeug über den Fachhandel.

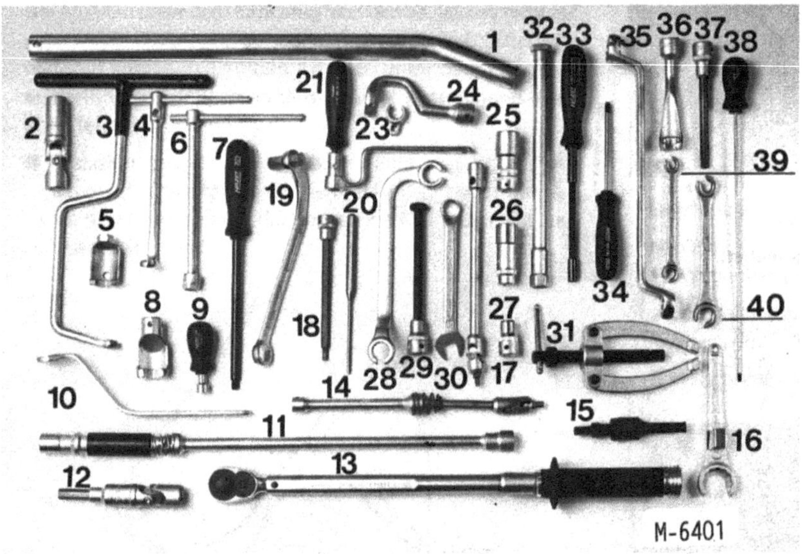

Werkzeug	Abb.	Hazet-Nr.
Richtwerkzeug-Satz	1	
Steckschlüsseleinsatz	2	2756
Winkelschlüssel	3	
Schlüssel SW13 für Vorwärmflansch	4	4514
Schlüssel SW17 für Leerlaufabschaltventil (Motor 102)	5	4512
Gelenk-Steckschlüssel	6	
Bolzenauszieher	7	
Ventilspiel-Einstellschlüssel	8	2768-1
Aufdrücker für Sicherungskappen	9	4520
Ventilspiel-Einstellschlüssel	10	2769
Zündkerzenschlüssel	11	767 ACT-20
Innensechskant-Gelenkschlüssel	12	2755
Drehmomentschlüssel 20–200 Nm	13	6122-1CT
Doppelgelenk-Einsatz für Befestigung der Ölwanne	14	2722
Innenauszieher 14,5–18,5 mm	15	788-18
Halteschlüssel für Ventilfederteller	16	2769-3
Innensechskant-Gelenkeinsatz	17	2739
Innensechskant-Schlüssel SW10	18	986 Lg-10
Öldienstschlüssel	19	2760
Splinttreiber	20	748 Lgb-4
Ventilspiel-Einstellschlüssel	21	2767

Werkzeug	Abb.	Hazet-Nr.
Offener Ringschlüssel	23	
Ventilspiel-Einstellschlüssel 240 D, 300 D	24	329-2
Zündkerzeneinsatz	25	880 MgT
Zündkerzeneinsatz	26	900 MgT
Doppelsechskanteinsatz	27	900 Z-12
Offener Doppelringschlüssel	28	
Schraubendreher-Einsatz	29	
Ring-Maulschlüssel	30	603-15
Gegenstützvorrichtung für Innenauszieher	31	788-1437
Zündkerzenschlüssel	32	
Flexibler Sechskantschlüssel für Kühlmittel-Schlauchschellen	33	426-7
Innentorx-Schraubendreher für Benzin-Einspritzanlage	34	837-T30
Doppelringschlüssel	35	630-21x23
Schlüssel für Einspritzleitungen (Diesel)	36	4550-1
Innenvielzahnschlüssel für Zylinderkopfschrauben	37	990 SLg-12
Schraubendreher für CO-Einstellung (Vergasermotor)	38	4517
Offener Doppelringschlüssel für Bremsleitungen	39	612S-10x11
Offener Doppelringschlüssel für Kupplungszylinder	40	612-12x14

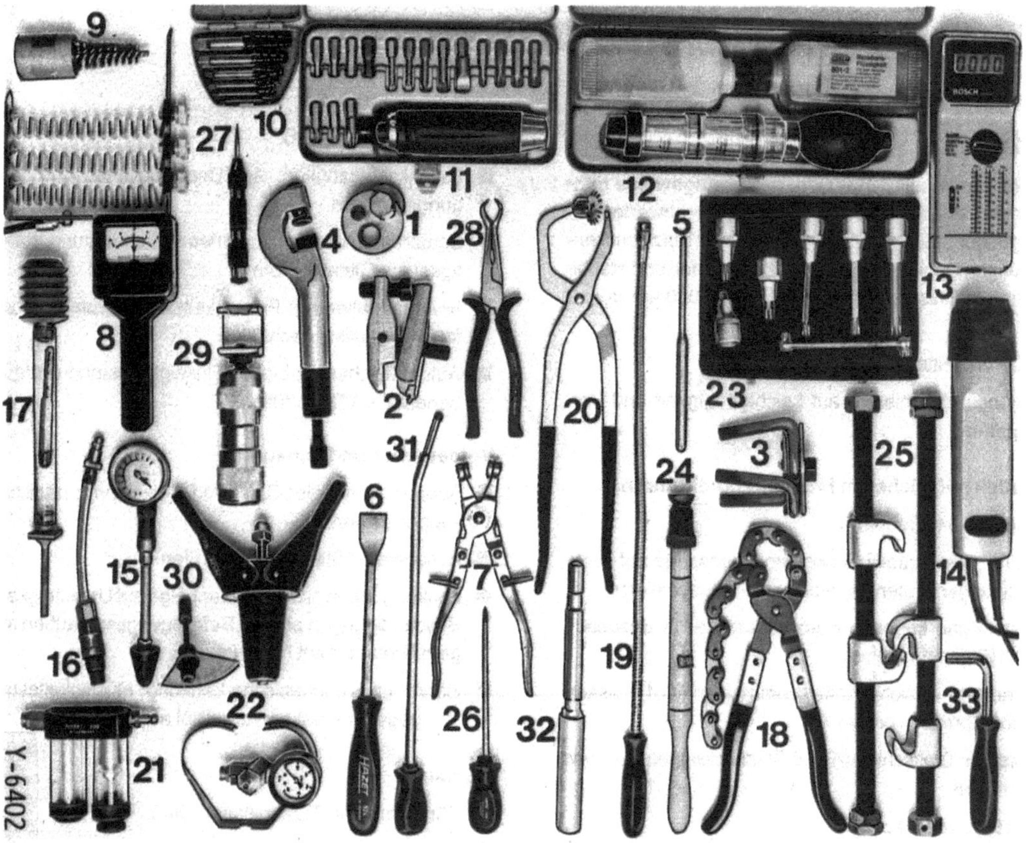

Abb.	Werkzeug	Hazet-Nr.
1	Stehbolzenausdreher	845
2	Ausdrücker für Spurstangenköpfe	779
3	Ölfilterschlüssel (nicht für W123)	–
4	Hydraulischer Mutternsprenger	846-22
5	Splinttreiber für Sicherungsstifte	748Lgb-4
6	Flachschaber zur Beseitigung von Dichtungsrückständen an Zylinderkopf sowie Vergaserdichtungen	824
7	Spezialzange für Federbandschellen	798-4
8	Batterietester	802-53
9	Pol- und Klemmenreinigungsbürste	802-4
10	Schraubenausdreher für verschiedene Schrauben	840/8
11	Schlag-Schraubendreher	2272
12	Zylinderkopf-Dichtigkeitsprüfgerät	801/3
13	Pocket-Motortester	BOSCH
14	Zündzeitpunkt-Stroboskop	BOSCH
15	Kompressionsdruckprüfer	–
16	Druckluftadapter zum Ersetzen der Ventilschaftabdichtungen	3428
17	Batteriesäureprüfer	802-1
18	Ketten-Abgasrohrschneider	2182
19	Magnet-Sucher	1976

Abb.	Werkzeug	Hazet-Nr.
20	Bremsfederzange	797
21	Prüfgerät zum Erkennen von Lecks zwischen Verbrennungsraum und Kühlsystem	809[1]
22	Gerät zum Überprüfen des Kühlsystems	808[1]
23	Schraubendrehereinsätze für Innenvielzahnschrauben	3090
24	Ventileinschleifer	795
25	Federspanner[1]	–
26	Ausdreher für Sicherungskappen am Vergaser	4518
27	Selbstschlagender Körner	747
28	Zündkerzensteckerzange	1849
29	Schlag-Ausziehgerät für Scheibenwischerarme	1966-5
–	Schlag-Ausziehgerät für Scheibenbremsbeläge	1966-1
30	Winkelmeßgerät für Drosselklappeneinstellung bei K-Jetronic	4502
31	Einschlagdorn für Eingriffsicherungen am Vergaser	4519-1
32	Kupplungsdorn	–
33	Inbusschlüssel, 7 mm	2110-7

[1]) Nicht mehr im HAZET-Werkzeugprogramm

W Wartungsplan MERCEDES Typ W 123

Pflegedienst

Der Pflegedienst ist alle 10000 km, beziehungsweise mindestens einmal im Jahr durchzuführen. Bei erschwerten Betriebsbedingungen, wie überwiegend Stadt- und Kurzstreckenverkehr, häufigen Gebirgsfahrten, Anhängerbetrieb und staubigen Straßenverhältnissen, Pflegedienst alle 5000 km durchführen.

- Motor: Öl- und Filterwechsel.
- Gasgestänge: Schmieren, auf Leichtgängigkeit und Verschleiß prüfen.

Einmal jährlich (möglichst im Frühjahr) durchführen:

- Bremsflüssigkeit: Erneuern.
- Karosserie: Wasserabläufe reinigen, Karosserie auf Lackbeschädigungen prüfen, gegebenenfalls ausbessern.
- Fahrgestell- und tragende Karosserieteile: Auf Beschädigung und Korrosion prüfen.
- Fußräume und seitliche Kofferraummulden: Auf Wassereintritt und Korrosion prüfen.
- Schiebedach: Gleitschienen und Gleitbacken reinigen und leicht einfetten.
- Bremse: Belagstärke prüfen.

Wartung

Die Wartung ist alle 20000 km, beziehungsweise mindestens einmal in 2 Jahren durchzuführen.

Motor und Kupplung

- Motor: Öl wechseln, Hauptstromölfilter ersetzen.
- Ventile: Spiel prüfen, einstellen.
- Trockenluftfilter: Filtereinsatz erneuern.
- Keilriemen: Spannung und Zustand prüfen.
- Zündkerzen: Erneuern.
- Kühl- und Heizsystem: Flüssigkeitsstand prüfen, Konzentration des Frostschutzmittels prüfen. Sichtprüfung auf Undichtigkeiten und äußere Verschmutzung des Kühlers.
- Leerlauf und CO-Gehalt: Bei betriebswarmem Motor prüfen.
- Gasgestänge: Schmieren, auf Leichtgängigkeit und Verschleiß prüfen.
- Abgasanlage: Auf Beschädigungen prüfen.
- Motor: Sichtprüfung auf Ölundichtigkeiten.
- Kupplung: Schläuche, Leitungen und Anschlüsse auf Undichtigkeiten prüfen, Bremsflüssigkeitsstand prüfen.
- Vergaser: Flüssigkeitsstand prüfen.

Getriebe, Achsantrieb

- Gelenkschutzhüllen: Auf Undichtigkeiten und Beschädigungen prüfen.
- Schalt- und Hinterachsgetriebe: Sichtprüfung auf Undichtigkeiten, Ölstand prüfen.
- Niveauregulierung: Flüssigkeitsstand prüfen, gegebenenfalls Hydrauliköl nachfüllen.
- Automatisches Getriebe: Flüssigkeitsstand prüfen, gegebenenfalls ATF auffüllen.

Vorderachse und Lenkung

- Spurstangenköpfe: Spiel und Befestigung prüfen, Staubkappen prüfen.
- Achsgelenk: Staubkappen prüfen.
- Lenkung: Spiel prüfen, Faltenbälge auf Undichtigkeiten und Beschädigungen prüfen. Befestigungsschrauben mit richtigem Drehmoment nachziehen.
- Servo- und mechanische Lenkung: Flüssigkeitsstand prüfen, gegebenenfalls Hydrauliköl auffüllen.

Aufbau

- Türscharniere, Türschlösser: Ölen.
- Außenspiegel: Fetten.
- Haubenscharniere, Deckelschloßober- und -unterteil: Mit Mehrzweckfett fetten.
- Unterbodenschutz und Hohlraumkonservierung: Prüfen.
- Sicherheitsgurte: Auf Beschädigungen prüfen.

Bremsen, Reifen, Räder

- Bremsanlage: Leitungen, Schläuche und Anschlüsse auf Undichtigkeiten und Beschädigungen prüfen.
- Scheibenbremse: Belagstärke der vorderen und hinteren Bremsbeläge prüfen.
- Feststellbremse: Nachstellen.
- Bereifung: Profiltiefe und Reifenfülldruck prüfen; Reifen auf Verschleiß und Beschädigungen (einschließlich Reserverad) prüfen.
- Räder: Abschrauben, Zustand der Felgen (auch innen) prüfen, Räder reinigen und mit vorgeschriebenem Drehmoment anschrauben.

Schaltpläne

Der Umgang mit dem Schaltplan

Der Schaltplan vermittelt übersichtlich und anschaulich die Stromwege im Fahrzeug. Anhand der Legende läßt sich sehr schnell der Weg des Stromes innerhalb eines Stromkreises nachvollziehen.

Im Schaltplan sind sämtliche elektrische Leitungen dargestellt. Die Verbindungsleitungen führen vom Pluspol der Batterie bis zum Masseanschluß des jeweiligen Verbrauchers einschließlich der dazwischenliegenden Schaltungsteile.

Die einzelnen Schaltungsteile und Verbraucher sind im Plan mit Kenn-Nummern versehen. In der Erläuterung (Legende) neben jedem Schaltplan stehen bei diesen Nummern die entsprechenden Bezeichnungen der elektrischen Bauteile.

Bei Teilen, deren Gehäuse unmittelbaren Kontakt zur Masse haben, wo also keine besondere Masseverbindung besteht, wird dies im Schaltplan mit einer Linie angedeutet, die an einer kurzen Querlinie endet.

Die Zahlen an den Anschlußstellen der Leitungen mit den Verbrauchern, Schaltern usw. decken sich mit der Kennzeichnung an diesen Teilen im Fahrzeug. Dabei geben die etwas größeren Zahlen die Klemmenbezeichnung der einzelnen Stromkreise an. Die wichtigsten Stromkreise sind:

31 – Masseanschluß. Die Kabel im Fahrzeug sind in der Regel braun.

30 – Leitungen stehen stets unter Spannung, auch bei ausgeschalteter Zündung. Die Kabel sind meist rot oder rot mit farbigen Zusatzstreifen.

15 – Leitungen stehen nur unter Spannung bei eingeschalteter Zündung. Die Kabel sind meist grün oder schwarz mit farbigen Streifen.

Um die Arbeit mit dem Schaltplan zu erleichtern, empfiehlt es sich den Plan mit einer Schere herauszutrennen und dem Buch lose beizulegen.

Leitungskennzeichnung

Farben der Leitungen

bl = blau
br = braun
el = elfenbein
ge = gelb
gn = grün
gr = grau
nf = naturfarben
rs = rosa
rt = rot
sw = schwarz
vi = violett
ws = weiß

Beispiel:

Leitungsbezeichnung 1,5 gr/rt
Leitungsquerschnitt 1,5 = 1,5 mm^2
Grundfarbe gr = grau
Kennfarbe rt = rot

Schaltplan MERCEDES 200/230
Schaltplan MERCEDES 250/280
Schaltplan MERCEDES 200 seit 7/80
Schaltplan MERCEDES 230E seit 7/80

Aus Kostengründen ist es nicht möglich, die Schaltpläne aller Modelljahre und Modellvarianten mitzuliefern. Da die Änderungen in der Regel jedoch nur in Detailbereichen stattfinden, kann man sich auch dann, wenn das eigene Fahrzeug einem anderen Modelljahr angehört, an den vorliegenden Schaltplänen orientieren.

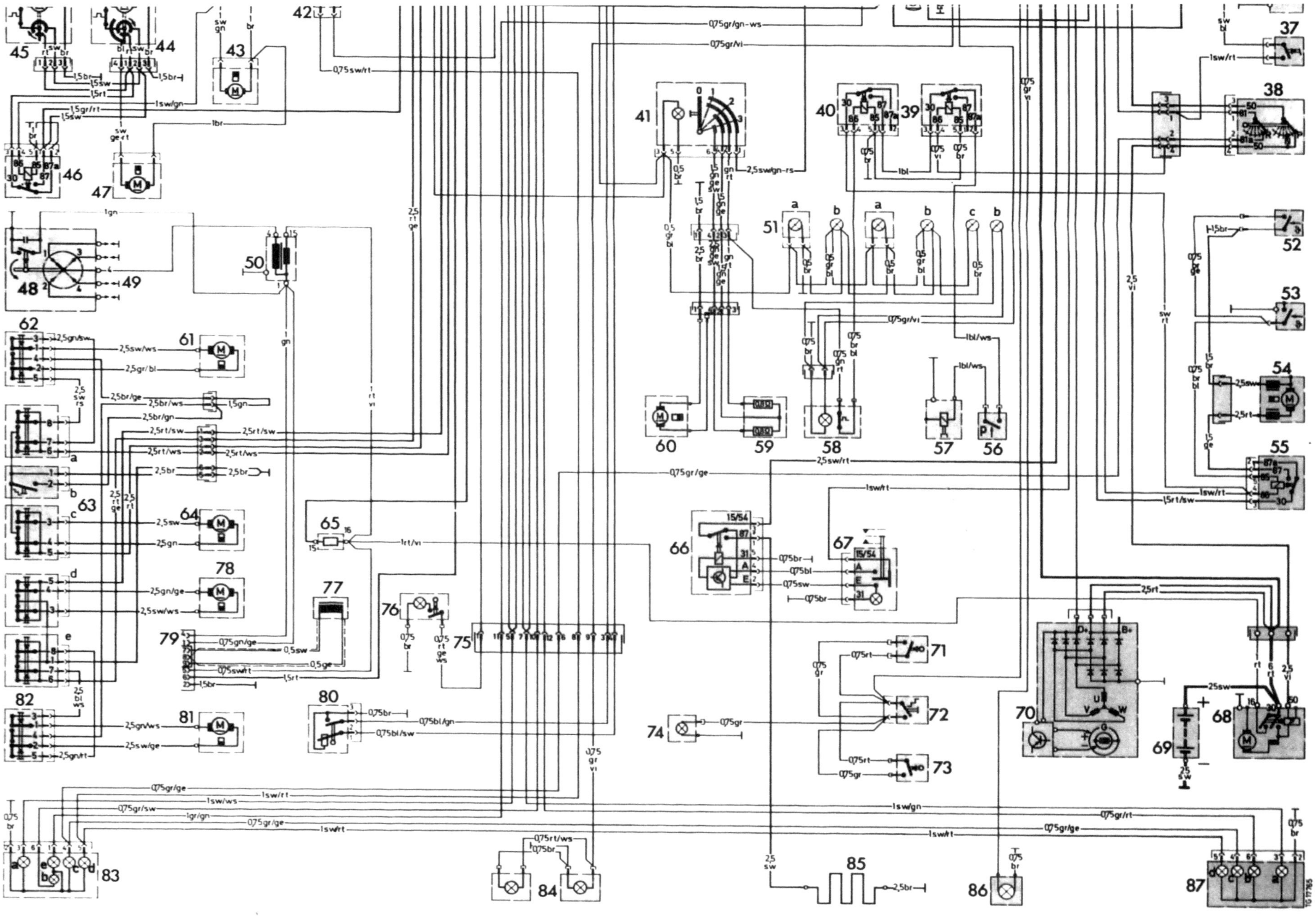

37
38
39
40
41
42
43
44
45
46
47
48
49
50
51
52
53
54
55
56
57
58
59
60
61
62
63
64
65
66
67
68
69
70
71
72
73
74
75
76
77
78
79
80
81
82
83
84
85
86
87

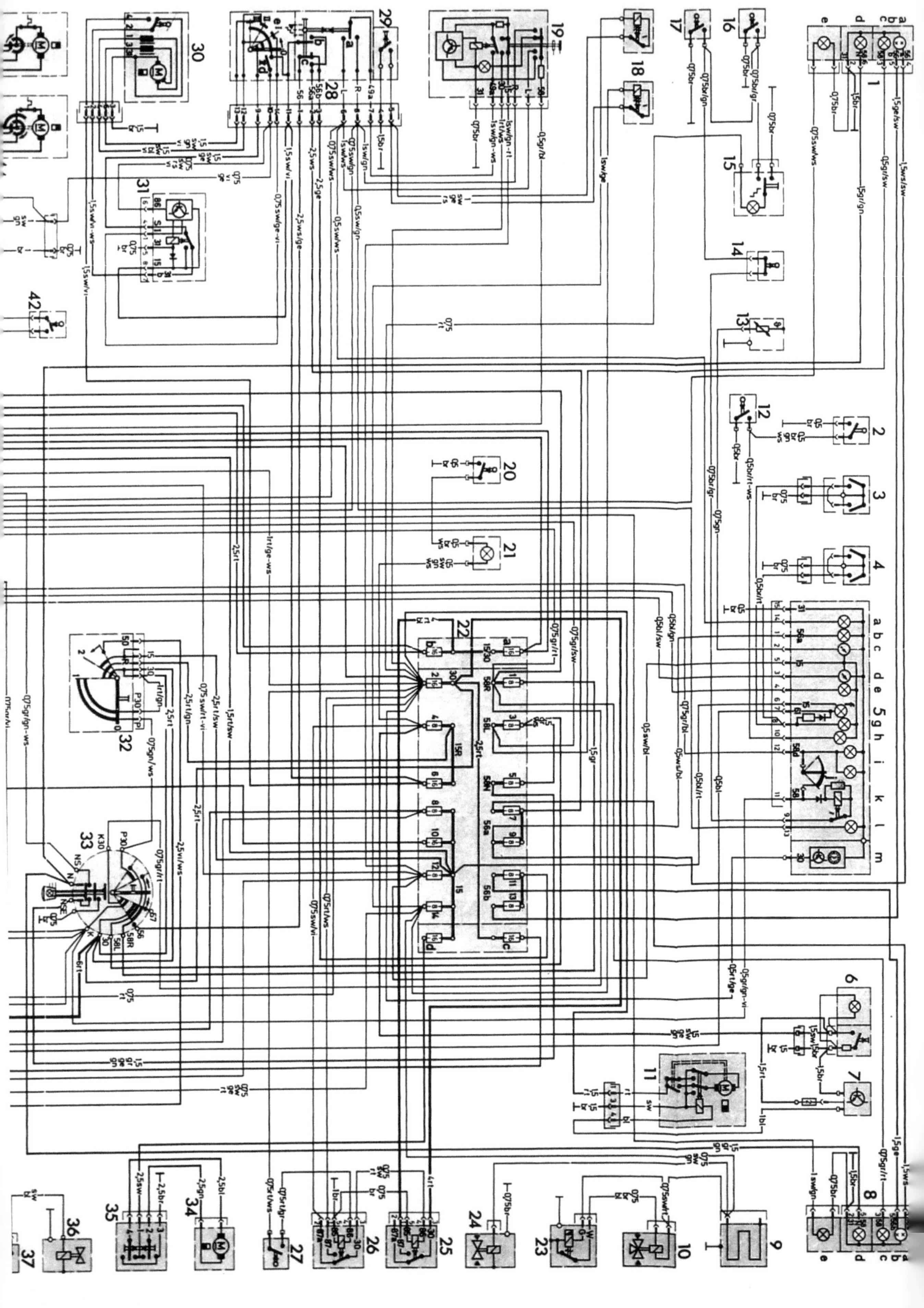

1 Leuchteinheit, links vorn
a Fernlicht
b Abblendlicht
c Standlicht/Parklicht
d Nebellicht
e Blinklicht
2 Schalter Bremsflüssigkeitskontrolle
3 Kontaktfühler Bremsbeläge, vorn links
4 Kontaktfühler Bremsbeläge, vorn rechts
5 Schalttafeleinsatz
a Blinkerkontrolle, links
b Fernlichtkontrolle
c Temperaturanzeige Kühlmittel
d Kraftstoffanzeige-Instrument
e Kraftstoffreserve-Warnung
f Ladekontrolle
g Kontrolle Bremsbelagverschleißanzeige
h Kontrolle Bremsflüssigkeit und Feststellbremse
i Instrumentenbeleuchtung
j Regelwiderstand Instrumentenbeleuchtung
k Warnsummer
l Blinkerkontrolle, rechts
m Elektronische Uhr
6 Zigarrenanzünder mit Ascherbeleuchtung
7 Radio*
8 Leuchteinheit, rechts vorn
a Fernlicht
b Abblendlicht
c Standlicht/Parklicht
d Nebellicht
e Blinklicht
9 Heizspirale Starterdeckel
10 Umschaltventil, Pull-down
11 Automatische Antenne*
12 Schalter Feststellbremskontrolle
13 Temperaturfühler Kühlmittelanzeige
14 Warnsummerkontakt
15 Deckenleuchte, vorn, mit Schalter
16 Türkontaktschalter, vorn links
17 Türkontaktschalter, vorn rechts
18 Zweiklang-Hupe
19 Warnblinkschalter
20 Schalter Handschuhkastenleuchte
21 Handschuhkastenleuchte
22 Sicherungsdose
23 Thermozeitschalter, Pull-down
24 Leerlaufabschaltventil
25 Relais I Fensterheber*
26 Relais II Fensterheber*
27 Türkontaktschalter Fensterheber*
28 Kombi-Schalter
a Blinkerschalter
b Lichthupenschalter
c Abblendschalter
d Wascherschalter
e Schalter Wischgeschwindigkeit
I Intervall-Wischen
II Langsames Wischen
III Schnelles Wischen
29 Schalter für Hupe
30 Wischermotor
31 Intervall-Nachwisch-Elektronik
32 Zündanlaßschalter
33 Lichtdrehschalter
34 Schiebedachmotor*
35 Schalter elektrisches Schiebedach*
36 Magnetventil automatisches Getriebe*
37 Kick-down-Schalter*
38 Anlaßsperr- und Rückfahrlichtschalter*
39 Relais Klimaanlage II*
40 Relais Klimaanlage I*
41 Gebläseschalter mit Beleuchtung
42 Bremslichtschalter
43 Wascherpumpe
44 Wischermotor Scheinwerfer, links*
45 Wischermotor Scheinwerfer, rechts*
46 Relais Scheinwerferreinigungsanlage*
47 Wascherpumpe Scheinwerfer*
48 Zündverteiler
49 Zündkerzen
50 Zündspule
51 Beleuchtung
a Luftregulierung
b Heizungsregulierung
c Schalter
52 Thermoschalter 62° C Flüssigkeitsbehälter Klimaanlage*
53 Thermoschalter 100° C*
54 Zusatzlüfter*
55 Relais Zusatzlüfter*
56 Druckschalter Kältekompressor* Ein 2,6 bar, Aus 2,0 bar
57 Elektromagnetische Kupplung Kältekompressor*

Schaltplan MERCEDES 200, 230, 230 C bis 8/80

58 Temperaturregler
mit Beleuchtung Klimaanlage
59 Vorwiderstand Gebläsemotor
60 Gebläsemotor
61 Fensterhebermotor, hinten links*
62 Schalter Fenster, hinten links*
63 Schaltergruppe Fensterheber*
- a Schalter Fenster, hinten links
- b Sicherheitsschalter
- c Schalter Fenster, vorn links
- d Schalter Fenster, vorn rechts
- e Schalter Fenster, hinten rechts

64 Fensterhebermotor, vorn links*
65 Vorwiderstand 1,8 Ω
66 Zeitrelais heizbare Heckscheibe
67 Schalter heizbare Heckscheibe
68 Anlasser
69 Batterie
70 Drehstromlichtmaschine mit
elektronischem Regler
71 Türkontaktschalter, hinten links*
72 Schalter Deckenleuchte, hinten*
73 Türkontaktschalter, hinten rechts*
74 Deckenleuchte, hinten*
75 Steckverbindung Schlußlampenleitungssatz
76 Kofferraumleuchte
77 OT-Geber
78 Fensterhebermotor, vorn rechts*
79 Diagnose-Steckdose
80 Geber Kraftstoffanzeige
81 Fensterhebermotor, hinten rechts*
82 Schalter Fenster, hinten rechts*
83 Schlußleuchte, links
- a Blinklicht
- b Schlußlicht/Parklicht
- c Rückfahrlicht
- d Bremslicht
- e Nebelschlußlicht

84 Kennzeichenleuchte
85 Heizbare Heckscheibe
86 Beleuchtung Schaltkulisse*
87 Schlußleuchte, rechts
- a Blinklicht
- b Schlußlicht/Parklicht
- c Rückfahrlicht
- d Bremslicht

---

* Sonderausführung

Schaltplan MERCEDES 250, 280, 280 C

1 Leuchteinheit, links vorn
 a Fernlicht
 b Abblendlicht
 c Standlicht/Parklicht
 d Nebellicht
 e Blinklicht
2 Schalter Bremsflüssigkeitskontrolle
3 Kontaktfühler Bremsbeläge, vorn links
4 Kontaktfühler Bremsbeläge, vorn rechts
5 Schalttafeleinsatz
 a Blinkerkontrolle, links
 b Fernlichtkontrolle
 c Temperaturanzeige Kühlmittel
 d Kraftstoffanzeige-Instrument
 e Kraftstoffreserve-Warnung
 f Ladekontrolle
 g Kontrolle Bremsbelagverschleißanzeige
 h Kontrolle Bremsflüssigkeit und Feststellbremse
 i Instrumentenbeleuchtung
 j Regelwiderstand Instrumentenbeleuchtung
 k Warnsummer
 l Blinkerkontrolle, rechts
 m Elektronische Uhr
6 Zigarrenanzünder mit Ascherbeleuchtung
7 Radio*
8 Leuchteinheit, rechts vorn
 a Fernlicht
 b Abblendlicht
 c Standlicht/Parklicht
 d Nebellicht
 e Blinklicht
9 Heizspirale Starterdeckel
10 Leerlaufabschaltventil II
11 Automatische Antenne*
12 Schalter Feststellbremskontrolle
13 Temperaturfühler Kühlmittelanzeige
14 Warnsummerkontakt
15 Deckenleuchte, vorn, mit Schalter
16 Türkontaktschalter, vorn links
17 Türkontaktschalter, vorn rechts
18 Zweiklang-Hupe
19 Geber Tempomat*
20 Steuergerät Tempomat*
21 Regelgerät Tempomat*
22 Warnblinkschalter
23 Schalter Handschuhkastenleuchte
24 Handschuhkastenleuchte
25 Sicherungsdose
26 Leerlaufabschaltventil I
27 Schwimmerkammerbelüftung
28 Relais I Fensterheber*
29 Relais II Fensterheber*
30 Türkontaktschalter Fensterheber*
31 Tastschalter Tempomat*
 A Ausschalter
 V Verzögern/Fixieren
 SP Speicher
 B Beschleunigen/Fixieren
32 Kombischalter
 a Blinkerschalter
 b Lichthupenschalter
 c Abblendschalter
 d Wascherschalter
 e Schalter Wischgeschwindigkeit
  I Intervall-Wischen
  II Langsames Wischen
  III Schnelles Wischen
33 Schalter für Hupe
34 Wischermotor
35 Intervall-Nachwisch-Elektronik
36 Zündanlaßschalter
37 Lichtdrehschalter
38 Schiebedachmotor*
39 Schalter elektrisches Schiebedach*
40 Magnetventil automatisches Getriebe*
41 Kickdown-Schalter*
42 Anlaßsperr- und Rückfahrlichtschalter*
43 Relais Klimaanlage II*
44 Relais Klimaanlage I*
45 Gebläseschalter mit Beleuchtung
46 Bremslichtschalter
47 Wascherpumpe
48 Wischermotor Scheinwerfer, links*
49 Wischermotor Scheinwerfer, rechts*
50 Relais Scheinwerferreinigungsanlage*
51 Wascherpumpe Scheinwerfer*
52 Schaltgerät Transistorzündung
53 Zündverteiler kontaktlos
54 Zündkerzen
55 Zündspule
56 Beleuchtung
 a Luftregulierung
 b Heizungsregulierung
 c Schalter
57 Kabelverbinder (nur 280, 280 C)
58 Temperaturschalter 62° C Flüssigkeitsbehälter Klimaanlage*
59 Temperaturschalter 100° C*
60 Zusatzlüfter*
61 Relais Zusatzlüfter*
62 Elektromagnetische Kupplung Kältekompressor*
63 Druckschalter Kältekompressor* Ein 2,6 bar, Aus 2,0 bar
64 Temperaturregler mit Beleuchtung, Klimaanlage*

65 Vorwiderstand Gebläsemotor
66 Gebläsemotor
67 Vorwiderstand 0,6 Ω
68 Fensterhebermotor, hinten links*
69 Schalter Fenster, hinten links*
70 Schaltergruppe Fensterheber*
  a Schalter Fenster, hinten links
  b Sicherheitsschalter
  c Schalter Fenster, vorn links
  d Schalter Fenster, vorn rechts
  e Schalter Fenster, hinten rechts
71 Fensterhebermotor, vorn links*
72 Vorwiderstand 0,4 Ω
73 Zeitrelais heizbare Heckscheibe
74 Schalter heizbare Heckscheibe
75 Anlasser
76 Batterie
77 Drehstromlichtmaschine mit elektronischem Regler
78 Türkontaktschalter, hinten links*
79 Schalter Deckenleuchte, hinten*
80 Türkontaktschalter, hinten rechts*
81 Deckenleuchte, hinten*
82 Steckverbindung Schlußlampenleitungssatz
83 Kofferraumleuchte
84 OT-Geber
85 Geber Kraftstoffanzeige
86 Fensterhebermotor, vorn rechts*
87 Diagnose-Steckdose
88 Fensterhebermotor, hinten rechts*
89 Schalter Fenster, hinten rechts*
90 Schlußleuchte, links
  a Blinklicht
  b Schlußlicht/Parklicht
  c Rückfahrlicht
  d Bremslicht
  e Nebelschlußlicht
91 Kennzeichenleuchte
92 Heizbare Heckscheibe
93 Beleuchtung Schaltkulisse
94 Schlußleuchte, rechts
  a Blinklicht
  b Schlußlicht/Parklicht
  c Rückfahrlicht
  d Bremslicht

---

* Sonderausstattung

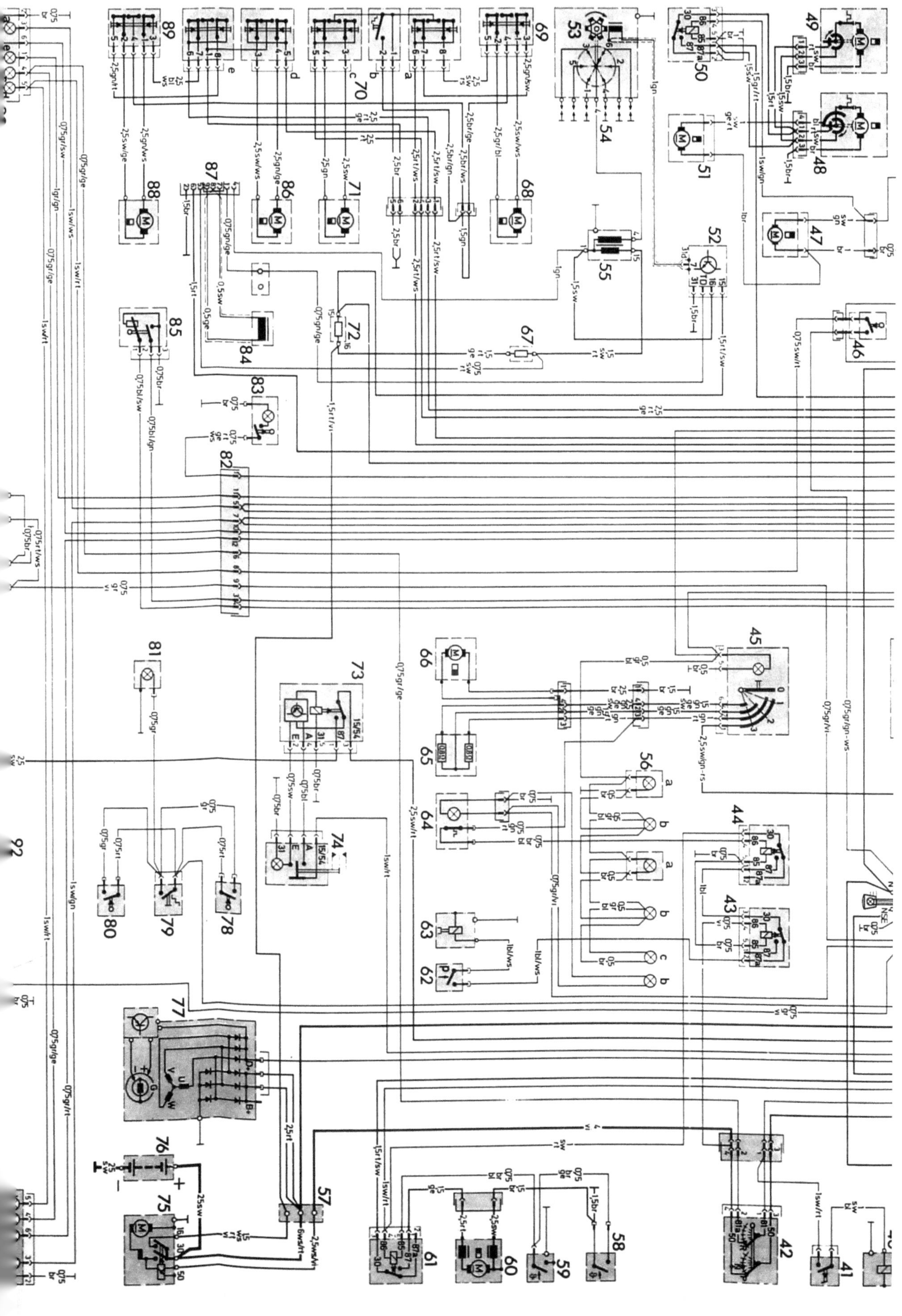

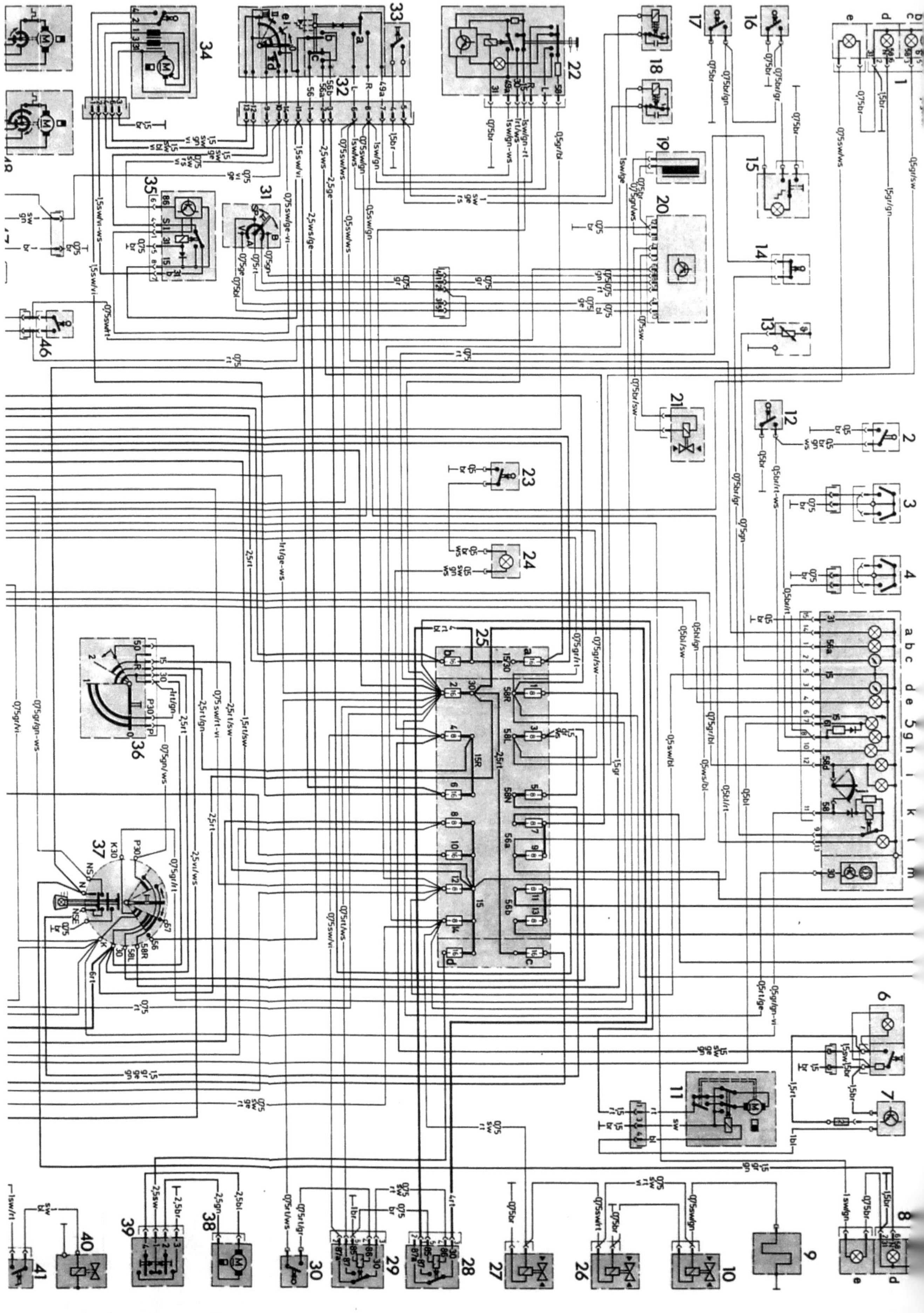

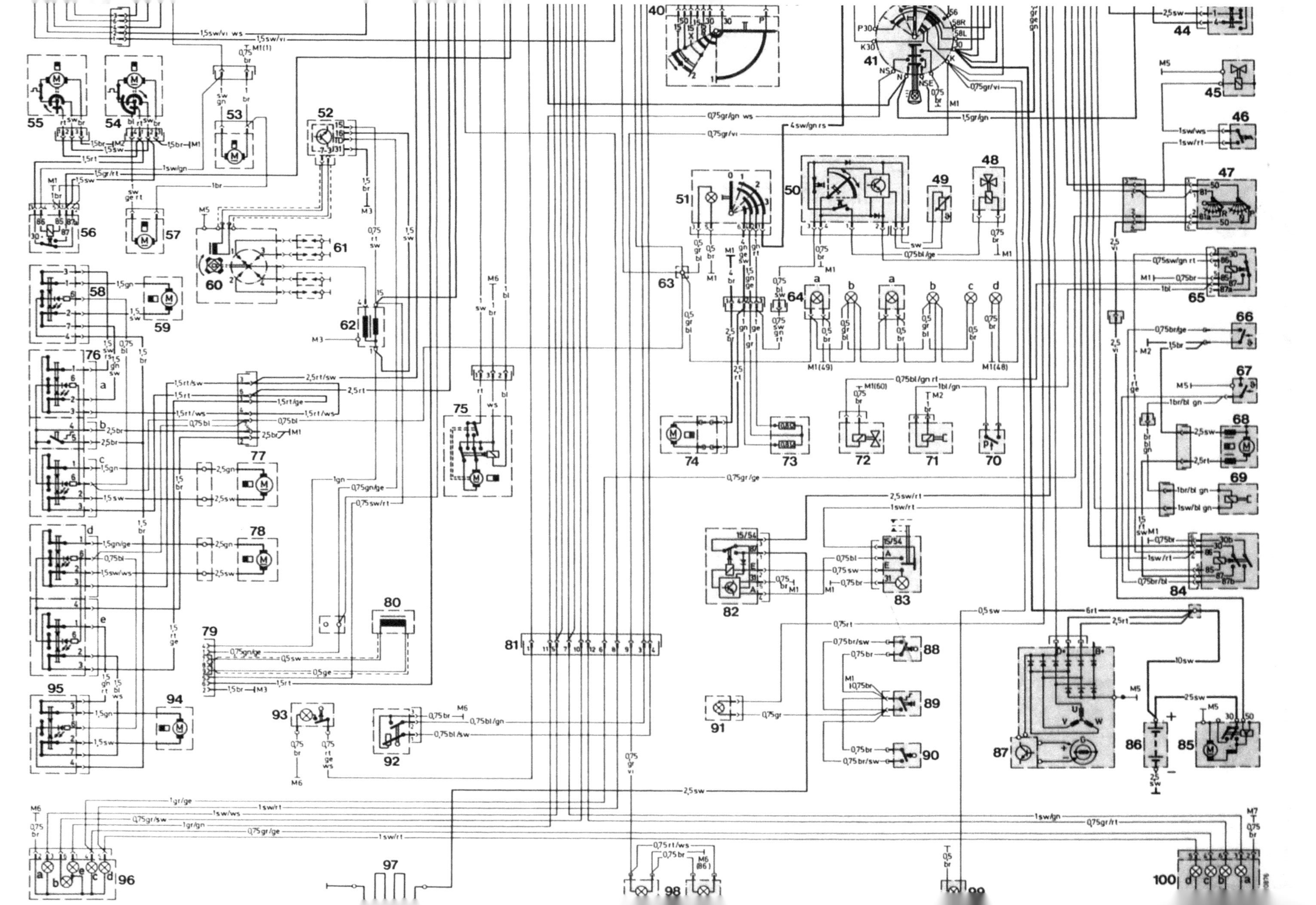
40
41
44
45
46
47
48
49
50
51
52
53
54
55
56
57
58
59
60
61
62
63
64
65
66
67
68
69
70
71
72
73
74
75
76
77
78
79
80
81
82
83
84
85
86
87
88
89
90
91
92
93
94
95
96
97
98
100
10876

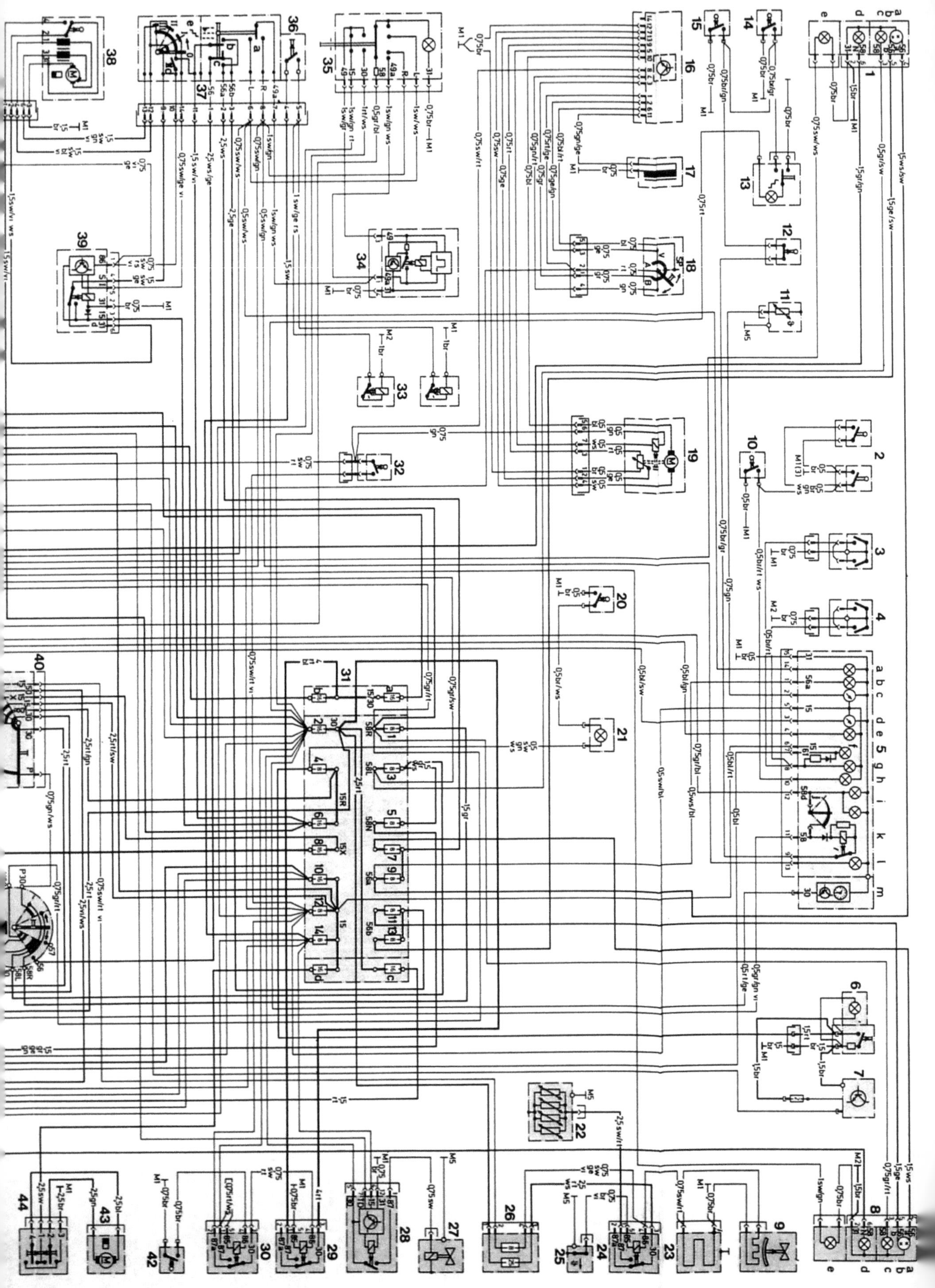

1 Leuchteinheit, links vorn
 a Fernlicht
 b Abblendlicht
 c Standlicht/Parklicht
 d Nebellicht
 e Blinklicht
2 Schalter Bremsflüssigkeitskontrolle
3 Kontaktfühler Bremsbeläge, vorn links
4 Kontaktfühler Bremsbeläge, vorn rechts
5 Schalttafeleinsatz
 a Blinkerkontrolle, links
 b Fernlichtkontrolle
 c Temperaturanzeige Kühlmittel
 d Kraftstoffanzeige-Instrument
 e Kraftstoffreserve-Warnung
 f Ladekontrolle
 g Kontrolle Bremsbelagverschleißanzeige
 h Kontrolle Bremsflüssigkeit und Feststellbremse
 i Instrumentenbeleuchtung
 j Regelwiderstand Instrumentenbeleuchtung
 k Warnsummer
 l Blinkerkontrolle, rechts
 m Elektronische Uhr
6 Zigarrenanzünder mit Ascherbeleuchtung
7 Radio*
8 Leuchteinheit, rechts vorn
 a Fernlicht
 b Abblendlicht
 c Standlicht/Parklicht
 d Nebellicht
 e Blinklicht
9 Zusatzluftschieberbeheizung
10 Schalter Feststellbremskontrolle
11 Temperaturfühler Kühlmittelanzeige
12 Warnsummerkontakt
13 Deckenleuchte, vorn, mit Schalter
14 Türkontaktschalter, vorn links
15 Türkontaktschalter, vorn rechts
16 Steuergerät Tempomat*
17 Geber Tempomat*
18 Tastschalter Tempomat*
 A Ausschalten
 V Verzögern/Fixieren
 SP Speicher
 B Beschleunigen/Fixieren
19 Stellglied Tempomat*
20 Schalter Handschuhkastenleuchte
21 Handschuhkastenleuchte
22 Saugrohrbeheizung
23 Heizspirale Starterdeckel
24 Relais Saugrohrbeheizung
25 Temperaturschalter 40° C
26 Sicherungsdose, Saugrohrbeheizung
27 Leerlaufabschaltventil
28 Relais Leerlaufabschaltventil Drehzahlbegrenzung
29 Relais I Fensterheber*
30 Relais II Fensterheber*
31 Sicherungsdose
32 Bremslichtschalter
33 Zweiklang-Hupe
34 Blink- und Warnblinkrelais
35 Warnblinkschalter
36 Schalter für Hupe
37 Kombischalter
 a Blinkerschalter
 b Lichthupenschalter
 c Abblendschalter
 d Wascherschalter
 e Schalter Wischgeschwindigkeit
  I Intervallwischen
  II Langsames Wischen
  III Schnelles Wischen
38 Wischermotor
39 Intervall-Nachwisch-Elektronik
40 Zündstartschalter
41 Lichtdrehschalter
42 Türkontaktschalter Fensterheber*
43 Schiebedachmotor*
44 Schalter elektrisches Schiebedach*
45 Magnetventil automatisches Getriebe*
46 Kickdown-Schalter*
47 Startsperr- und Rückfahrlichtschalter*
48 Umschaltventil Frischluft Umluftweiche*
49 Temperaturfühler Klimaanlage*
50 Temperaturregler Klimaanlage*
51 Gebläseschalter mit Beleuchtung
52 Schaltgerät Transistorzündung
53 Wascherpumpe
54 Wischermotor Scheinwerfer, links*
55 Wischermotor Scheinwerfer, rechts*
56 Relais Scheinwerferreinigungsanlage*
57 Wascherpumpe Scheinwerfer*
58 Schalter Fenster, hinten links*
59 Fensterhebermotor, hinten links*
60 Zündverteiler kontaktlos
61 Zündkerzen
62 Zündspule
63 Kabelverbinder Klemme 58 d
64 Beleuchtung
 a Luftregulierung
 b Heizungsregulierung
 c Schalter
 d Temperaturregler Klimaanlage*
65 Relais Klimaanlage (Kältekompression)
66 Temperaturschalter 52° C Flüssigkeitsbehälter*
67 Temperaturschalter 100° C
68 Zusatzlüfter*
69 Elektromagnetische Kupplung Motorlüfter
70 Druckschalter Kältekompressor* Ein 2,6 bar, Aus 2,0 bar
71 Elektromagnetische Kupplung Kältekompressor*
72 Umschaltventil Drehzahlstabilisierung*

Schaltplan MERCEDES 200 seit 7/80

73 Vorwiderstand Gebläsemotor
74 Gebläsemotor
75 Automatische Antenne*
76 Schaltergruppe Fensterheber*
 a Schalter Fenster, hinten links
 b Sicherheitsschalter
 c Schalter Fenster, vorn links
 d Schalter Fenster, vorn rechts
 e Schalter Fenster, hinten rechts
77 Fensterhebermotor, vorn links*
78 Fensterhebermotor, vorn rechts*
79 Diagnosesteckdose
80 OT-Geber
81 Steckverbindung Schlußlampenleitungssatz
82 Zeitrelais heizbare Heckscheibe
83 Schalter heizbare Heckscheibe
84 Doppelkontaktrelais Zusatzlüfter/ Magnetkupplung Motorlüfter*
85 Starter
86 Batterie
87 Drehstromgenerator mit elektronischem Regler
88 Türkontaktschalter, hinten links*
89 Schalter Deckenleuchte, hinten
90 Türkontaktschalter, hinten rechts*
91 Deckenleuchte, hinten*
92 Geber Kraftstoffanzeige
93 Kofferraumleuchte
94 Fensterhebermotor, hinten rechts*
95 Schalter Fenster, hinten rechts*
96 Schlußleuchte, links
 a Blinklicht
 b Schlußlicht/Parklicht
 c Rückfahrlicht
 d Bremslicht
 e Nebelschlußlicht
97 Heizbare Heckscheibe
98 Kennzeichenleuchte
99 Beleuchtung Schaltkulisse*
100 Schlußleuchte, rechts
 a Blinklicht
 b Schlußlicht/Parklicht
 c Rückfahrlicht
 d Bremslicht

---

* Sonderausführung

Massestellen

M1 Hauptmasse (hinter Kombi-Instrument)
M2 Masse, vorn rechts (bei Leuchteinheit)
M3 Masse Radlauf, vorn links (Zündspule)
M4 Masse Deckenleuchte, vorn
M5 Masse Motor
M6 Masse Kofferraum, Radlauf links
M7 Masse Kofferraum, Radlauf rechts

M1 (60)
(60) – Positionsnummer des Bauteils über das die Masseleitung geschleift ist
M1 – Massestelle

Schaltplan MERCEDES 230 E, CE seit 7/80

1 Leuchteinheit, links vorn
  - a Fernlicht
  - b Abblendlicht
  - c Standlicht/Parklicht
  - d Nebellicht
  - e Blinklicht

2 Zweiklang-Hupe
3 Schalter Bremsflüssigkeitskontrolle
4 Kontaktfühler Bremsbeläge, vorn links
5 Kontaktfühler Bremsbeläge, vorn rechts
6 Schalttafeleinsatz
  - a Blinkerkontrolle, links
  - b Fernlichtkontrolle
  - c Temperaturanzeige Kühlmittel
  - d Kraftstoffanzeige-Instrument
  - e Kraftstoffreserve-Warnung
  - f Ladekontrolle
  - g Kontrolle Bremsbelagverschleißanzeige
  - h Kontrolle Bremsflüssigkeit und Feststellbremse
  - i Instrumentenbeleuchtung
  - j Regelwiderstand Instrumentenbeleuchtung
  - k Warnsummer
  - l Blinkerkontrolle, rechts
  - m Elektronische Uhr

7 Relais Umschaltventil Drehzahlstabilisierung* (nur bei automatischem Getriebe und Klimaanlage)
8 Zigarrenanzünder mit Ascherbeleuchtung
9 Radio*
10 Leuchteinheit, rechts vorn
  - a Fernlicht
  - b Abblendlicht
  - c Standlicht/Parklicht
  - d Nebellicht
  - e Blinklicht

11 Thermozeitschalter
12 Startventil
13 Schalter Feststellbremskontrolle
14 Temperaturfühler Kühlmittelanzeige
15 Warnsummerkontakt
16 Deckenleuchte, vorn, mit Schalter
17 Türkontaktschalter, vorn links
18 Türkontaktschalter, vorn rechts
19 Steuergerät Tempomat*
20 Geber Tempomat*
21 Tastschalter Tempomat*
  - A Ausschalten
  - V Verzögern/Fixieren
  - SP Speicher
  - B Beschleunigen/Fixieren

22 Stellglied Tempomat*
23 Schalter Handschuhkastenleuchte
24 Heizspirale Warmlaufregler
25 Handschuhkastenleuchte
26 Zusatzluftschieberbeheizung
27 Umschaltventil Schubabschaltung
28 Mikroschalter Schubabschaltung
29 Relais Kraftstoffpumpe mit elektronischer Drehzahlbegrenzung/Warmlaufregler
30 Kraftstoffpumpe
31 Relais I Fensterheber*
32 Relais II Fensterheber*
33 Sicherungsdose
34 Bremslichtschalter
35 Blink- und Warnblinkrelais
36 Warnblinkschalter
37 Schalter für Hupe
38 Kombischalter
  - a Blinkerschalter
  - b Lichthupenschalter
  - c Abblendschalter
  - d Wascherschalter
  - e Schalter Wischgeschwindigkeit
    - I Intervallwischen
    - II Langsames Wischen
    - III Schnelles Wischen

39 Wischermotor
40 Intervall-Nachwisch-Elektronik
41 Zündstartschalter
42 Lichtdrehschalter
43 Türkontaktschalter Fensterheber*
44 Schiebedachmotor*
45 Schalter elektrisches Schiebedach*
46 Magnetventil automatisches Getriebe*
47 Kickdown-Schalter*
48 Startsperr- und Rückfahrlichtschalter*
49 Umschaltventil Hauptluftklappe*
50 Temperaturfühler Klimaanlage*
51 Temperaturwählrad Klimaanlage*
52 Gebläseschalter mit Beleuchtung
53 Schaltgerät Transistorzündung
54 Wascherpumpe
55 Wischermotor Scheinwerfer, links*
56 Wischermotor Scheinwerfer, rechts*
57 Relais Scheinwerferreinigungsanlage*
58 Wascherpumpe Scheinwerfer*
59 Zündverteiler kontaktlos
60 Zündkerzen
61 Zündspule
62 Kabelverbinder Klemme 58 d
63 Beleuchtung
  - a Luftregulierung
  - b Heizungsregulierung
  - c Schalter*
  - d Temperaturregler Klimaanlage*

64 Relais Klimaanlage*
65 Temperaturschalter 52° C Flüssigkeitsbehälter
66 Temperaturschalter 100° C
67 Zusatzlüfter*
68 Elektromagnetische Kupplung Motorlüfter
69 Druckschalter Kältekompressor* Ein 2,6 bar, Aus 2,0 bar
70 Elektromagnetische Kupplung Kältekompressor*
71 Umschaltventil Drehzahlstabilisierung*
72 Vorwiderstand Gebläsemotor
73 Gebläsemotor
74 Automatische Antenne*

75 Fensterhebermotor hinten links*
76 Schalter Fenster, hinten links*
77 Schaltergruppe Fensterheber*
- a Schalter Fenster, hinten links
- b Sicherheitsschalter
- c Schalter Fenster, vorn links
- d Schalter Fenster, vorn rechts
- e Schalter Fenster, hinten rechts

78 Fensterhebermotor, vorn links*
79 Fensterhebermotor, vorn rechts*
80 Diagnose-Steckdose
81 Kabelverbinder Klemme TD
82 OT-Geber
83 Steckverbindung Schlußlampenleitungssatz
84 Zeitrelais heizbare Heckscheibe
85 Schalter heizbare Heckscheibe
86 Doppelkontaktrelais Klimaanlage*
87 Starter
88 Batterie
89 Drehstromgenerator mit elektronischem Regler
90 Türkontaktschalter, hinten links[1])
91 Schalter Deckenleuchte, hinten*
92 Türkontaktschalter, hinten rechts[1])
93 Deckenleuchte, hinten*
94 Geber Kraftstoffanzeige
95 Kofferraumleuchte
96 Fensterhebermotor, hinten rechts*
97 Schalter Fenster, hinten rechts*
98 Schlußleuchte, links
- a Blinklicht
- b Schlußlicht/Parklicht
- c Rückfahrlicht
- d Bremslicht
- e Nebelschlußlicht

99 Kennzeichenleuchten
100 Heizbare Heckscheibe
101 Beleuchtung Schaltkulisse*
102 Schlußleuchte, rechts
- a Blinklicht
- b Schlußlicht/Parklicht
- c Rückfahrlicht
- d Bremslicht

---

* Sonderausführung
[1]) Nicht beim Coupé

Massestellen

M1 Hauptmasse (hinter Kombi-Instrument)
M2 Masse, vorn rechts (bei Leuchteinheit)
M3 Masse Radlauf, vorn links (Zündspule)
M4 Masse Deckenleuchte, vorn
M5 Masse Motor
M6 Masse Kofferraum, Radlauf links
M7 Masse Kofferraum, Radlauf rechts

M1 (51)
- (51) Positionsnummer des Bauteils über das die Masseleitung geschleift ist
- M1 Massestelle

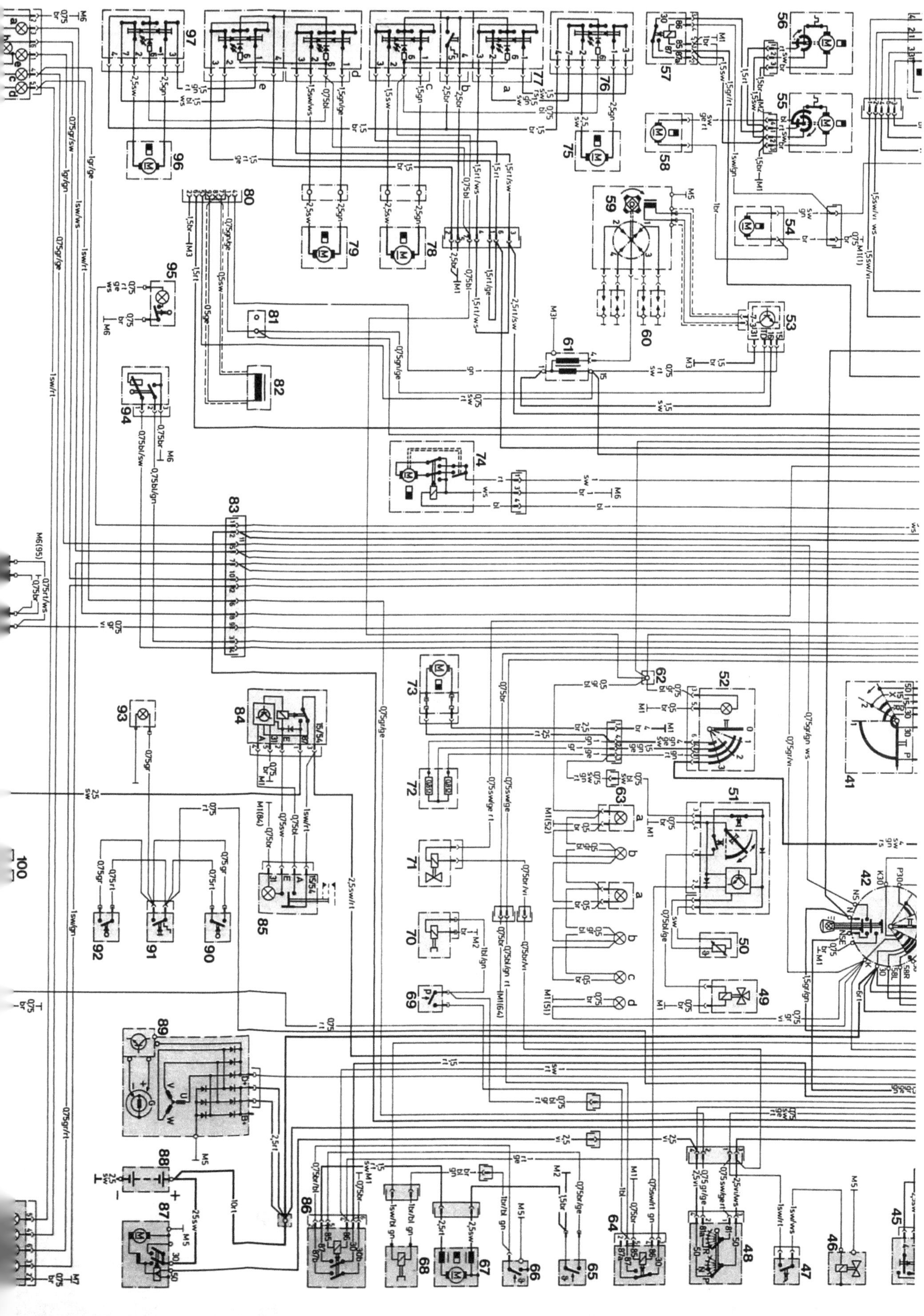

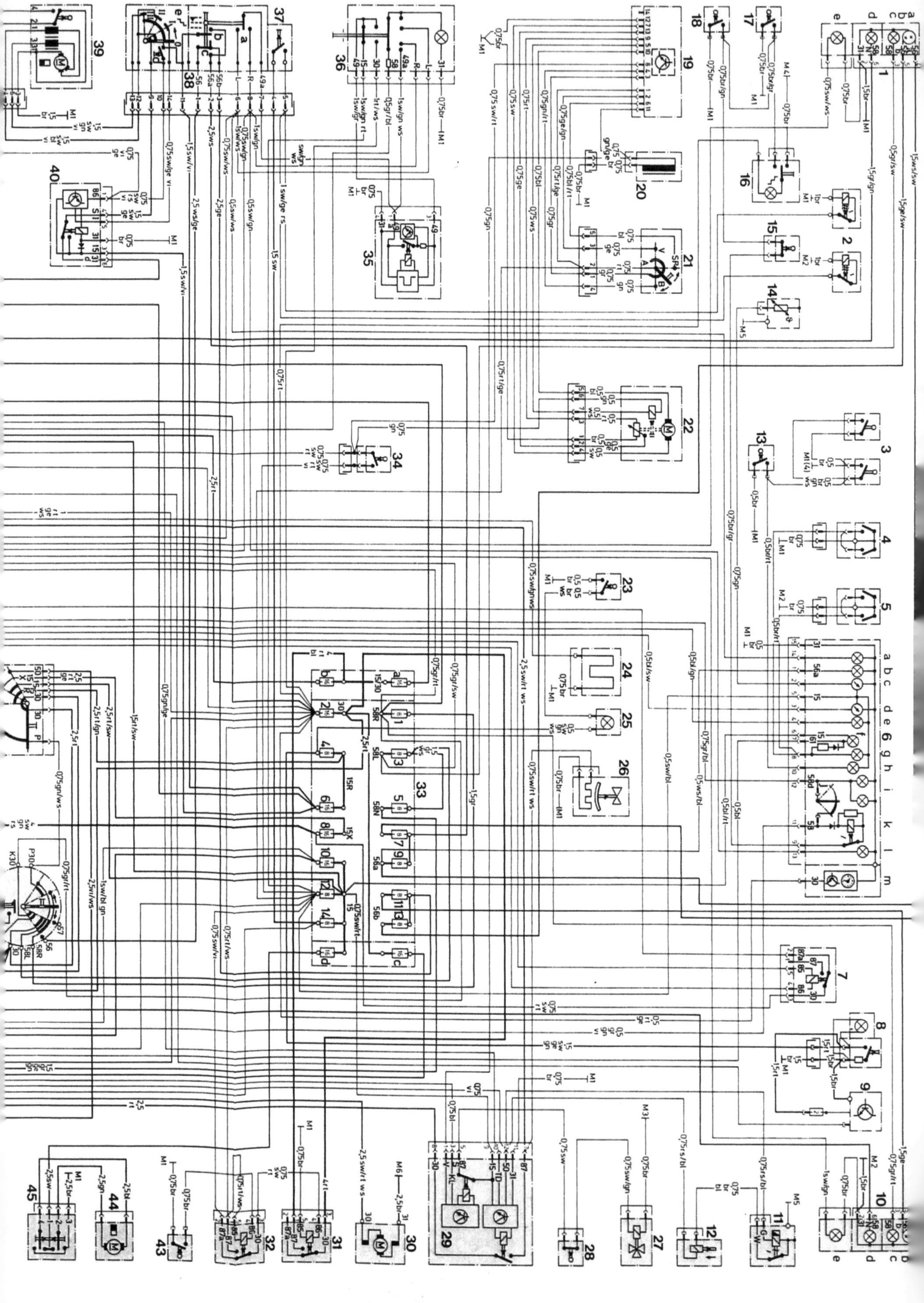